D1663146

Senatskommission für
Geowissenschaftliche Gemeinschaftsforschung
der Deutschen Forschungsgemeinschaft

Dynamische Erde –

Zukunftsaufgaben der Geowissenschaften

Strategieschrift

Senatskommission für
Geowissenschaftliche Gemeinschaftsforschung
der Deutschen Forschungsgemeinschaft

Dynamische Erde –
Zukunftsaufgaben der Geowissenschaften

Strategieschrift

Mit Unterstützung der

Senatskommission für
Geowissenschaftliche Gemeinschaftsforschung (Geokommission)
der Deutschen Forschungsgemeinschaft (DFG)

Prof. Dr. Gerold Wefer (Vorsitzender)
MARUM – Zentrum für Marine Umweltwissenschaften
Universität Bremen
Leobener Straße
28359 Bremen

Tel. +49 421 218 65500
Fax +49 421 218 65505
gwefer@marum.de

Bibliografische Information der Deutschen Nationalbibliothek
Die Deutsche Nationalbibliothek verzeichnet diese Publikation in der Deutschen Nationalbibliografie; detaillierte bibliografische Daten sind im Internet über http://dnb.d-nb.de abrufbar.

ISBN 978-3-00-029808-0

Diese Strategieschrift ist im Internet veröffentlicht auf der Website der Geokommission (www.geokommission.de).

Printed in Germany

Vorwort

Professor Dr.-Ing. Matthias Kleiner
Präsident der Deutschen Forschungsgemeinschaft

In den letzten Dekaden haben sich die Geowissenschaften weitreichend verändert. Neben den einzelnen Fachdisziplinen, die das Bild der Geowissenschaften in der Vergangenheit prägten, tritt zunehmend der integrative Systemgedanke in den Vordergrund. Die Erforschung der Zusammenhänge im System Erde erfordert nicht nur das engere Zusammenrücken traditioneller geowissenschaftlicher Teildisziplinen, auch die Sozial-, Geistes- und auch Rechtswissenschaften werden in zunehmendem Maße eingebunden. Die modernen Geowissenschaften sind damit eine quantitativ arbeitende, hochgradig interdisziplinäre Naturwissenschaft.

Die Senatskommission für Geowissenschaftliche Gemeinschaftsforschung, kurz Geokommission, legt hier erstmalig eine Schrift vor, die diesen Wandel adressiert. Mit Blick auf die folgende Dekade werden neue Forschungsfelder der Grundlagenforschung ebenso aufgezeigt wie angewandte Fragestellungen und Aufgabenfelder, in denen die Geowissenschaften eine zentrale Rolle in der Beratung und Begleitung von politischen Prozessen einnehmen können. Darüber hinaus soll aufgezeigt werden, auf welchen Gebieten sich weiteres Potenzial für innovative Forschung abzeichnet, das es zu nutzen gilt, um auch weiterhin international sichtbar und wettbewerbsfähig zu bleiben.

Die Nutzung des Lebensraums Erde durch den Menschen steht dabei ebenso im Fokus wie das Studium des Planeten Erde, von der Erforschung des Erdinneren über die Prozesse der Oberfläche bis hin zur Untersuchung der Dynamik des Klima- und Ökosystems

Erde. Wie verändert sich das Erdsystem durch die menschliche Nutzung? Wie verändert der Mensch nicht nur das Klima, sondern den gesamten Lebensraum Erde? Diese Fragen stehen gleichberechtigt neben der Erforschung von Georessourcen wie Wasser, Böden, Geothermie, fossilen und metallischen Rohstoffen oder der Nutzung des Untergrunds. Der Betrachtung von geogenen Gefahren, Naturkatastrophen, kommt wachsende Bedeutung zu. Neben den klassischen Gefahrenquellen wie Erdbeben oder Vulkanismus treten zunehmend kosmogene Gefahren in das Blickfeld der Forschung.

Aktuelle naturwissenschaftliche Forschung ist ohne geeignete und sich stetig weiterentwickelnde Methoden und Technologien undenkbar. Neue Aufgaben und Forschungsansätze stellen auch neue Ansprüche an die Forschungslandschaft und -infrastruktur, denen ebenso Rechnung getragen werden muss wie einer zeitgemäßen Ausbildung des akademischen Nachwuchses.

Die Deutsche Forschungsgemeinschaft (DFG) unterstützt diese Forschung mit ihren Förderverfahren und Programmen. Zur essenziellen Interdisziplinarität in der Nachwuchsausbildung tragen Programme der strukturierten Doktorandenausbildung bei, wie etwa Graduiertenschulen und Graduiertenkollegs. Neben der Förderung individueller Projekte im Rahmen der Einzelförderung bieten Schwerpunktprogramme und Forschergruppen die Basis für eine hoch interdisziplinäre Forschung. Der zunehmenden internationalen Vernetzung von Forschungsvorhaben trägt die DFG durch den sukzessiven Ausbau der Förderung multilateraler Projekte und internationaler Kooperationen Rechnung. Auch das langfristige Engagement der DFG in den großen internationalen geowissenschaftlichen Bohrprogrammen ICDP und IODP ist ein Bekenntnis zu einer national wie international erfolgreichen geowissenschaftlichen Forschung an deutschen Hochschulen.

Und damit möchte ich allen an der Entstehung dieser Strategieschrift Beteiligten, voran dem Vorsitzenden der Geokommission und den Mitgliedern der Kommission, meinen Dank aussprechen.

Professor Dr.-Ing. Matthias Kleiner
Präsident der Deutschen Forschungsgemeinschaft

Inhaltsverzeichnis

Zusammenfassung

Überblick

Zentrale Zukunftswissenschaft

Die Geowissenschaften liefern neben der reinen Grundlagenforschung das wissenschaftliche Fundament, um globale Zukunftsaufgaben zu lösen und eine lebenswerte Umwelt zu erhalten. Sie geben wissenschaftlich untermauerte Entscheidungshilfen zu wichtigen gesellschaftlichen Herausforderungen wie dem globalen Wandel, der begrenzten Verfügbarkeit von Georessourcen und der nachhaltigen Nutzung des Lebensraums Erde. Sie tragen eine besondere Verantwortung und zählen daher zu den zentralen Zukunftswissenschaften. Die heutigen Geowissenschaften sind hochmodern und interdisziplinär angelegt. Sie prognostizieren, wie sich die Umwelt des Menschen entwickeln wird und eröffnen damit die Möglichkeit, gezielt einzugreifen, wenn sich nachteilige Entwicklungen abzeichnen. Dies ist insbesondere deshalb wichtig, weil durch die Interaktion des Menschen mit der Erde und der Natur mittlerweile globale Umweltveränderungen zu verzeichnen sind, die nicht mehr bzw. nur unter größten Anstrengungen aufzuhalten sind (z.B. Klimawandel, Schadstoffe im Wasser, im Boden und in der Luft).

Georessourcen

Eine besondere Herausforderung ist die begrenzte Verfügbarkeit von Georessourcen (z.B. Wasser, Böden, fossile und erneuerbare Energie, metallische Rohstoffe, Baustoffe). Dabei wird eine nachhaltige Entwicklung gefordert, die es zukünftigen Generationen erlaubt, eigene Entscheidungen zu treffen, ohne durch heute festgelegte Randbedingungen handlungsunfähig zu werden. Georessourcen bilden die Lebensgrundlage der wachsenden Weltbevölkerung. Nur wenn diese Ressourcen in ausreichender Menge zur Verfügung stehen und nachhaltig erwirtschaftet werden, kann eine lebenswerte Umwelt mit kalkulierbaren Umweltveränderungen und Georisiken sichergestellt werden. Mit ihrem raum-zeitlichen Systemverständnis sind die Geowissenschaften – mit ihren vielfältigen Schnittstellen zu anderen Naturwissenschaften sowie den Ingenieur- und Gesellschaftswissenschaften – in der Lage, den Einfluss des Menschen im System Erde zu dokumentieren und zu verstehen. Auf der Grundlage einer am Erkenntnisgewinn orientierten Grundlagenforschung liefern die Geowissenschaften gemeinsam mit anderen Disziplinen und der Wissenschaftspolitik das wissenschaftliche Fundament, um globale Zukunftsaufgaben zu lösen. Die Basis dafür ist eine breit angelegte und ins Detail gehende Grundlagenforschung zum besseren Verständnis des Systems Erde.

Die vorliegende Strategieschrift schildert den heutigen Kenntnisstand und beschreibt den Forschungsbedarf für etwa das nächste Jahrzehnt. Sie gibt einen aktuellen und zusammenfassenden Überblick zu Stand und Zukunftsthemen der Geowissenschaften in Forschung und Lehre und richtet sich an folgende Zielgruppen:

(1) Geowissenschaftler in Lehre, Forschung und Wirtschaft
(2) Entscheidungsträger in Politik, Wirtschaft und Förderinstitutionen
(3) Geowissenschaftlich interessierte Bürgerinnen und Bürger.

Diese Strategieschrift nennt die wissenschaftlichen Themenfelder und herausragenden Aufgaben der zukünftigen Forschung. Damit will sie das Bild der Geowissenschaften in der öffentlichen Wahrnehmung schärfen und ihre grundlegende Bedeutung für die Gesellschaft unterstreichen. Die Schrift soll zudem Denkanstöße zur wichtigen Weiterentwicklung der Geowissenschaften liefern. Dazu sollen Einzelthemen in Rundgesprächen weiter diskutiert und ausgearbeitet werden.

Was sind Geowissenschaften?

System Erde

Die Geowissenschaften erforschen das komplexe „System Erde", um die Einzelkomponenten und das Gesamtsystem besser zu verstehen. Zwischen den verschiedenen Teilsystemen finden intensive Wechselwirkungen statt, zum Beispiel zwischen Erdoberfläche und Atmosphäre oder zwischen Hydro-, Bio- und Geosphäre. Geowissenschaftler untersuchen die gekoppelten Prozesse zwischen den einzelnen Teilen des Erdsystems in verschiedenen räumlichen und zeitlichen Dimensionen, von Bruchteilen eines Nanometers bis zu Tausenden von Kilometern. Im submikroskopischen Bereich befassen sich die Geowissenschaften mit den kleinsten Strukturen von Gesteinen, im globalen Bereich beschäftigen sie sich mit den riesigen Lithosphärenplatten. Charakteristisch für die Geowissenschaften ist die Beschäftigung mit der Dimension Zeit. Geowissenschaftler untersuchen den Ist-Zustand der Erde, der ein Abbild der erdgeschichtlichen Vergangenheit ist. Aus den Abläufen in der Vergangenheit lassen sich Voraussagen über die nahe und ferne Zukunft der Erde ableiten. Dabei geht es um zentrale Fragen: Welche Auswirkungen hat das Handeln des Menschen, und wie belastbar ist das System Erde?

Geowissenschaftler betreiben nicht nur Grundlagenforschung. Sie arbeiten vielfach anwendungsbezogen und beraten dabei gesellschaftliche und politische Einrichtungen, insbesondere bei Umweltfragen und der Rohstoffversorgung. Die geowissenschaftliche Forschung nutzt Methoden und Erkenntnisse anderer naturwissenschaftlicher Disziplinen, insbesondere der Physik, der Chemie und der Biologie. Zunehmend wichtig werden mathematische Methoden, insbesondere Modellierungen zur quantitativen Beschreibung von einzelnen Prozessen und des Gesamtsystems. Um die komplex miteinander verwobenen physikalischen, chemischen und biologischen Prozesse in der Atmosphäre, in den Ozeanen, an der Erdoberfläche und im Erdinneren zu verstehen, ist vernetztes Denken für Geowissenschaftler zwingend notwendig.

Kooperationen

Die Geowissenschaften befinden sich im Umbruch. Es gibt weiterhin spezifische Fragestellungen und Aufgaben für die „klassischen" geowissenschaftlichen Disziplinen Geologie, Paläontologie, Mineralogie, Geophysik und Physische Geographie. Diese Disziplinen arbeiten jedoch vielfach immer enger zusammen mit anderen geowissenschaftlichen Fächern wie Ozeanographie, Meteorologie, Geodäsie, Bodenkunde und Hydrologie. In Zukunft werden auch geistes- und sozialwissenschaftliche Fächer wie zum Beispiel die Human- und Wirtschaftsgeographie, das Umweltrecht oder die empirische Sozialwissenschaft häufiger in die Kooperation mit einbezogen. Die Verknüpfung aller Disziplinen, die sich mit dem System Erde beschäftigen, kann wesentlich zum besseren Verständnis seiner Entwicklung beitragen.

Georessourcen und Georisiken

Unser Leben und unser Wohlstand basieren auf Georessourcen

Auf Rohstoffen, Wasser, Boden und Energie basieren unser Leben und unser Wohlstand. Bei weiterhin steigender Weltbevölkerung wird es immer wichtiger, die verfügbaren Georessourcen effizient zu nutzen und gerecht zu verteilen. Im Laufe des 20. Jahrhunderts vervierfachte sich die Weltbevölkerung auf über 6,5 Milliarden Menschen. Der Verbrauch an Energie nahm im gleichen Zeitraum um das 16fache zu und der an Wasser um das 7fache. Die Industrieproduktion mit all ihren Stoffflüssen stieg um das 40fache. Die Verfügbarkeit von Georessourcen ist der Schlüssel für die Zukunft der Menschheit.

Limitierte Verfügbarkeit

Eines der zentralen Zukunftsprobleme ist die eingeschränkte Verfügbarkeit der Ressourcen – auch der regenerativen Energieressourcen wie beispielsweise Holz oder Wind. Sie sind nicht immer oder überall verfügbar und können aus technischen, wirtschaftlichen oder ethischen Gründen nur in einem bestimmten Umfang genutzt werden. Hinzu kommt, dass die verschiedenen Ressourcen und Bevölkerungsanteile global ungleich verteilt sind. Die limitierte Verfügbarkeit essentieller Georessourcen setzt daher der Weiterentwicklung jeder Volkswirtschaft Grenzen, unabhängig von ihrem technischen Entwicklungsstand. Knappe Ressourcen führten immer wieder zu politischen und kriegerischen Auseinandersetzungen.

Pro Kopf der Bevölkerung werden in Deutschland täglich rund 46 Kilogramm Rohstoffe verbraucht. Knapp zwei Drittel davon sind Massenrohstoffe wie Kiese und Sande aus heimischer Produktion. Ein Drittel sind Energierohstoffe, von denen wir weniger als 30 Prozent selber produzieren, überwiegend Braunkohle. 4 Prozent sind Metalle, bei denen wir nahezu vollständig auf Importe angewiesen sind. Die enormen Preisschwankungen der jüngsten Vergangenheit haben uns gezeigt, welche volkswirtschaftlichen Konsequenzen damit verbunden sind.

Während der Wert inländisch gewonnener Rohstoffe 2007 etwa 14 Milliarden Euro betrug, lag der Gesamtwert der eingeführten Rohstoffe bei 110 Milliarden Euro. Die Rohstoffpreise hängen zum einen von der technischen Verfügbarkeit ab: von der Kapazität der Abbaubetriebe, des Transports und der Aufbereitungsanlagen. Zum anderen spielt die Marktverfügbarkeit eine Rolle, das heißt, ob der Wettbewerb transparent abläuft und freier Handel möglich ist.

Braunkohleabbau

Besonders knappe Georessourcen

Zu den besonders knappen, aber essenziellen Georessourcen zählen Wasser, Boden, Fläche und Energie, speziell Erdöl. Wasser und Boden bilden die Grundlage für die Ernährung – etwa ein Drittel der Weltbevölkerung leidet an Hunger und Unterernährung. Nach Schätzungen der Vereinten Nationen werden im Jahr 2025 bis zu 3,4 Milliarden Menschen unter Wasserknappheit leiden; eine adäquate Energieversorgung ist allenfalls für etwa 30 Prozent der Weltbevölkerung gewährleistet. Auch die Erdölreserven sind knapp. Das Maximum in der jährlichen Erdölförderung („Peak Oil") ist ein guter Indikator für den Umfang der Reserven. Dieses Maximum wird voraussichtlich im nächsten Jahrzehnt erreicht. Seit etwa zehn Jahren nimmt der Verbrauch von Rohstoffen, so auch von Erdöl, jedes Jahr stark zu. Das resultiert nicht zuletzt daher, dass aufstrebende, bevölkerungsreiche Regionen sich entwickeln.

Georessource Boden

Von der kostbaren Georessource Boden werden der Land- und Forstwirtschaft allein in der Bundesrepublik täglich etwa 100 Hektar entzogen. In anderen Ländern erschweren politische Konflikte und eine schlechte Gesundheitsversorgung die Lage. Als Folge des ungenügenden Zugangs zu essenziellen Georessourcen liegt die durchschnittliche Lebenserwartung in einigen Ländern wie Liberia, Kongo oder Afghanistan bei weniger als 45 Jahren.

Eine der großen Herausforderungen für die Zukunft besteht darin, mit den für uns lebenswichtigen Georessourcen nachhaltig umzugehen, damit auch nachfolgende Generationen ihren Bedarf decken können. Die Geowissenschaften sind aufgerufen, das verfügbare Potenzial zu bewerten und Grenzen aufzuzeigen, wenn die Umwelt beeinträchtigt wird.

Georisiken

Wir müssen akzeptieren, dass die Erde ein dynamischer Planet ist. Erdbeben, Vulkanismus, Überflutungen, Stürme, Hangrutschungen, Feuersbrünste, Temperaturstürze und Klimaschwankungen, ja auch Meteoriteneinschläge haben ihr Antlitz geprägt und werden es auch weiterhin tun. Weil die Weltbevölkerung immer weiter wächst und immer neue Lebensräume nutzt, ist sie gegenüber Naturkräften anfälliger geworden. Es gilt, die Katastrophenvorhersage zu verbessern, geeignete Vorsorgemaßnahmen zu treffen und die Auswirkungen zu minimieren. Dies erfordert Ex-

Hochwasser Zschopau-Aue, Sachsen

pertenwissen und bestmögliche Kenntnisse über Ursachen und Zusammenhänge.

Meist bevölkerungsreiche Regionen betroffen

Naturkatastrophen („Geohazards") wie Erdbeben, Tsunamis, Erdrutsche oder Vulkanausbrüche können einen erheblichen Einfluss auf die Gesellschaft und Wirtschaft haben. Dies trifft auch auf vom Menschen verursachte Risiken zu, etwa auf Industrieunfälle, Epidemien, Konflikte sowie Nuklearkatastrophen. In den letzten Jahrhunderten hat sich gezeigt, dass bei Naturkatastrophen besonders hohe Opferzahlen und Schäden auftreten, wenn ein Ereignis mit geringer Eintrittswahrscheinlichkeit eine bevölkerungsreiche Region oder ein Ballungszentrum trifft. Um solche seltenen Ereignisse vorherzusagen, bedarf es intelligenter Monitoring-, Frühwarn- und Vorsorgesysteme.

Aktiver Vulkan (Merapi, Zentraljava)

System Erde

Systemverständnis in Raum und Zeit

Das Verständnis von Raum und Zeit im komplexen System Erde bildet die Grundlage, um den anthropogen verursachten globalen Wandel beurteilen und politische Handlungsempfehlungen entwickeln zu können. Auch ohne Einwirkung des Menschen unterliegt die Erde einem permanenten natürlichen Wandel. Wichtige Energiequellen dieser natürlichen Dynamik liegen sowohl außerhalb als auch innerhalb der Erde. Exogene Prozesse (der atmosphärische und hydrosphärische Kreislauf, Verwitterung, Sedimentation) werden überwiegend über die Sonnen- und Gezeitenenergie gesteuert, endogene Prozesse (Bewegung der Lithosphärenplatten mit den Folgen von Erdbeben und Vulkanismus) durch den Wärmeaustausch zwischen Erdkern und Erdoberfläche. Endogene und exogene Prozesse haben ihre Schnittstelle an der Erdoberfläche, wo zusätzlich biologische Prozesse eine Rolle spielen: Plattentektonische Vorgänge schaffen die Gebirge und die Ozeanbecken, beeinflussen damit Klima und Wasserkreislauf, was wiederum Folgen für Sedimenttransport, die Bildung von Kohlenwasserstoff- und vielen Metalllagerstätten, die Ökosysteme und damit die Evolution hat.

System Erde:
- langsame versus schnelle Reaktionen

Die Erde verändert sich stetig – in langsamen, Tausende bis Millionen von Jahren dauernden Prozessen oder aber in vergleichsweise kurzen, zum Teil subdekadischen Zeiträumen. Zu den langsamen Prozessen zählen die Hebung und Erosion von Gebirgen, Meeresspiegelschwankungen und die Evolution. Katastrophen wie ein Meteoriteneinschlag oder ein Vulkanausbruch können Klima und Artenentwicklung langfristig beeinflussen. Beispiele für schnelle Änderungen des Erdsystems sind die Verlagerung der Meeresströmungen im Nordatlantik am Ende einer Eiszeit oder die Umpolung des Magnetfeldes. Plötzliche Veränderungen sind viel schwieriger zu prognostizieren als langsame Vorgänge. Denn sie gehen vielfach auf so genannte „nichtlineare Prozesse" zurück, wie sie für hochkomplexe Systeme typisch sind: Kleine Veränderungen eines Umweltparameters können, wenn sie bestimmte Grenzwerte überschreiten, umfassende und schnelle Systemreaktionen auslösen. Zum Beispiel können kaum messbare Spannungsänderungen in der Erdkruste ein starkes Erdbeben verursachen. Ein nichtlineares System hat meist mehrere quasi-stabile Zustände, zwischen denen rasche Übergänge möglich sind. Befunde aus der erdgeschichtlichen Vergangenheit und aus Modellstudien belegen, dass nichtlineare Reaktionen und quasi-stabile Zustände für das System Erde eine wichtige Bedeutung haben.

Zukunftsaufgaben der Geowissenschaften

Umfassendes Erdsystem-Verständnis

Um der Weltbevölkerung ausreichende und gerecht verteilte Georessourcen zur Verfügung stellen zu können, ist ein umfassendes Verständnis des Erdsystems nötig. Das übergeordnete Ziel besteht darin, eine lebenswerte Umwelt zu erhalten, Änderungen vorhersagen zu können und Schäden durch Georisiken gering zu halten.

Erdsystem-Modelle

Um Szenarien für die nachhaltige Nutzung der Erde zu erstellen, werden unterschiedlich komplexe Modelle benötigt. Diese reichen von wirtschaftlichen Kosten-Nutzen-Modellen bis zu numerischen Modellen des Klimasystems und geodynamischer Prozesse. Es ist außerdem notwendig, die einzelnen Teile des Erdsystems und ihre Wechselwirkung miteinander zu verstehen. Die Geowissenschaften kennen die relevanten Zusammenhänge aus der Erdgeschichte und der jüngeren Vergangenheit. Innovative Überwachungssysteme erfassen zudem die laufenden Veränderungen des Systems Erde. Das erlaubt es, Szenarien und Handlungsempfehlungen für zukünftige Entwicklungen zu liefern. Die virtuellen Erdsysteme sind durch eine hohe Komplexität, effiziente Verarbeitungsprogramme und enorme Datenmengen gekennzeichnet.

Informationsmanagement

Um die Erde nachhaltig nutzen zu können, müssen relevante Geodaten verfügbar sein. Diese Informationen sind Grundlage für regionale und globale Beobachtungs-, Vorhersage- und Entscheidungssysteme. Für das Management dieser Daten wurden Weltdatenbanken eingerichtet. Zudem gibt es auf regionaler und lokaler Ebene weitere Datenbanken für verschiedene Fachinformationen. Der standardisierte Zugriff auf diese Daten ermöglicht eine weltweite Verbreitung.

Internationale Vernetzung

Große Verbundprojekte sind für die Geowissenschaften von besonderer Bedeutung. In den letzten Jahren wurden in vielen internationalen Projekten außergewöhnliche Wissensfortschritte erzielt. Daran hatten neuartige Satellitenmissionen einen großen Anteil. Einige davon, zum Beispiel CHAMP und GRACE, wurden unter deutscher Federführung durchgeführt. Satelliten erlauben eine umfangreiche Überwachung von Geoprozessen und Stoffkreisläufen. Große internationale Verbundprojekte wie die Tiefbohr-Programme in den Ozeanen und auf den Kontinenten haben unerwartete und spektakuläre Erkenntnisse über die Funktionsweise und die Zustände des Erd- und des Klimasystems erbracht. Beeindruckend sind auch die Fortschritte in der Entwicklung von komplexen Klimamodellen. Neben Atmosphäre und Ozean bilden sie zunehmend weitere Komponenten, zum Beispiel Vegetation, Boden oder Verwitterung, als gekoppelte dynamische Prozesse ab. Neue Projekte müssen initiiert werden, die die globale Datenbasis verbessern.

Verknüpfung von Grundlagen- und anwendungsorientierter Forschung

Die Geowissenschaften liefern zahlreiche Beispiele für die enge Verknüpfung von Grundlagenforschung und Anwendung. Erkenntnisse aus der Grundlagenforschung tragen oft schon nach kurzer Zeit dazu bei, praktische Fragen zu lösen. Viele Methoden, die zur Lösung grundlagenwissenschaftlicher Fragen entwickelt wurden, können auch in der Praxis angewendet werden, zum Bei-

Sizilien mit Rauchfahne des Ätna, Aufnahme vom 28. Oktober 2002 vom Satelliten Aqua MODIS

spiel in der Umweltforschung. Zukunftsaufgabe ist es, diese enge Verknüpfung innerhalb der geowissenschaftlichen Gemeinde, aber insbesondere bei den Entscheidungsträgern in Wissenschaft und Politik, stärker ins Bewusstsein zu rücken.

Interdisziplinäre Kooperation und Ausbildung

Das Verständnis des Systems Erde und seine nachhaltige Nutzung setzen eine enge Kooperation der Geowissenschaften mit allen Naturwissenschaften, den Ingenieurwissenschaften und anderen Disziplinen voraus, zum Beispiel mit Sozial- und Wirtschaftsgeographie und Sozialwissenschaft. Die Geowissenschaften mit ihren klassischen Disziplinen sind per se schon interdisziplinär angelegt und daher für diese Aufgabe bestens gewappnet. Seit langem arbeiten die Geowissenschaften intensiv daran, natürliche und anthropogene Einflüsse zu erforschen. Daran sind sowohl Grundlagen- als auch anwendungsorientierte Forschung beteiligt. Wissenschaftliche Erkenntnisse, etwa über eine optimale Strategie der Georessourcen-Nutzung, können der Öffentlichkeit und den Entscheidungsträgern in Wirtschaft und Politik vermittelt werden. Dabei werden deren Fragen, Probleme und Handlungserfordernisse frühzeitig in die Untersuchungen einbezogen. Über eine solche Zusammenarbeit können wissenschaftlich fundierte Entscheidungen zur künftigen Nutzung von Georessourcen wie Energie, Wasser, Boden, Luft oder Fläche getroffen und die notwendige gesellschaftliche Akzeptanz hergestellt werden.

Studiengänge

In den vergangenen Jahren wurden die klassischen Studiengänge der Geowissenschaften zusammengelegt. Dieser Schritt war durch die Erkenntnis motiviert, dass nur eine breit angelegte Grundausbildung zu einem Verständnis des Systems Erde führt. Die Zukunftsaufgabe besteht darin, die Studiengänge so zu entwickeln, dass für die Studierenden gleichzeitig Spezialisierungen angeboten werden können, die sie auf dem nationalen und internationalen Arbeitsmarkt konkurrenzfähig machen.

Wissenschaftlicher Nachwuchs

Traditionsgemäß wird dem Nachwuchs in den Geowissenschaften mehr Freiheit eingeräumt als in anderen Disziplinen. Interdisziplinär angelegte Promotionsprogramme mit strukturierter Graduiertenausbildung (Graduiertenschulen) spielen eine immer wichtigere Rolle bei der Ausbildung. Seit jeher ist es ein Muss für Geowissenschaftler gewesen, Mobilität zu zeigen und weltweit Erfahrungen mit Ausbildungs- und Forschungssystemen zu sammeln. In den letzten Jahren haben sich die Bedingungen für Nachwuchswissenschaftler/innen in der Forschung verbessert. Durch Instrumente wie das Emmy Noether-Programm der DFG, Nachwuchsgruppen anderer Forschungseinrichtungen, Juniorprofessuren und die Möglichkeit, bei der DFG ohne zeitliche Befristung Mittel für die eigene Stelle einzuwerben, können Nachwuchswissenschaftler/innen heute selbstständig forschen. Diese Möglichkeiten müssen weiter ausgebaut werden, mit dem Ziel, noch attraktivere Bedingungen für junge Wissenschaftler/innen zu schaffen. Dazu zählen selbständiges Forschen, angemessene Anerkennung der Leistungen, Möglichkeiten der Beteiligung an der Lehre, Zukunftsperspektiven und Vereinbarkeit von Beruf und Familie.

Zukünftige Orientierung der Geowissenschaften

Die vielfältigen Aufgabenfelder, die sich durch die Verknappung und nachhaltige Nutzung von Georessourcen ergeben, machen die Bedeutung der Geowissenschaften für die Weltbevölkerung deutlich. Um die Zukunftsaufgaben bewältigen zu können, müssen sich die Geowissenschaften hin zu einer integrierenden Erdsystemforschung orientieren. Dies beinhaltet sowohl Grundlagenforschung mit womöglich extremer Spezialisierung als auch anwendungsorientierte Forschung. Zudem ist es nötig, verstärkt mit geistes- und sozialwissenschaftlichen Arbeitsgruppen zusammenzuarbeiten. Mit der sich stetig wandelnden Wissenschaftslandschaft verändern sich auch die institutionellen und förderpolitischen Strukturen in den Geowissenschaften. Universitäten bilden vermehrt Schwerpunkte und Profile aus, außeruniversitäre Forschungseinrichtungen stellen in gemeinsamen Projekten die notwendigen Großgeräte und Infrastrukturen bereit. Die Förderinstrumente müssen an die stärker international und interdisziplinär ausgerichteten Projekte angepasst werden, Ausbildung und Förderung exzellenter Nachwuchswissenschaftler sollten weiter verbessert werden. Die Kombination umfangreicher erkenntnisgetriebener und programmorientierter Forschung bietet die beste Voraussetzung für wissenschaftlichen Fortschritt.

Kernaussagen

- Die Strategieschrift will Informationen über die Inhalte und Zukunftsherausforderungen der Geowissenschaften liefern. Sie richtet sich an Geowissenschaftler und Entscheidungsträger in Wissenschaft, Wissenschaftspolitik und Wissenschaftsförderung sowie die geowissenschaftlich interessierte Bevölkerung. Die Schrift soll Denkanstöße für die zukünftige Forschung liefern.
- Die Strategieschrift beschreibt die großen Herausforderungen für die Geowissenschaften zur besseren und nachhaltigen Nutzung der Georessourcen und zur Minderung von Schäden durch Georisiken. Dabei werden die strukturellen und ausbaufähigen Stärken der Geowissenschaften in Deutschland identifiziert und Handlungsempfehlungen formuliert.
- Die Geowissenschaften haben sich in den vergangenen Jahrzehnten ähnlich stark gewandelt wie die Lebenswissenschaften seit der Entwicklung der molekularen Biologie. Moderne Geowissenschaften sind quantitative Naturwissenschaften ähnlich der Physik und Chemie. Die Grenzen zwischen einzelnen Teildisziplinen der Geowissenschaften verlieren immer mehr an Bedeutung.
- Der Rohstoffmangel, die Gefahr durch Naturkatastrophen, der Klimawandel und die Notwendigkeit einer nachhaltigen Entwicklung sind zentrale Herausforderungen für die Geowissenschaften und machen sie zu einer der wichtigen Zukunftswissenschaften.
- Die großen Zukunftsaufgaben werden von den Geowissenschaften bisher nicht ausreichend kommuniziert. In Wirtschaft, Politik und Öffentlichkeit wird die besondere Bedeutung der Geowissenschaften für die Gesellschaft zu wenig wahrgenommen.
- Die Situation der Geowissenschaften an deutschen Hochschulen ist besorgniserregend. Noch sind viele Bereiche der Geowissenschaften zur Weltspitze zu zählen, aber in manchen

anderen Bereichen ist ein Wiederaufbau notwendig, um den Anschluss der deutschen Forschung an die Weltspitze zu sichern und um eine angemessene Ausbildung von Geowissenschaftlern für die Gesellschaft sicherzustellen.

Als wichtig und notwendig erachtet werden insbesondere:

- die nachhaltige Weiterentwicklung und Förderung der erkenntnisorientierten geowissenschaftlichen Forschung;
- die Stärkung der geowissenschaftlichen Forschung im Hinblick auf die großen Zukunftsfragen, unter Berücksichtigung einer engen Verknüpfung zwischen neugiergetriebener Grundlagenforschung und anwendungsorientierter Forschung;
- eine verstärkte strategische Entwicklung von Forschung und Lehre, die an interdisziplinären Problemen ausgerichtet ist und nicht an klassischen Disziplinen. Die Fächergrenzen innerhalb der Geowissenschaften müssen überwunden, die Kooperation mit den relevanten Nachbardisziplinen in Natur-, Ingenieur-, Rechts- und Sozialwissenschaften noch mehr gestärkt werden;
- verstärkte Anstrengungen zur Quantifizierung und Modellierung von Systemprozessen. Damit gehen hohe Anforderungen an die Informationstechnologie einher;
- die Weiterentwicklung attraktiver Studiengänge in den Geowissenschaften zur Ausbildung qualifizierten Nachwuchses und Entwicklung langfristiger Zukunftsperspektiven für den wissenschaftlichen Nachwuchs. Ferner muss die Vermittlung geowissenschaftlicher Inhalte an den Schulen verbessert werden;
- die Netzwerk- und Profilbildung der geowissenschaftlichen Standorte unter Einbeziehung außeruniversitärer Forschungseinrichtungen und der Wirtschaft, mit klarer Schwerpunktbildung.

1 Bedeutung und Aufgaben der Geowissenschaften

1.1 Bedeutung der Geowissenschaften

Versorgung mit Rohstoffen

Die globale Veränderung des Klimas und der Umwelt ist eine der großen Herausforderungen der Menschheit, zu deren Bewältigung die Geowissenschaften einen entscheidenden Beitrag leisten können. Sie können Szenarien entwerfen, wie sich unsere Umwelt in Zukunft entwickeln wird und zeigen, wie sich unerwünschte Veränderungen mildern oder verhindern lassen. Geowissenschaftliche Forschung kann helfen, die Versorgung mit wichtigen Rohstoffen wie Metallen, fossilen Energieträgern und Wasser zu sichern. Die Veränderung des Klimas steht gegenwärtig im Fokus des öffentlichen Interesses, aber die Sicherung der Rohstoffversorgung wird in der Zukunft eine ähnlich große Herausforderung sein. Die meisten leicht zugänglichen Lagerstätten von Erdöl, Erzen und anderen Rohstoffen sind seit langem bekannt und größtenteils ausgebeutet. Diese Rohstoffe stehen dem Menschen nur in begrenzter Menge zur Verfügung und sind entsprechend sparsam einzusetzen. Aufgrund der heute bekannten Lagerstätten ist nicht nur bei Erdöl, sondern auch bei wichtigen Metallen und Industriemineralen bereits in wenigen Jahrzehnten eine Verknappung zu erwarten. Versorgungsengpässe können auf mittlere Sicht nur durch die intensive Suche nach neuen Lagerstätten vermieden werden. Diese Lagerstätten werden aber schwerer zugänglich, schwerer zu finden und schwieriger abzubauen sein als dies heute der Fall ist. Um diese Ressourcen nutzbar zu machen, müssen zum einen neue Technologien entwickelt werden. Zum anderen ist es notwendig, die Kenntnisse über die Entstehung von Lagerstätten zu erweitern, um auch bisher unbekannte Vorkommen zu entdecken. Als Nebeneffekt dieser Entwicklung werden zukünftig Lagerstätten in Deutschland genutzt, die bisher nicht abbauwürdig erschienen. Damit rücken die nationalen Ressourcen zwar wieder in den Vordergrund, doch die Rohstoffversorgung der deutschen Industriegesellschaft hängt maßgeblich vom internationalen Markt ab. Um die Versorgung zu sichern, ist Know-how notwendig. Doch Forschung und Ausbildung wurden in Deutschland in den letzten Jahren vernachlässigt. Dieses Defizit muss nun ausgeglichen werden.

Naturkatastrophen

Naturkatastrophen erscheinen oft als völlig unvorhersehbar und nicht beherrschbar. Die geowissenschaftliche Forschung hat in den vergangenen Jahrzehnten jedoch bei der Vorhersage von Vulkaneruptionen gewaltige Fortschritte erzielt. Sowohl der Zeitpunkt als auch die Auswirkungen von Vulkaneruptionen lassen

Die Erde gesehen vom Weltall. Unter allen Planeten des Sonnensystems besitzt sie als einziger Ozeane und flüssiges Wasser auf der Oberfläche. Wasser ist nicht nur entscheidend für die Existenz von Leben, sondern auch für die Entstehung von Magmen tief im Erdinneren. Die Untersuchung der Wechselwirkungen zwischen Atmosphäre, Ozeanen, der Lithosphäre und dem tiefen Erdinnern ist ein zentrales Thema der modernen Geowissenschaften.

sich mittlerweile in den meisten Fällen zuverlässig vorhersagen. Auch die Vorhersage katastrophaler Massenbewegungen wie von Bergstürzen und Schlammströmen ist wesentlich zuverlässiger geworden. Demgegenüber ist eine Vorhersage von Erdbeben gegenwärtig noch nicht möglich. Dagegen sind mögliche Erdbebenherde und die zu erwartende Stärke der Erschütterungen relativ gut bekannt, so dass durch geeignete Baumaßnahmen Schutzvorkehrungen getroffen werden können.

Quantitative Naturwissenschaften

Die Bedeutung der Geowissenschaften für die Gesellschaft wird in der Öffentlichkeit, aber auch in der Politik und in der Leitung mancher Hochschulen nicht immer angemessen wahrgenommen. Ebenso wenig wird erkannt, dass die Geowissenschaften sich in den letzten zwanzig Jahren stark gewandelt haben. Bis vor wenigen Jahrzehnten waren die Geowissenschaften weitgehend deskriptiv. Sie beschrieben Phänomene, deren tiefere Zusammenhänge oft wenig verstanden waren. Eine Konsequenz hiervon war die Zersplitterung in zahlreiche einzelne Teildisziplinen. Dieser Zustand hat sich mittlerweile radikal geändert. Die modernen Geowissenschaften haben sich zu einer quantitativen Naturwissenschaft ähnlich der Physik oder der Chemie entwickelt. Prozesse, die an der Erdoberfläche oder im Erdinneren ablaufen, können mittlerweile in vielen Fällen von der atomaren bis zur planetaren Skala mathematisch modelliert werden. Grundlage hierfür ist ein tiefgehendes physikalisches Verständnis der Dynamik unseres Planeten. Vorgänge im tiefen Erdinneren steuern Prozesse an der Erdoberfläche bis hin zur Entwicklung des Lebens. Subtile Änderungen im Klima beeinflussen umgekehrt das Wachstum von Gebirgen; Plattenverschiebungen in der geologischen Vergangenheit haben möglicherweise Spuren im Kern der Erde hinterlassen. Die Erkenntnis der Wechselbeziehungen über unterschiedliche Skalen von Zeit und Raum in diesem komplexen System Erde hat zu einem völlig neuen Bild der Dynamik unseres Planeten geführt und gleichzeitig die Grenzen zwischen den einzelnen geowissenschaftlichen Teildisziplinen weitgehend zum Verschwinden gebracht.

Die Erkenntnisse geowissenschaftlicher Forschung geben Antworten auf grundlegende philosophische Fragen unserer Existenz: Wer sind wir, warum sind wir hier, woher kommen wir? Der Beitrag der Geowissenschaften zu unserem Selbstverständnis und unserem Weltbild ist ebenso wichtig wie der Beitrag von Physik, Chemie oder Biologie. Die Untersuchung von Fossilien liefert den unmittelbaren Beleg dafür, dass der Mensch das Resultat einer langen und in vieler Hinsicht durch Zufälle geprägten Evolution ist. Ein tieferes Verständnis der Dynamik und der historischen Entwicklung der Erde kann erklären, warum die Erde eine einsame Oase im Weltall ist und ob es weitere solcher Oasen im Universum geben könnte.

1.2 Globaler Wandel

Es gibt keinen Zweifel, dass die Menschheit gegenwärtig ihre Umwelt massiv verändert und auch das Klima auf der Erde beeinflusst. Quantitative Vorhersagen der zukünftigen Klimaentwicklung sind jedoch nur möglich, wenn die Wechselwirkungen der Atmosphäre mit den Ozeanen, den Eisschilden, der Erdoberfläche und dem Erdinneren vollständig modelliert werden können. Diese Aufgabe kann daher nicht allein von der Atmosphärenforschung gelöst werden, sondern sie erfordert die Zusammenarbeit aller Teildisziplinen der Geowissenschaften.

Wechselwirkungen im System Erde

Die globale Erwärmung ist in den letzten Jahren verstärkt in das öffentliche Bewusstsein gerückt. In den 90er Jahren des vergangenen Jahrhunderts war dies nicht in gleichem Maße der Fall. Ein Grund hierfür ist die Vulkaneruption des Mount Pinatubo auf den Philippinen am 15. Juni 1991, bei der 17 Millionen Tonnen Schwefeldioxid in die Stratosphäre gelangt sind. Als Folge kühlte sich für mehrere Jahre die Oberfläche der Erde um ein halbes Grad Celsius ab, was die anthropogene Erwärmung kompensierte. Dies ist nur ein Beispiel für Wechselwirkungen im Gesamtsystem der Erde, die bei der Modellierung des Klimas berücksichtigt werden müssen. Andere Beispiele sind das Abschmelzen von Gletschern und Eisschilden, die Veränderungen von Zirkulationsmustern im Ozean oder die Freisetzung von Treibhausgasen, wenn Permafrostböden auftauen oder sich Methanhydrat am Meeresboden zersetzt. Modelle der zukünftigen Klimaentwicklung müssen durch den Vergleich mit gemessenen Daten aus der geologischen Vergangenheit kalibriert werden.

Über viele Jahrzehnte hinweg war in den Geowissenschaften die Gegenwart der Schlüssel für das Verständnis der Vergangenheit. Die Erdgeschichte vor Hunderten von Millionen Jahren konnte durch

Die Eruption des Mount Pinatubo auf den Philippinen im Juni 1991. Diese Vulkaneruption, die zweitgrößte des vergangenen Jahrhunderts, war aus mehreren Gründen bemerkenswert. Die Eruption und ihre Auswirkungen konnten sehr genau vorhergesagt werden. Gezielte Evakuierungsmaßnahmen haben zehntausenden von Menschen das Leben gerettet. Durch die Eruption gelangten 17 Millionen Tonnen Schwefeldioxid in die Stratosphäre. Dadurch kühlte sich die Erde um etwa 0,5 Grad Celsius ab, was die anthropogene Erwärmung über mehrere Jahre kompensiert hat.

den Vergleich mit Prozessen verstanden werden, die auch heute noch ablaufen. Im Zeitalter des globalen Wandels kann dieses Prinzip nun umgekehrt werden: Die Vergangenheit ist der Schlüssel zur Zukunft.

Klimaveränderungen sind grundsätzlich normale Vorgänge. Auch ohne Zutun des Menschen hat sich das Klima auf der Erde verändert und wird sich zukünftig verändern. Entscheidend ist jedoch die Frage, ob die Aktivität des Menschen zu so schnellen und drastischen Veränderungen führt, dass sich bestehende Ökosysteme nicht mehr anpassen können. Um diese Frage beantworten zu können, muss man sich mit der geologischen Vergangenheit beschäftigen. Geowissenschaftliche Forschungen haben gezeigt, wie das Klima reagiert, wenn sich der CO_2-Gehalt der Atmosphäre verändert. Die Zusammensetzung der Atmosphäre konnte über Zeiträume von mehreren hundert Millionen Jahren hinweg rekonstruiert und mit der Klimaentwicklung verglichen werden. Sehr genaue Untersuchungen der Klimaveränderungen während der letzten Eiszeit lieferten das beunruhigende Resultat, dass sich die Temperaturen innerhalb weniger Jahrzehnte drastisch ändern können. Ein Mechanismus, der zu einer schnellen und drastischen Erwärmung führt, könnte die Zersetzung von Methanhydrat am Meeresboden sein. Darauf deuten die ungewöhnlich hohen Temperaturen an der Grenze vom Paläozän zum Eozän vor 55 Millionen Jahren hin. Untersuchungen der großen Aussterbeereignisse in der Erdgeschichte können Hinweise darauf geben, wie Ökosysteme auf katastrophale Änderungen des Klimas reagieren und wie schnell sie sich wieder erholen.

Viele der Erkenntnisse, die für das Verständnis der zukünftigen Klimaentwicklung essenziell sind, stammen aus Untersuchungen, die zunächst keinerlei Bezug zu praktischen Anwendungen der Klimavorhersage hatten. Dies zeigt, dass eine breite Grundlagenforschung unverzichtbar ist. Nur durch eine Erforschung aller Aspekte des Gesamtsystems der Erde ist ein wirkliches Verständnis dieses Systems möglich.

Geoengineering

Auf der Grundlage verbesserter geowissenschaftlicher Modelle wird es in Zukunft möglich sein, die Entwicklung von Klima und Umwelt besser vorherzusagen. Nur so ist es möglich, Strategien zu entwickeln, um den Klimawandel und seine Folgen zu begrenzen. Die Entwicklung solcher Strategien erfordert es, Ingenieur- und Sozialwissenschaften einzubeziehen. Der gegenwärtige Kenntnisstand reicht jedoch nicht aus, um die Folgen aller möglichen Strategien voll abzuschätzen. Unter dem Begriff „Geoengineering“ werden gegenwärtig verschiedene Methoden diskutiert, mit denen die globale Erwärmung gedämpft werden könnte, ohne gleichzeitig die Emission von CO_2 stark zu reduzieren. Ein Vorschlag sieht beispielsweise die Injektion großer Mengen von SO_2 in die Stratosphäre vor, um ähnlich wie nach einer Vulkaneruption Sonnenstrahlung durch Aerosole abzuschirmen. Derartige Eingriffe in das komplexe System Erde haben jedoch möglicherweise schwerwiegende und gegenwärtig nicht kalkulierbare Nebenwirkungen. Nach heutigem Kenntnisstand ist es unverantwortlich, solche Methoden einzusetzen. Mehr als ein Jahrzehnt intensiver Forschung wäre sicher nötig, um die Nutzen und Risiken derartiger Techniken einigermaßen realistisch einschätzen zu können.

1.3 System Erde

Die Erde, wie sie heute existiert, ist nur eine Momentaufnahme in der viereinhalb Milliarden Jahre langen Geschichte unseres Planeten. Durch die Untersuchung der geologischen Vergangenheit kann man verstehen, wie die Erde „funktioniert“, welche Umweltbedingungen auf unserem Planeten möglich sind und wie schnell sie sich ändern können. Lange glaubte man, dass die Erdgeschichte durch sehr langsame Veränderungen geprägt war, die über Millionen von Jahren allmählich abliefen. Die Forschung in den letzten Jahrzehnten hat jedoch gezeigt, dass plötzliche, katastrophale Ereignisse eine entscheidende Rolle in der Vergangenheit unseres Planeten gespielt haben. Gewaltige Flutbasalt-Eruptionen, die Tausende von Kubikkilometern Magma pro Woche freigesetzt haben sowie Einschläge von Asteroiden sind wahrscheinlich die Ursache für die großen Artensterben in der Erdgeschichte. Vor mehr als 600 Millionen Jahren waren weite Teile der Erdoberfläche von einer Eisschicht bedeckt. Diese Eiszeit war sehr viel extremer als irgendein Ereignis in der jüngeren geologischen Vergangenheit, und das plötzliche Auftauen wird mit der Faunenexplosion in Zusammenhang gebracht, bei der sich alle Tierstämme entwickelten.

Verständnis des Gesamtsystems

Die moderne geowissenschaftliche Forschung erlaubt ein tiefgehendes Verständnis des Gesamtsystems der Erde. Sie zeigt Zusammenhänge zwischen Phänomenen auf, die lange Zeit nicht verstanden wurden. „Fossile" Wärme, ein Überbleibsel aus der Frühgeschichte der Erde, treibt zusammen mit radioaktivem Zerfall im Erdinneren heute noch die Bewegung von Platten an der Erdoberfläche an. Vulkanismus und tektonische Prozesse an der Erdoberfläche beeinflussen die Zusammensetzung von Atmosphäre und Ozeanen. Schwankungen in der Zusammensetzung des Meerwassers steuerten wahrscheinlich die Entwicklung mariner Lebewesen über Hunderte von Millionen Jahren. Umgekehrt laufen zahlreiche scheinbar anorganische Vorgänge an der Erdoberfläche unter Mitwirkung von Mikroorganismen ab, etwa die Verwitterung von Gesteinen. Neue Gebirge ändern die vorherrschenden Wettermuster, aber subtile Klimaänderungen können umgekehrt auch die Gebirgsbildung beeinflussen. Viele dieser Prozesse lassen sich quantitativ modellieren, in manchen Fällen von der atomaren bis zur planetaren Skala. Dass es Ozeane an der Erdoberfläche gibt, ist letztlich beispielsweise auf die chemischen Bindungsverhältnisse im Mineral Olivin zurückzuführen, dem Hauptbestandteil des oberen Erdmantels.

Mathematische Methoden und Modelle

Das verbesserte Systemverständnis der modernen Geowissenschaften ist untrennbar mit dem zunehmenden Einsatz mathematischer Methoden und Modelle verbunden. Globale Zirkulationsmodelle erlauben es, das Klima an der Erdoberfläche zu modellieren; analog kann die Dynamik des Erdinnern durch fluid-dynamische Modelle der Mantelkonvektion vorhergesagt werden. Durch quantenmechanische Berechnungen lassen sich sowohl die Materialeigenschaften im Erdkern vorhersagen, als auch die Absorption von Biomolekülen an Mineraloberflächen bestimmen.

Geophysikalische und Geochemische Methoden

Entscheidende Impulse für die modernen Geowissenschaften kommen von neuen geophysikalischen Methoden und neuen Methoden der chemischen Analyse. So vermessen Satelliten zum Beispiel die Erdoberfläche und die Masseverteilung innerhalb der Erde. Das erlaubt es, Plattenbewegungen oder die Oberflächendeformation vor einem Vulkanausbruch direkt zu beobachten. Durch die seismische Tomographie werden ungeahnte Feinstrukturen des Erdmantels und des Erdkerns sichtbar; selbst die Fließrichtungen des Gesteins im Erdmantel lassen sich direkt abbilden. Hochdruck-Experimente im Labor tragen zusätzlich dazu bei, dass die Zusammensetzung des Erdinnern bald auskartiert werden könnte. Geochemische Methoden, insbesondere Methoden der Isotopengeochemie, haben die Geowissenschaften revolutioniert. Um die Entwicklung des Lebens zu untersuchen, ist man nicht mehr ausschließlich auf Fossilien angewiesen – die Signatur des Lebens findet sich auch in der relativen Häufigkeit bestimmter Isotope sowie in molekularen Fossilien. Das sind Abbauprodukte von Biomolekülen ehemals lebender Zellen, die Jahrmilliarden unverändert überstehen können. Die Zusammensetzung der Atmosphäre und die Oberflächentemperaturen der Erde lassen sich ebenso wie die Entwicklungsgeschichte von Erdkruste und Erdmantel aus Isotopenhäufigkeiten rekonstruieren. Für die Untersuchung der Frühgeschichte der Erde ergeben sich dadurch völlig neue Perspektiven. Ob es vor vier Milliarden Jahren Wasser auf der Erdoberfläche gab und welche tektonischen Prozesse damals abliefen, lässt sich möglicherweise durch die Analyse eines einzigen, mikroskopisch kleinen Zirkonkornes klären.

Die moderne geowissenschaftliche Forschung nutzt Methoden und Erkenntnisse aus Mathematik, Physik, Chemie und Biologie. Gleichzeitig profitieren jedoch auch die naturwissenschaftlichen Nachbarfächer von Entwicklungen in den Geowissenschaften. Wichtige Verfahren der chemischen Analytik, wie etwa die Elektronenstrahl-Mikroanalyse, wurden in den Geowissenschaften entwickelt und werden heute in vielen Bereichen der Physik und Chemie eingesetzt. Methoden der Hochdruckforschung, die ursprünglich zur Untersuchung des tiefen Erdinnern entwickelt wurden, dienen heute dazu, neue Materialien herzustellen, ebenso wie zur Grundlagenforschung in der Festkörperphysik und -chemie.

1.4 Zukünftige Herausforderungen für die Geowissenschaften

Vorhersage von Umweltveränderungen und Naturkatastrophen

Die Geowissenschaften befinden sich in einer Phase, die von einem raschen Wissensfortschritt geprägt ist. Lehrbücher der Geowissenschaften sehen heute völlig anders aus als noch vor wenigen Jahrzehnten. In vielen Teilgebieten sind in naher Zukunft grundlegende neue Erkenntnisse zu erwarten. Dank dieses Wissensfortschritts werden sich Umweltveränderungen und Naturkatastrophen besser vorhersagen lassen. Die neuen Erkenntnisse werden es zudem erlauben, neue Rohstoffvorkommen zu erschließen und diese Ressour-

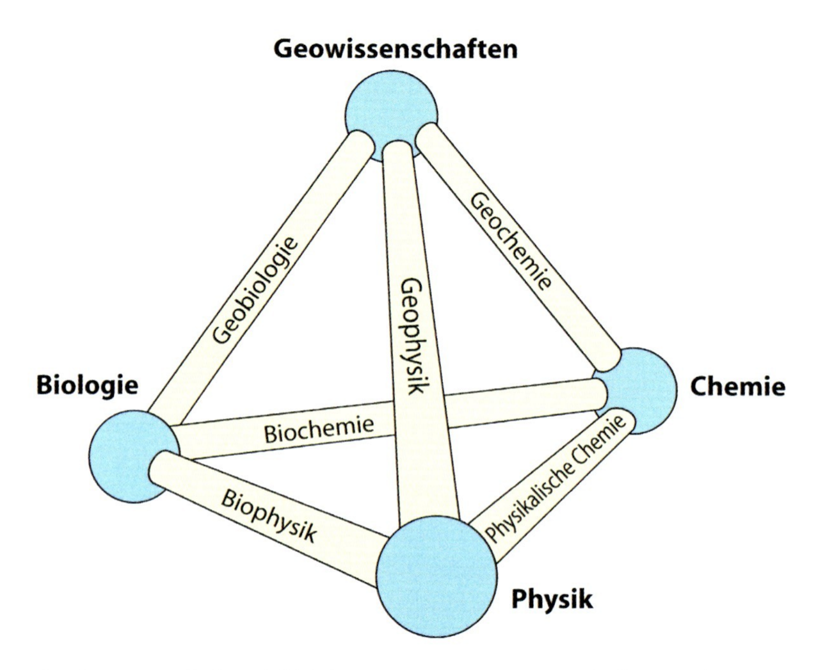

Die Geowissenschaften als Teil der modernen Naturwissenschaften. Moderne Geowissenschaften greifen in großem Umfang auf Methoden aus der Chemie, Physik und Biologie zurück.

cen umweltfreundlicher zu nutzen als bisher. Eine intensive und breite geowissenschaftliche Forschung ist daher für eine moderne Industrienation unverzichtbar.

Deutschland hat eine sehr starke Tradition in den Geowissenschaften. Die Kontinentaldrifttheorie von Alfred Wegener war ein Vorläufer der heute allgemein akzeptierten Theorie der Plattentektonik. Ein modernes Beispiel für die Exzellenz und internationale Wertschätzung deutscher geowissenschaftlicher Forschung sind die in Deutschland entwickelten APX- und Mößbauer-Spektrometer an Bord der Mars-Rover-Fahrzeuge der NASA. Deutschland ist auch in zahlreichen internationalen Verbundprojekten federführend, etwa im kontinentalen Tiefbohrprogramm oder in Satellitenmissionen wie GRACE.

Beunruhigend ist jedoch die Situation der Geowissenschaften an deutschen Universitäten. Die Universitäten sind für die Ausbildung des wissenschaftlichen Nachwuchses und für die Sicherung einer breiten Grundlagenforschung unverzichtbar. Leider wurden in den vergangenen Jahren zahlreiche geowissenschaftliche Standorte an deutschen Universitäten komplett geschlossen. Viele andere Standorte leiden unter einem massiven Verlust an Personal und Sachmitteln. Da eine moderne geowissenschaftliche Ausbildung jedoch immer auf ein Gesamtverständnis des Systems unserer Erde abzielt und dieses Systemverständnis nur durch die enge Zusammenarbeit verschiedener Teildisziplinen erreicht werden kann, ist somit an vielen Standorten nur noch ein Bruchteil der eigentlich notwendigen Lehrkapazität vorhanden. In der Forschung fehlt oft die kritische Masse für moderne, interdisziplinär angelegte Projekte in der Erdsystemforschung. Die Situation wird erschwert, weil bestimmte Instrumente der Forschungsförderung, wie etwa die Sonderforschungsbereiche der DFG, für viele Standorte wegen der geringen Personalstärke nicht mehr zugänglich sind.

Situation an den Universitäten

Ein weiteres spezifisches Problem der Geowissenschaften an den Universitäten ist die oft unzureichende Ausstattung mit Großgeräten, Laborräumen und technischem Personal. Die vorhandene Ausstattung orientiert sich oft noch am Bedarf lange vergangener Jahrzehnte, als die Geowissenschaften weitgehend deskriptiv ausgerichtet waren. Moderne geowissenschaftliche Forschung erfordert aber eine apparative Ausstattung, die vergleichbar ist mit der in der physikalischen Chemie oder der Experimentalphysik.

Arbeitsmarkt

Der Bedarf an Geowissenschaftlern wird in Zukunft steigen. Geowissenschaftler werden gebraucht, um den globalen Wandel zu bewältigen, um neue Technologien wie die unterirdische Speicherung von CO_2 auszubauen und um verstärkt nach neuen Rohstoffvorkommen zu suchen. Damit Geowissenschaftler eine moderne Ausbildung erhalten und Deutschland den Anschluss an die internationale Spitzenforschung nicht verliert, ist ein Ausbau der Geowissenschaften an den Universitäten dringend notwendig. Die Förderung des wissenschaftlichen Nachwuchses sollte hierbei besonders berücksichtigt werden, insbesondere durch die Einführung von Juniorprofessuren mit Tenure-Track.

Geowissenschaften an Schulen

Geowissenschaftliche Grundkenntnisse werden an deutschen Schulen meist nur unzureichend vermittelt, da Geographie in einigen Bundesländern mittlerweile leider als rein sozialwissenschaftliches Fach betrachtet wird. Geographielehrer haben oft keine naturwissenschaftliche Grundausbildung mehr, die zum Verständnis der Geowissenschaften unerlässlich ist. Kenntnisse der Erdgeschichte sind aber für das menschliche Selbstverständnis nicht weniger wichtig als die Kulturgeschichte der Menschheit. Ein modernes naturwissenschaftliches Weltbild ist ohne den Beitrag der Geowissenschaften unvollständig. Um den Klimawandel zu begrenzen, wird jeder einzelne Bürger seinen persönlichen Lebensstil einschränken und andere Belastungen in Kauf nehmen müssen. Diese Veränderungen werden nur dann politisch akzeptiert werden, wenn die breite Mehrheit der Bevölkerung ein solides Grundverständnis davon hat, wie unsere Umwelt und unser Planet funktionieren. Hierfür ist eine angemessene Berücksichtigung der Geowissenschaften in den Schulen notwendig, entweder als Teil des Unterrichts in Geographie und in den Naturwissenschaften oder als separates Schulfach in einzelnen Jahrgangsstufen.

2 Die Erde als Rohstoffquelle

Menschen leben von Georessourcen. Ohne sie ist unsere Existenz auf der Erde nicht denkbar. Die folgenden Abschnitte beschäftigen sich damit, wie unser Dasein von den unterschiedlichen Rohstoffen abhängt, die die Erde uns zur Verfügung stellt. Dabei geht es zum einen um Grundwasser und Boden. Sie bilden die Grundlage für unser Trinkwasser und für den Anbau von Nahrungsmitteln. Weiterhin geht es um fossile Energierohstoffe, um die Energiegewinnung aus Erdwärme, um Kernbrennstoffe für die Stromerzeugung, ferner um metallische Rohstoffe, um Industrieminerale und Düngemittel. Die Produktion von Nahrungsmitteln in einer sich rasch verändernden Umwelt ist ein weiteres Thema dieses Kapitels. Aus unserer Abhängigkeit von Rohstoffen ergeben sich zahlreiche Konsequenzen für die Zukunft. Indem der Mensch Georessourcen intensiv nutzt, verändert er die Erde.

2.1 Die Georessourcen Wasser und Boden

Bedarf an Boden und Grundwasser

Boden und Grundwasser zählen zu den essenziellen Georessourcen. In Deutschland werden circa 70 Prozent des Trinkwassers aus Grundwasser oder Quellwässern gewonnen. Damit ist Grundwasser die mit Abstand wichtigste, zugleich aber auch eine sichere Ressource zur Aufrechterhaltung der Trinkwasserversorgung. Böden filtern das Grundwasser. Stoffe, die aus der Atmosphäre oder zum Beispiel über die Landwirtschaft direkt in die Böden eingetragen werden, können sich dort anreichern. Kontaminierte Böden können ihre Filterwirkung verlieren – sie werden zu Quellen für Schadstoffe, die ins Grundwasser oder auch in die Atmosphäre emittiert werden können.

Böden bilden zudem die Grundlage für die Lebens- und Futtermittelproduktion. Eine bis zum Jahre 2050 auf vermutlich neun Milliarden Menschen anwachsende Erdbevölkerung stellt an die Ressource Boden in den Bereichen Ernährung, Wasserversorgung, Rohstoffbereitstellung, Biodiversität etc. ständig größere und vielfältigere Anforderungen. Sowohl durch die anthropogene Inanspruchnahme der Pedosphäre wie auch durch natürliche Veränderungen werden die Böden in ihren Eigenschaften und in ihrer Tragekapazität verändert.

Nachhaltige Entwicklung braucht vorsorgenden Boden- und Grundwasserschutz. Diesem Schutz kommt angesichts der zunehmenden Erdbevölkerung und des steigenden Bedarfs an Nahrungsmitteln und sauberem Trinkwasser eine besondere Bedeutung zu. Die global nutzbare „Boden"-Fläche verringert sich zunehmend: Erosion, Versalzung, Versiegelung, Verdichtung und Schadstoffeinträge führen zu einer Degradierung oder einem Verlust von Böden. Diese Prozesse sind nahezu zwangsläufig mit einer Verschlechterung der Qualität des Grundwassers und der Oberflächengewässer verbunden.

Es besteht international Übereinstimmung in der Einschätzung, dass Böden eine in Zukunft bedeutende – nicht vermehrbare – Georessource sein werden und dass zur Bewältigung der absehbaren Herausforderungen fundiertes Wissen über die Pedosphäre unabdingbar ist.

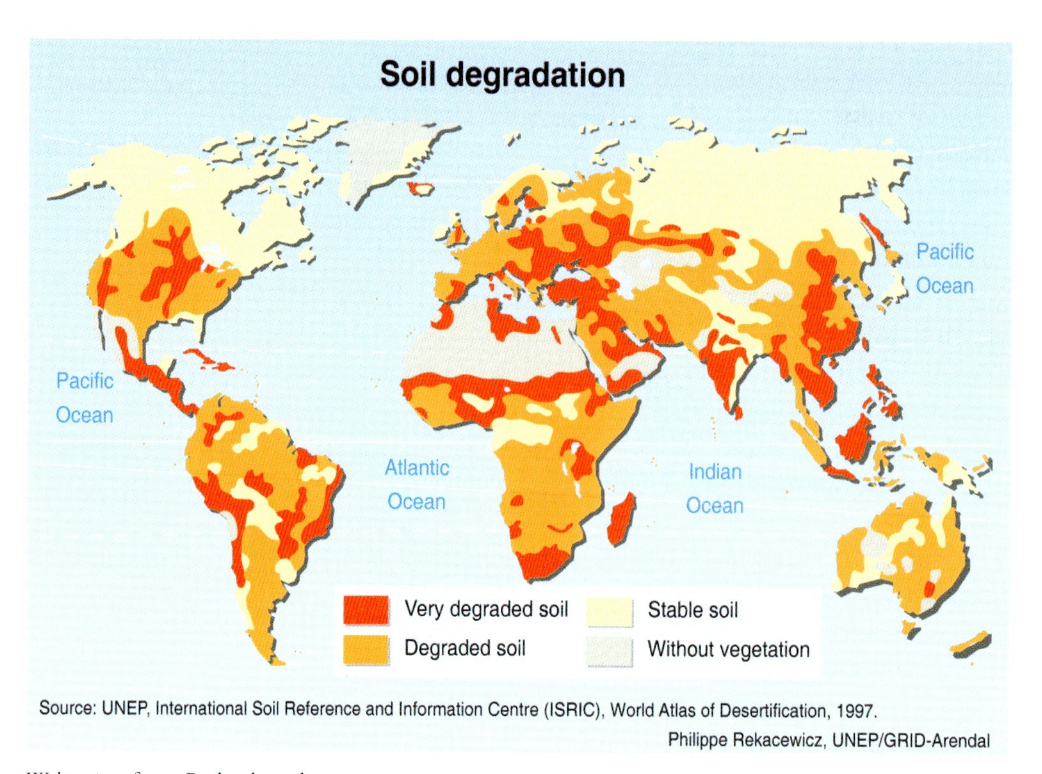

Weltweit erfasste Bodendegradierung

Wasser als Lebensmittel

Für alles Leben ist Wasser eine Grundvoraussetzung. Weltweit verknappen sich die Süßwasservorräte. In den von Wasserknappheit betroffenen Ländern wird ein Großteil der auftretenden Krankheiten durch Trinkwasser verbreitet. Schon seit langem ist bekannt, dass kontaminiertes Trinkwasser akute und chronische Erkrankungen des Menschen auslösen. Sowohl Krankheitserreger (Viren, Bakterien und Protozoen) als auch zu hohe Konzentrationen bestimmter chemischer Inhaltsstoffe können trinkwasserbedingte Erkrankungen verursachen. Auch die chemische Beschaffenheit des Wassers birgt ein großes Gefährdungspotenzial. So kann Arsen aus Sedimenten ins Grundwasser gelangen. Blei und Kupfer aus Wasserleitungen und Nitrat aus der Landwirtschaft verunreinigen das Grundwasser ebenfalls.

Gefährliche Substanzen

Zu den bekannt gefährlichen, prioritär eingestuften Substanzen zählen Chlorpestizide (DDT, Lindan), polychlorierte Biphenyle (PCBs), Dioxine und Furane, polyzyklische aromatische Kohlenwasserstoffe (PAKs), polybromierte Biphenylether (Flammschutzmittel), Phthalate, Cadmium und Quecksilber. Bislang konzentriert man sich auf Verbindungen, die als persistent, toxisch und (bio-)akkumulierend gelten. Eine ganze Reihe von weiteren teils potenziell endokrin wirksamen Substanzen werden zurzeit diskutiert. Dabei handelt es sich auch um Pharmaka wie Blutfettsenker, β-Blocker, Antirheumatika, Antibiotika, um Steroide und Hormone, Duftstoffe, Antiseptika, Tenside und ihre Metaboliten (zum Beispiel Nonylphenole) sowie Kraftstoffadditive. Solche Stoffe können direkt über Abwässer oder Klärschlamm den Boden und das Grundwasser erreichen. Weiter ist es auch möglich, dass sie indirekt auf bisher nicht eindeutig bekannten Transportpfaden, zum Beispiel über die Atmosphäre, in die Umweltbereiche gelangen. Ebenfalls relevant ist der Eintrag von Veterinärpharmaka und Futterzusatzstoffen über die Ausbringung von Gülle und Stallmist.

Zunehmender Wasserbedarf

Wasser ist eine unentbehrliche Ressource für den Menschen und für die Natur. Wasser wird nicht im eigentlichen Sinne verbraucht, sondern es wird durch die „Verwendung“ unbrauchbar oder kann erst nach aufwändiger technischer Aufbereitung wieder genutzt werden. Die Wassermenge, die für die Produktion von Nahrungsmitteln erforderlich ist, übertrifft den Bedarf an Trink-, Sanitär- und Industriewasser um ein Vielfaches. Es wird erwartet, dass sich der globale Wasserbedarf bis zum Jahr 2025 im Vergleich zu den

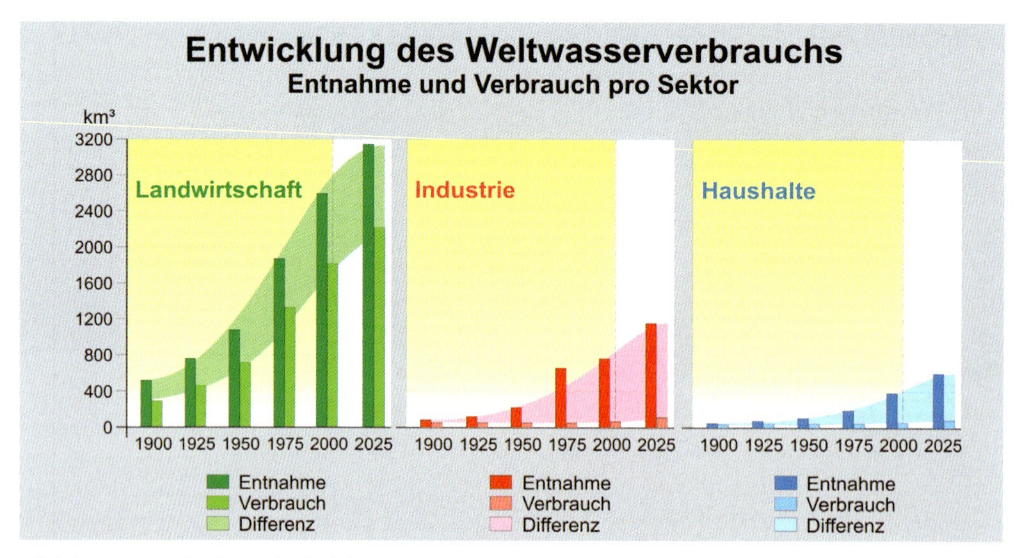

Globaler Anstieg des Wasserbedarfs bis zum Jahr 2025

60er Jahren des letzten Jahrhunderts verdoppeln wird. Besonders ausgeprägt ist der Anstieg in Afrika und Südamerika.

Im Jahr 2000 verbrauchte die Landwirtschaft im globalen Durchschnitt circa 70 Prozent des Wasserbedarfs, vor allem zur Bewässerung. Die Industrie verbrauchte 22 Prozent und 8 Prozent wurden für die Trinkwasserversorgung genutzt. Etwa 15 Prozent der landwirtschaftlich genutzten Flächen sind bewässert, wobei diese etwa die Hälfte des ökonomischen Wertes der weltweit produzierten Nahrungsmittel liefern. In den modernen Industriegesellschaften liegt der Wasserverbrauch pro Kopf bei 300 bis 600 Litern pro Tag, wobei man davon ausgeht, dass der Bedarf auf 500 bis 800 Liter pro Tag ansteigen wird. In den landwirtschaftlich geprägten Entwicklungsländern Asiens, Afrikas und Südamerikas können pro Kopf und Tag nur 50 bis 100 Liter bereitgestellt werden, vielerorts sogar nur 10 bis 40 Liter pro Tag.

„Wasserstress"

Die Erde verfügt insgesamt über große Süßwasservorkommen, die allerdings im Verhältnis zur Bevölkerungsdichte ungleichmäßig verteilt sind. Dies ist besonders in Asien der Fall, wo etwa 60 Prozent der Weltbevölkerung leben, jedoch lediglich circa 36 Prozent der Wasserressourcen vorhanden sind. Neben dem Bevölkerungswachstum sorgen der ungerechte Zugang und die ungerechte Verteilung des Wassers für Konfliktpotenzial. Länder, in denen der Wasserverbrauch die erneuerbaren Wasserressourcen um 40 Prozent überschreitet, befinden sich im „Wasserstress". Derzeit leben mehr als 1,2 Milliarden Menschen in Gebieten mit Wassermangel (dort ist der Verbrauch höher als 75 Prozent der erneuerbaren Wasserressourcen). Zwischen dem Zugang zu sauberem Wasser und Armut besteht ein direkter Zusammenhang. In vielen Ländern fehlt die erforderliche Infrastruktur, um die Menschen mit sauberem Trinkwasser zu versorgen und das Abwasser sicher zu entsorgen – derzeit sind etwa 2,6 Milliarden Menschen davon betroffen. Eine fehlende Abwasserbehandlung führt zu hygienischen Problemen und Seuchen. Man nimmt an, dass jährlich circa 2,3 Millionen Menschen sterben, weil ihnen sauberes Wasser fehlt, die sanitären Anlagen unzureichend oder die Hygienestandards mangelhaft sind. Die Kosten für das Gesundheitssystem und für die Wirtschaft sind enorm. In den betroffenen Ländern verbringen vor allem die Frauen täglich viel Zeit damit, Wasser zu holen. Das behindert die wirtschaftliche und gesellschaftliche Entwicklung dieser Länder. Bereits im Jahr 2002 hat der UN-Gipfel in Johannesburg die Wichtigkeit dieses Themas betont. Auf dem Gipfel wurden sehr anspruchsvolle Millenniumsziele festgeschrieben: Bis 2015 soll sich die Zahl der Menschen, die keinen Zugang zu sauberem Trinkwasser und zu sanitären Anlagen haben, halbieren. Die Weltbank schätzte 2003, dass Investitionen von mehr als 25 Milliarden Dollar nötig sind, um dieses Ziel zu erreichen.

„Georessource" Grundwasser

Der Wasserbedarf beschränkt sich im Wesentlichen auf Süßwasser. Brack- oder Salzwasser sind nur in geringem Umfang brauchbar, zum Beispiel als Kühlwasser in Kraftwerken. Der Anteil von Grundwasser in der kommunalen Wasserversorgung ist insbesondere in Mitteleuropa sehr bedeutend. Auch die Bewässerungslandwirtschaft nutzt in vielen Fällen Grundwasser. Viele der großen Grundwasservorkommen stammen aus der Vorzeit („fossiles Grundwasser"). In den Trockengebieten der Erde erneuern sich diese heute nicht mehr und werden oft unwiederbringlich ausgebeutet. Weil die Aquifere zunehmend übernutzt werden, sinkt der Grundwasserspiegel vielerorts ab und an den Küsten dringt Salzwasser in Schichten ein, die vormals Süßwasser führten. In Chennai, Indien, hat sich die Salzwasserfront bereits in den 1990er Jahren zehn Kilometer ins Inland vorgeschoben. Erschwerend kommt die Umweltverschmutzung hinzu. Sie gefährdet vor allem eine Nutzung von (Grund-) Wasservorkommen als Trinkwasser.

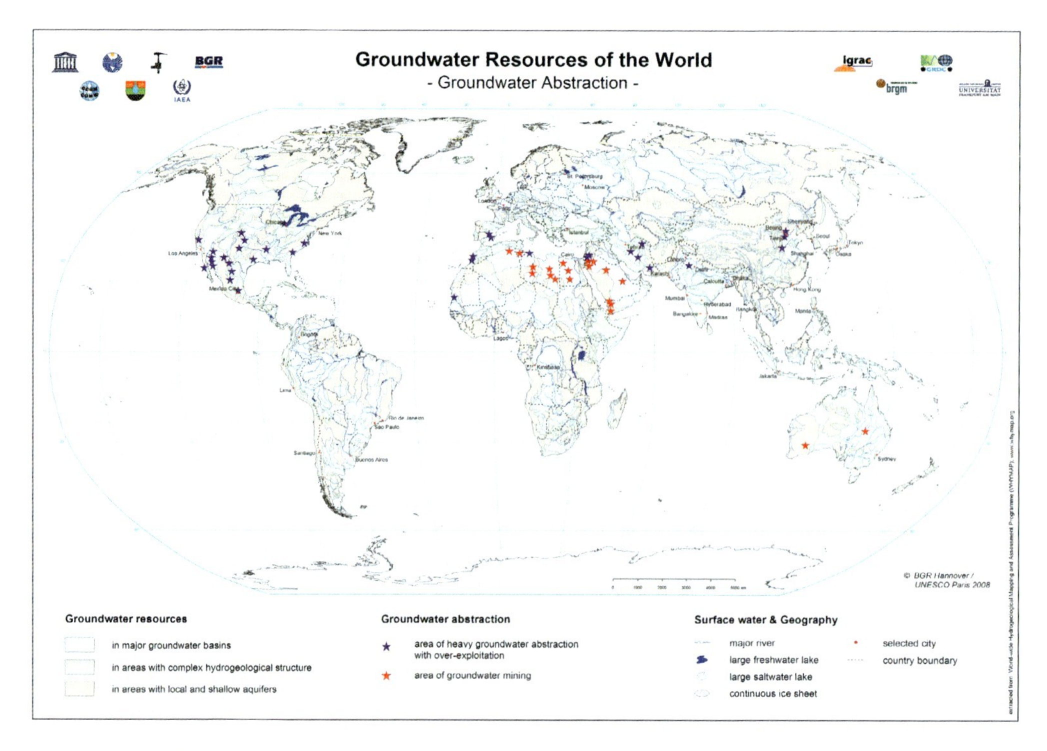

Übernutzung (blaue Sterne) und Ausbeutung (rote Sterne) der Welt-Grundwasser-Ressourcen. Fossile Grundwasservorkommen existieren zum Beispiel in den großen Sedimentbecken Nordafrikas und Arabiens

Künftige Wasserverfügbarkeit und Klimawandel

Durch den Klimawandel werden sich die Probleme in der Wasserversorgung noch verschärfen. Klimaprojektionen sagen voraus, dass die Niederschläge in den subtropischen und den angrenzenden Regionen der mittleren Breiten im 21. Jahrhundert sinken werden. In vielen semi-ariden bis ariden Gebieten (etwa im Mittelmeerraum, in den westlichen USA, in Südafrika und Nordostbrasilien) werden die verfügbaren Wasserressourcen abnehmen. Die Anzahl der Gebiete, die unter „Wasserstress“ leiden, wird deutlich zunehmen. Von Wasserstress können auch Gebiete betroffen sein, in denen die Niederschläge zwar insgesamt zunehmen, wo aber während des Sommers Dürreperioden auftreten. Bereits heute treten auf etwa 30 Prozent der bewässerten landwirtschaftlichen Flächen Probleme durch Versalzung auf. Das zeigt, dass Veränderungen des Wasserhaushaltes die Bedingungen im Grundwasserkörper so verändern können, dass natürliche, für die Landwirtschaft schädliche Stoffe mobilisiert werden.

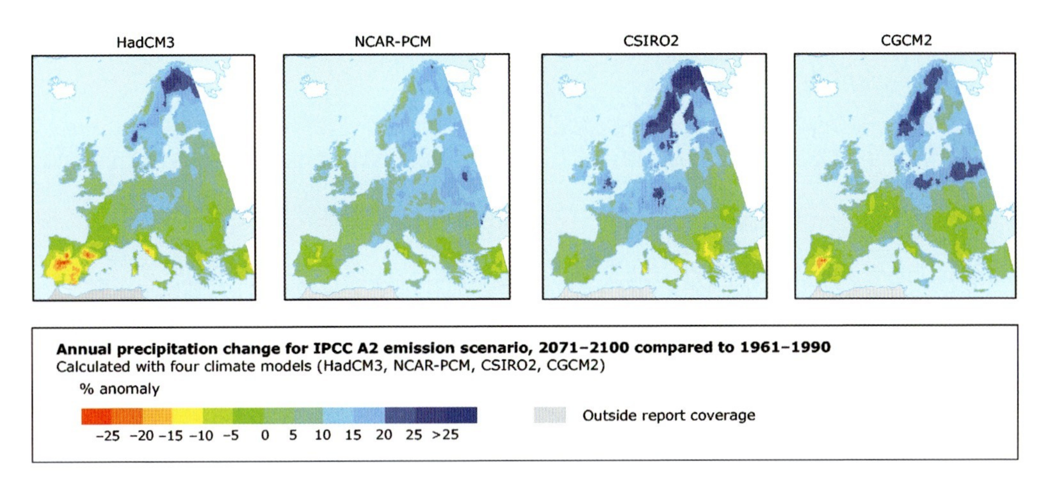

Erwartete Änderung der Niederschlagsverteilung in Europa bis ins Jahr 2050 (Europäische Kommission); alle Klimamodelle sagen deutlich abnehmende Niederschläge für die ohnehin schon trockenen Mittelmeerländer voraus.

Boden und Grundwasser als Einheit

Wasser und Boden werden vom Gesetzgeber wie auch in der Forschung im Wesentlichen als getrennte Bereiche betrachtet. Diese getrennte Betrachtung stößt vor allem dann an ihre Grenzen, wenn es um den Eintrag von Schadstoffen in die Umwelt geht und darum, wie sie sich in Boden, Wasser und Atmosphäre verhalten. Um die Bedeutung von Schadstoffen richtig beurteilen zu können, müssen Hydrosphäre, Pedosphäre und Atmosphäre gemeinsam untersucht werden. Auch die beteiligten wissenschaftlichen Disziplinen müssen eng zusammenarbeiten. Stoffe, die aus der Atmosphäre in den Boden eingetragen werden, können mit dem Sickerwasser gelöst, aber auch in Form kleiner Partikel ins Grundwasser gelangen. Von dort werden sie gegebenenfalls wieder in die Oberflächengewässer transportiert. Um das Migrationsverhalten von Stoffen vorhersagen zu können, entwickeln die Geowissenschaften derzeit ein vertieftes Prozessverständnis. Bislang ist zum Beispiel der Stofftransport in der vadosen Zone – der weitgehend unerforschten Schicht zwischen Bodenoberfläche und Grundwasser – nicht ausreichend verstanden. Um das Langzeitverhalten von Schadstoffen zuverlässig vorhersagen zu können, müssen zum einen die relevanten Prozesse identifiziert, zum anderen die zugehörigen Parameter gemessen werden. Boden und Grundwasser müssen als ein System verstanden und in Modellen auch als Einheit behandelt werden.

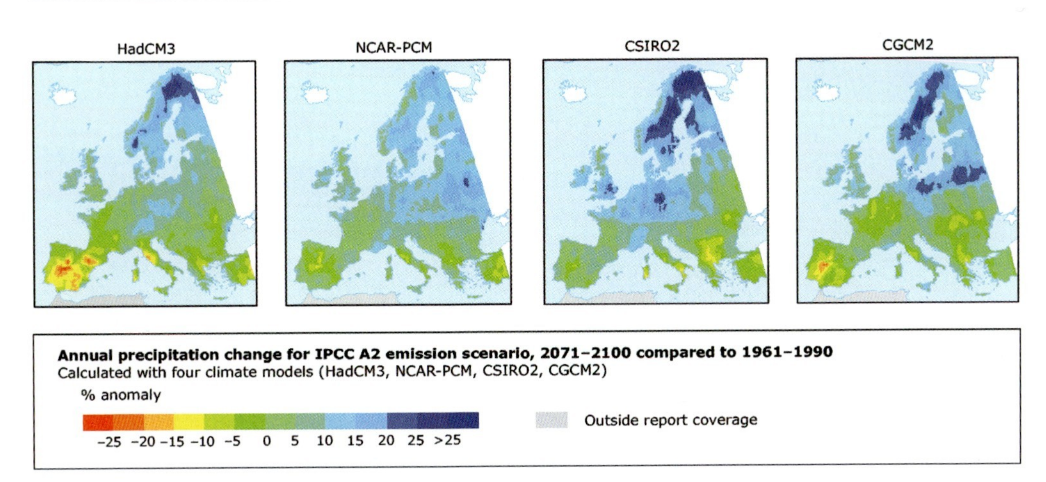

Erwartete Änderung der Niederschlagsverteilung in Europa bis ins Jahr 2050 (Europäische Kommission); alle Klimamodelle sagen deutlich abnehmende Niederschläge für die ohnehin schon trockenen Mittelmeerländer voraus.

Boden und Grundwasser als Einheit

Wasser und Boden werden vom Gesetzgeber wie auch in der Forschung im Wesentlichen als getrennte Bereiche betrachtet. Diese getrennte Betrachtung stößt vor allem dann an ihre Grenzen, wenn es um den Eintrag von Schadstoffen in die Umwelt geht und darum, wie sie sich in Boden, Wasser und Atmosphäre verhalten. Um die Bedeutung von Schadstoffen richtig beurteilen zu können, müssen Hydrosphäre, Pedosphäre und Atmosphäre gemeinsam untersucht werden. Auch die beteiligten wissenschaftlichen Disziplinen müssen eng zusammenarbeiten. Stoffe, die aus der Atmosphäre in den Boden eingetragen werden, können mit dem Sickerwasser gelöst, aber auch in Form kleiner Partikel ins Grundwasser gelangen. Von dort werden sie gegebenenfalls wieder in die Oberflächengewässer transportiert. Um das Migrationsverhalten von Stoffen vorhersagen zu können, entwickeln die Geowissenschaften derzeit ein vertieftes Prozessverständnis. Bislang ist zum Beispiel der Stofftransport in der vadosen Zone – der weitgehend unerforschten Schicht zwischen Bodenoberfläche und Grundwasser – nicht ausreichend verstanden. Um das Langzeitverhalten von Schadstoffen zuverlässig vorhersagen zu können, müssen zum einen die relevanten Prozesse identifiziert, zum anderen die zugehörigen Parameter gemessen werden. Boden und Grundwasser müssen als ein System verstanden und in Modellen auch als Einheit behandelt werden.

Wasser, Boden und Atmosphäre hängen untrennbar zusammen. Intakte Böden filtern und puffern das Oberflächenwasser und verhindern, dass Schadstoffe ins Grundwasser gelangen. Kontaminierte Böden und Sedimente sind dagegen eine Schadstoffquelle und gefährden die Qualität von Wasser und auch der Luft. Daraus ergibt sich die Forderung nach einem integrierten Wasser- und Bodenschutz.

„Critical Zone"

Der Begriff „Critical Zone" umschreibt die Grenzschicht der Erdoberfläche von der Oberseite der unverwitterten Gesteine bis zur Oberseite der Vegetation, in der die meisten terrestrischen chemischen, physikalischen und biologischen Austausch- und Umsatzprozesse stattfinden. Diese Zone wird auch durch menschliche Aktivitäten beeinflusst. Zentraler Bestandteil der „Critical Zone" sind die Böden (Pedosphäre). Diese Haut der Erde kontrolliert den Umsatz der globalen Stoffkreisläufe, wirkt als Stoffpuffer reinigend auf die Atmosphäre und Hydrosphäre und garantiert die Versorgung mit Nahrungsmitteln. Insbesondere Flusstäler und Flussdeltas enthalten die Erosionprodukte der Böden und stellen eines der wichtigsten Habitate des Menschen, aber auch eine der verwundbarsten Regionen dieses Planeten dar. Im Rahmen des globalen Wandels nimmt der Mensch verstärkt direkt oder indirekt Einfluss auf die unterliegenden Prozesse, zumeist in negativer Weise. Derzeit ist nicht absehbar, wie sensibel diese Haut auf die Einflüsse reagieren wird. Allerdings bieten sich durch das „Soil Engineering", das heißt

Die „Critical Zone" bildet ein Teilkompartiment von Ökosystemen beziehungsweise Landschaften. Dabei ist die Heterogenität der Böden von besonderer Bedeutung. Heterogenität gilt nicht nur für bodenchemische oder bodenphysikalische Eigenschaften, sondern auch für die Bodenbiologie und Bodenmikrobiologie und damit die Bodendiversität. Dies schließt auch den Gashaushalt von Böden mit ein.

Wissenschaftliche Herausforderungen

Die Forschung kann dazu beitragen, die Probleme im Wassersektor besser zu verstehen und in Zukunft zu lösen. Es ist nötig, Technologien wie die Membranfiltration zur Wasseraufbereitung und Meerwasserentsalzung weiter zu entwickeln. Daneben müssen Konzepte entwickelt werden, wie sich Wasser recyceln lässt, wie sich Bewässerungssysteme optimieren lassen, wie Wasser über große Entfernungen transportiert und wie es gespeichert werden kann. Neue Technologien zur Wasseraufbereitung brauchen derzeit noch viel Energie. Um diese Methoden nachhaltig einsetzen zu können, müssen die erneuerbaren Energien ebenfalls weiterentwickelt werden. Ein Beispiel: Um einen Kubikmeter Meerwasser zu entsalzen, ist eine Leistung von vier bis sechs Kilowattstunden nötig. Deshalb wird der Bau von Kernkraftwerken für Meerwasserentsalzungsanlagen erwogen (www.world-nuclear.org). Es ist daher wichtig, ein nachhaltiges Wassermanagement zu entwickeln. Das heißt: Grundwasservorkommen müssen nachhaltig bewirtschaftet, die Böden geschützt und die Vegetation als Filter und Speicher des Wassers genutzt werden. Prozessbasierte, integrierte Modelle sind nötig, um die zukünftigen Entwicklungen prognostizieren und den Einfluss von technischen und nicht-technischen Maßnahmen beurteilen zu können. Die UNESCO greift diese Themen unter anderem in der VII. Phase ihres Internationalen Hydrogeologischen Programms (IHP) auf, die von 2008 bis 2013 läuft. Daran zeigt sich, dass die Forschungsanstrengungen in diesem Bereich verstärkt werden müssen.

Die Geowissenschaften sind gefordert, Konzepte zu entwickeln, um einer globalen Wasserkrise begegnen zu können. Nur so kann sichergestellt werden, dass alle Menschen Zugang zu sauberem

Trinkwasser erhalten und genügend Wasser zur Produktion ihrer Nahrungsmittel zur Verfügung haben.

Schadstoff-Frachten und -Pfade

Bislang existieren nur grobe Abschätzungen darüber, welche Schadstofffrachten über welche Belastungspfade in die Böden und eventuell ins Grundwasser eingetragen werden und es ist zu befürchten, dass manche Schadstoffe über Jahrhunderte bis Jahrtausende im Untergrund verbleiben. Die anhaltende Emission einer zunehmenden Zahl persistenter, akkumulierender und toxischer Stoffe durch Landwirtschaft, Verkehr, Industrie, Landnutzung, Kanalnetze etc. führt zu einer flächenhaften Belastung der Umwelt. Im Vergleich zu Punktquellen, wie Altlasten, sind die absoluten Konzentrationen zwar meist relativ niedrig, oft findet man aber einen „Cocktail" einer Vielzahl von Stoffen (zum Beispiel in Sedimenten der Flüsse), deren Zusammenwirken und Implikationen meist unbekannt sind.

Zukunft der Bodenwissenschaften

Die Bodenwissenschaften in Deutschland können den zunehmenden Anforderungen nicht gerecht werden. Dieses liegt zum einen an ihrer Struktur, die durch Zersplitterung charakterisiert ist, und zum anderen an ihrer historisch gewachsenen Ausrichtung. Dies hat erhebliche Auswirkungen auf die Wahrnehmung in der Gesellschaft, der Wirtschaft und der Politik, aber auch auf die Einbettung der Bodenwissenschaften in die Geo- und Umweltwissenschaften. Der notwendige Beitrag der Bodenwissenschaften bei der Entwicklung von Forschungsprogrammen kommt dabei zu kurz.

Die aktuelle bodenwissenschaftliche Orientierung ist zum einen auf den Boden als Produktionsfaktor sensu Agrarwirtschaft, Forstwirtschaft, Gartenbau etc. und zum anderen auf den Boden als Umweltmedium ausgerichtet. Die Bodenwissenschaft ist in der Geographie und Geoökologie vertreten. Es werden unter anderem flächenhafte Ansätze im Rahmen der Landschaftsentwicklung oder auch der Landschafts- und Regionalplanung sowie der Pedosphäre als Teilkompartiment terrestrischer Ökosysteme verfolgt. Auch wird die ökologische Bedeutung von Böden als Biodiversitätsreservoir, das die gesamte terrestrische Biodiversität interaktiv mitprägt, behandelt. Zudem wird das biotechnologische Potenzial der Bodenorganismen in Betracht gezogen. Aufgrund dieser Ausrichtung sind die mit dieser Forschung verbundenen Ansätze weitestgehend problem- und nutzungsorientiert.

In den letzten Jahren wird bodenorientierte Forschung auch verstärkt von Hydrologen, Biologen, Mikrobiologen, Ökologen, Geologen, Geomorphologen oder Chemikern und Umweltingenieuren betrieben.

Neben der Weiterentwicklung der Bodenwissenschaften als eigenständigem Fachgebiet müssen die Bodenwissenschaften auch noch stärker als bisher integrierend in den Geo- bzw. Erdwissenschaften wirken.

2.2 Fossile Energieträger

Energiemix

Die Energieversorgung Deutschlands und auch der Welt insgesamt beruht auf einem „Mix" aus fossilen Energieträgern (Erdöl, Erdgas und Kohle), erneuerbaren Energieträgern und Kernenergie. Die fossilen Energieträger haben mit über 80 Prozent den weitaus größten Anteil an der Gesamtenergieversorgung. Um das Klima zu schützen und eine nachhaltige Wirtschaft aufzubauen, ist es nötig, die Abhängigkeit von den fossilen Energieträgern zu reduzieren. Trotz aller Anstrengungen werden die fossilen Energierohstoffe aber wahrscheinlich noch viele Jahre die Hauptlast der Energieversorgung tragen.

Fossile Energieträger

Die fossilen Energieträger sind in den letzten Jahren wieder verstärkt in den Brennpunkt des öffentlichen Interesses gerückt. Das hatte zum einen mit den stark schwankenden Preisen zu tun, zum anderen mit infrastrukturellen, wirtschaftlichen, politischen und technischen Problemen der Energierohstoffmärkte. Der Öffentlichkeit wird immer mehr bewusst, dass die fossilen Energierohstoffe endlich sind. Es ist daher nötig, Vorkommen und Verbreitung dieser Rohstoffe verlässlich zu ermitteln und nicht-konventionelle fossile Energierohstoffvorkommen wissenschaftlich zu untersuchen. Gerade die geowissenschaftliche Forschung ist hier gefragt, um Bildungsprozesse der Kohlenwasserstoffe zu bewerten, neue Lagerstätten zu identifizieren, leistungsfähige Explorationsmethoden zu entwickeln und nicht-konventionelle Lagerstättentypen auf ihre Nutzbarkeit hin zu untersuchen.

Mit den derzeit verfügbaren Fördermethoden kann im weltweiten Durchschnitt nur etwa ein Drittel des in den Lagerstätten vorhandenen Erdöls gefördert werden – eine Tatsache, die angesichts

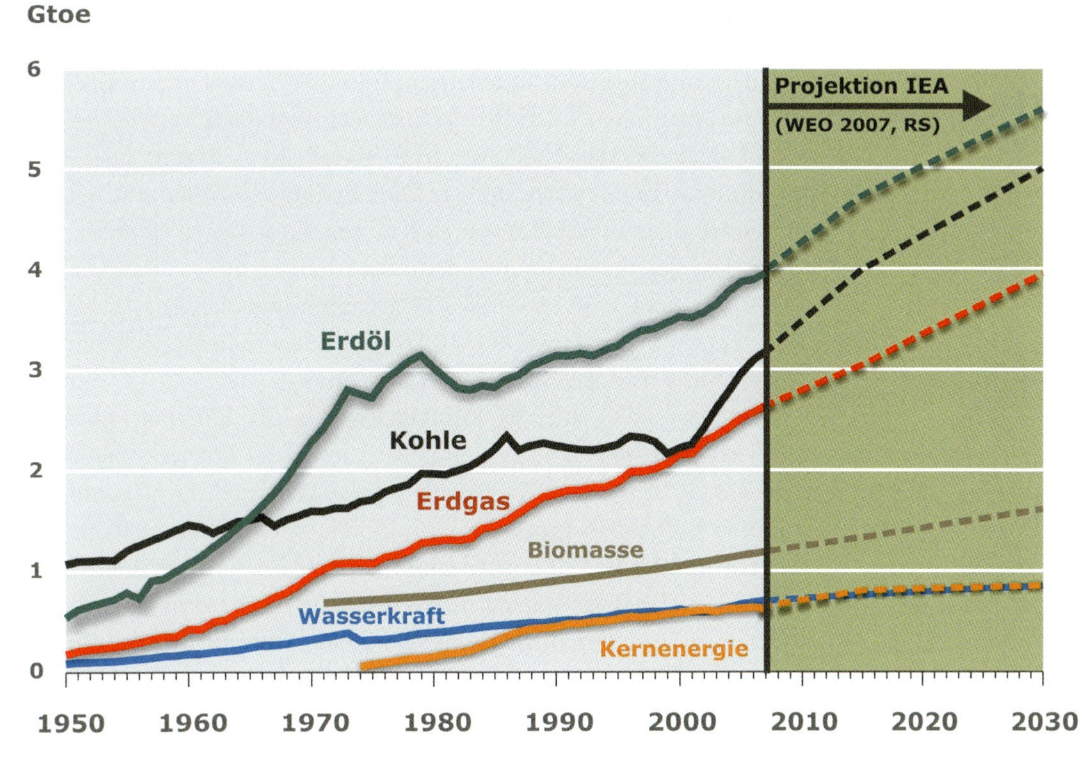

Entwicklung des weltweiten Primärenergieverbrauchs in Gtoe (Giga Tonnen Erdöl-Äquivalent) seit 1950 und Projektion bis 2030

der großen Bedeutung fossiler Energieträger für unsere Gesellschaft erstaunen mag. Der größte Teil des Öls verbleibt technisch und wirtschaftlich nicht nutzbar in der Lagerstätte. Neue geochemische und mikrobiologische Methoden zur effektiveren Nutzung der Ressourcen werden derzeit erforscht. Die geowissenschaftliche Grundlagenforschung kann die Aktivitäten der Mineralölindustrie vorbereiten und damit einen grundlegenden Beitrag zur Zukunftssicherung unserer Gesellschaft leisten.

Nicht-konventionelle Energieträger

Der Gesellschaft wird allmählich bewusst, dass die Reserven begrenzt sind, während die Nachfrage weiter ansteigt. Dadurch rücken die bislang als nicht-konventionell bezeichneten Energiereserven verstärkt ins Blickfeld. Dabei handelt es sich um Vorkommen, die schwerer zugänglich sind als konventionelle Reserven, zum Beispiel oberflächennahe Ölsande und Ölschiefer, Erdgas in dichten

Speichergesteinen, flach und sehr tief liegende Erdgasvorkommen, Gas in Kohleflözen und Gashydrat. Große Energiereserven sind vor allem in Kohle und Ölschiefern gebunden. Deren Vorkommen an Land ist weitgehend bekannt. Entwicklungsbedarf besteht aber vor allem darin, die Abbautechniken weiterzuentwickeln. Die so genannte in-situ-Gewinnung von Öl oder Gas aus Kohle und Ölsanden ist besonders interessant. Man bezeichnet diese Verfahren auch als in-situ-Verflüssigung oder in-situ-Vergasung.

Für die nicht-konventionellen Gasvorkommen besteht erheblicher Forschungsbedarf. Diese Gasvorkommen befinden sich zum Beispiel in wenig durchlässigen Sandsteinen (tight gas), in Tonsteinen (gas shale) oder in Kohleflözen. Da die Durchlässigkeit des Gesteins in diesen Lagerstätten weit unter der konventioneller Lagerstätten liegt, muss untersucht werden, wie sich das Gas mobilisieren lässt. Auch geochemisch-mikrobiologische Fragen stehen im Zentrum der Forschung: Wie bildet sich Gas bei hohen Temperaturen, welche Rolle spielen mikrobielle Prozesse? Nicht-konventionelle Gaslagerstätten speichern sehr große Mengen Erdgas, und Erdgas setzt bei der Verbrennung weniger CO_2 frei als andere fossile Energieträger. Daher sollte die Forschung in diesem Bereich intensiviert werden, zumal auch in Deutschland erhebliche Vorkommen an nicht-konventionellem Erdgas existieren. Im Gegensatz dazu wird marines Gashydrat, also in Eis gebundenes Erdgas, vermutlich trotz der großen Forschungsanstrengungen der vergangenen Jahre erst in ferner Zukunft als Energierohstoff genutzt werden können. Dabei übersteigt das insgesamt in Gashydrat gebundene Erdgas die konventionellen Erdgasmengen wahrscheinlich erheblich. Möglicherweise ist es sogar möglich, Erdgas aus nicht-konventionellen Gasvorkommen zu gewinnen und gleichzeitig dort Kohlendioxid abzulagern.

Frontierregionen

Noch gibt es auf unserem Planeten „weiße Flecken“ zu Vorkommen und Verbreitung fossiler Energierohstoffe. Allerdings entwickeln sich Aufschluss- und Produktionstechnologien immer weiter. Rohstoffe werden in Regionen erschlossen, die noch vor wenigen Jahren als unerreichbar und unantastbar galten, so genannte Frontiers. Zu diesen Frontierregionen gehören die Tiefstwassergebiete mit Meerestiefen ab 1.500 Metern, die nördlichen Polarregionen sowie die so genannten Forearc-Becken an aktiven Kontinenträndern.

Wissenschaftliche Herausforderungen

Geologisch-tektonischer Überblick

Erdöl- und Erdgasexploration in den Frontierregionen erfordern einen enormen wissenschaftlichen und technischen Aufwand. Die Grundlagenforschung kann im Vorfeld industrieller Aktivitäten einen wesentlichen Beitrag dazu leisten, die Planungssicherheit für die künftige Energieversorgung zu verbessern und das Explorationsrisiko zu mindern. Die Aufgabe der Geowissenschaften besteht insbesondere darin, den geologisch-tektonischen Gesamtüberblick zu erarbeiten. Daraus lässt sich ableiten, ob in einem Gebiet Energierohstoffe vorkommen können und welche Risiken die Rohstofferkundung und Rohstoffnutzung bergen. Nach der geophysikalischen Vermessung müssen dreidimensionale Modelle der Untergrundstrukturen erarbeitet werden. Anschließend geht es darum, die geologische Entwicklung der Sedimentbecken und ihrer Kohlenwasserstoffsysteme zu rekonstruieren und numerisch zu modellieren. Hierbei gilt es, besonders die Prozesse besser zu verstehen, die zur Bildung nicht-konventioneller Lagerstätten führen, damit sie in die Beckensimulation integriert werden können.

Seismische Vermessung polarer Frontierregionen

Methoden und Technologien

Um diese Herausforderungen zu bewältigen, müssen heute verfügbare Methoden und Technologien verbessert und neue Verfahren entwickelt werden. So müssen technische Werkzeuge zur gezielten geologischen Beprobung des Meeresbodens entwickelt werden. Es ist zudem nötig, eine adäquate geochemische Analytik zu entwickeln und geophysikalische Techniken zu optimieren, insbesondere tomographische Verfahren. Zudem müssen Modelle zur Entstehung von Kohlenwasserstoffen, Lagerstättenkonzepte und Explorationsstrategien für die Frontiergebiete angepasst oder neu entwickelt werden. Neben Aussagen zur prinzipiellen Verfügbarkeit spielen hier die Grundlagen der Rohstoffchemie, aber auch die mikrobiologischen Prozesse bei der Bildung und Alteration von Erdöl und Erdgas eine bedeutende Rolle. Aspekte der organisch-geochemischen Forschung berühren in vielschichtiger Weise die Aufsuchung und Förderung der fossilen Energieträger und ermöglichen erst die Abschätzung der Rohstoffqualitäten.

Die Explorations- und Produktionserfordernisse in der angewandten Grundlagenforschung werden zunehmend komplexer. Vor diesem Hintergrund gilt es, viele existierende analytische Methoden neu zu bewerten und zu optimieren. Laborexperimente an Erdölmuttergesteinen können grundlegende Erkenntnisse dazu liefern, wie sich das organische Material durch Wärme verändert und zu Erdöl oder Erdgas heranreift. Daraus resultieren Erkenntnisse darüber, wie sich die Kohlenwasserstoffe bilden, wie sie sich im Erdboden bewegen, ansammeln und verändern.

Ganz wesentlich ist der Forschungsbedarf dazu, wie Porositäten und Permeabilitäten bei den nicht-konventionellen Erdgasvorkommen verteilt sind. Diese Vorkommen besitzen fast durchgängig eine sehr niedrige Durchlässigkeit. Zur wirtschaftlichen Nutzung sind fast immer Stimulierungsmaßnahmen notwendig. Deren Erfolg hängt jedoch von einer möglichst genauen Kenntnis der Porositäts- und Permeabilitätsverteilung, der Gassättigung und der Kluft- und Störungsverteilung ab. Daher ist eine detaillierte Analyse der Reservoir-Eigenschaften die Voraussetzung für eine erfolgreiche Exploration. Neue Forschungsanstrengungen sind notwendig, um verschiedene geowissenschaftliche Datensätze zusammenzuführen und ein optimiertes Reservoir-Management zu entwickeln.

Mikrobielle Tätigkeit

Schon seit Jahrzehnten ist bekannt, dass mikrobielle (durch Mikroben verursachte) Prozesse Erdöl, Erdgas und Kohle verändern.

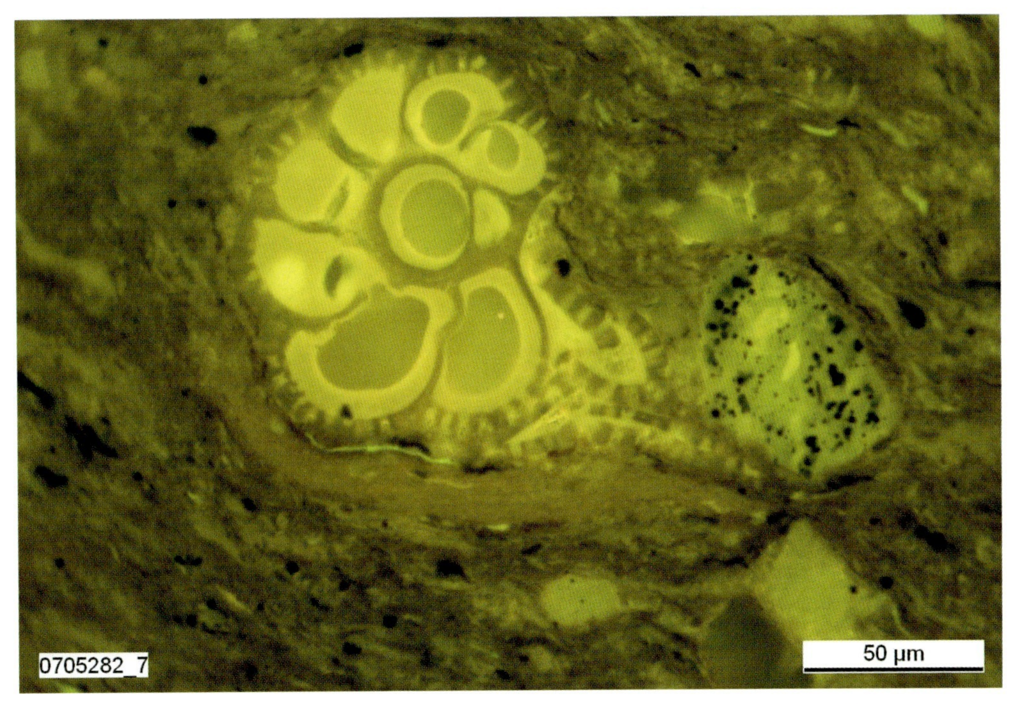

Mikroskopische Aufnahme im Fluoreszenzverfahren eines Erdöl führenden Gesteins. Die Hohlräume eines Mikrofossils (Foraminifere) sind mit Erdöl gefüllt.

In Kohle- und Erdöllagerstätten erzeugen die Mikroben beispielsweise Methan. Mikroben können zudem eingesetzt werden, um die Ölförderung in konventionell ausgeförderten Lagerstätten zu steigern. Diese Verfahren sind als MEOR-Strategien (Microbially Enhanced Oil Recovery) bekannt. Sie bieten ein erhebliches Potenzial zur effektiveren Entölung der Reservoire. Ein kostengünstiges, biotechnologisches Verfahren, in dem Mikroben schwer förderbares Erdöl oder Kohle in leicht zu produzierendes Methan umwandeln, würde eine sehr ergiebige und zudem umweltschonende Energieressource bereitstellen.

Die fossilen Energieträger bieten ein sehr umfangreiches Forschungspotenzial. Gleichzeitig ist ihre Erforschung von hohem gesellschaftlichen Nutzen und durch Praxisnähe gekennzeichnet. Bei weiter steigendem Energiebedarf stellen die drei fossilen Energieträger Erdöl, Erdgas und Kohle auch in den kommenden Jahrzehnten die Hauptenergiequelle dar. Sie bilden damit das Fundament unserer Energieversorgung. Einen sicheren Nachschub zu gewähr-

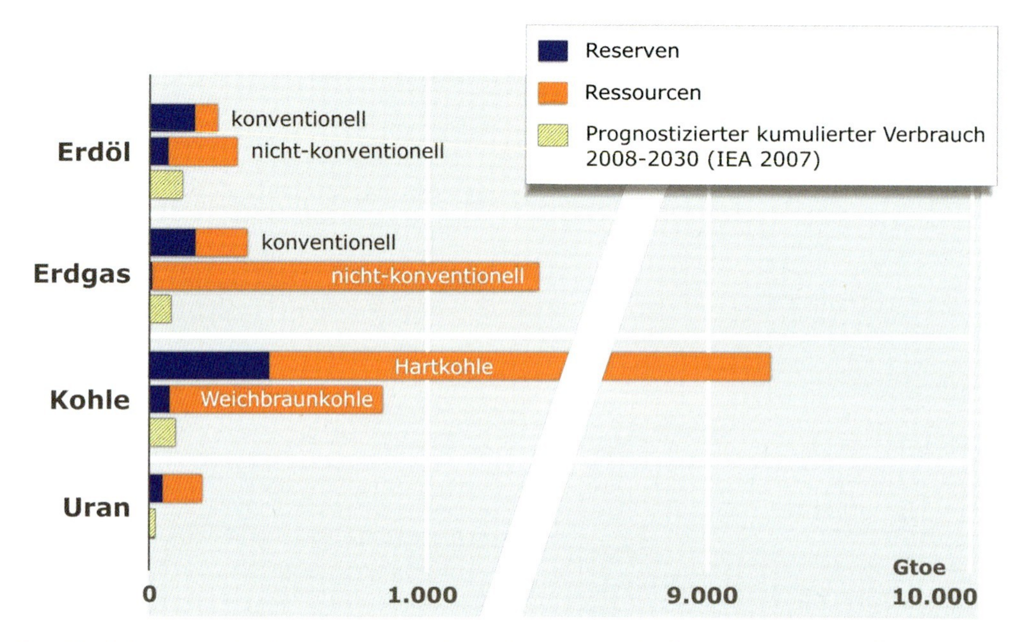

Das globale Angebot an fossilen Energierohstoffen und an Uran mit Verbrauchsprognosen für den Zeitraum 2008 bis 2030 (Gtoe = Giga-Tonnen Erdöläquivalent)

leisten, ist eine große Herausforderung, die multidisziplinäre und internationale Forschungskooperation erfordert.

2.3 Metallische Rohstoffe

Metallische Rohstoffe bilden eine unverzichtbare Lebensgrundlage der modernen Industrie- und Dienstleistungsgesellschaften. Die Exploration und Erzeugung von Metallen und Industriemineralen stehen am Beginn der industriellen Wertschöpfungskette. Der Bedarf an Metallen ist in den letzten Jahren durch die anwachsende Weltbevölkerung gestiegen. Das hat weltweit zu erhöhten Anstrengungen in der modernen Lagerstättenforschung an Land und im marinen Bereich geführt. Neue Explorations-, Bergbau- und Aufbereitungstechnologien wurden entwickelt und wirtschaftsgeologische Zusammenhänge erforscht.

Import metallischer Rohstoffe

Industrieländer wie Deutschland sind mangels eigener Metallrohstoffvorkommen meist nahezu vollständig auf den Import metallischer Rohstoffe angewiesen. Deutschlands technologisch hoch entwickelte und weltweit bedeutende Recyclingindustrie kann den Bedarf nur zu einem Teil decken. Deutschland muss daher einen freien Zugang zu den Weltmärkten und zu neuen Erzlagerstätten haben, um die Metallindustrie mit den benötigten Rohstoffen zu versorgen. Auch Zukunftstechnologien aus allen Branchen haben einen hohen Bedarf an Metallen und deshalb haben Industrie, Politik und Wissenschaft die Aufgabe, die Rohstoffversorgung auch bei schwankenden Marktbedingungen dauerhaft und langfristig sicherzustellen.

Mit dem zu erwartenden Aufschwung der Weltwirtschaft in den kommenden Jahren werden die Rohstoffpreise erneut anziehen. Spätestens dann wird weltweit wieder verstärkt prospektiert und exploriert werden. Bisher unerforschte Regionen und wenig untersuchte Lagerstättentypen werden im Fokus der Erkundung stehen. Zusätzlich werden neue effiziente und nachhaltige Bergbau- und Aufbereitungstechnologien benötigt. Forschung und Bildung sind der Schlüssel, um diese Herausforderungen zu meistern und die deutsche Wirtschaft und Wissenschaft wettbewerbsfähig zu machen. In Deutschland hat man die Ausbildung von Lagerstättengeologen, Berg- und Aufbereitungsingenieuren und verwandten Fachkräften in der Vergangenheit stark vernachlässigt. In Zukunft sollten die Ausbildungs- und Forschungskapazitäten, insbesondere auch modernste technisch-analytische Kapazitäten, verbessert und weiterentwickelt werden.

Wissenschaftliche Herausforderungen

In den kommenden Jahren wird man sich in Europa wieder auf Rohstoffe besinnen, insbesondere auf alternative Rohstoffe. Diese müssen im Detail untersucht und neu bewertet werden. Weltweit werden außerdem abgelegene und wenig erforschte Regionen erkundet werden und im Fokus der Forschung stehen.

Exploration

Auf der technischen Seite der Rohstoffgewinnung werden neue Explorationsmodelle und Explorationsstrategien immer wichtiger. Dazu gehören so genannte Proximitätsindikatoren für Lagerstätten oder die 3D- und 4D-Modellierung. Neue Modelle berechnen zum Beispiel die Stoffflüsse in der Erdkruste oder die Prozesse, bei denen Metallerze entstehen. Neue Lagerstättentypen, zum Beispiel nicht-

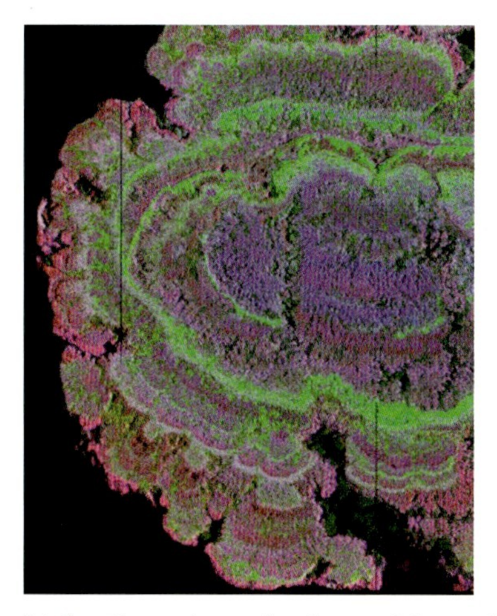

Links: Querschnitt durch eine Manganknolle. Die Farben zeigen die relative Anreicherung verschiedener Metalle in Lagen. Farbcode: Kupfer – rot, Kobalt – grün, Nickel – blau. Rechts: Manganknollenpflaster am Meeresboden. Weil die Knollen den Meeresboden dicht bedecken, sind die Vorkommen als potenzielle Lagerstätten, insbesondere für Kobalt, Kupfer und Nickel interessant.

sulfidische Zink- oder Nickel-, aber auch Platinerze sind ebenso von Interesse wie spezielle Erztypen, die Metalle für Zukunftstechnologien enthalten. Zu diesen Metallen zählen Gallium, Indium, Germanium, Scandium, Seltene-Erden-Elemente, Tantal und Platinmetalle. Einige dieser Rohstoffe lassen sich auch am Meeresboden finden, zum Beispiel in Form so genannter Massivsulfide in der Umgebung hydrothermaler Quellen oder als Manganknollen in der Tiefsee. Welche Metalle diese Lagerstätten enthalten und wie hoch die Konzentration etwa von Buntmetallen, Stahlveredlern, Edelmetallen oder elektronischen Metallen ist, muss noch untersucht und bewertet werden. Besonders der offene Ozean gilt noch als ‚Terra incognita'. Im Vorfeld einer zukünftigen industriellen Produktion kann die Forschung hier wichtige Weichen stellen. Um Erze und Reststoffe nachhaltiger zu nutzen, sollten auch Begleitmetalle und Nebenkomponenten extrahiert und gewonnen werden. Das kann bei der Aufbereitung verschiedenster Erztypen geschehen, aber auch bei der Aufbereitung so genannter Bergbaureststoffe, die zum Beispiel in Halden zu finden sind.

Wirtschaftsgeologie

Um die Markttransparenz von Warenströmen zu erhöhen, kann ein Herkunftsnachweis für Erze und Zwischenprodukte eine große Hilfe sein. Er könnte dazu dienen, Rohstoffe zu zertifizieren. Wirtschaftsgeologische Zusammenhänge, zum Beispiel das Zusammenspiel von Angebot und Nachfrage auf den Rohstoffmärkten, müssen erforscht werden, um neue Entwicklungen auf dem Rohstoffsektor rechtzeitig zu erkennen.Es stellt sich zum Beispiel die Frage, wie sich Zukunftstechnologien auf die Rohstoffmärkte auswirken und welche Rohstoffe sich durch andere Materialien ersetzen lassen.

Neue Lagerstätten sind nur schwer zu finden. Ebenso schwierig ist es, bekannte Vorkommen bei abnehmenden Wertstoffgehalten wirtschaftlich und umweltverträglich zu nutzen. Daher sind verbesserte Verfahren notwendig, von der Prospektion über den Betrieb bis zur Schließung. So müssen zum Beispiel neue Bohrverfahren entwickelt werden. Der Bohraufwand sollte optimiert werden, zum Beispiel, indem wichtige Messungen bereits während des Bohrens durchgeführt werden. Diese Bohrlochvermessung wird als Logging While Drilling, kurz LWD bezeichnet. Mobile Analysegeräte für die Felduntersuchung sollten weiterentwickelt werden. Zudem sind verbesserte geophysikalische Methoden erforderlich, die tiefer in den Untergrund eindringen und verschiedene geologische Schichten besser unterscheiden können als bisher.

Ansicht auf das Goldbergwerk Geita in Tansania. Neuen Konzepten zur Entstehung von Lagerstätten ist es zu verdanken, dass dieses Vorkommen in den 90er Jahren entdeckt wurde.

Abbauverfahren

Es ist in der Zukunft notwendig, die Abbautechniken zu optimieren, beginnend beim Bohren und Sprengen, über Lade- und Transportvorgänge bis zur Aufbereitung.

Um Lagerstätten insbesondere gegen Ende des Betriebs optimal nutzen zu können, muss über neue Abbauverfahren nachgedacht werden, zum Beispiel den so genannten Endböschungsbergbau. Biologische Methoden sind eine interessante Möglichkeit, um Metalle aus Erzen zu extrahieren. Beim so genannten Biomining laugen Mikroben Metalle aus einem Erz heraus. Bei der Biooxidation lösen die Mikroorganismen Minerale komplett auf. Beide Verfahren sollten erforscht und entwickelt werden.

Gleichzeitig sollten die Folgeerscheinungen des Bergbaus vermindert werden. Es ist nötig, die bergbaubedingten Abfälle zu reduzieren, indem zum Beispiel Erze bereits untertage von taubem Gestein getrennt werden. Später entstehende Abfälle sollten wieder untertage gebracht und dort zum Verfüllen verwendet werden, um das Grubengebäude zu stabilisieren. Oberirdisch gelagerte Bergbauabfälle können biologisch saniert werden.

Wenn die Folgenutzungsmöglichkeiten stillgelegter Bergbaubetriebe verbessert werden, verbessert sich die Lebensqualität der Bevölkerung. Werden stillgelegte Bergwerke rekultiviert, entstehen zum Teil gerade wegen der Bergbau-Vergangenheit einzigartige Biotope.

Gesellschaft, Industrie und Politik in Deutschland haben mittlerweile erkannt, dass Rohstoffe keinesfalls auf Dauer billig und jederzeit verfügbar sind. Die derzeitige Umbruchphase bietet der deutschen Forschungslandschaft die Chance, sich thematisch neu zu orientieren und sich in Richtung einer nachhaltigen Rohstoffforschung auszurichten.

2.4 Nukleare Brennstoffe

Kernenergie

Die Kernenergie hat viele Jahre der Stagnation hinter sich. Politik und Öffentlichkeit zeigten nur verhaltenes Interesse oder lehnten die Kernenergie ab. Derzeit erleben nukleare Brennstoffe in vielen Staaten eine Renaissance. Außer den zurzeit existierenden 436 Kernkraftwerken in 30 Ländern befinden sich 43 Anlagen im Bau und weitere 108 in der Planung; 266 Reaktoren wurden durch staatliche Organisationen zur Planung vorgeschlagen.

Angereichertes Uranoxid, der so genannte "Yellow Cake"

Zwischen 1945 und 1960 wurde Uran vorwiegend vom Militär genutzt. Heute dient es ganz wesentlich zur Elektrizitätserzeugung. Die zivile Nutzung begann in den 1960er Jahren und wurde in den folgenden 25 Jahren stark ausgebaut. Mit dem Unfall in Tschernobyl ging das Interesse zurück, und in den letzten zwanzig Jahren wurden keine neuen Projekte begonnen. Doch inzwischen hat weltweit ein Umdenken stattgefunden. Das Interesse an der zivilen Nutzung der Kernenergie ist wieder aufgelebt. Dafür sind mehrere Gründe verantwortlich. Politik und Gesellschaft sind zunehmend dafür sensibilisiert, dass der Energiebedarf zusammen mit der Weltbevölkerung stark anwächst. Das hohe Wirtschaftswachstum bevölkerungsreicher Staaten macht es zudem erforderlich, große Energiemengen zu geringen Kosten bereitzustellen. Nicht zuletzt setzt die Menschheit ungebremst Treibhausgase in die Atmosphäre frei, was das Klima und die Lebensgrundlagen auf der Erde gefährdet.

Der derzeitige Aufschwung der Kernenergie macht es nötig, nachhaltige und umweltschonende Bergbau- und Gewinnungsverfahren, so genannte in-situ-Lösungsverfahren, zu entwickeln und geologisch sichere Zwischen- und Endlager zu schaffen. Der ehrgeizige weltweite Ausbau der Kernenergie wird einen höheren Rohstoffbedarf nach sich ziehen. Die zahlreichen Bauprojekte haben bereits zu einer starken Preissteigerung für Uran geführt. Als Folge ist die Explorationstätigkeit angestiegen, die Nachfrage nach geologischer Kompetenz und Explorationskenntnis ist groß. Alte und neue Produzentenländer haben neue Minen und Produktionszentren erschlossen und neue Explorationsprojekte begonnen. Die Uranexploration hatte im Jahre 2008 ein Finanzvolumen von mehr als 750 Millionen US-Dollar. Forscher arbeiten daran, neue, sparsamere Kraftwerkstypen zu entwickeln. Auch die nachhaltige Gewinnung und Nutzung von Kernbrennstoffen sowie umweltspezifische Aspekte rückten in den wissenschaftlichen Fokus.

Uranlagerstätten

Uranlagerstätten bieten eine große geologische Vielfalt. Die momentan wichtigsten Rohstoffvorkommen sind Lagerstätten an so genannten geologischen Diskordanzen, in Kanada und Australien vor allem aus dem Zeitalter Proterozoikum. In Sandsteinen in den USA und Kasachstan haben sich durch zirkulierendes Grundwasser so genannte „Roll-Front-Lagerstätten“ gebildet. In anderen La-

Lagerstätte McArthur River (CW Jefferson, GSC Ottawa, Kanada)

gerstätten fällt Uran als Beiprodukt der Kupfergewinnung an, zum Beispiel im Bergbaukomplex Olympic Dam in Australien. Man nennt diese Form der Lagerstätten „Iron Oxide Copper Gold", kurz IOCG. Die meisten Lagerstätten entstehen durch geochemische Redox-Prozesse. Dabei spielen die hohe Wasserlöslichkeit des sechswertigen Urans und die geringe Löslichkeit des vierwertigen Urans eine wichtige Rolle. Oxidierendes Grundwasser kann Uran aus dem Gestein mobilisieren. Doch wenn sich die oxidierenden Bedingungen im Grundwasser zu reduzierenden Bedingungen ändern, fällt Urandioxid aus. Uran kann sich in Trockengebieten auch durch Evaporationsprozesse in oberflächennahen Kalkkrusten anreichern, wie zum Beispiel in Namibia und Australien. In Südafrika und Kanada sind große Ressourcen des uranhaltigen Minerals Pechblende in Konglomeraten aus Quarzgeröll zu finden, so genannten Paläoseifen aus dem späten Archaikum bis frühen Proterozoikum.

Die bekannten Uranressourcen decken den heutigen und zukünftigen Bedarf an Kernbrennstoff für mehr als 200 Jahre ab. Werden in Kraftwerken weiterentwickelte, schnelle Neutronentechnologien oder Thorium-basierte Brennelemente eingesetzt, erweitert sich der Zeitraum auf mehr als tausend Jahre. Zahlreiche Länder, zum Beispiel Australien, Brasilien, Indien oder Südafrika, besitzen große, ungenutzte Thoriumreserven.

Zwischen- und Endlager

Die zukünftige Nutzung der Kernenergie wird somit nicht durch einen Mangel an natürlichen Ressourcen limitiert. Potenzielle Beschränkungen ergeben sich aus ungelösten politischen und umweltrelevanten Fragen, etwa danach, wie sich Kernkraftwerke risikofrei betreiben lassen und wo die anfallenden radioaktiven Reststoffe sicher entsorgt werden können. Damit die Öffentlichkeit die Nutzung der Kernenergie akzeptiert, müssen zum einen die Versorgungswege sicher sein, zum anderen muss gewährleistet werden, dass Zwischen- und Endlager für radioaktive Abfälle gesucht, ausgebaut und dauerhaft gesichert werden.

Wissenschaftliche Herausforderungen

In der Zukunft stehen die Geowissenschaften vor allem vor sicherheits- und umweltrelevanten Herausforderungen. Geowissenschaftler können einen zentralen Beitrag dazu leisten, Kernbrennstoffe umweltschonend zu suchen und zu gewinnen, die natürlichen Ressourcen zu schützen und sichere Endlager ausfindig zu machen. In der Grundlagenforschung werden die physikalischen und chemischen Eigenschaften von Verbindungen, die Uran und andere Kernbrennstoffe enthalten, bereits heute untersucht. Wissenschaftler erforschen den Transport von Uran und Radionukliden in der Natur und in so genannten Barrieremedien, die die Verbreitung radioaktiver Stoffe verhindern sollen. Sie untersuchen, ob Uran mit organischen Verbindungen so genannte Komplexe bildet, wie sich Uranminerale in der Natur sowie unter Laborbedingungen auflösen und sie erforschen die Eigenschaften unterschiedlich poröser Uranverbindungen.

Neue Generationen von Reaktoren sollten zum einen eine größtmögliche Sicherheit beim Betrieb bieten. Ein weiteres Ziel besteht darin, die Reaktoren technisch weiter zu entwickeln und die nukleare Technik so zu optimieren, dass sie möglichst wenig Ressourcen verbraucht. Um sichere Endlager bauen zu können, muss die Wechselwirkung zwischen radioaktiven Abfällen und Mineraloberflächen detailliert untersucht werden. Im Fokus des Interesses stehen hierbei folgende Fragen:

- Unter welchen Umständen nehmen Lebewesen Uran und Thorium auf?
- Wie sind Uran und Thorium an natürlichen Mineraloberflächen und organischen Komponenten gebunden? Gibt es Grenzflächen- und Austauschreaktionen? Reichern sich Uran und Thorium in natürlichen Prozessen an?
- Wird Uran in natürlichen und anthropogen beeinflussten Arealen, in Bergbaugebieten und im Umfeld potenzieller Speichergesteine in Form kleiner Partikel oder als Lösung transportiert?
- Welche Wirkung haben Uran und andere Radionuklide auf menschliche Zellen?

Die Ergebnisse der Grundlagenforschung sind sowohl von wirtschaftlicher als auch von gesellschaftlicher Bedeutung, etwa, wenn es um die Herkunft von Uranlagerstätten und die nachhaltige Nutzung dieser Ressourcen geht. Studien zur Konzentration und zu den Bindungsformen von Uran und Thorium in Wertmineralen haben Auswirkungen auf den internationalen Handel, die Aufbereitung, die Deponierung und Weitergabe dieser Stoffe.

2.5 Geothermische Energie

Bei der geothermischen Energienutzung sind prinzipiell zwei Reservoirtypen zu unterscheiden:

- die so genannten dampfdominierten Heißwasserreservoire sind gut für die Stromerzeugung geeignet. Sie werden auch Hochenthalpie-Lagerstätten genannt und kommen ausschließlich in geodynamisch aktiven Zonen der Erde vor, zum Beispiel in Indonesien, Island, Italien, Japan, Mittelamerika, Neuseeland, auf den Philippinen oder in den USA;
- so genannte flüssigkeitsdominierte Warm- oder Heißwasserreservoire, auch Niedrigenthalpie-Lagerstätten genannt, sind nur zum Teil für die Stromerzeugung nutzbar. Sie eignen sich besser für die Wärmegewinnung. In Deutschland existiert ausschließlich dieser Reservoirtyp.

Erdwärmesonden

Deutschland liegt mit einer jährlichen Erdwärmenutzung von circa 1.680 Gigawattstunden weltweit auf dem 15. Rang. Der weitaus größte Teil dieser direkt genutzten Erdwärme wird derzeit (2006) mit dezentralen Erdwärmesonden (circa 800 Megawatt thermisch) aus geringer Tiefe bis etwa 250 Meter gewonnen. Etwa 177 Megawatt entfallen auf etwa 140 zentrale Anlagen mit einer Kapazität von jeweils über 100 Kilowatt thermisch. Die Stromerzeugung aus Erdwärme steht in Deutschland zwar erst am Anfang, das Erneuerbare Energien Gesetz (EEG) hat aber eine Reihe neuer Geothermievorhaben zur Stromerzeugung angeregt.

Obwohl dampfdominierte Reservoire mit hohem Energieinhalt in Deutschland nicht auftreten, beträgt das vorhandene geothermische Potenzial sowohl für die Elektrizitäts- als auch für die Wärmegewinnung ein Vielfaches des Bedarfs. Um dieses Potenzial nutzen zu können, muss vor allem die Nutzung der tiefen Erdwärme gründlich erforscht werden. Zwar weiß man, dass pro Tiefenki-

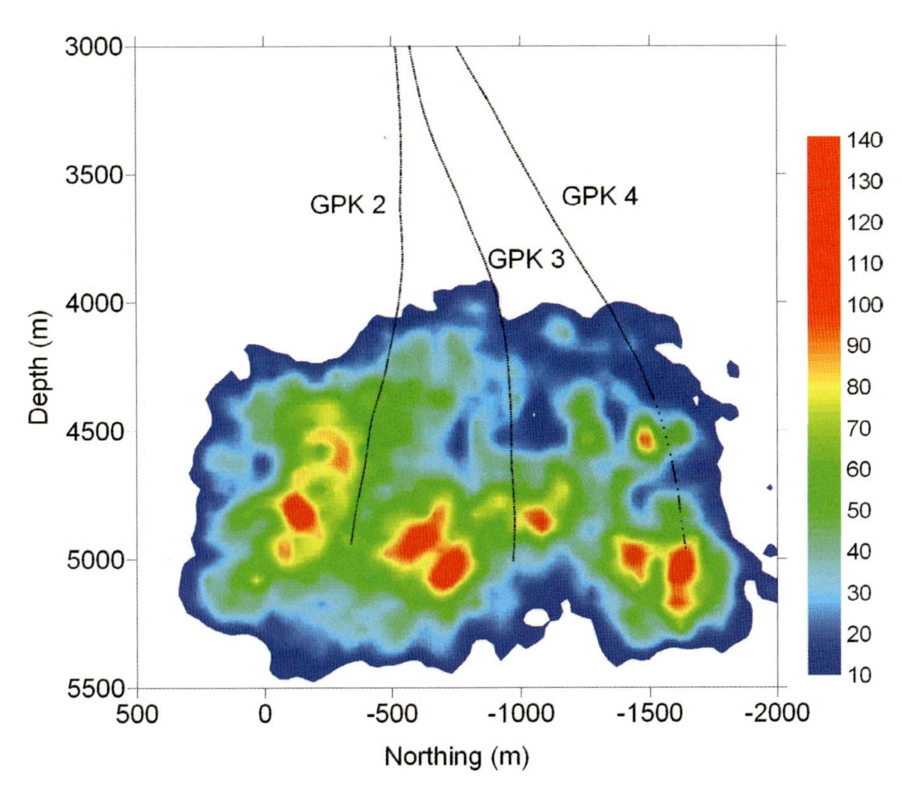

Anzahl seismischer Ereignisse (Farbskala), die durch massive hydraulische Stimulationen in den drei jeweils 5.000 Meter tiefen Bohrungen GPK2, GPK3, GPK4 des Europäischen Hot Dry Rock-Projekts in Soultz-sous-Forêts, Frankreich, erzeugt wurden. Die Verteilung gestattet es, Rückschlüsse auf die lokale Permeabilität und die Verbindung permeabler Bereiche untereinander zu ziehen, die durch die hydraulische Stimulation erzeugt wurden.

Wissenschaftliche Herausforderungen

Hydraulische Stimulation

Hinsichtlich der hydraulischen Stimulation ist es nötig, die Bruchprozesse während der hydraulischen Stimulation zu analysieren und geeignete Berechnungsmethoden und Modelle zu entwickeln, mit denen sich die Rissausbreitung im Gestein beschreiben lässt. Es müssen Methoden entwickelt werden, um die Risse im tiefen Untergrund zu orten. Tests sind notwendig, in denen die hydraulische Stimulation mit unterschiedlichen Flüssigkeiten, zum Beispiel mit viskosen Gels durchgeführt wird. Auch chemische und explosive Stimulationsmethoden, die sich vorwiegend in der näheren Umgebung der Bohrung auswirken, sollten getestet werden.

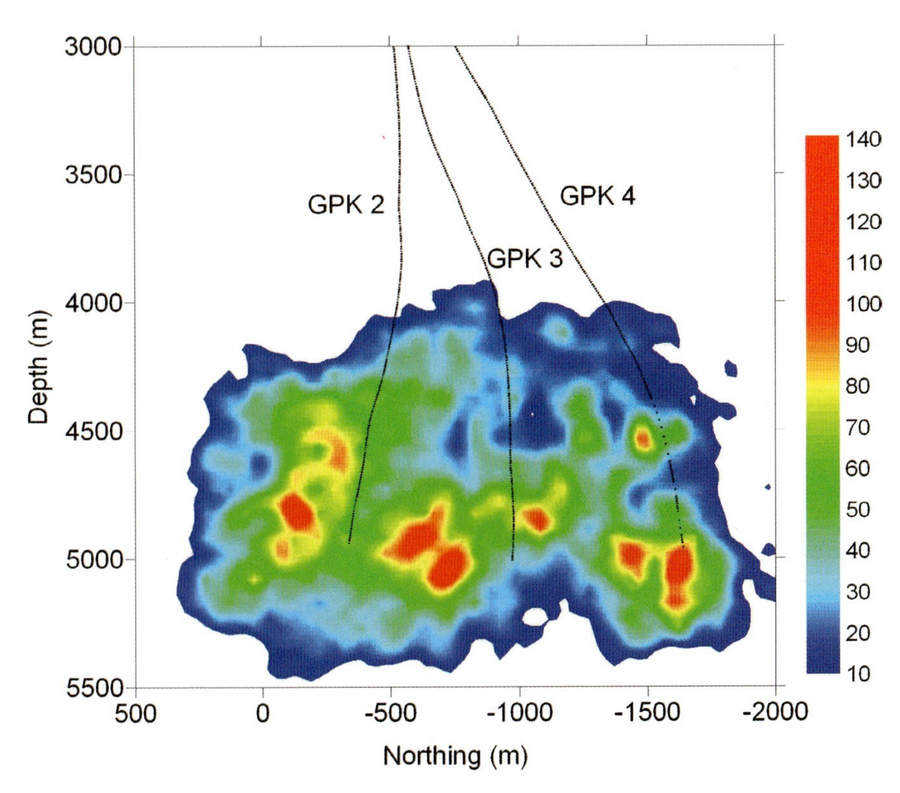

Anzahl seismischer Ereignisse (Farbskala), die durch massive hydraulische Stimulationen in den drei jeweils 5.000 Meter tiefen Bohrungen GPK2, GPK3, GPK4 des Europäischen Hot Dry Rock-Projekts in Soultz-sous-Forêts, Frankreich, erzeugt wurden. Die Verteilung gestattet es, Rückschlüsse auf die lokale Permeabilität und die Verbindung permeabler Bereiche untereinander zu ziehen, die durch die hydraulische Stimulation erzeugt wurden.

Wissenschaftliche Herausforderungen

Hydraulische Stimulation

Hinsichtlich der hydraulischen Stimulation ist es nötig, die Bruchprozesse während der hydraulischen Stimulation zu analysieren und geeignete Berechnungsmethoden und Modelle zu entwickeln, mit denen sich die Rissausbreitung im Gestein beschreiben lässt. Es müssen Methoden entwickelt werden, um die Risse im tiefen Untergrund zu orten. Tests sind notwendig, in denen die hydraulische Stimulation mit unterschiedlichen Flüssigkeiten, zum Beispiel mit viskosen Gels durchgeführt wird. Auch chemische und explosive Stimulationsmethoden, die sich vorwiegend in der näheren Umgebung der Bohrung auswirken, sollten getestet werden.

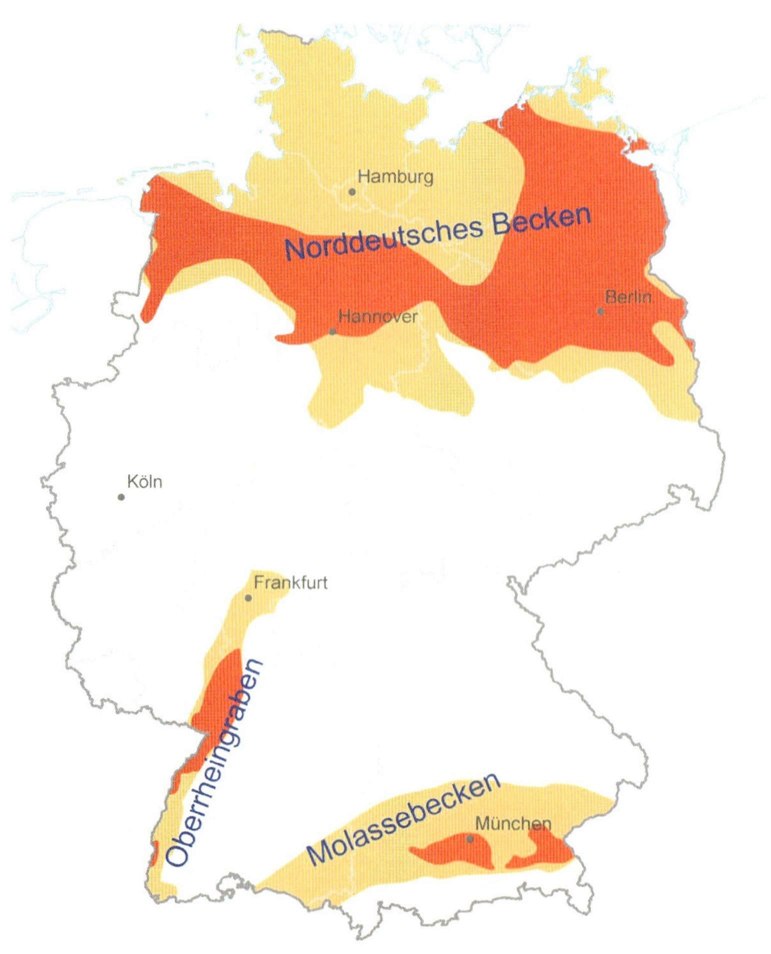

Gebiete mit Aquiferen, die für hydrogeothermische Nutzung in Deutschland geeignet sein können (farbkodierte Temperatur: rot: über 100 °C; gelb: über 60 °C). Für eine Stromerzeugung sind mindestens 100 °C erforderlich, für die direkte Wärmenutzung 60 °C.

Mit derzeit verfügbaren geophysikalischen Methoden kann die Gesteinspermeabilität von der Oberfläche aus nur ungenau bestimmt werden. Auch die Verfahren der Mineralölindustrie stoßen hier an ihre Grenzen. Es müssen daher spezielle Verfahren entwickelt werden. Das Ziel besteht darin, geophysikalische Methoden wie Reflexionsseismik und Bohrlochmessungen mit theoretischen Methoden zu kombinieren.

Geothermische Reservoire

Die technische Nutzung geothermischer Systeme beeinflusst die Strömungsverhältnisse, den Stofftransport und den Wärmetransport im Untergrund, sie kann Deformationsprozesse auslösen und chemische Reaktionen in Gang bringen. All diese Vorgänge, die sich gegenseitig beeinflussen können, sind bislang wenig erforscht. Zudem müssen Modelle entwickelt werden, mit denen sich eine effiziente Auslegung und ein optimaler Betrieb geothermischer Reservoire sicherstellen lassen. Diese Aufgabe stellt eine große Herausforderung dar, weil viele Eigenschaften des Untergrunds nur ungenau bekannt sind, wie zum Beispiel chemische Reaktionsparameter und gebirgsmechanische Größen.

Risikoanalysen helfen dabei, ein umfassendes Bild möglicher Gefahren und Potenziale zu entwerfen. Numerische Systemsimulationen sind ein wichtiges Hilfsmittel für derartige Analysen. Sie sollten auf die Bedürfnisse der Erdwärmenutzung hin weiterentwickelt werden.

2.6 Nutzung des Untergrundes

Jede Sekunde wird in Deutschland eine Fläche von 15 Quadratmetern für neue Siedlungsprojekte und Verkehrsmaßnahmen beansprucht. Die Nutzung freier Flächen erfolgt oft auf Kosten der Lebensbedingungen von Menschen, Tieren und Pflanzen. Das rasante Wachstum der Ballungsräume, besonders in den Industrienationen, führt dazu, dass der Lebensraum an der Oberfläche knapper wird.

Doch es gibt eine Ausweichmöglichkeit: den Untergrund. Dort können Verkehrswege wie Straßen- und Eisenbahntunnel oder U-Bahnen gebaut werden, aber auch Produktionsstätten, zum Beispiel für Computertechnik und Elektronik, und Untertagedepots für die Lagerung von Lebensmitteln oder sensiblen Geräten.

Natürliche und künstliche Hohlräume

Für die Nutzung des Untergrundes sind natürliche und künstliche Hohlräume von großer Bedeutung. Sie dienen als Energiespeicher, etwa in Pumpspeicherkraftwerken, als Erdöl- und Erdgasspeicher, zum Beispiel in Salzkavernen mit einem Aufnahmevolumen von bis zu einer Million Kubikmeter, oder als CO_2-Speicher zur Emissionsminderung von Kraftwerken. Als Letztere lassen sich zum Beispiel salzige Grundwasserleiter oder erschöpfte Erdgaslagerstätten nutzen. Toxische Abfälle werden in Untertagedeponien entsorgt und Bergwerke mit industriellen Reststoffen versetzt. Auch Endlager für radioaktive Abfälle müssen untertage geschaffen werden.

Sowohl natürliche als auch künstlich hergestellte Hohlräume bieten viele Vorteile. Sie bieten Schutz vor Naturgefahren, vor oberirdischen Erschütterungen, vor Lärm und Strahlung, sowie vor Witterungseinflüssen. Sie sind daher optimal geeignet, um hochsensible Produkte herzustellen und zu lagern. Sie bieten auch sicherheitstechnische Vorteile: Da Untertageanlagen nur über definierte Zugänge zu erreichen sind, gestalten sich Zugangskontrollen einfacher.

Standortsuche und der geologischen Erkundung

Die Nutzung des Untergrundes reduziert naturgemäß die oberirdische Bebauung und trägt so zur Schonung der Landschaft bei. Weil Biotope erhalten bleiben, profitiert auch der Umweltschutz.

Bevor der Untergrund genutzt werden kann, müssen Geowissenschaftler und Ingenieure intensive Untersuchungen durchführen. Nach der Standortsuche und der geologischen Erkundung folgt die geotechnische Begutachtung und Überwachung. Dabei kommen verschiedene Verfahren zum Einsatz:

- Geophysikalische Messmethoden (Radarmessungen, Seismik, Mikroakustik)
- Geologische Kartierung (Strukturgeologie und Tektonik)
- Untersuchung der gesteinsphysikalischen, geochemischen und felsmechanischen Eigenschaften der Wirtsgesteine in-situ und im Labor
- Geologische 3D-Modelle
- Geotechnische Messungen (felsmechanische und ingenieurgeologische Messungen)
- Risskartierungen
- Numerische thermisch-hydraulisch-mechanisch-chemische Modellberechnungen
- Gebirgsüberwachungsprogramme

Um genug Flächen für die Stadtentwicklung, Verkehrs- und Industrieplanung bereitzustellen, wird die Planung künftig den Bereich unter der Erdoberfläche noch mehr berücksichtigen müssen. Dabei ist zu beachten, dass der Untergrund auch als Rohstoffreserve genutzt wird, die in Konkurrenz zu Untertageanlagen stehen kann.

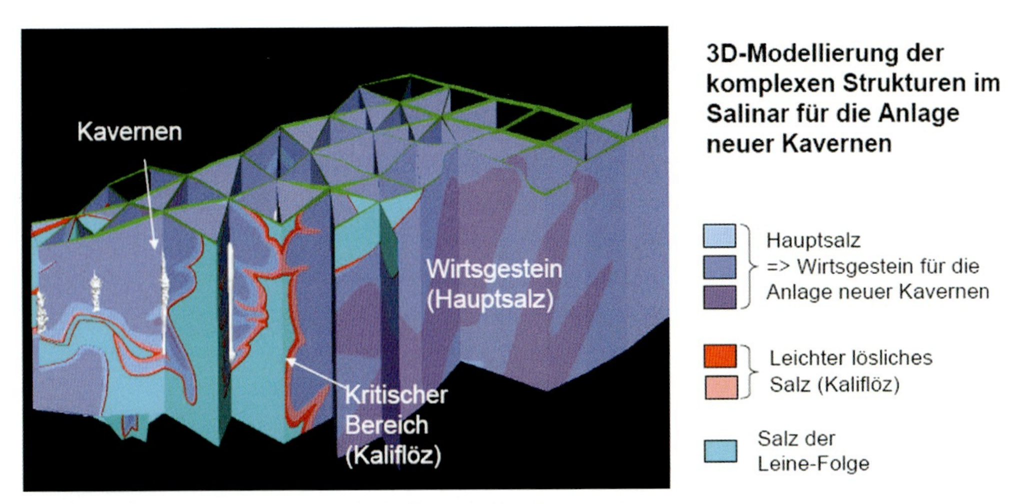

Dreidimensionale geologische Modelle helfen beim Neubau von Kavernen

Test eines neu entwickelten Vibratorquellensystems für die Vorauserkundung bei Tunnelbauprojekten im Festgestein (Piora-Sondierstollen)

Wissenschaftliche Herausforderungen

Die bessere Erkundung des Untergrundes ist eine Herausforderung für die Zukunft. So müssen Technologien für den Tunnelbau weiterentwickelt werden, die noch während des Bohrbetriebs eine zerstörungsfreie, hochauflösende Vorerkundung des voraus liegenden Gesteins mit seismischen Wellen erlauben. Um den geologischen Untergrund in dicht besiedelten Regionen zu erkunden, sind seismische Messungen mit einem Nutzsignal nötig, das sich eindeutig aus dem Rauschen der Stadt herausfiltern lässt.

Maschinenkaverne des Pumpspeicherwerks Waldeck II

Prognosen

Auch die Sicherheit von Endlagern für radioaktive Abfälle oder von künftigen unterirdischen Speichern des Treibhausgases CO_2 kann durch bessere Messmethoden weiter erhöht werden. Eine weitere Aufgabe besteht darin, Prognosen zu erstellen, wie sich der Boden oberhalb von Erdgasfeldern, über Erdgas- und Erdölspeichern in Salzkavernen und über CO_2-Speichern absenkt oder hebt. Landabsenkungen und -hebungen lassen sich mit Hilfe von Satelliten frühzeitig erkennen, wie sich in den letzten Jahren gezeigt hat. Diese satellitengestützten Methoden gilt es weiterzuentwickeln.

2.7 Industrieminerale und Düngemittel

Industrieminerale sind natürliche Mineralien und Gesteine, die auf der ganzen Welt verbreitet sind. Von den über 50 verschiedenen Arten von Industriemineralen haben folgende Stoffe eine besonders große wirtschaftliche Bedeutung: Baryt, Bentonit, Diatomit, Dolomit, Feldspat, Fluorit, Gips, Kalziumkarbonat, Kaolin, Glimmer, Graphit, Magnesit, Perlit, Phosphat, Salze, Schwefel, Schwerminerale, Quarz, Talk, Wollastonit und Zeolithe.

Industrieminerale sind heutzutage in den meisten industriellen Prozessen unverzichtbar. Sie sind ein wesentliches Element

Quarzsandgewinnung im nördlichen Harzvorland

in Farben, Elektronik-Bauteilen, Metallguss, Papier, Kunststoff, Keramik, Reinigungsmitteln, Pharmazeutika, Kosmetika, Baumaterialien und Landwirtschaft, um nur einige zu nennen. Sie werden auch als Hilfsstoffe in der Lebens- und Futtermittelindustrie verwendet und gewinnen im Umweltmanagement eine zunehmend größere Bedeutung, etwa bei der Abgasreinigung oder in Kläranlagen.

Deutschland ist ein Hochtechnologie- und Wirtschaftsstandort und stellt eine Vielzahl von Industriemineralen her. Daher sind Forschungs- und Entwicklungs-Aktivitäten zu den Themen Gewinnung, Aufbereitung und Nutzung von Industriemineralen unabdingbar.

Düngemittel werden im Wesentlichen aus Kalisalzen, Phosphaten und Stickstoffträgern hergestellt. Sie sind unerlässlich, um den Nahrungsbedarf der wachsenden Weltbevölkerung zu decken.

Wissenschaftliche Herausforderungen

Nachhaltige Nutzung

Bei der Industriemineral-Forschung spielt die nachhaltige Nutzung eine tragende Rolle. Das Recycling bietet Einsparpotenziale, die zu einer optimierten Nutzung der Industrieminerale in den bisherigen und zukünftigen Einsatzbereichen führen. Der Schwerpunkt liegt

Filterkuchen aus einem Kieswerk, der durch die ClayServer GmbH als Ziegelrohstoff vermarktet wird

dabei darin, auch in geringen Mengen vorkommende Minerale und Reststoffe zu nutzen, zum Beispiel von Abraumhalden, und Abfallstoffe wieder in wertvolle Produkte zu verwandeln.

Düngemittel werden sowohl aus Rohphosphaten als auch aus Guanolagerstätten hergestellt. Um die Nahrungsmittelproduktion langfristig durch eine angemessene Versorgung mit Düngemitteln zu sichern, ist die Suche nach neuen Phosphatlagerstätten notwendig. Phosphatlagerstätten sollten aus Umweltschutzgründen aber nur sparsam und nachhaltig genutzt werden. Die sparsame und nachhaltige Nutzung aller natürlichen Ressourcen der Erde ist Kern der nationalen Nachhaltigkeitsstrategie der Bundesregierung. Sie sollte daher Ziel aller Forschungsaktivitäten sein.

Seltene Erden

Wegen der steigenden Nachfrage in einigen Zukunftstechnologien wird bis 2030 eine größere Lücke an Seltenen Erden entstehen. Daher ist es nötig, die Verfügbarkeit und Nutzbarkeit von Seltenen Erden in Primärvorkommen, als untergeordnete Mineralgruppe und in Recyclingmaterialien, etwa in Bildröhren, Leuchtkörpern oder Magneten zu erforschen. Durch die Klimaerwärmung werden sich vermutlich in Grönland und der kanadischen Arktis ganz neue Möglichkeiten eröffnen. Zum wirtschaftlichen und umweltfreund-

Durch Erosion entstandene „Badlands“ im Jijona Basin (Provinz Valencia, Spanien)

lichen Abbau von Industriemineralen können dann erprobte technische Abbau-, Aufbereitungs- und Transportmöglichkeiten eingesetzt werden.

2.8 Produktion von Nahrungsmitteln in einer sich verändernden Umwelt

Ernährung der Weltbevölkerung

Aufgrund der Bevölkerungsentwicklung muss die Landwirtschaft in Zukunft ihre Produktion steigern. Die Vereinten Nationen prognostizieren, dass die Weltbevölkerung bis zum Jahr 2050 auf fast 10 Milliarden Menschen anwachsen wird. Um diese Zahl Menschen ausreichend ernähren zu können, müsste sich die Nahrungsmittelproduktion nach Schätzungen der Weltbank verdoppeln. Jahrzehntelang konnten die benötigten Steigerungsraten erreicht werden: so erhöhte sich die Nahrungsmittelproduktion von 1950 bis 1984 um das 2,5fache und übertraf damit das Bevölkerungswachstum deutlich. Seitdem hat sich der Trend umgekehrt; so wurden von 1984 bis 1993 weltweit pro Kopf 12 Prozent weniger Nahrungsmittel erzeugt.

Für diese Entwicklung ist eine Reihe von Ursachen verantwortlich. So werden landwirtschaftliche Flächen bereits jenseits ihres natürlichen Ertragspotenzials genutzt, das heißt, über das Maß dessen hinaus, was sie bei einer nachhaltigen, auf Dauer angelegten Bewirtschaftung zu leisten vermögen. Es bestehen kaum noch Möglichkeiten, die landwirtschaftlichen Nutzflächen zu erweitern, ohne ein hohes Ertragsrisiko oder die Schädigung anderer Umweltgüter in Kauf nehmen zu müssen.

Agrartechnik

Zudem ist mit revolutionären Innovationen in der Agrartechnik nicht mehr zu rechnen. Andere Innovationen überfordern die Kapitalkraft vieler Kleinlandwirte. Größere Wassermengen zur Bewässerung sind nur mit hohen Investitionen zu gewinnen, was häufig Umweltschäden nach sich zieht. Der verstärkte Einsatz von Düngemitteln führt vielerorts nicht mehr zu Ertragssteigerungen. Außerdem gehen viele Böden durch Bodenerosion und Desertifikation, Humusverlust und Versalzung verloren. Darüber hinaus wird immer mehr Ackerland in Siedlungsland umgewandelt.

Wissenschaftliche Herausforderungen

Nutzung und Schutz natürlicher Ressourcen

In der Zukunft muss ein Ausgleich zwischen Nutzung und Schutz der natürlichen Ressourcen gefunden werden. Geowissenschaftler sind weltweit aufgerufen, ihr Wissen und ihre Erfahrung einzubringen, um eine nachhaltige und integrierte Bewirtschaftung der Ressourcen Wasser und Boden zu fördern. Die bodenkundlichen und hydrogeologischen Forschungsbeiträge dienen vor allem dem Ziel, die Böden und Grundwasservorkommen zu erkunden, nachhaltig zu bewirtschaften und wirksam zu schützen.

Im hydrogeologischen Bereich bedeutet dies, Grundwasservorkommen global zu erfassen und ihre quantitativen Nutzungspotenziale zu bewerten, Verfahren zur Ermittlung der Grundwasserneubildung weiterzuentwickeln und die Filter- und Pufferfunktionen der grundwasserüberdeckenden Schichten zu ermitteln. Insbesondere sind die Eigenschaften von Karstgrundwasserleitern zu erforschen.

Wasserschutzgebiete

Es ist sehr wichtig, Wasserschutzgebiete auszuweisen. Auch die so genannte künstliche Grundwasseranreicherung spielt eine wichtige Rolle. Damit übernutzte Grundwasserspeicher in Trockengebieten

Bodenversalzung im Zentralchaco (West-Paraguay)

wieder aufgefüllt werden können, müssen Pläne für ein integriertes Wasserressourcenmanagement ausgearbeitet werden. Geowissenschaftler müssen Szenarien unter veränderten Umweltbedingungen betrachten und Strategien zur Anpassung des Wasserressourcenmanagements an den Klimawandel entwickeln.

Grunddaten über Böden

Die Herausforderungen im bodenkundlichen Bereich sind vergleichbar. Hier gilt es, die Grunddaten über Böden und ihre Eigenschaften global zu erfassen, ihr Eignungspotenzial für den Anbau der unterschiedlichsten Kulturpflanzen mit Methoden der „land evaluation" zu bewerten und Modelle zur Gefährdung der Böden zu entwickeln. Die Qualität von Böden wird zum Beispiel durch Wind- und Wassererosion, Verdichtung, Humusverlust und Versalzung in Mitleidenschaft gezogen. Für alle genannten Prozesse ist es notwendig, Grenzwerte zu entwickeln und gefährdete Flächen auszuweisen, bei denen starker Handlungsbedarf besteht.

Managementsysteme

Um die Bodenqualität zu steigern, müssen landwirtschaftliche Produktions- und Anbausysteme verbessert werden, zum Beispiel bei der Bewässerung oder der Entwässerung. Daneben muss es auch integrierte Managementsysteme zur Bewirtschaftung der Bodenressourcen geben. Um die Produktion von Nahrungsmitteln in Zukunft zu sichern, ist es unabdingbar, verschiedene Szenarien zu betrachten und Strategien zur Anpassung der Bodenbewirtschaftung an den Klimawandel zu entwickeln.

Kernaussagen

- Boden und Grundwasser sind lebensnotwendige Georessourcen. Ihre Rolle als Träger komplexer Ökosysteme, als Grundlage landwirtschaftlichen Ertrags, aber auch als Filter für Schadstoffe erfordert die Betrachtung als ein Gesamtsystem. Ein zentrales Problem ist die Verknappung dieser Ressourcen in vielen Regionen der Erde. Daneben ist bislang kaum bekannt, wie sich toxische Substanzen langfristig in Grundwasser und Boden verhalten und wie sie einzeln oder in Kombination auf Ökosysteme wirken. Insbesondere fehlen Massenbilanzen von Stoffeinträgen und -austrägen. Ob sich solche Stoffe schleichend im Untergrund anreichern, ist noch weitgehend unbekannt.
- Erdöl, Erdgas und Kohle stellen auch in den kommenden Jahrzehnten unsere Hauptenergiequellen dar und bilden damit das Fundament unserer Energieversorgung. Erdöl wird aufgrund begrenzter Ressourcen in absehbarer Zeit nicht mehr uneingeschränkt zur Verfügung stehen. Modelle, Lagerstättenkonzepte und Explorationsstrategien für die Frontiergebiete Tiefstwasser (mehr als 1.500 Meter Wassertiefe) und Arktis sind noch unzureichend. Mikrobiologische Prozesse bieten ein erhebliches Potenzial, um die Ölförderung in konventionell ausgeförderten Lagerstätten zu steigern und bekannte Reservoire effektiver zu entölen. Umweltschonende Technologien zur Gewinnung von Kohlenwasserstoffen aus nicht-konventionellen Lagerstätten (wie Shale Gas und Gashydrate) stehen erst am Anfang und bieten ein großes Potenzial.

- Die großtechnische Nutzung von Erdwärme ist in Deutschland ausschließlich über tiefe Warm- oder Heißwasserreservoire gegeben. Das größte Risiko bei Geothermie-Projekten besteht darin, dass die Zielformationen eine unzureichende hydraulische Permeabilität haben. Erheblicher Forschungsbedarf besteht daher bei der hydraulischen Stimulation von Gesteinen, die nicht ausreichend permeabel sind. Eine weitere Herausforderung besteht darin, geeignete Computermodelle für eine effiziente Auslegung und den optimalen Betrieb geothermischer Reservoire zu entwickeln.
- Zurzeit sind zahlreiche Kernkraftwerke in der Planung oder im Bau. Das hat zu einer starken Preissteigerung für Uran geführt und außerdem eine große Nachfrage nach geologischer Kompetenz und Explorationskenntnissen ausgelöst. Geologen müssen weiter klären, wie Uranlagerstätten entstehen und wie diese Ressourcen nachhaltig genutzt werden können. Dabei sind Studien darüber nötig, wie Uran und Thorium in bestimmten Verbindungen gebunden sind und ob sie sich auch als Nebengemengteil in Wertmineralen nutzen lassen. Sicherheits- und umweltrelevante Aspekte haben generell einen hohen Stellenwert bei diesen wissenschaftlichen Arbeiten.
- Industrieländer wie Deutschland sind mangels eigener Metallrohstoffvorkommen nahezu vollständig auf den Import metallischer Rohstoffe angewiesen. Um den künftigen Bedarf zu decken, ist die Suche nach neuen Lagerstättentypen und nach speziellen Erztypen, die Metalle für Zukunftstechnologien enthalten, erforderlich. Im marinen Bereich müssen rezente Sulfidbildungen am Meeresboden sowie Manganknollen der Tiefsee genauer erkundet werden. Eine vielversprechende Methode besteht darin, Begleitmetalle und Nebenkomponenten bei der Aufbereitung verschiedenster Erztypen und Bergbaureststoffe zu extrahieren. Neue Methoden der Biolaugung (Biomining) und der mikrobiellen Auflösung (Biooxidation) von Erzen eröffnen ebenfalls neue Möglichkeiten.
- Industrieminerale sind heutzutage in den meisten industriellen Prozessen unverzichtbar. Sie werden auch als Hilfsstoffe

in der Lebens- und Futtermittelindustrie verwendet und gewinnen im Umweltmanagement eine zunehmend größere Bedeutung. Düngemittel sind für die Deckung des Ernährungsbedarfs der wachsenden Weltbevölkerung unerlässlich. Recycling ist im Sinne einer nachhaltigen Nutzung und ermöglicht erhebliche Einsparpotenziale. So lassen sich untergeordnet vorkommende Minerale und Reststoffe nutzen, die im Abraum als Füller und in Schlämmen vorkommen. Wie sich verschiedene Industrieminerale im Nanobereich verhalten, ist kaum erforscht. Potenzielle Anwendungen liegen bei Filter-, Speicher- und Katalysatortechniken. Forschungsarbeiten zur sparsameren und nachhaltigen Nutzung von Phosphat als Düngemittel gebieten sich schon aus Umweltschutzgründen.

- Bei der Produktion von Nahrungsmitteln spielt der globale Wandel eine zunehmende Rolle. Dies erfordert es, die Ressourcen Wasser und Boden nachhaltig und integriert zu bewirtschaften. Dafür sind ein integriertes Wasserressourcenmanagement und integrierte Managementsysteme zur Bewirtschaftung von Böden nötig. Szenarien mit veränderten Umweltbedingungen müssen Beachtung finden, so zum Beispiel Untersuchungen, in denen erforscht wird, welche Kulturpflanzen an welchem Standort angebaut werden können.

3 Veränderung des Erdsystems durch den Menschen

Seit jeher nutzen Menschen die Ressourcen der Erde. Der technische Fortschritt und das Bevölkerungswachstum verursachen allerdings an vielen Stellen eine Übernutzung der natürlichen Umwelt bis hin zur Zerstörung von Lebensräumen. Für die Zukunft wird es darauf ankommen, Nutzung und Schutz der essenziellen Georessourcen Boden, Fläche, Rohstoffe, Wasser und Luft in Einklang zu bringen.

Lebensraum Erde

Das rasante und anhaltende Wachstum der Weltbevölkerung stellt eine außerordentliche Herausforderung für die Menschheit dar, denn mit dem Bevölkerungswachstum geht eine immer intensivere Nutzung unseres Planeten und seiner Ressourcen einher. Die Gesellschaften werden außerdem immer anfälliger gegenüber Naturgefahren. Diese Probleme erfordern ein international abgestimmtes Handeln, um den Lebensraum Erde zu erhalten und unsere natürlichen Lebensgrundlagen und die Umwelt zu schützen.

Langfristiges Ziel ist es, das hochkomplexe, nichtlineare System Erde und seine natürlichen Teilsysteme mit ihren ineinandergreifenden Kreisläufen und weit verzweigten Ursache-Wirkungs- sowie Handlungsketten zu verstehen. Das würde es erlauben, das Ausmaß des globalen Wandels und seine regionalen Auswirkungen zu erfassen und den Einfluss des Menschen auf das „System Erde" zu bewerten. Nur auf dieser Basis können Strategien entwickelt und Handlungsoptionen aufgezeigt werden, um zum Beispiel natürliche Ressourcen zu sichern und umweltverträglich zu gewinnen, Naturkatastrophen vorzubeugen und ihre Risiken zu mindern, den unter- und oberirdischen Raum nachhaltig zu nutzen und mit dem globalen Wandel und seinen Auswirkungen auf den menschlichen Lebensraum umzugehen.

3.1 Die Erde im Anthropozän

Lebensgrundlagen ändern sich

Die Menschheit ist heute in allen Bereichen mit einer umfassenden Änderung ihrer Lebensgrundlagen konfrontiert. Die komplexen Phänomene und Prozesse des globalen Wandels beziehen

Umweltveränderungen ebenso ein wie den tiefgreifenden sozioökonomischen und politischen Wandel. Vor allem das starke Bevölkerungswachstum und die zunehmende Industrialisierung und Urbanisierung tragen dazu bei, dass der Mensch die Natur in globalem Maßstab beeinflusst und zum Teil massiv beeinträchtigt. Dabei lassen sich direkte, bewusst durchgeführte Eingriffe (zum Beispiel Deichbauten, Landgewinnungsmaßnahmen, Bergbau) von indirekten Folgewirkungen unterscheiden, etwa Veränderungen des Wasserhaushalts oder der Vegetation. Mit dem Begriff des „Anthropozän" werden die vom Menschen ausgehenden, zum Teil irreversiblen Eingriffe als „human domination of the earth's ecosystem" charakterisiert.

Der Begriff „Anthropozän" (von griechisch ανθρωποσ = Mensch) wurde erstmals 2002 von Paul Crutzen verwendet. Er charakterisiert damit eine Epoche, in der das globale geologische Wirken des Menschen Veränderungen in der Atmosphäre verursacht. Crutzen bezieht dies auf den Zeitraum seit der Industrialisierung. Seiner Ansicht nach führt die wirtschaftende Tätigkeit des Menschen mit zunehmendem Verbrauch fossiler Brennstoffe seit dieser Zeit zu irreversiblen Veränderungen der chemischen Zusammensetzung der Atmosphäre. Der Mensch nimmt somit direkten Einfluss auf Umwelt- und Klimaprozesse.

Menschliche Eingriffe

Der überregionale Einfluss menschlicher Eingriffe auf die Umwelt ist spätestens seit der Antike bekannt und schriftlich festgehalten (Strabon, Erdbeschreibung, 17. Buch). Heute geht man davon aus, dass der Mensch bereits in der Jungsteinzeit, seit er den Pflug benutzte und Wald und Steppe systematisch urbar machte, Veränderungen im Boden-, Wasser- und Sedimenthaushalt verursachte. Die Folgen waren Bodenerosion, Nährstoffentzug und ein veränderter Wasserhaushalt, der zum Beispiel Hochwässer oder Wassermangel nach sich zog. Diesen wirkte der Mensch spätestens seit der Bronzezeit durch Wasserbewirtschaftung entgegen, wie zum Beispiel am Nil. Seit der Eisenzeit sind gekoppelte Maßnahmen für Bodenschutz und Wasserbewirtschaftung bekannt, wie zum Beispiel das Landbewirtschaftungssystem der Nabatäer. Auch gibt es (allerdings noch umstrittene) Hinweise, dass die atmosphärische Kohlendioxid-Konzentration bereits seit 8.000 Jahren, die Methan-Konzentration seit 5.000 Jahren anthropogen beeinflusst wird.

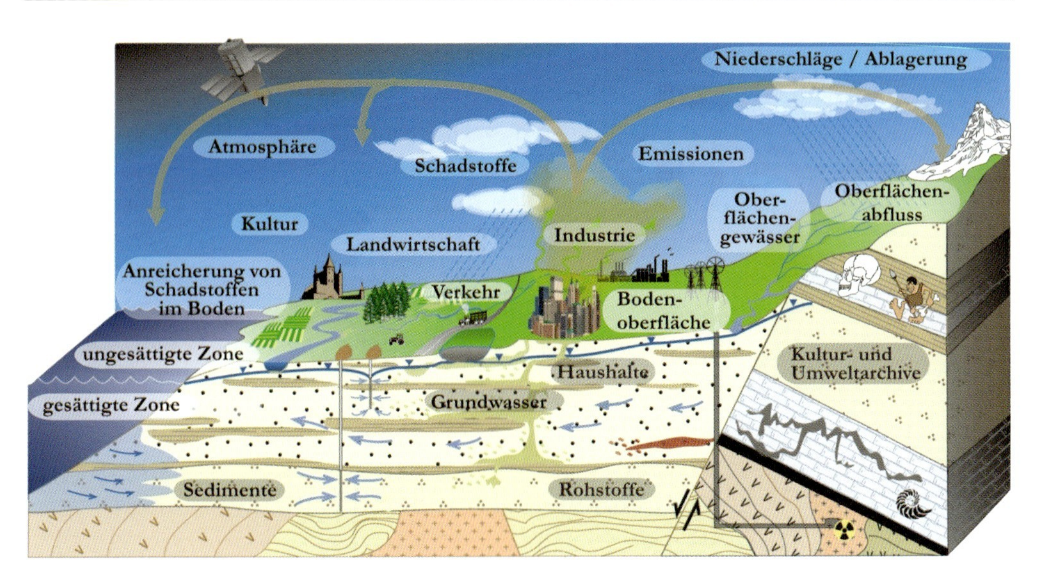

Nutzung der Georessourcen und Beeinflussung der Umwelt durch den Menschen

Bei einer geowissenschaftlichen Betrachtung des Erdsystems erscheint es daher sinnvoll, die Epoche des Anthropozäns auf den Zeitraum seit der neolithischen Revolution auszudehnen.

Wissenschaftliche Herausforderungen

Akteur Mensch

Im Anthropozän ist der Mensch innerhalb des Systems Erde somit als eine dominierende und zugleich extrem dynamische Größe anzusehen. Seit dem Ende des Zweiten Weltkrieges hat die Menschheit mehr Rohstoffe verbraucht als in ihrer gesamten Geschichte zuvor. Der Mensch bewegt mehr Boden und Gestein als die Natur. Für einen nachhaltigen Umgang mit unserer Umwelt reicht daher ein rein naturwissenschaftliches Verständnis des Erdsystems nicht mehr aus. Vielmehr kommt es auch darauf an, die Eingriffe sehr unterschiedlicher Gesellschaften und Kulturen in das System Erde, ihre Bedingungen und Folgen besser zu verstehen. Die Nutzung von Georessourcen erfordert es in der Regel, konkurrierende Nutzungsansprüche zu lösen. Soll ein Stück Boden zum Beispiel für die Landwirtschaft genutzt oder der darauf wachsende Wald erhalten werden? Der reine Abbau von Rohstoffen konkurriert häufig mit dem Naturschutz oder dem Grundwasserschutz. Gesellschaften mit unterschiedlicher Kultur und unterschiedlichen Wertvorstellungen werden solche Fälle verschieden entscheiden. Es sind also spezifische Kultur- und Regionalkompetenzen erforderlich, um über naturwissenschaftliche, technische und wirtschaftliche Analysen hinaus zu aussagefähigen Modellen und Szenarien zukünftiger Umweltentwicklungen zu gelangen. Die Geowissenschaften liefern die dazu notwendigen natur- und ingenieurwissenschaftlichen Grundlagen, die für eine interdisziplinäre Zusammenarbeit mit der Humangeographie und den Sozial-, Wirtschafts- und Kulturwissenschaften notwendig sind.

3.2 Raumnutzung und Raumnutzungskonflikte

Begrenzter Raum und Nutzungskonflikte

Die Ressource Raum ist begrenzt. Insbesondere in dicht besiedelten Regionen kommt es daher häufig zu konkurrierenden Nutzungsansprüchen. Diese Konflikte können sich entweder auf die wirtschaftliche Entwicklung auswirken, zum Beispiel auf die Rohstoffförderung, die Verkehrsanbindung oder die Industrieentwicklung. Oder sie beeinflussen die Lebensumwelt der Bevölkerung, zum Beispiel beim Wohnen oder dem Tourismus. Um diese Nutzungskonflikte zu lösen, entwickeln Entscheidungsträger verschiedene raum- und landesplanerische Einstufungen der Nutzungskategorien. Es ist Aufgabe der Raum- und Landesplanung, die verschiedenen Nutzungsansprüche abzuwägen und Entscheidungen zu treffen, die in Industrie-, Schwellen- und Entwicklungsländern unterschiedlich aussehen. Entwicklungs- und Schwellenländer haben zudem ganz spezifische Landnutzungs- und Stadtentwicklungsprobleme. Viele Megastädte lassen sich kaum noch regieren oder steuern, große Flächen werden unreguliert bebaut.

Wachstums- und Schrumpfungsprozesse

Weltweit prägen tiefgreifende und teilweise gegenläufige Trends die aktuellen Urbanisierungprozesse sowie die ländliche Regionalentwicklung in den Industrie-, Schwellen- und Entwicklungsländern. Wachstumsregionen mit anhaltender Landflucht oder Stadtattraktion stehen zunehmend Regionen mit stagnierender oder rückläufiger Bevölkerungs- und Siedlungsentwicklung gegenüber. Diese unterschiedlichen Transformationsprozesse erfordern spezifische Konzepte, um Flächen- und Ressourcennutzung nachhaltig zu gestalten.

Ressource Fläche

Unterschiedliche Konzepte von Raumplanung und Flächenmanagement zielen auf die Entwicklung einer nachhaltigen Flächennutzung, die einen effizienten und sparsamen Umgang mit der Ressource Fläche gewährleisten und dabei zugleich den Bedürfnissen unterschiedlicher Volkswirtschaften und Bevölkerungsgruppen gerecht werden soll.

Megastädte

Megastädte, das heißt Metropolen mit mehr als fünf Millionen Einwohnern, sind neue Phänomene der weltweiten Urbanisierung, die immer mehr an Bedeutung gewinnen als Knotenpunkte von Globalisierungsprozessen und Steuerungszentralen einer zunehmend von Städten dominierten Welt. Angesichts großer ökonomischer Dynamik und hoher Zuwanderungszahlen müssen oft innerhalb weniger Jahre ausreichende Ressourcen, Wohnraum, Infrastruktur, Arbeitsplätze, Ver- und Entsorgungssysteme sowie Gesundheits- und Bildungseinrichtungen für Hunderttausende von Menschen bereitgestellt werden.

Zu den wichtigsten Herausforderungen der Grundlagen- und angewandten geographischen Forschung gehören die Gewinnung vertiefter Erkenntnisse zur hohen Entwicklungsdynamik und zu den hochkomplexen Wechselwirkungen der verschiedenartigsten ökologischen, ökonomischen, sozialen und politischen Prozesse mit vielfältigen, sich zum Teil selbst verstärkenden Beschleunigungs- und Rückkopplungseffekten. Mit Hilfe von Entscheidungsunterstützungssystemen lassen sich zum Beispiel technische Innovationen in Megastädten verwirklichen und effizienter in vorhandene Strukturen integrieren (wie etwa Transportsysteme, Prozessinnovationen, partizipatorische Flächennutzung), vor allem aber sind spezielle Steuerungskonzepte für eine nachhaltige Entwicklung der Megastädte zu erstellen.

Angesichts einer bisher überwiegend flächennutzungs- und infrastrukturorientierten Planung, die in den Industriestaaten inzwischen als unzureichend für eine effiziente Steuerung angesehen werden, findet derzeit ein Perspektivenwechsel hin zu stärkerer Berücksichtigung der zahlreichen Akteure und deren Motive statt. Dies impliziert ein vertieftes Verständnis der vielschichtigen Einflussfaktoren ("multi-level driving forces") und ihrer Verknüpfungen. Nur über verändertes öffentliches Bewusstsein und erweiterte Partizipation, die integraler Bestandteil moderner Stadtentwicklung sind, können eine Stärkung der sozialen Kohärenz, lokalen Identität und zugleich wachsende Verantwortlichkeit („responsibility and ownership") zivilgesellschaftlicher Netzwerke und Institutionen erreicht werden.

Wissenschaftliche Herausforderungen

Drängende Zukunftsthemen der Urbanisierungs- und Megastadtforschung liegen aus Sicht der Geowissenschaften vor allem im Folgenden:

- Untersuchung der Dynamik der Stoff-, Ressourcen-, Migrations- und Verkehrsströme unter besonderer Berücksichtigung der Nachhaltigkeit
- Studium der innerurbanen Siedlungsdynamik (Flächennutzungsdynamik und Konstruktionszyklen) unter Einschluss von Prozessen und Einflussfaktoren urbaner Ökonomie
- Regierbarkeit, Management und Steuerungsfähigkeit von Megastädten im Zuge zunehmender Besiedlung und Nutzung von Georessourcen
- Auswirkungen von Luft- und Wasserverschmutzung sowie Verkehrs- und Siedlungsdichte in Ballungsräumen auf Umweltgesundheit und Lebensqualität
- Feststellung natürlicher und anthropogener Risiken und Entwicklung von Bewältigungsstrategien (inkl. Sicherheits- und Sicherungsfragen).

3.3 Schadstoffe in Wasser, Boden und Luft

Schadstoffe in der Umwelt

Vom Menschen erzeugte Chemikalien finden sich in Wasser, Boden und Luft, die mittlerweile bereits die Pole und die höchsten Gebirge erreicht haben. Viele langlebige anorganische und organische Verbindungen reichern sich in den Böden und Sedimenten an. Damit hinterlässt unsere moderne Industriegesellschaft einen globalen „chemischen Fußabdruck", einen Cocktail aus unterschiedlichsten Substanzen. Großflächige Boden- und Grundwasserverunreinigungen sind teilweise irreparabel und lassen eine dauerhafte Nutzung nicht zu. Anthropogene Schad- und Nährstoffe, zum Beispiel Chemikalien aus Industrie und Landwirtschaft, Verbrennungsprodukte oder Pharmazeutika, die weiterhin in die Böden gelangen, gefährden letztendlich die Trinkwasserversorgung aus Grundwasserreservoirs.

Gefährliche Substanzen

Zu den bekannten gefährlichen Substanzen zählen Chlorpestizide wie DDT oder Lindan, polychlorierte Biphenyle (PCBs), Dioxine und Furane, polyzyklische aromatische Kohlenwasserstoffe (PAKs), polybromierte Biphenylether (Flammschutzmittel), Phthalate, Cadmium und Quecksilber. Bislang konzentriert sich beispielsweise die Umweltgesetzgebung der EU darauf, so genannte „prioritär gefährliche" Verbindungen in der Umwelt zu bekämpfen, die als persistent, toxisch und (bio-)akkumulierend gelten. Eine ganze Reihe weiterer Substanzen, die das Hormonsystem von Tieren und Menschen beeinflussen, wird zurzeit diskutiert. Dabei handelt es sich unter anderen um Pharmaka wie Blutfettsenker, Betablocker, Antirheumatika, Antibiotika, um Steroide und Hormone, Duftstoffe, Antiseptika, Tenside und ihre Abbauprodukte sowie Kraftstoffzusätze. Solche Stoffe können den Boden und das Grundwasser direkt erreichen. Sie sind zum Beispiel in geklärtem Abwasser oder Klärschlamm enthalten. Es ist aber auch möglich, dass sie indirekt auf bisher nicht eindeutig bekannten Transportpfaden in die Umwelt gelangen, etwa über die Atmosphäre. Der Eintrag von Tiermedikamenten und Futterzusatzstoffen ist ebenfalls von Bedeutung. Wenn Gülle und Stallmist auf den Feldern verteilt werden, gelangen diese Stoffe in den Boden und in das Grundwasser.

Schadstoffbelastung

Bislang lässt sich nur grob abschätzen, welche Schadstofffrachten über welche Pfade in die Böden und eventuell ins Grundwasser eingetragen werden. Es ist zu befürchten, dass manche Schadstoffe für Jahrhunderte oder sogar Jahrtausende im Untergrund bleiben. Landwirtschaft, Verkehr und Industrie setzen nach wie vor eine zunehmende Zahl giftiger, langlebiger Stoffe frei. Das führt zu einer flächenhaften Belastung der Umwelt. Im Vergleich zu Punktquellen wie Altlasten ist die absolute Konzentration der Schadstoffe zwar meist relativ niedrig, oft findet man aber zum Beispiel in Flusssedimenten einen „Cocktail" aus einer Vielzahl von Stoffen, deren gemeinsame Wirkung meist unbekannt ist.

Wissenschaftliche Herausforderungen

Wie sich gefährliche Substanzen langfristig in Grundwasser, Boden und Luft verhalten und wie sie – auch in der Kombination mehrerer Stoffe – auf Ökosysteme wirken, ist bislang kaum untersucht. Insbesondere fehlen Massenbilanzen von Stoffeinträgen und -austrägen. Diese sind wichtig, um die schleichende Anreicherung solcher Stoffe in Böden rechtzeitig zu erkennen. Einmal flächenhaft in das System Boden-Grundwasser eingetragene Substanzen können nicht ohne weiteres wieder entfernt werden. Das „Langzeitgedächtnis" von Boden und Grundwasser wird besonders bei der Pestizid- und Nitratbelastung des Grundwassers deutlich, die trotz längst getroffener Gegenmaßnahmen nur langsam zurückgeht. Flächenhafte Belastungen müssen in Zukunft differenzierter bewertet werden. Mit der Europäischen Wasserrahmen-Richtlinie (EU-WRRL) ist eine gesamtökologische Betrachtung aller Faktoren gefordert, die einen Einfluss auf das Einzugsgebiet haben und die gleichermaßen auf die Wasser- und Gewässerqualität einwirken. Das oberste Gebot zum Schutz der Wasserqualität ist und bleibt die Vermeidung des Eintrags von Schadstoffen in Böden und Sedimente.

3.4 Sanierung von Altlasten aus Industrie und Bergbau

Altlasten sind frühere Ablagerungen, die unter anderem Flächen verbrauchen und Boden und Gewässer schädigen. Altlasten können sich zum Beispiel auf alten Industrie- und Gewerbegrundstücken oder in Deponien befinden. Auch frühere Bergbaubetriebe und Halden zählen zu den Altlasten.

Die meisten Länder mit einer industriellen Geschichte haben die Problematik von Industriealtlasten erkannt und Grundlagen für staatliche und private Maßnahmen geschaffen, um Altlasten zu finden und zu sanieren. Die Maßnahmen zielen darauf, Industriealtlasten und altlastverdächtige Flächen zu erfassen, sie zu untersuchen, gegebenenfalls zu sanieren und Vorsorgemaßnahmen zu treffen. Dank moderner Untersuchungs- und Partizipationsmethoden ist es meist möglich, einen Konsens über den Umgang mit dem Gefährdungspotenzial der Altlasten für die Umwelt und die Gesellschaften zu erreichen und einvernehmlich zu entscheiden, ob eine Sanierung notwendig ist bzw. Folgemaßnahmen ergriffen werden müssen. Oft ist eine Sanierung jedoch schwer zu finanzieren, insbesondere wenn der Verursacher nicht ermittelt werden kann oder zahlungsunfähig ist.

Industriealtlasten

Industriealtlasten unterscheiden sich von Bergbaualtlasten dadurch, dass es sich dabei meistens um hochkontaminierte Industrieflächen mit eingrenzbaren Quellen handelt. Häufig müssen die verunreinigten Böden und Industriestrukturen abgetragen und auf eine Sondermülldeponie gebracht werden, um solch einen Standort zu sanieren. Anlagen, in denen mineralische Rohstoffe aufbereitet werden, insbesondere die metallurgischen Betriebe wie Hütten, Röster oder Kokereien, weisen die Charakteristika einer Industriealtlast auf.

Bergbaualtlasten

Bei Bergbaualtlasten hingegen handelt es sich oft um großflächige Ablagerungen meist relativ gering kontaminierter mineralischer Materialien oder um großvolumige Ablagerungen schwermetallhaltiger Minerale, besonders Sulfide. Aufgrund ihres Schwermetallgehalts, der giftigen Stoffe, die zur Aufbereitung verwendet werden, und ihres Potenzials, Säuren zu bilden, stellen sie eine Wassergefährdung dar. Weitere Umweltrisiken können entstehen, wenn Aufbereitungsabgänge sehr feinkörnig vorliegen und nicht sachgemäß gelagert werden. Dann kann es zu Staubemissionen, verstärkter Erosion oder Gasemissionen kommen.

Eine Grundwassergefährdung geht auch von alten, offen gelassenen Gruben aus. Häufig liegen diese unterhalb des Grundwasserspiegels oder im Bereich des Sickerwassers. Durch Oxidation und Lösevorgänge kann das Wasser Schwermetalle aus dem Altbergbau freisetzen.

Gruben und Halden

Alte Gruben und Halden sind zudem teilweise geomechanisch nicht stabil und können auch dadurch ein Sicherheitsrisiko darstellen. Durch Senkungsvorgänge oder Rutschungen kann sich Material umlagern. In der Regel geschieht dies langsam. Bei einem Erdbeben oder bei Starkregen kann es aber auch zu plötzlichen Rutschungen mit katastrophalen Folgen kommen. So kamen 1966 beim Grubenunglück von Aberfan in Südwales 144 Menschen ums Leben, weil eine alte Bergehalde ins Rutschen geriet. Ähnliche Probleme können Ablagerungen der extrem feinkörnigen Steinkohlenflugaschen verursachen, wie zum Beispiel der Abgang von vier Millionen Kubikmetern Schlamm Ende 2008 in Tennessee (USA) gezeigt hat.

Aberfan in Südwales nach dem Abrutschen einer alten Berghalde im Jahr 1966

Wissenschaftliche Herausforderungen

Die zukünftigen Herausforderungen der Geowissenschaften im Bereich der Industrie- und Bergbaualtlasten, insbesondere bei den wenig kontaminierten Abraumhalden und Bergeteichen, liegen in folgenden Themenfeldern:

- Entwicklung von kostengünstigen Sanierungsverfahren und -techniken. Besonderer Wert sollte auf die Gewinnung von Beiprodukten und auf die Folgenutzung der Oberfläche gelegt werden.
- Entwicklung eines Systems, mit dem sich Bergbaualtlasten ganzheitlich erfassen lassen und in dem ihr wirtschaftliches Potenzial charakterisiert und das Risiko bewertet werden kann, insbesondere in Entwicklungsländern. Dort muss zusätzlich eine entsprechende Gesetzgebung entwickelt werden.
- Entwicklung partizipativer Verfahren, um die Bevölkerung in Maßnahmen einzubinden

Aus der Verknüpfung dieser Themenfelder ergeben sich folgende-Forschungsansätze für die Geowissenschaften:

- Wie lassen sich verwertbare Produkte aus Altlasten gewinnen, und wie lässt sich gleichzeitig das neu zu deponierende Volumen reduzieren?
- Wie lässt sich das Kontaminationspotenzial durch Abtrennung und Behandlung stark kontaminierender Komponenten verringern?
- Wie lassen sich Abgänge aus Altlasten erzeugen, die gefahrlos erneut abgelagert werden können?
- Wie stark lassen sich die Kosten der Sanierung durch den Gewinn verwertbarer Reststoffe decken?
- Welche kostengünstigen und dauerhaften Sicherungsverfahren sind besonders für Entwicklungsländer geeignet?

Sanierungsverfahren

Ein kostengünstiges Sanierungsverfahren besteht darin, die natürliche Abdichtung von Bergbauhalden und Schlammteichen zu begünstigen. Oft bilden sich natürliche Krusten auf Altlasten.

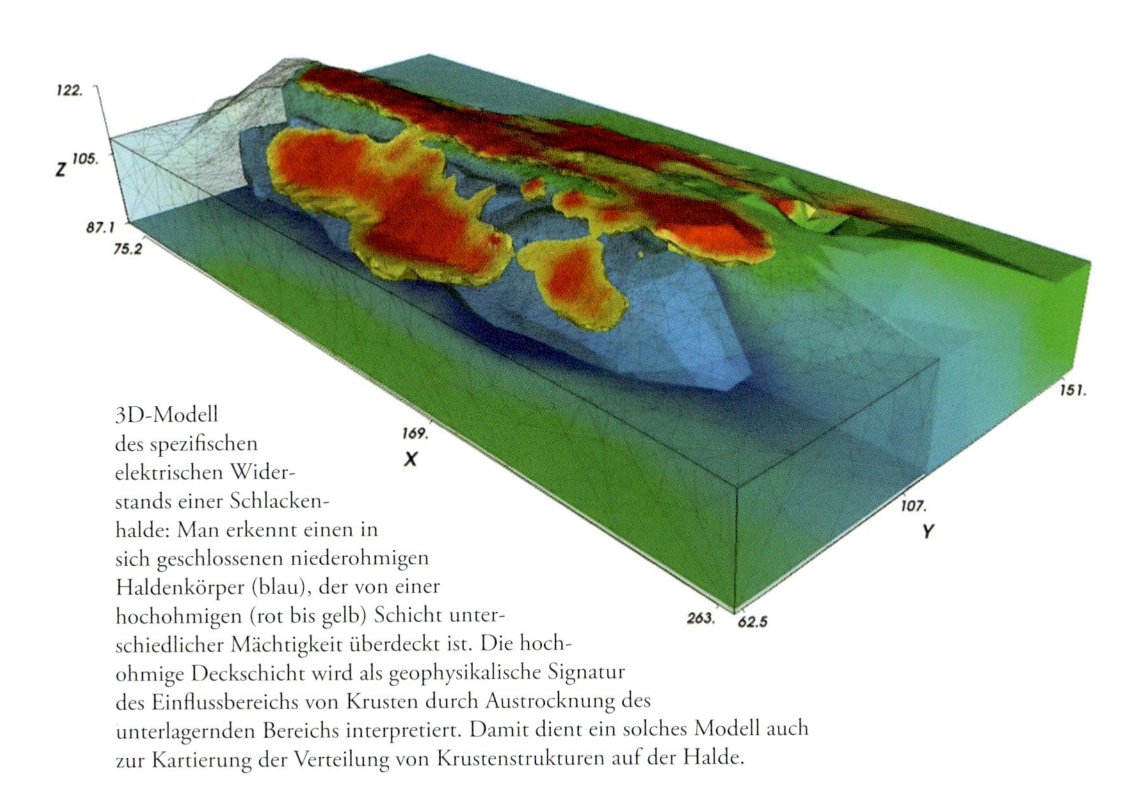

3D-Modell des spezifischen elektrischen Widerstands einer Schlackenhalde: Man erkennt einen in sich geschlossenen niederohmigen Haldenkörper (blau), der von einer hochohmigen (rot bis gelb) Schicht unterschiedlicher Mächtigkeit überdeckt ist. Die hochohmige Deckschicht wird als geophysikalische Signatur des Einflussbereichs von Krusten durch Austrocknung des unterlagernden Bereichs interpretiert. Damit dient ein solches Modell auch zur Kartierung der Verteilung von Krustenstrukturen auf der Halde.

Geowissenschaftler erforschen, wie sich die Bildung solcher Krusten fördern lässt. Außerdem modellieren und bewerten sie deren Schutzwirkung. Wenn man die Modelle verfeinert, verallgemeinert und an unterschiedliche Klimabedingungen anpasst, könnte diese „low-cost"-Methode in Entwicklungsländern praktisch umgesetzt werden.

Mikroorganismen

In Zukunft wird die Geomikrobiologie eine wachsende Rolle dabei spielen, die Umweltschäden von Altlasten einzudämmen und Wertstoffe zurückzugewinnen. Forschungsbedarf besteht hier insbesondere beim Einsatz von Mikroorganismen für die Behandlung kontaminierter Gruben- und Haldenwässer. Ebenso muss noch untersucht werden, ob sich winzige Wertstoffteilchen, die in einem unlöslichen Stoff eingeschlossen sind, durch Biooxidation befreien lassen. Um Mikroben optimal einsetzen zu können, ist es nötig, die beteiligten Organismen und die zugrunde liegenden biogeochemischen Prozesse zu kennen.

3.5 Unterirdische Speicherung von Kohlendioxid

Die fossilen Energierohstoffe Erdöl, Erdgas und Kohle liefern rund 80 Prozent der weltweit verbrauchten Primärenergie, Tendenz steigend. Erdöl wird überwiegend für den Transportsektor gebraucht. Die Verbrennung von Kohle und Erdgas liefert etwa zwei Drittel des weltweit erzeugten elektrischen Stroms. Den Rest steuern zu etwa gleichen Teilen Wasserkraft, Kernkraft und die Verbrennung von Biomasse bei. Angesichts der zunehmenden Weltbevölkerung und des hohen Nachholbedarfs des größten Teils der Weltbevölkerung wird unser Energiebedarf für Mobilität, elektrischen Strom und Wärme noch auf Jahrzehnte hinaus nicht über regenerative Energien gedeckt werden können.

CO_2-Ausstoß

Der industrielle Ausstoß von Kohlendioxid ist die Hauptursache des gegenwärtigen Klimawandels. Im Kyoto-Klimaprotokoll haben sich die europäischen Länder daher verpflichtet, ihren Ausstoß an Treibhausgasen von 1990 bis 2012 um acht Prozent zu verringern. Die Bundesregierung hat sich zum Ziel gesetzt, Deutschlands CO_2-Ausstoß bis 2020 um bis zu 40 Prozent zu reduzieren. Um die Folgen des Klimawandels zu begrenzen, hat die Europäische Union 2009 das so genannte „2°-Ziel" formuliert. Auf dem Weltwirtschaftsgipfel im Juli 2009 im italienischen L'Aquila einigten sich die Industrie- und Schwellenländer erstmals auf dieses Ziel. Dabei richtet sich das Bemühen darauf, die globalen Treibhausgas-Emissionen so zu verringern, dass die globale Mitteltemperatur um nicht mehr als zwei Grad Celsius gegenüber dem vorindustriellen Wert ansteigt. Es kommen mehrere Optionen in Betracht: Energieeffizienzsteigerung, Ausbau erneuerbarer Energiequellen, Ausbau von Kernenergie, Wohlstandsverzicht und Abscheidung von Kohlendioxid, sowie dessen Transport und Speicherung im geologischen Untergrund („Carbon Capture & Storage – CCS").

CO_2-Speicherung

An Punktquellen wie fossil betriebenen Kraftwerken lässt sich Kohlendioxid (CO_2) unter einem zusätzlichen Energieaufwand von vermutlich etwa 30 Prozent abtrennen und zu geeigneten Speicherstätten transportieren. Das Ziel der CO_2-Speicherung besteht darin, die anthropogenen Treibhausgasemissionen über einen langen Zeitraum zu reduzieren. Jahrmillionen alte, natürliche Kohlenwasserstoff- und CO_2-Lagerstätten in der Erdkruste zeigen, dass einige geologische Strukturen über lange Zeiträume hinreichend dicht sind. Das Verbringen (Injizieren) des Kohlendioxids in geeignete Untergrundformationen erfolgt über spezielle Bohrungen. Die natürlichen Poren in Gesteinen des tieferen Untergrundes dienen als Speicher für das Treibhausgas.

Erdgasfelder und saline Aquifere

In Deutschland werden erschöpfte Erdgasfelder und tiefe, Salzwasser führende Grundwasserleiter (saline Aquifere) als wichtigste Speichermöglichkeiten für CO_2 angesehen. Erschöpfte Erdgaslagerstätten bieten schon deshalb günstige Speichermöglichkeiten, weil die Deckschichten Gase erwiesenermaßen über Jahrmillionen zurückgehalten haben. Der Untergrund ist zudem bereits gut bekannt und gegebenenfalls kann eine vorhandene Infrastruktur genutzt werden. Erschöpfte Erdgasfelder in Deutschland können Schätzungen zufolge etwa 2,75 Milliarden Tonnen Kohlendioxid speichern. Ehemalige Erdöllagerstätten sind ebenfalls gut als CO_2-Speicher geeignet. Allerdings sind die deutschen Erdölfelder zu klein, um einen nennenswerten Beitrag zu leisten. Aufgrund ihrer weiten Verbreitung haben tiefe saline Aquifere das größte Speicherpotenzial für die Verpressung von CO_2. Das Potenzial wird grob auf 20 Milliarden Tonnen CO_2 geschätzt.

CO_2-Emissionen

Zum Vergleich: Die gesamten anthropogen bedingten CO_2-Emissionen in Deutschland belaufen sich derzeit auf etwa 850

Millionen Tonnen pro Jahr (Quelle: Deutsches Institut für Wirtschaftsforschung). 40 Prozent davon werden in Kohlekraftwerken produziert und könnten technisch abgeschieden werden. Das bedeutet, dass pro Jahr maximal 300 bis 350 Millionen Tonnen CO_2 für die Speicherung anfallen. Auf Basis einer Direktive des Europäischen Parlaments wird in Deutschland ein nationales CCS-Gesetz entwickelt.

Erdgasförderung

Bei der Erdgasförderung hat man seit vielen Jahren praktische Erfahrungen mit der Verpressung von CO_2 in geologische Formationen gesammelt. Viele Erdgasvorkommen enthalten einen natürlichen Anteil an CO_2, der den Brennwert herabsetzt und daher vor dem Verkauf abgeschieden wird. Im norwegischen Erdgasfeld Sleipner werden seit 1996 jährlich rund eine Million Tonnen CO_2 in den Utsira-Sandstein oberhalb des eigentlichen Gasfeldes verpresst. Im algerischen In-Salah wird das CO_2 über zwei bis drei Bohrungen wieder zurück in den Speicherhorizont verpresst. Durch die Druckerhöhung steigt auch die Förderrate des nutzbaren Gases.

Leckage

Um CCS einsetzen zu können, muss man wissen, wie sicher das Gas in den Speichern aufgehoben ist. Zwei verschiedene Leckageszenarien sind denkbar: (1) CO_2 könnte plötzlich an Injektionsbrunnen oder noch vorhandenen Altbrunnen austreten; (2) CO_2

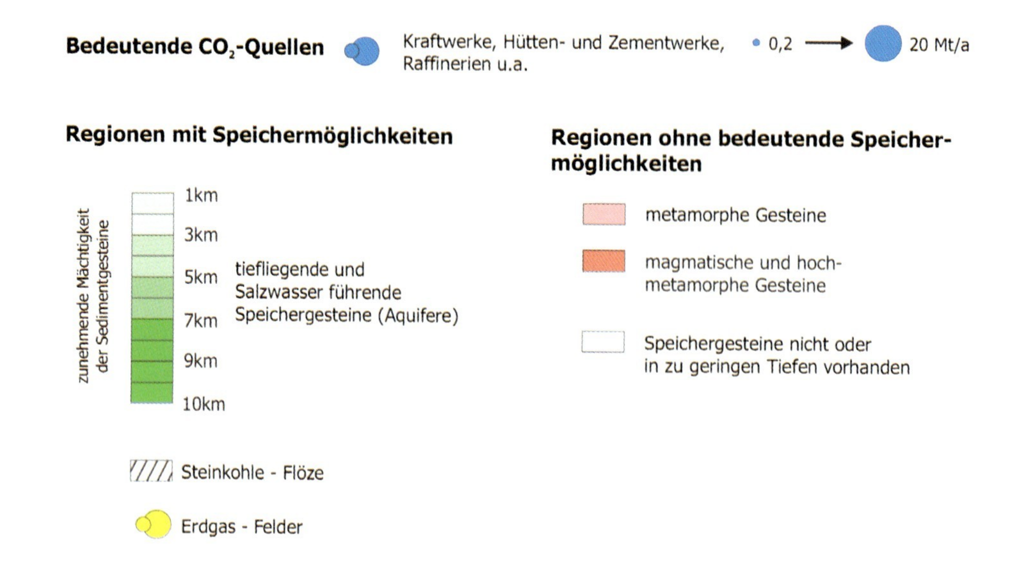

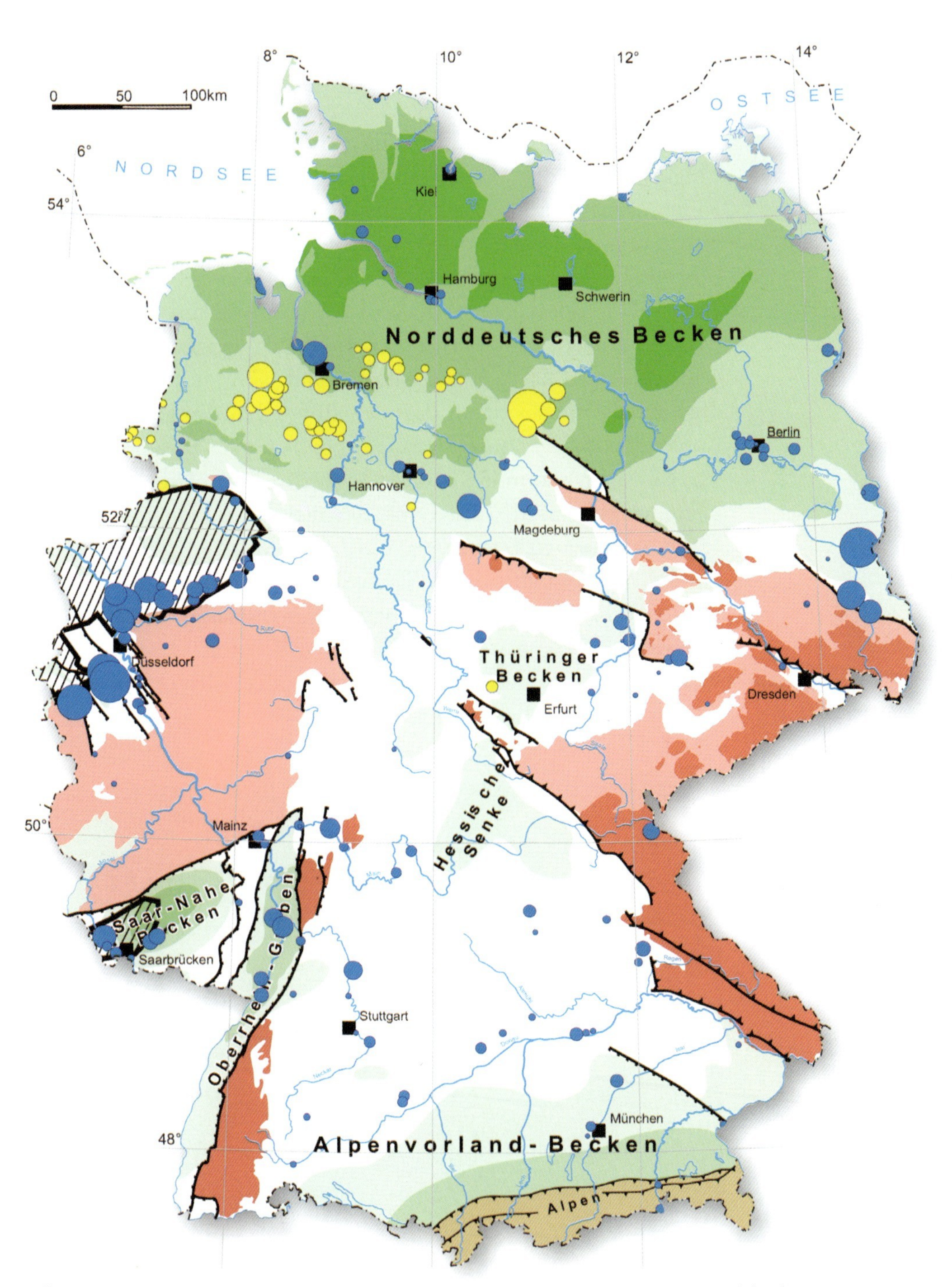

Übersicht über bedeutende CO_2-Emittenten und -Speichermöglichkeiten in Deutschland (Legende auf der linken Seite)

könnte entlang unbekannter Störungs- und Bruchzonen oder Bohrungen langsam entweichen. Mit der geologischen CO_2-Speicherung gibt es bislang nur begrenzte Erfahrungen. Umfangreiches Wissen und praktische Erfahrung aus der Erdgasförderung und Erdgasspeicherung können jedoch als Basis für das notwendige Risikomanagement und für Sanierungsmaßnahmen dienen. Technische und natürliche Analoga und Modelle lassen vermuten, dass geologische Speicher mehr als 99 Prozent des eingebrachten CO_2 länger als hundert Jahre zurückhalten, wenn sie sorgfältig ausgewählt und nach Stand der Technik betrieben werden. Es ist sogar wahrscheinlich, dass sie länger als tausend Jahre dicht halten. Zudem spricht einiges dafür, dass der größte Teil des gespeicherten Kohlendioxids durch verschiedene physikalische und chemische Mechanismen gebunden und für Millionen Jahre festgelegt wird. Dennoch ist es nötig, diese Annahmen durch umfangreiche Forschungsarbeiten zu verifizieren.

Risiken

Mögliche Gesundheits- und Umweltrisiken der CO_2-Speicherung müssen während des Genehmigungsverfahrens ausgeschlossen werden. Zu den Sicherheitsstandards, die gesellschaftlich auszuhandeln sind, zählen unter anderem Überwachungsmethoden (Monitoring)

Abschluss des CO_2-Untertagespeichers In-Salah, Algerien

und Gegenmaßnahmen, wenn das CO_2 durch die Deckschichten oder vorhandene Bohrungen nur unzureichend eingesperrt ist. Es muss weitestgehend ausgeschlossen werden, dass Grundwasserleiter zur Trinkwassergewinnung durch die CO_2-Injektion beeinträchtigt werden.

Formationswässer

Wenn CO_2 in einen geologischen Speicher injiziert wird, werden die vorhandenen Formationswässer verdrängt. Diese verdrängten Wässer könnten unter Umständen die Deckschichten durchdringen oder entlang von natürlichen Störungszonen in flachere Grundwasserleiter gelangen. Wie groß mögliche Umweltrisiken sind, ist zurzeit noch ungeklärt. Letztlich hängt das Gefahrenpotenzial von den geologischen und hydrogeologischen Verhältnissen am jeweiligen Standort ab.

Wissenschaftliche Herausforderungen

Speichermechanismen

Grundlegende Forschungsfragen, die mit der geologischen Speicherung von CO_2 im Untergrund verbunden sind, berühren in den Geowissenschaften vorhandene Kernkompetenzen. So ist es nötig, die jeweiligen Speichermechanismen im Detail zu verstehen, insbesondere die thermischen, mechanischen und chemischen Wechselwirkungen zwischen dem injizierten Gas und dem Nebengestein. Die Reaktionsmechanismen von CO_2 mit Formationswässern sollten in grundlagenorientierten Arbeiten untersucht werden, und zwar bei unterschiedlichen Verunreinigungen des Kohlendioxids durch Sauerstoff, Schwefel- und Stickoxide, wie sie bei großtechnischen Anlagen zu erwarten sind. Derartige Untersuchungen müssen im Labor- und im Modellmaßstab durchgeführt werden. Die Ergebnisse sollten in Pilot- und Demonstrationsprojekten verifiziert werden.

Festhaltemechanismen

Die Integrität des Speichergesteins und des darüber liegenden Barrieregesteins könnte sich durch die CO_2-Injektion verändern. Das wirft eine Reihe von Fragen auf. Trifft CO_2 auf Grundwasser, so löst es sich darin als Kohlensäure und erniedrigt den pH-Wert. Die Kohlensäure kann mit dem Nebengestein reagieren und Mineralbestandteile lösen oder auch neue Minerale bilden. Im Idealfall reagiert die Kohlensäure mit vorhandenen Calcium-Ionen und fällt als Calciumcarbonat (Calcit) aus. Es muss daher erforscht werden, welche Mechanismen das CO_2 im Untergrund festhalten.

Das Treibhausgas könnte hydromechanisch zurückgehalten, kapillar gebunden, gelöst oder mineralisiert werden. Das Ergebnis dieser Forschung ist wichtig, um Kapazitäten berechnen und vor allem die Risiken der CO_2-Speicherung abschätzen zu können.

Langzeitprognosen

Spezifische numerische Modelle sind nötig, um Langzeitprognosen über die Ausbreitung von CO_2 im Untergrund zu berechnen. Die Druck- und Temperaturbedingungen spielen dabei eine wichtige Rolle. Zudem gilt es zu untersuchen, wie sich die CO_2-Injektion auf die Gebirgsspannungen und auf gegebenenfalls vorhandene Störungszonen auswirkt. Bisher ist unklar, welche Folgen großräumige Auftriebskräfte haben, die durch CO_2-Injektion in saline Aquifere entstehen.

Sicherheitskonzepte

Schließlich gilt es, umfassende Sicherheitskonzepte zu etablieren. Dazu ist es nötig, innovative Überwachungs- und Injektionstechnologien zu entwickeln. Gasgeochemische Überwachungstechniken sollten speziell angepasste geophysikalische Monitoring-Techniken ergänzen. Der natürliche Boden-Gas-Haushalt muss bekannt sein, um aus Speichern entweichendes CO_2 sicher identifizieren zu können. Hierzu bedarf es umfangreicher Studien, die bisher erst ansatzweise vorliegen. Weiterhin sollten die Auswirkungen von CO_2-Austritten auf die Biosphäre eingehend untersucht werden. Dazu eignen sich natürliche CO_2-Quellen, wie sie in vielen Vulkangebieten vorkommen. Zentrale Herausforderung ist überdies eine adäquate Information und Beteiligung der Bevölkerung.

3.6 Endlagerung radioaktiver Abfälle

Radioaktive Stoffe leisten bei der Energiegewinnung, aber auch in der Medizin und in der Messtechnik wertvolle Dienste. Durch ihren Einsatz entstehen jedoch radioaktive Abfälle, die Mensch und Umwelt durch ihre ionisierende Strahlung gefährden können. Um Mensch und Umwelt davor zu schützen, müssen die Abfälle langfristig und sicher von der Biosphäre isoliert werden. Dabei ist sich die Wissenschaft einig, dass nur die Endlagerung in geologischen Formationen diesen Schutz gewährleisten kann.

In Deutschland ist geplant, hochradioaktive und wärmeentwickelnde Abfälle mehrere hundert Meter tief in geologischen Formationen zu entsorgen. Auf diese Weise isoliert man die radioaktiven Abfälle für sehr lange Zeiträume sicher von der Biosphäre und schützt somit Mensch und Umwelt bestmöglich vor der schädigenden Strahlung. Die geologischen Verhältnisse in Deutschland bieten die Voraussetzungen, um radioaktive Abfälle in einem Endlager in tiefen geologischen Schichten für lange Zeit sicher zu isolieren. Die Endlagerung soll dabei wartungsfrei, zeitlich unbefristet und ohne beabsichtigte Zurückholung erfolgen. Verantwortlich für die Endlagerung ist der Bund. Umfrageergebnisse in Deutschland und in der Europäischen Union zeigen, dass mehr als 80 Prozent der Bevölkerung das Problem der Endlagerung radioaktiver Abfälle als wichtig erkennen und dessen Lösung als besonders dringlich ansehen. Umstritten ist jedoch nach wie vor die Standortfrage.

Gesamtsystem Endlager

Bevor feststeht, ob sich ein potenzieller Standort als Endlager eignet, müssen besonders Geowissenschaftler alle Aspekte des „Gesamtsystems Endlager" untersuchen. Dabei beurteilen sie insbesondere die Integrität der geologischen Barriere. Darüber hinaus müssen sie auch untersuchen, ob sich Materialien wie Bentonit oder Salzgrus als so genannte geotechnische Barrieren eignen und ob sie mit dem Wirtsgestein kompatibel sind.

Wissenschaftliche Herausforderungen

Forschungsarbeiten sichern die Suche nach geeigneten Endlagern für hochradioaktive und wärmeproduzierende Abfälle wissenschaftlich ab. Nationale und internationale Forschungseinrichtungen führen einen großen Teil dieser Forschungsarbeiten im Verbund durch. Diese Versuche vergleichen verschiedene geologische Standorte und Wirtsgesteine und untersuchen die Langzeitsicherheit. Der Schwerpunkt der geowissenschaftlichen Arbeiten liegt darin, die Eigenschaften potenzieller Wirtsgesteine wie Steinsalz, Tonstein und Granit zu charakterisieren, geotechnische Barrieren zu optimieren, Szenarien zu bewerten und zu analysieren sowie Modelle für den Nachweis der Langzeitsicherheit zu berechnen.

Steinsalz

In Deutschland hat man die Arbeiten zum Wirtsgestein Steinsalz entsprechend dem deutschen Endlagerkonzept mit hoher Priorität behandelt. Da für ein Endlager im Salz bereits umfangreiche Kenntnisse vorliegen, betreffen künftige Untersuchungen die Weiterentwicklung von Stoffgesetzen, die Systematik des Internbaus

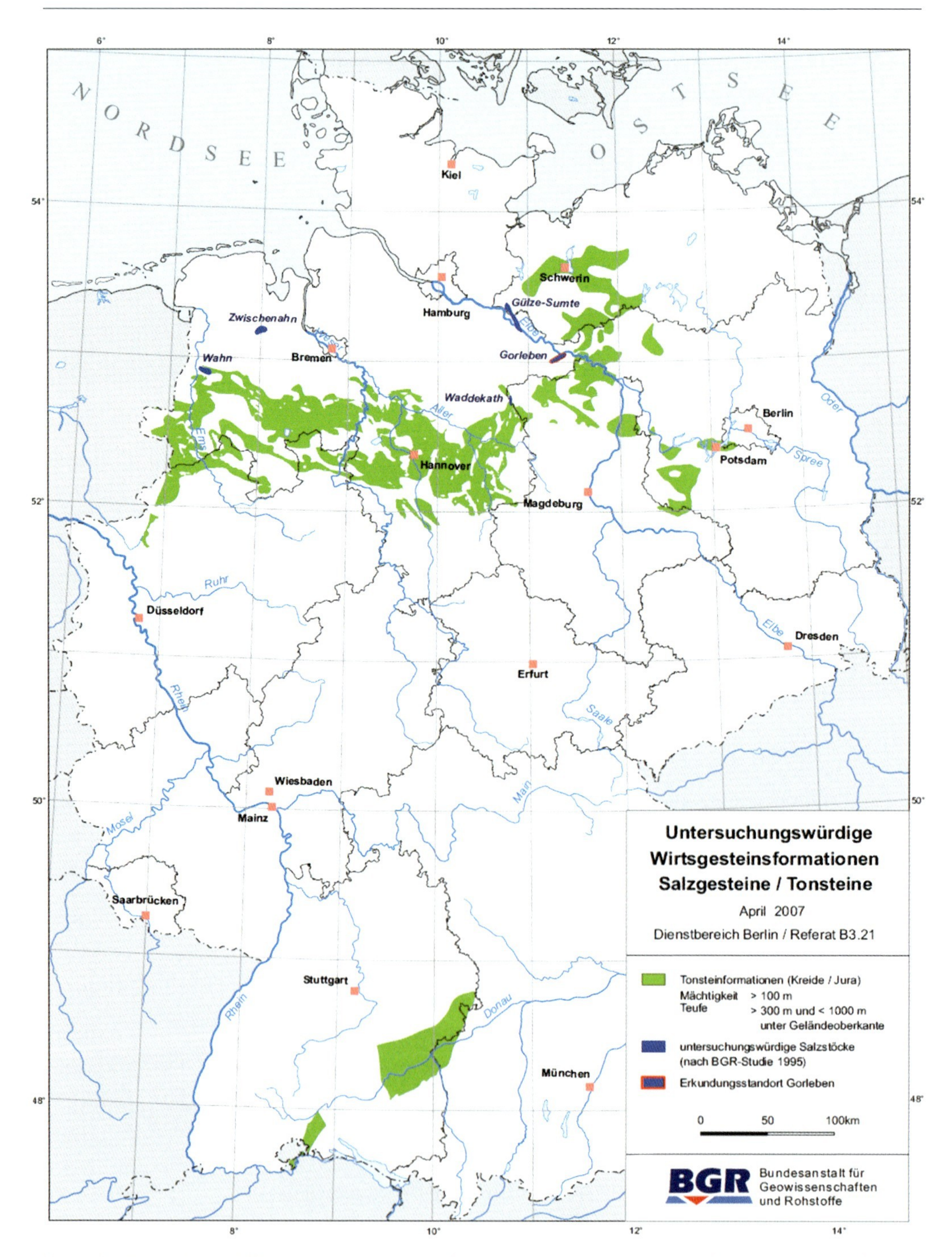

Karte der Steinsalz- und Tonsteinvorkommen in Deutschland, die als Endlager für radioaktive Abfälle in Frage kommen

Mikroseismische Messungen in der Auflockerungszone des Tonsteins im Untertagelabor Meuse/Haute-Marne in Frankreich

von Salzstrukturen und deren geologische Modellierung, die Modellierung von thermisch-hydraulisch-mechanisch-chemisch gekoppelten Prozessen sowie die Klärung von Detailfragen.

Kristallines Wirtsgestein und Tongesteine

Die Untersuchungen zu kristallinen Wirtsgesteinen und Tongesteinen sind dagegen noch nicht so weit fortgeschritten. Kristallines Wirtsgestein wird in Deutschland für die Endlagerung nicht vorrangig in Erwägung gezogen. Ein Forschungsschwerpunkt wird daher darin bestehen, Grunddaten und Stoffgesetze zur Beschreibung des Wirtsgesteins Ton zu ermitteln, um auf diesem Gebiet einen ebenso hohen Kenntnisstand wie beim Steinsalz zu erreichen. Da im Ton einige Prozesse auftreten, die im Wirtsgestein Steinsalz nicht relevant sind, müssen neue Methoden für Labor- und In-situ-Versuche entwickelt werden. Zudem ist es notwendig, Instrumentarien für die Modellierung von thermomechanischen und hydraulischen Prozessen zu entwickeln, bei denen chemische Reaktionen in Tongesteinen berücksichtigt werden.

Kernaussagen

- Die Ressource Raum ist begrenzt und insbesondere in dicht besiedelten Regionen kommt es häufig zu konkurrierenden Nutzungsansprüchen. Zur Urbanisierungs- und Megastadtforschung können die Geowissenschaften wichtige Beiträge leisten.
- Vom Menschen erzeugte Chemikalien finden sich überall in Wasser, Boden und Luft. Das langfristige Verhalten dieser Stoffe und die Auswirkungen auf Ökosysteme müssen erforscht werden.
- Für Altlasten müssen kostengünstige Sanierungsverfahren entwickelt werden, die insbesondere die Gewinnung von Beiprodukten und die Folgenutzung der Oberflächen berücksichtigen.
- Zur CO_2-Speicherung über einen langen Zeitraum ist es notwendig, die Speichermechanismen im Untergrund im Detail zu verstehen.
- Eine sichere Endlagerung radioaktiver Abfälle ist nur in geologischen Formationen möglich. Forschungsbedarf besteht darin, Grunddaten und Stoffgesetze zur Beschreibung des Wirtsgesteins Ton zu ermitteln.

4 Naturkatastrophen: Die Erde als Unruheherd

Um Georisiken wie Erdbeben, Vulkanausbrüche, Lawinen, Stürme oder Überschwemmungen wissenschaftlich erforschen zu können, ist eine breite fachliche Expertise nötig. Institute, Universitäten und außeruniversitäre Forschungseinrichtungen müssen umfassende Netzwerke bilden, um die Probleme effektiv zu lösen, die durch Naturkatastrophen verursacht werden. Dafür müssen zum einen die Prozesse selbst untersucht werden, die zu Naturkatastrophen führen, zum anderen müssen Frühwarnsysteme für verschiedene Georisiken aufgebaut werden. GIS-basierte Informations- und Entscheidungssysteme sind ein wichtiges Hilfsmittel, um Schutz- und Reaktionsmaßnahmen gegenüber Georisiken zu entwickeln. Zudem müssen Ausbildungs- und Kommunikationsstrukturen („Capacity Building") aufgebaut werden. Die Bevölkerung ist dadurch besser vor Georisiken geschützt und kann im Katastrophenfall besser reagieren. Dies ist insbesondere in Entwicklungsländern wichtig.

Naturkatastrophen

Das Jahr 2008 war nach Angaben der Münchener Rück eines der schlimmsten Naturkatastrophen-Jahre in den letzten hundert Jahren. Weltweit kamen nach Angaben der Versicherung mehr als 220.000 Menschen ums Leben. Der gesamtwirtschaftliche Schaden lag bei rund 200 Milliarden US-Dollar. Damit setzte sich der Trend zu immer häufigeren Wetterextremen und dadurch bedingten Naturkatastrophen fort. Auch die Schadenshöhe steigt, da oft dicht besiedelte Regionen wie Küsten von Katastrophen betroffen sind. Zu den schlimmsten Ereignissen 2008 gehörte der Zyklon „Nargis" in Myanmar im Mai, der offiziell 85.000 Menschenleben kostete. Mehr als 50.000 Menschen gelten noch als vermisst. Im gleichen Monat erschütterte auch ein Erdbeben die chinesische Provinz Sichuan. Rund 70.000 Menschen starben, fast fünf Millionen wurden obdachlos. Den größten versicherten Schaden mit rund 30 Milliarden Dollar richtete der Hurrikan „Ike" im September 2008 an.

Neben plötzlichen Naturkatastrophen wie Erdbeben und Stürmen wird langfristig auch der Meeresspiegelanstieg erhöhte Schäden verursachen. Bei Überschwemmungen und Hangrutschungen ist es oft möglich, Schäden zu verhindern oder abzumildern. Auch

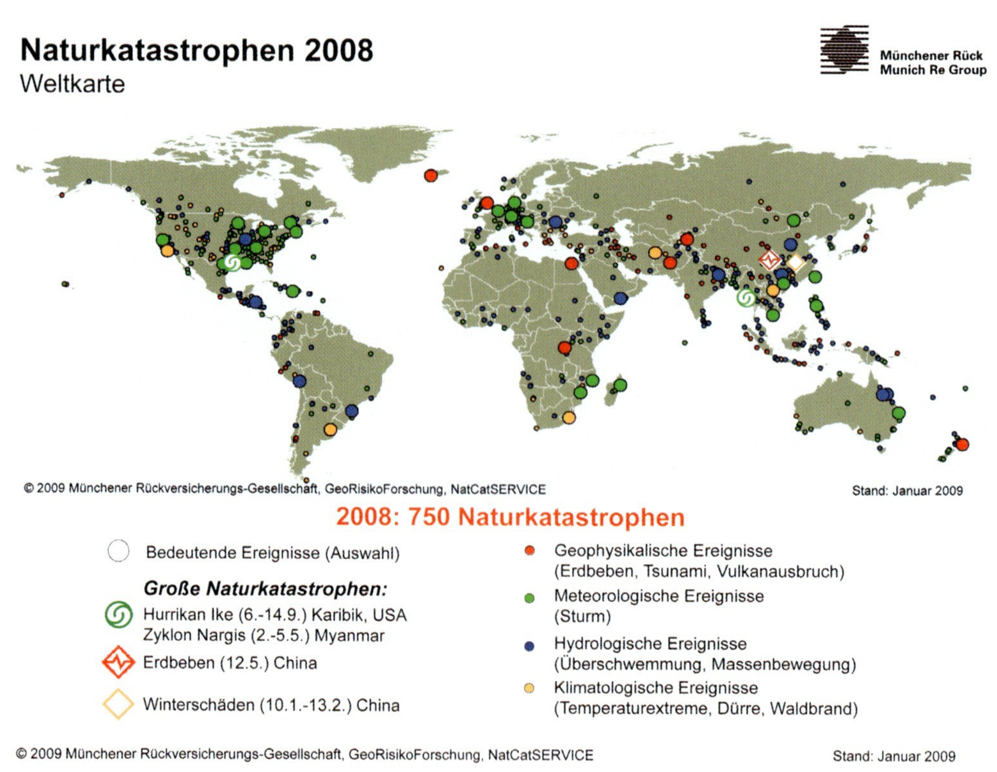

Große Naturkatastrophen im Jahr 2008

Zerstörungen durch Erdbeben lassen sich durch eine entsprechende Konstruktion von Gebäuden oft minimieren oder ganz vermeiden. Beim Loma-Prieta-Erdbeben 1989 in Kalifornien hielten praktisch alle modernen Gebäude den Erschütterungen stand, während eine ältere Brücke über die San Francisco Bay zusammenbrach. Die Entwicklung und Umsetzung entsprechender Bauvorschriften erfordert eine enge Zusammenarbeit von Geowissenschaftlern und Ingenieuren.

Natürliche Veränderungen des Lebensraums

Der menschliche Lebensraum verändert sich zum einen auf natürliche Weise, er unterliegt aber auch gravierenden vom Menschen verursachten Veränderungen. In den letzten Jahrtausenden hat sich die Wirtschaftsgrundlage in vielen Gebieten nachhaltig geändert, weil der Meeresspiegel stieg, Deltagebiete verlandeten oder sich das Klima änderte. Die Geschichte der Niederlande ist seit Jahrhunderten von Maßnahmen zum Schutz vor Sturmfluten geprägt, aber auch von Reaktionen auf die schnell voranschreitende Küstenlinie im Bereich des Rheindeltas. Weit dramatischere Auswirkungen hatten Dürre- und Hitzeperioden im mittelamerikanischen Raum. Im Laufe weniger Generationen verschwanden dort während des mittelalterlichen Temperaturmaximums ganze Hochkulturen. Natürliche Klimaschwankungen während der „Kleinen Eiszeit" hatten in Europa tiefgreifende gesellschaftliche Auswirkungen, sie verursachten unter anderem Hungersnöte. Auch Eingriffe des Menschen in die Natur haben den Lebensraum und die Möglichkeiten der Landwirtschaft regional immer wieder grundlegend verändert. Zu Zeiten des römischen Imperiums wurden zum Beispiel im Mittelmeerraum große Waldgebiete abgeholzt. Heute geschieht dies in den Tropen und Subtropen. Auch die mit der rapiden Urbanisierung einhergehenden Landnutzungsveränderungen tragen erheblich zum lokalen und regionalen Wandel bei.

Satellitenbild des Hurrikans „Ike" am 12. September 2008 in der Karibik

Seltene Extremereignisse

Geologische und hydro-meteorologische Katastrophen ereignen sich meist plötzlich, und oft ist die Bevölkerung unvorbereitet. Ein Beispiel dafür ist das Erdbeben vor Sumatra am 26. Dezember 2004: Das Erdbeben mit der Magnitude 9 löste im Indischen Ozean einen Tsunami aus, der etwa 228.000 Menschen das Leben kostete und alle Anliegerstaaten völlig überraschte. Ähnliches trifft für das Erdbeben von Bam im Ostiran zu, welches 30.000 Leben forderte. Dabei bewegte sich eine Verwerfung, die sich mindestens

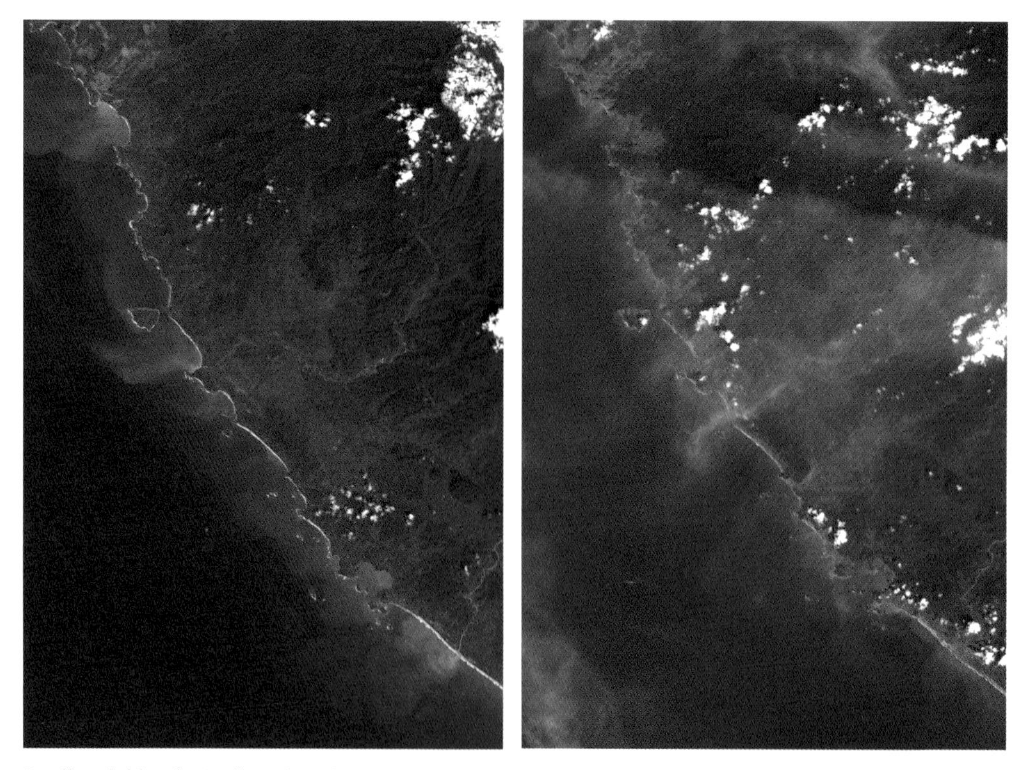

Satellitenbilder der Halbinsel Aceh/Sumatra vor (links vom 13. Dezember 2004) und nach dem Tsunami (rechts vom 29. Dezember 2004)

2.000 Jahre lang ruhig verhalten hatte. Explosive Vulkane zeigen dagegen oft deutliche Warnzeichen, bevor sie ausbrechen. Durch langfristige Beobachtungen können Ausbrüche relativ sicher vorhergesagt werden.

Massenbewegungen, wie etwa Schlammströme oder Lahare, treten nach Starkniederschlägen auf. Sie können, wie 2001 in Venezuela, Tausende Tote und Zehntausende Obdachlose zur Folge haben. Hochwasserkatastrophen können nicht nur viele Opfer fordern, sie zerstören auch flächendeckend die Infrastruktur und zementieren Armutsstrukturen in den betroffenen Regionen. Hochwasser lassen sich in großen Flusseinzugsgebieten zwar einige Tage im Voraus vorhersagen, Warnungen und Gegenmaßnahmen scheitern aber

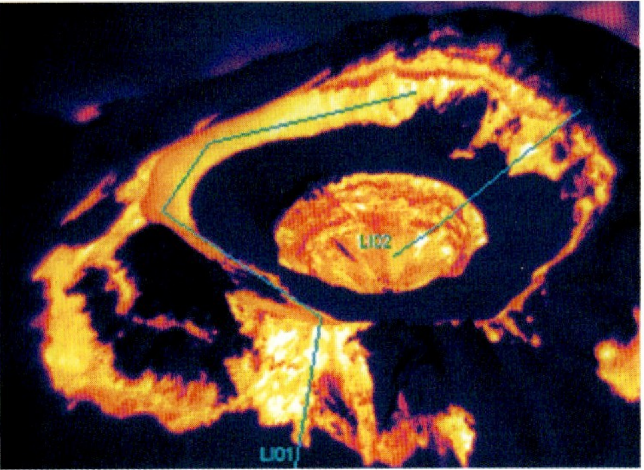

Monitoring am Cotopaxi in Ecuador. Wenn der Vulkan ausbricht, ist die Hauptstadt Quito gefährdet. Regelmäßige Befliegungen im Abstand von wenigen Monaten dokumentieren die Temperaturentwicklung des Vulkans. Links: Ansicht des Gipfelkraters, rechts: Die spezielle Thermo-Kamera macht die hohen Temperaturen unter dem Gletscher sichtbar.

häufig daran, dass die Organisations- und Kommunikationsstrukturen unzureichend sind, besonders in Entwicklungsländern. Die Elbeflut des Jahres 2002 hat gezeigt, dass Starkniederschläge auch im hoch entwickelten Europa katastrophale Folgen haben können. Der Verlauf von tropischen Wirbelstürmen kann zwar an sich über Tage vorhergesagt werden, dennoch sind immer wieder Tausende von Opfern zu beklagen, weil sich die Zugbahnen der Wirbelstürme kurzfristig ändern und es keine ausreichenden Warnsysteme gibt. Zuletzt waren durch die Zyklone „Sidr“ 2007 in Bangladesh oder „Nargis“ 2008 in Myanmar Zehntausende Tote zu beklagen.

4.1 Erdbeben und Tsunamis

Erdbeben können noch nicht vorhergesagt werden. Das Ziel besteht daher darin, das Risiko durch Erdbeben und Tsunamis zu mindern. Die Geowissenschaften haben in den letzten Jahren Fortschritte dabei erzielt, die Prozesse zu verstehen und Gefährdungs- und Risikoeinschätzungen methodisch zu verbessern. Darüber hinaus wurden schnelle Erdbebeninformations- und Frühwarnsysteme entwickelt. Geowissenschaftler haben in Zusammenarbeit mit Ingenieuren Methoden erarbeitet, mit denen der Schaden nach einem Erdbeben schnell bestimmt werden kann. Auch erarbeiten sie gemeinsam mit der lokalen Bevölkerung und den Behörden komplexe Vorsorgestrategien.

Prozess-verständnis

Die Naturgefahren-Forschung beruht auf einer integrierten Beobachtung der Erde. Dabei werden klassische Messnetze auf dem Erdboden mit tiefen Bohrungen in die Kruste und modernen Erdbeobachtungs-Satelliten kombiniert. Die Beobachtung der Erde mit Satelliten wird eine immer größere Rolle spielen. Einige Forscher hoffen zum Beispiel, Tsunamis mit Satelliten erkennen zu können, die die Ozeanoberfläche kontinuierlich mit Hilfe der so genannten GPS-Reflectometry abtasten. Die Grundlagenforschung ist unverzichtbar, um offene Fragen zu beantworten. Sie kann zum Beispiel die Frage beantworten, welche Mechanismen ein Erdbeben auslösen. So hat sich gezeigt, dass seismische Wellen imstande sind, den Porendruck in Geothermal-Systemen über große Entfernungen hinweg zu verändern. Dabei kann sich der Druck um mehrere Bar erhöhen, was wiederum ein Erdbeben auslösen kann. Auf ähnliche Weise könnte auch die Tätigkeit von Vulkanen Erdbeben auslösen. Zum Verständnis der mehrschichtigen Prozesse, die im Katastrophenfall eintreten, zählen zudem Untersuchungen zu den Vorsorgestrategien der lokalen Bevölkerung, um deren Verwundbarkeit im Katastrophenfall mindern zu können.

Gefährdungs- und Risiko-einschätzungen

In urbanen Regionen können seismische Standorteffekte mit Hilfe so genannter „Noise"-Messungen schnell erfasst werden. Dabei wird das natürliche seismische Rauschen genutzt, um herauszufinden, wo besonders starke Bodenbewegungen zu erwarten sind. Diese Methode sollte weiter vorangebracht und getestet werden. Zum Beispiel sollte erforscht werden, welche Rolle Oberflächensedimente und Gebäuderesonanzen spielen, was passiert, wenn sich seismische Wellen in eine andere Form umwandeln oder wenn die seismische Geschwindigkeit in der Tiefe niedriger ist als an der Oberfläche. Im Forschungsbereich „Erdbebenrisiko“ haben deutsche Forscher bei der Risikoanalyse von Istanbul Werkzeuge entwickelt, die sie nun auf andere Regionen übertragen können. Zum Beispiel haben sie für Istanbul eine Methode entwickelt, um das Erdbebenrisiko mit Hilfe von Satellitenbildern zu überwachen. Inzwischen wird die Methode auch in Süditalien, Mumbay und Padang (Sumatra) getestet. Sie soll zudem in der Initiative GEM (Global Earthquake Model) zur Anwendung kommen, die vom Globalen Wissenschaftsforum der OECD vorangebracht wird.

Erdbebeninformation und Frühwarnung

Die Frühwarnung ist seit langem ein Schwerpunkt der deutschen Aktivitäten zur Katastrophenvorsorge. In den beiden Projekten GITEWS (German Indonesian Tsunami Early Warning System) und SAFER (Seismic Early Warning for Europe) wurden wesentliche Fortschritte in der Erdbeben- und Tsunamifrühwarnung erzielt. Eine erste Feuertaufe hat das Tsunami-Frühwarnsystem bereits bestanden: Bei dem Bengkulu-Beben am 12. September 2007 löste das Warnsystem bereits vier Minuten nach dem Erdbeben einen hausinternen Tsunami-Alarm aus. Bei dem verheerenden Tsunami von 2004 betrug die Zeit, bis das Erdbeben von den staatlichen Stellen erfasst wurde, noch zwölf Minuten. Ein weiteres Problem besteht darin, Magnituden bei sehr großen Erdbeben schnell und zuverlässig zu bestimmen. So ging man 15 Minuten nach dem Sumatra-Beben noch von einem Magnitude-8-Erdbeben aus. Nach 65 Minuten musste die Magnitude auf 8,5 korrigiert werden, und nach mehreren Wochen war schließlich klar, dass es sich um ein Erdbeben der Stärke 9,3 gehandelt hatte. Das SAFER-Projekt hat sich mit diesem Problem befasst und eine schnell bestimmbare Energie-Magnitude erarbeitet. Außerdem ist während des Projektes ein neuartiges, selbstorganisierendes Frühwarnsystem für Istanbul entwickelt und getestet worden. Innerhalb weniger Minuten nach einem Beben lassen sich dort aus den Aufzeichnungen von Seismometern so genannte „shake maps“ herstellen. Diese Karten geben Auskunft darüber, wie intensiv die Erschütterung an einem bestimmten Ort war und ob Infrastruktur beschädigt sein könnte. Das Ziel besteht darin, intensitätsbasierte Erschütterungskarten während eines Erdbebens quasi online zu erzeugen. Für die Testregionen des SAFER-Projektes um Istanbul, Bukarest und Neapel sind die dafür notwendigen Dämpfungsmodelle und ihre möglichen Fehlerbereiche abgeleitet worden. Informationen über Katastrophenopfer müssen zudem schneller verfügbar sein, indem die Schadenserhebung verbessert wird. Derzeit dauert es oft Tage, bis die Zahl der Opfer bekannt ist. Im Rahmen des EDIM-Projektes wurde daher ein Erdbeben-Desaster-Informationssystem für die Marmara-Region entwickelt. Über diese Warnsysteme hinaus bedarf es ferner kulturangepasster Informations- und Kommunikationsstrategien zur Warnung und Interaktion mit der lokalen Bevölkerung und den Behörden, die sich speziell an die Bevölkerung in den Gefahrenzonen richten müssen.

Überwachung der Fatih-Brücke über den Bosporus mit kostengünstigen Sensoren

Wissenschaftliche Herausforderungen

Die Vernetzung von Infrastruktur und Ökonomie wächst. Dadurch steigen die Schäden von Naturrisiken exponentiell an. Während das San Francisco-Erdbeben von 1906 einen Schaden von 180 Millionen US-Dollar anrichtete, wird für „the next big one" ein Betrag von 260 Milliarden US-Dollar prognostiziert. Eine Wiederholung des Tokio-Erdbebens von 1923 könnte mit zweitausend Milliarden Dollar die gesamte Weltwirtschaft in eine Krise stürzen. Eine große Herausforderung für die Geowissenschaften besteht daher darin, diesen Risikowandel global zu überwachen und dabei die verschiedenen Risiken zu berücksichtigen. Ein Ansatz für Erdbeben ist das globale Erdbebenmodell GEM. Diese OECD-Initiative soll eine globale Plattform bieten, um Erdbebenrisiken zu überwachen. Die Vision besteht darin, dass jedermann offen auf diese Information zugreifen kann. Dahinter stecken folgende Ziele:

- Das Modell soll das allgemeine Risiko-Bewusstsein anheben.
- Es soll dabei helfen, Erdbeben weltweit zu überwachen und das wachsende Erdbebenrisiko vorherzusagen.
- Es soll Erdbebenrisiken unterschiedlicher Regionen weltweit vergleichbar machen.
- Es soll charakteristische Schadensszenarien für seismische "Hotspots" auf der Erde simulieren.
- Eine präzise Vorhersage des Erdbebenrisikos ist die Voraussetzung dafür, dass Gebäude so gebaut werden können, dass sie möglichen Erschütterungen standhalten.

Auch Klimaänderungen können Naturkatastrophen verursachen, zum Beispiel Hangrutschungen, Gletscher kommen ins Rutschen und erzeugen Beben oder Tsunamis können entstehen, wenn Gashydrat am Meeresboden durch die Erwärmung des Meerwassers instabil wird. Als weiterer Schritt sind komplexe Entscheidungsunterstützungssysteme zu entwickeln, bei denen Natur- und Sozialwissenschaftler in der Beobachtung und Vorsorge multipler Natur- und vom Menschen verursachter Risiken zusammenarbeiten.

4.2 Vulkaneruptionen

Am 26. Januar 2000 warnte der isländische Rundfunk vor einer Eruption des Vulkans Hekla, die in 15 Minuten zu erwarten sei. Die Vorhersage stammte vom lokalen geologischen Dienst. Tatsächlich folgte die Eruption nach 17 Minuten. Dies ist nur eines von vielen Beispielen, wie vulkanische Eruptionen in den vergangenen Jahren erfolgreich vorhergesagt wurden. Auch der Zeitpunkt des Pinatubo-Ausbruchs 1991 wurde korrekt vorhergesagt. Gezielte Evakuierungsmaßnahmen retteten das Leben Zehntausender Menschen.

Magmenkammer

Unterhalb von aktiven Vulkanen befindet sich in einer Tiefe von wenigen Kilometern oft eine Magmenkammer, die manchmal mit seismischen Methoden direkt abgebildet werden kann. In anderen Fällen steigt das Magma direkt aus dem Erdmantel zur Erdoberfläche auf. Aus der chemischen Zusammensetzung von Mineralen, die bei einer Eruption an die Erdoberfläche gelangen, lassen sich die Druck- und Temperaturbedingungen in der Magmenkammer oder in den Aufstiegskanälen sehr genau bestimmen. Explosive Vulkaneruptionen ereignen sich, wenn sich Gase wie Wasserdampf oder Kohlendioxid, die ursprünglich unter Druck im Magma gelöst waren, entmischen. Wie viel Wasser und CO_2 ursprünglich in der Schmelze enthalten waren, lässt sich durch die Analyse von Schmelzeinschlüssen in Kristallen bestimmen. Durch derartige Untersuchungen konnte in den vergangenen Jahren im Detail geklärt werden, wie zahlreiche Eruptionen abgelaufen sind.

Vorhersage

Die Vorhersage von Vulkaneruptionen beruht auf verschiedenen Methoden, die nachweisen können, wie sich das Magma im Untergrund bewegt. Um aktive Vulkane zu überwachen, werden vor allem drei Methoden eingesetzt: (1) seismische Methoden, das heißt die Beobachtung von Erdbebenwellen, (2) die Analyse vulkanischer Gase, zum Beispiel durch Infrarot-Spektroskopie und (3) die Messung von Bodendeformation, entweder vom Boden aus mit Neigungs- und Dehnungssensoren oder durch den Einsatz von Satelliten. Vulkanisch-tektonische Erdbeben entstehen, wenn Gestein zerreißt. Wenn sich die Stärke dieser Erdbeben vermindert, kann man vermuten, dass die Festigkeit der Gesteinshülle über der Magmenkammer nachlässt. Dieses Phänomen kann Tage oder Wochen vor einer Eruption auftreten. So genannte langperiodische Erdbeben ermöglichen aber auch kurzfristige Warnungen. Dieser Typ von Erdbeben entsteht, wenn blasenhaltiges Magma durch Spalten im Gestein strömt. Kurz vor einer Eruption beobachtet man oft, dass sich das Frequenzspektrum dieser Erdbeben kontinuierlich verschiebt. Vulkanische Gase wie Schwefeldioxid liefern wertvolle Hinweise darauf, wie durchlässig ein Vulkanschlot ist und ob sich freies Gas in der Magmenkammer bildet. Wenn sich der Boden verformt, deutet das darauf hin, dass sich in der Magmenkammer Druck aufbaut oder dass neues Magma aus großer Tiefe aufsteigt. Diese Deformationen lassen sich besonders gut mit der satellitengestützten Radarinterferometrie InSAR (Interferometric Synthetic Aperture Radar) nachweisen.

Vulkane und Erdbeben in Deutschland

Auch Deutschland ist grundsätzlich durch Vulkaneruptionen bedroht. Die Vulkane der Eifel sind zwar gegenwärtig nicht aktiv, der Vulkanismus ist dort jedoch nicht erloschen. Die letzten Ausbrüche des Laacher Sees und des Ulmener Maars liegen erst 12.900 und 11.000 Jahre zurück. Die Eruption des Laacher Sees setzte 6,5 Kubikkilometer Magma frei und war damit etwa genauso groß wie die Eruption des Mount Pinatubo 1991. Zahlreiche Erdbeben erschüttern jährlich die Regionen entlang des Rheingrabenbruches, wovon zahlreiche Städte, wie z. B. Köln, Bonn oder Freiburg betroffen sind. Die meisten Erdbeben sind zwar kaum zu spüren, aber die in Abständen von einigen Jahren auftretenden Ereignisse veranlassen die meisten Städte und Gemeinden in den betroffenen Regionen dazu, Katastrophenpläne und Vorsorgemaßnahmen zu erarbeiten, um auf Risiken verschiedener Art (von Erdbeben über Überschwemmungen bis zu Industrieunfällen) vorbereitet zu sein. Ein Ausbruch des Vesuvs würde das Leben von weit über einer Million Menschen in Süditalien direkt bedrohen. Große explosive Vulkaneruptionen wie der Pinatubo-Ausbruch im Juni 1991 stellen eine enorme Bedrohung für die Menschen in der unmittelbaren Umgebung dar. Gleichzeitig können sie das Klima global abkühlen, weil sie Sulfat-Aerosole in die Stratosphäre freisetzen.

Wissenschaftliche Herausforderungen

Vorhersagbarkeit von Vulkaneruptionen

Welches Eruptionsverhalten ein Vulkan zeigt, hängt davon ab, wie viel flüchtige Bestandteile das Magma enthält. Besonders wichtig ist der Wassergehalt, aber auch Kohlendioxid, Schwefeldioxid und Chlorwasserstoff spielen eine entscheidende Rolle. Bisher ist es nicht möglich, den Wassergehalt im Magma vor einer Eruption zu messen. Dieses Problem ließe sich lösen, wenn man die elektrische Leitfähigkeit in der Magmenkammer messen könnte. Die Leitfähigkeit einer Silikatschmelze hängt stark vom Wassergehalt ab. Vor vielen Eruptionen ändert sich zudem die Zusammensetzung vulkanischer Gase. Diese Änderungen können jedoch noch nicht quantitativ interpretiert werden, da grundlegende Daten darüber fehlen, wie gut sich Gase in Magmen lösen und wie sie sich zwischen Fluid- und Schmelzphase verteilen. Die Gase, die aus Vulkanen entweichen, stammen oft nicht nur aus dem Magma, sondern auch aus dem Grund- und Oberflächenwasser. Um aus den Gasemissionen auf den Zustand des Vulkans schließen zu können, muss das gesamte magmatisch-hydrothermale System modelliert werden.

Eigenschaften von Magmen

Während die Viskosität von Silikatschmelzen recht gut untersucht ist, existieren nur unvollständige Daten darüber, wie sich kristall- und blasenhaltige Magmen verhalten. Wie schnell sich Gasblasen bilden und wie gashaltige Magmen fragmentieren, ist ebenfalls noch unzureichend bekannt. Daten über das Fragmentierungsverhalten und die Glastransformationstemperatur sind wichtig, um seismische Signale aus der Magmenkammer korrekt interpretieren zu können. Wenn sich im Magma Kristalle bilden, können auch Gasblasen entstehen. Gleichzeitig kann sich die Viskosität einer Schmelze drastisch erhöhen. Wie Kristalle das Fließverhalten von Magmen beeinflussen, hängt nicht nur von der Menge der Kristalle ab, sondern auch von ihrer Form und Anordnung. Diese Vorgänge lassen sich bisher noch nicht quantitativ vorhersagen.

Explosive und effusive Vulkane

Bei manchen Vulkanen verändert sich das Eruptionsverhalten, obwohl die Magmenzusammensetzung nahezu gleich bleibt. Ein Beispiel ist der Lascar in Chile. Im April 1993 ereignete sich dort eine unerwartete, sehr starke Explosion, nachdem der Vulkan seit 1984 viele Jahre lang eine ruhige, effusive Aktivität gezeigt hatte. Möglicherweise lag das daran, dass sich die Durchlässigkeit und die

Geometrie des Schlotes geringfügig änderten. Dadurch entgaste das Magma bereits beim Aufstieg unterschiedlich stark.

Erdbeben als Auslöser

In einigen Fällen ist der Zusammenhang zwischen Erdbeben und Vulkaneruptionen offensichtlich. Der Kilauea auf Hawaii brach am 29. November 1975 aus, nur eine halbe Stunde nach einem Erdbeben mit der Magnitude 7,5, dessen Epizentrum 20 Kilometer entfernt lag. Es mehren sich Hinweise darauf, dass Erdbeben selbst über große Entfernungen vulkanische Aktivität auslösen können. Möglicherweise reißen die seismischen Wellen tief in der Magmenkammer Gasblasen los, die anschließend nach oben wandern.

Modellierung pyroklastischer Ströme

Pyroklastische Ströme oder Glutwolken sind eine Hauptgefahr bei vielen Vulkaneruptionen. Sie verursachten beispielsweise im Jahr 79 die Zerstörung von Pompeji. Die Vorhersage des Fließverhaltens dieser Suspensionen von Gesteinspartikeln und Schmelztropfen in heißen Gasen erfordert die Entwicklung von numerischen Modellen, die auch die Wechselwirkung der Glutwolken mit der Atmosphäre und der Topographie der Oberfläche einbeziehen.

Pyroklastischer Strom beim Ausbruch des Mayon (Philippinen, 23.9.1984). Solche Glutlawinen, in denen sich Gesteinspartikel, Schmelztropfen und heiße Gase mischen, sind eine der größten Gefahren bei einem Vulkanausbruch.

4.3 Meteorologische Extremereignisse

Extreme Wetter- oder Klimaereignisse verursachen etwa 75 Prozent der Naturkatastrophen. Davon sind praktisch alle Teile der Erde betroffen. Direkte Wirkungen gehen beispielsweise von extremen Windgeschwindigkeiten aus. Sie können bei Stürmen in den Tropen oder in mittleren Breiten auftreten, aber auch bei lokalen Ereignissen wie Tornados. Auch einzelne Gewitterböen können lokal erheblichen Schaden anrichten. Die Kombination von Niederschlag und Sturm kann den Schaden erheblich erhöhen. Grundsätzlich kann von Niederschlägen aber auch eine indirekte Wirkung ausgehen. So verursachen Hochwasser oft Schäden in Regionen, in denen es selbst keinen Niederschlag gegeben hat.

Meteorologische Extremereignisse schädigen weite Bereiche der natürlichen Umwelt und der Infrastruktur. Sie können direkte Wirkungen auf Mensch und Tier, die Energie- und Nahrungsmittelversorgung oder den Verkehr haben. So musste zum Beispiel der Bahnverkehr während des Sturms „Kyrill" eingestellt werden. Zunehmend ist auch der Einfluss anthropogener Klimaänderungen auf die Landwirtschaft, die Wasserversorgung oder die Wärmeinseln großer Städte zu berücksichtigen.

Die Gefährdung durch meteorologische Extremereignisse wird bis heute meist rein statistisch beurteilt. Warnungen beruhen meist auf numerischen Wettervorhersagemodellen, so genannten NWV-Modellen. In diesen Modellen werden die Atmosphäre und Prozesse wie Strahlung, Turbulenz, Wolken- und Niederschlagsbildung mathematisch-physikalisch beschrieben. Die NWV-Modelle berechnen anhand von Messdaten einen Anfangszustand. Davon ausgehend, können die Modelle in guter Näherung für mehrere Tage im Voraus berechnen, wie sich ein Sturm entwickeln und wohin er ziehen wird. Die Vorhersagegüte der NWV-Modelle hängt von mehreren Faktoren ab: wie gut der Anfangszustand erfasst wird, wie detailliert die physikalischen Prozesse modelliert werden und wie genau die numerischen Lösungsverfahren sowie die räumliche Auflösung des Modells sind.

Um klimatische Extremereignisse voraussagen zu können, sollten in Zukunft Ensemblevorhersage-Systeme genutzt werden. Diese Systeme gehen von mehreren, leicht unterschiedlichen Anfangszuständen aus und zeigen verschiedene mögliche Entwicklungen.

Daran lässt sich erkennen, welcher Ablauf möglich ist und wovon die Stärke eines Extremereignisses abhängt. Derzeit sind die Modelle noch nicht fein genug, um alle schadensrelevanten Skalen aufzulösen. Auch die parametrisierten Prozesse können nicht alle möglichen Entwicklungen abdecken. Um meteorologische Extremereignisse besser zu verstehen und Gefährdungen besser einschätzen zu können, müssen diese Defizite behandelt werden.

Forschungsbedarf besteht unter anderem dabei, Extremereignisse auf kürzeren Zeitskalen vorherzusagen. Zudem muss daran gearbeitet werden, die Vorsorgestrategien sowie die Folgen des Klimawandels besser einzuschätzen, physikalische Mechanismen besser zu verstehen und die Defizite der Modelle zu beseitigen.

4.4 Hangrutschungen

Hangrutschungen treten überall auf. Sie kommen auch am Meeresboden vor und können verheerende Flutwellen oder Tsunamis auslösen. Bei Hangrutschungen gleitet, kippt, fließt, kriecht oder fällt Festgestein, Sediment, Schutt oder Boden unter dem direkten Einfluss der Gravitation entlang eines Hangs abwärts.

Schadenspotenzial

Katastrophale Hangrutschungen nehmen weltweit zu, weil Raum- und Naturressourcen immer stärker genutzt werden. In einigen Regionen der Erde treten durch den globalen Klimawandel zudem häufiger extreme Witterungsereignisse auf, die ebenfalls Hangrutschungen auslösen können. Obwohl Hangrutschungen statistisch häufiger vorkommen als andere Naturgefahren, erscheint ihr Schadenspotenzial im Vergleich mit anderen Naturgefahren relativ niedrig. In bestimmten Regionen verursachen Hangrutschungen jedoch höhere Schäden als andere Naturgefahren. Dies liegt auch daran, dass Hangrutschungen zumeist am Ende einer Wirkungskette stehen.

Die Ausdehnung von Hangrutschungen reicht von wenigen Quadratmetern bis zu gigantischen submarinen Rutschungen, die mehrere hundert Quadratkilometer des Meeresbodens in Bewegung versetzen. Hangrutschungen können extrem langsam vor sich gehen. Kriechbewegungen haben etwa Raten von einigen Millimetern pro Jahr. Gesteinslawinen können dagegen mit einer Geschwindigkeit von mehreren hundert Kilometern pro Stunde zu Tal donnern.

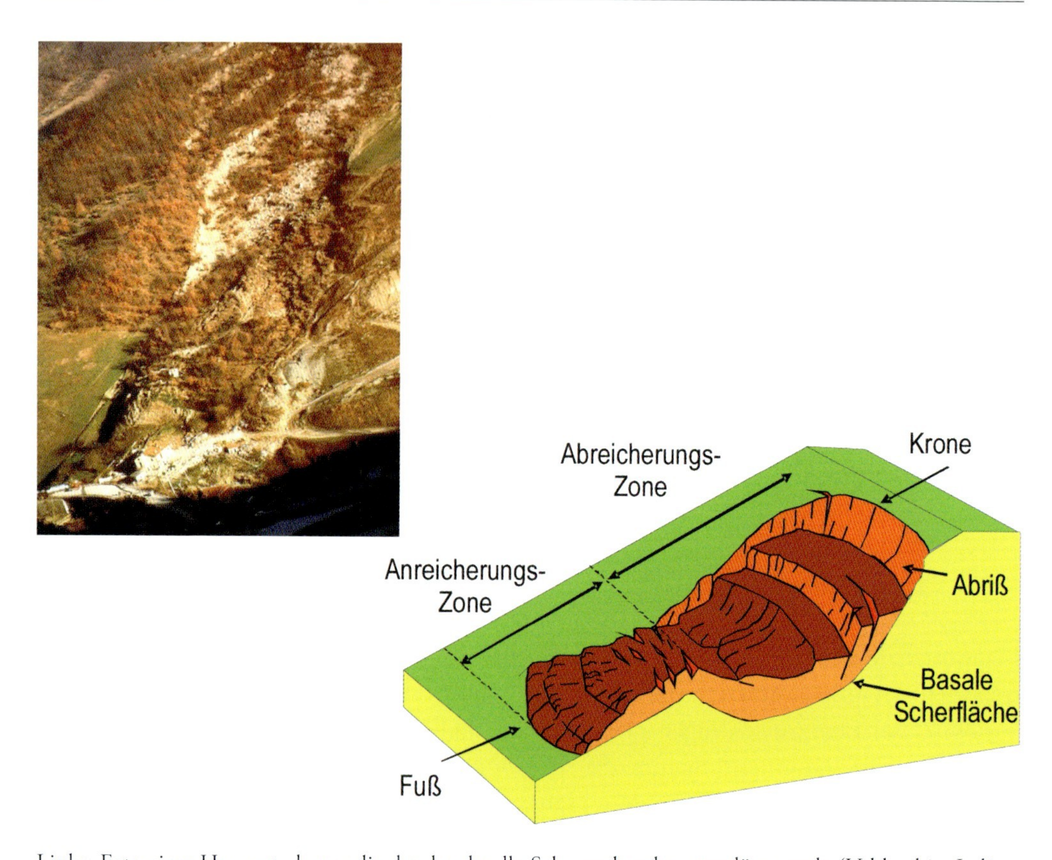

Links: Foto einer Hangrutschung, die durch schnelle Schneeschmelze ausgelöst wurde (Valderchia, Italien, 6.1.1997); rechts: Vereinfachte, schematische Darstellung einer komplexen Hangrutschung

Zwischen diesen Extrema liegen mindestens 14 Größenordnungen. Eine Hangrutschung kann einige Sekunden dauern, zum Beispiel bei einem Steinschlag, sie kann sich aber auch über Hunderte oder Tausende von Jahren hinziehen.

Auslöser

Hangrutschungen können durch zahlreiche Phänomene ausgelöst werden, zum Beispiel durch natürliche Prozesse wie lang anhaltende oder starke Niederschlagsereignisse, Hochwasser, Erdbeben, Vulkanausbrüche, Waldbrände, schnelle Schneeschmelzen oder auch durch mehrere dieser Ereignisse. Darüber hinaus verursacht auch der Mensch Hangrutschungen, etwa durch Bergbau, Straßenbau, Hangbelastungen, Bewässerung, Entwaldung oder künstliche Bodenvibrationen.

Wissenschaftliche Herausforderungen

In den letzten Jahrzehnten haben Geowissenschaftler große Fortschritte dabei gemacht, gefährdete Abschnitte des Geländes zu identifizieren und vorherzusagen, wo eine Rutschung auftreten könnte. Leistungsfähige Geoinformations-Technologien und hochauflösende Datensätze aus der Fernerkundung haben diese Fortschritte möglich gemacht. Die Methoden, mit denen sich gefährdete Zonen ausweisen lassen, werden allerdings zumeist auf größeren räumlichen Maßstäben angewendet. Zentrale Forschungsfragen liegen zudem in der Erarbeitung von Vorsorge- und Bewältigungsstrategien und -maßnahmen.

Geokataster

Oft führen seltene, unerwartete Hangrutschungen zu großen Verlusten. Deshalb ist es nötig, verfeinerte, an die lokalen Verhältnisse angepasste Verfahren für rutschungsempfindliche Räume sowie Maßnahmen der Stadtplanung zu entwickeln, die Schäden vorbeugen. Um Rutschungen zeitlich vorhersagen zu können, müssen historische und aktuelle Geokataster von Hangrutschungen erstellt werden. Diese Arbeiten werden durch Fortschritte in der luft- und weltraumgestützten Sensorik und durch leistungsfähige Geodatenbanksysteme erleichtert.

Es ist eine große Aufgabe für die Ingenieurgeologie und Bodenmechanik, prozessbasierte Hangstabilitäts- und Massenbewegungsmodelle weiterzuentwickeln. Solche Modelle können direkt mit Niederschlagsmodellen oder Erdbebenmodellen gekoppelt werden. So lassen sich akute Gefahren zeitnah vorhersagen. Hanglagen mit hohem Bedrohungspotenzial können heutzutage kontinuierlich überwacht werden, zum Beispiel durch Laser- und Radar-Messungen, in-situ-Bewegungsmonitoring oder durch geophysikalische Erkundungen. Bei derartigen Messungen können kritische Schwellenwerte für eine katastrophale Rutschung bestimmt werden. Dabei sollten auch mechanische Simulationen einbezogen werden. Diese Schwellenwerte lassen sich direkt zur Frühwarnung und Gefahrenminderung nutzen, sie liefern aber auch wichtige Randbedingungen für regionale Empfindlichkeitsmodelle. Neben geowissenschaftlichen Daten werden für solche Modelle auch Daten über Ökonomie, Infrastruktur und Bevölkerung benötigt.

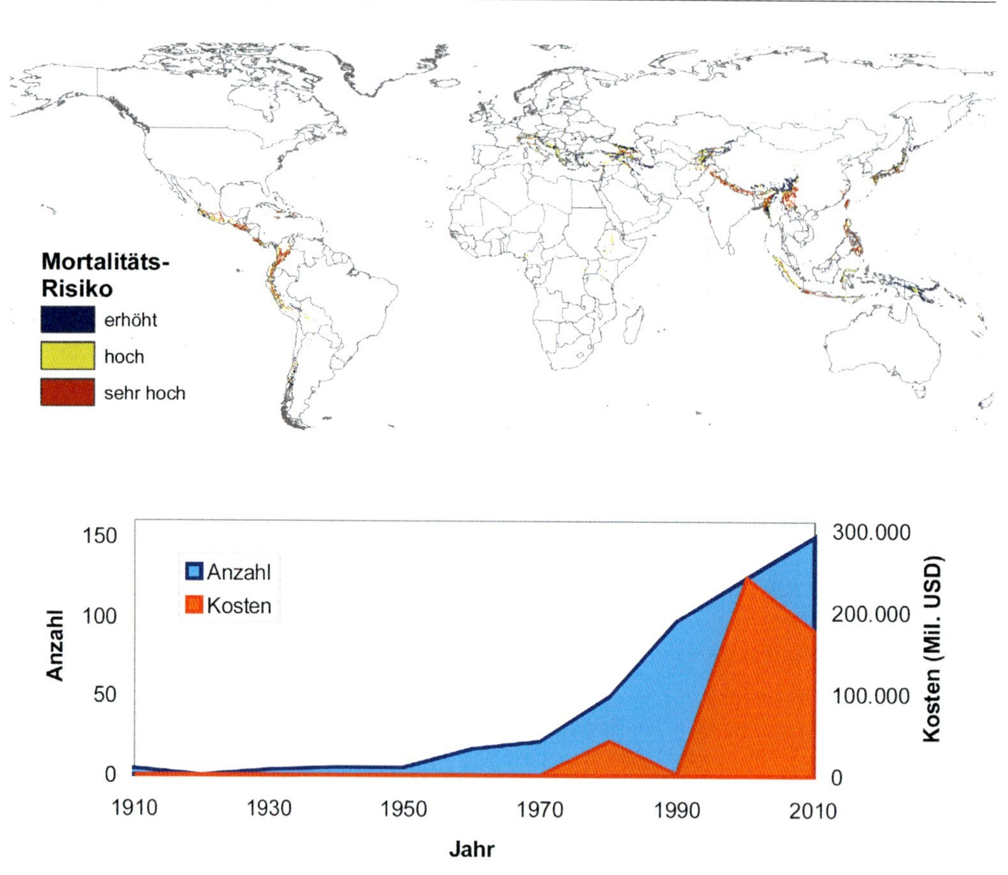

Oben: Klassifizierte Verteilung des globalen Mortalitäts-Risikos durch Hangrutschungen; unten: Zeitliche Verteilung von Vorkommen und verursachten Kosten von folgenschweren Hangrutschungsereignissen im letzten Jahrhundert (auf 10-Jahreszeiträume aggregiert)

4.5 Kosmische Katastrophen

Die Erde ist seit ihrer Entstehung vor 4,5 Milliarden einem kontinuierlichen Bombardement von extraterrestrischer Materie ausgesetzt. Im Verlauf der Erdgeschichte haben sich Menge und Häufigkeit der Einschläge verringert. Doch auch heute prasseln täglich noch mehrere hundert Tonnen interplanetarer Staubpartikel und Meteoriten auf die Erde nieder. Das zeigt das Verhältnis von Helium-3 zu Helium-4 in marinen Sedimenten und im Polareis.

Kleinere extraterrestrische Objekte wie Staubteilchen und Meteoriten werden durch die Erdatmosphäre stark abgebremst. Sie erreichen die Erdoberfläche entweder mit normaler Fallgeschwindigkeit oder verglühen bereits in der Atmosphäre. Deshalb stellen sie keine Gefahr für die Menschheit dar. Wenn ein Asteroid oder ein Komet mit einem Durchmesser von mehr als einem Kilometer auf der Erde einschlagen würde, hätte das verheerende Folgen für die gesamte Biosphäre. Solche Himmelskörper bewegen sich mit kosmischen Geschwindigkeiten. Asteroiden schießen mit mehr als 15 Kilometern pro Sekunde durch das All, Kometen können sogar 71 Kilometer pro Sekunde zurücklegen. Sie treffen ungebremst auf die Erde und übertragen in Bruchteilen einer Sekunde mehr Energie auf die Erde als gegenwärtig im weltweiten Kernwaffenarsenal gespeichert ist. Bislang sind etwa 180 Impaktkrater bekannt. Im Verlauf der Erdgeschichte hat es also immer wieder kosmische Katastrophen von lokalem oder globalem Ausmaß gegeben. Bislang ließ sich aber nur für die Kreide-Paläogen-Grenze (früher: Kreide-Tertiär-Grenze) nachweisen, dass es einen Zusammenhang zwischen einem Impakt und einem Massensterben gab. Vor 65 Millionen Jahren schlug ein

Falschfarbenbild eines 19 x 12 x 11 Kilometer großen Asteroiden 951 Gaspra, der von der Raumsonde Galileo aufgenommen wurde.

etwa zehn Kilometer großer Asteroid auf der Halbinsel Yucatán in Mexiko ein und schuf den 180 Kilometer großen Chicxulub-Krater. Dieser Einschlag wird für das damalige Massensterben einschließlich des Niedergangs der Dinosaurier verantwortlich gemacht.

Im Juli 1994 schlugen etwa 20 zwei bis drei Kilometer große Bruchstücke des Kometen Shoemaker-Levy auf dem Jupiter ein. Die deutlich sichtbaren Feuerbälle und die dunklen Flecken auf dem Jupiter waren nahezu so groß wie die gesamte Erdoberfläche. Mit diesem Ereignis wurde der breiten Öffentlichkeit erstmals klar, dass im Sonnensystem auch heute noch gewaltige Kollisionen stattfinden und dass sie auch die Erde treffen können. Um die aktuelle Gefährdung durch eine Kollision mit einem bestimmten Himmels-

Einschlag des Fragments G des Kometen Shoemaker-Levy 9 auf der Oberfläche von Jupiter, aufgenommen mit dem Hubble-Teleskop am 18. Juli 1994, ungefähr zwei Stunden nach dem Impakt.

körper abschätzen zu können, muss man zunächst die Kollisionswahrscheinlichkeit bestimmen und anschließend die Auswirkungen eines Einschlags abschätzen.

Wie wahrscheinlich ein Impakt ist, hängt von der Größe des Impaktors ab. Die statistische Häufigkeit von Impaktprozessen lässt sich anhand der Kraterstatistik des Mondes abschätzen. Astronomische Beobachtungen von potenziell gefährlichen, erdbahnkreuzenden Asteroiden und Kometen, den so genannten NEOs (Near Earth Objects), ergänzen die Statistik. Aus der Kraterstatistik des Mondes lässt sich ableiten, wie häufig Meteoriteneinschläge im Verlauf der Erdgeschichte waren. Die Daten zeigen, dass die Impaktrate nach dem heftigen Bombardement in der Frühphase der Erde während der letzten drei Milliarden Jahre konstant blieb. Im statistischen Mittel entstehen also heute genauso viele Krater wie vor drei Milliarden Jahren.

Teleskope auf der Erde bilden eine zweite Informationsquelle, um das gegenwärtige Impaktrisiko abzuschätzen. Mittlerweile hat man 800 der 1.000 bis 1.200 erwarteten größeren NEOs entdeckt und ihre Bahnen erfasst. Von den kleineren NEOs mit einem Durchmesser von weniger als einem Kilometer sind bislang 6.000 Objekte bekannt. Die Kraterstatistik lässt erwarten, dass etwa alle hundert Millionen Jahre ein Meteorit von der Größe des Chicxulub-Impaktors auf der Erde einschlägt. Das bedeutet, dass allein im Phanerozoikum, also während der letzten 550 Millionen Jahre, fünf vergleichbare Einschläge stattgefunden haben müssen. Ein ein Kilometer großer Asteroid schlägt einen Krater der Größe des Nördlinger Rieses mit einem Durchmesser von etwa 25 Kilometern. Ein solcher Einschlag tritt in der Regel etwa alle 500.000 Jahre auf. Ein Ereignis wie die Tunguska-Explosion in Sibirien, die im Jahr 1908 ein Gebiet von 2.000 Quadratkilometern verwüstete, wird im Mittel alle hundert Jahre erwartet.

Die Untersuchungen an der Kreide-Paläogen-Grenze haben gezeigt, dass große Einschläge ein breites Spektrum an Effekten auf allen Zeitskalen nach sich ziehen. Kurzfristig breiten sich enorme Druckwellen in der Atmosphäre aus, es entstehen großflächige Waldbrände und Tsunamis. Langfristig kann das Klima durch enorme Mengen an Staub, klimawirksamen Gasen (CO_2, SOx) und Wasserdampf aus dem Gleichgewicht gebracht werden. Der feine Staub kann das Sonnenlicht abschirmen und so die Photosynthese

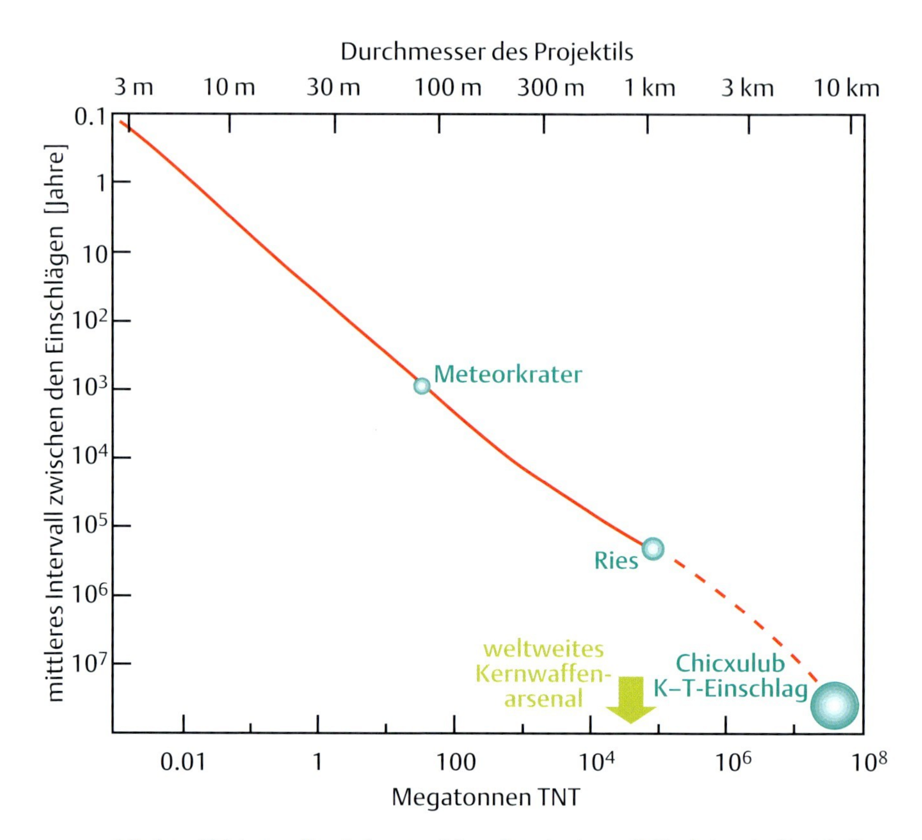

Mittleres Zeitintervall zwischen zwei Impaktereignissen als Funktion des Projektildurchmessers. Die Abbildung zeigt eine logarithmische Abhängigkeit der Impakthäufigkeit vom Projektildurchmesser.

unterbrechen, während das Kohlendioxid einen nachhaltigen Treibhauseffekt verursachen kann.

Wissenschaftliche Herausforderungen

In den letzten Jahrzehnten hat die Impaktforschung erhebliche Fortschritte erzielt. Dennoch bestehen immer noch Wissensdefizite. So ist unklar, wie groß die Gefährdung durch NEOs ist und welche Rolle Meteoriteneinschläge bei den großen Massensterben der Erdgeschichte gespielt haben. Offenbar hat man 70 Prozent der größeren NEOs mit einem Durchmesser von mehr als einem Kilometer bereits entdeckt. Im Schnitt kollidiert aber nur alle paar

Hunderttausend oder Millionen Jahre eins dieser Objekte mit der Erde. Schätzungen zufolge sind nahezu eine halbe Million an kleineren NEOs noch unentdeckt.

Gemäß der Kraterstatistik der Erde sollten in den letzten drei Milliarden Jahren 30 Krater der Chicxulub-Klasse entstanden sein. Bislang sind aber nur drei Krater mit einem Durchmesser von mehr als 200 Kilometern bekannt: Chicxulub, Sudbury und Vredefort. Selbst wenn viele der großen Impaktkrater durch die Plattentektonik zerstört wurden, so sollten zumindest die Auswurfsgesteine dieser Krater noch teilweise auf alten Kontinentalschilden existieren. Solche Impaktlagen könnten Aufschluss darüber geben, ob Chicxulub nur ein singuläres Ereignis war oder ob Impaktereignisse dieser Größenordnung generell ein Massenaussterben nach sich ziehen. Des Weiteren ist noch nicht verstanden, welche Umweltfolgen große Impaktereignisse haben und über welche Mechanismen sie ein Massensterben verursachen. Diese Frage kann nur im Zusammenwirken von Wissenschaftlern aus scheinbar entfernten Fachgebieten wie Astronomie, Atmosphärenchemie, Klimatologie, Biologie und Hochdruckphysik geklärt werden.

Kernaussagen

- Die Gefährdung durch Naturkatastrophen wird sowohl als Folge des Klimawandels als auch als Folge des Wachstums der Weltbevölkerung zunehmen.
- Die Geowissenschaften haben in der Erforschung der physikalischen Grundlagen vieler Naturkatastrophen große Fortschritte gemacht. Nicht nur Stürme und Überflutungen, sondern auch Vulkaneruptionen lassen sich oft sehr genau vorhersagen. Weitere, intensive Grundlagenforschung wird notwendig sein, um eventuell in der Zukunft den Zeitpunkt von Erdbeben vorhersagen zu können.
- Durch die Zusammenarbeit mit den Ingenieurwissenschaften können in vielen Fällen die Risiken von Naturkatastrophen minimiert werden, wie etwa durch die Konstruktion von erdbebensicheren Gebäuden.

- Neue technologische Entwicklungen für die Überwachung der Erdoberfläche mit Hilfe von Satelliten und anderen Methoden haben die Möglichkeiten zur Frühwarnung vor Naturkatastrophen wesentlich verbessert. Um Warnungen schnell und effektiv an die Bevölkerung weitergeben zu können, ist eine Zusammenarbeit zwischen Geowissenschaftlern und Sozialwissenschaftlern notwendig.

5 Die Erde als Planet

Alle Kulturkreise haben mehr oder weniger detaillierte Vorstellungen über die Entstehung der Erde, der Sonne, der Planeten und der Sterne entwickelt. Ein zunächst religiös geprägter „Schöpfungsglaube" wurde unter dem Einfluss der Naturwissenschaften zunehmend durch rationale, physikalisch und mathematisch nachprüfbare Modellvorstellungen ersetzt. Beginnend mit der Renaissance hat Kopernikus im 16. Jahrhundert die Sonne an Stelle der Erde als Mittelpunkt des Weltalls gesetzt. Aber erst Galilei und Kepler sorgten fast hundert Jahre später für die Verbreitung des heliozentrischen Weltbildes. Ende des 17. Jahrhunderts zeigte Newton dann, dass die Planetenbewegungen eine logische Folge von Gravitationskräften sind. Um 1600 hatte Giordano Bruno behauptet, dass es unendlich viele Sonnen gäbe. Er wurde dafür von der Inquisition hingerichtet. Galilei erkannte Anfang des 17. Jahrhunderts, dass die Milchstraße eine Ansammlung unzähliger Sterne ist. Die Anzahl der Sterne in der Milchstraße wird heute auf etwa hundert Milliarden geschätzt.

Einer dieser Sterne ist die vor 4,56 Milliarden Jahren entstandene Sonne. Die Entdeckung von mittlerweile über 300 Planetensystemen hat gezeigt, dass das Sonnensystem nicht einzigartig ist. Es gibt Milliarden von Sonnensystemen, viele vermutlich mit erdähnlichen Planeten. In einigen könnte sich sogar Leben entwickelt haben. Erkenntnisse darüber, wie feste Materie entstanden ist und sich zusammengeballt hat, sind nicht nur für unser Sonnensystem von Bedeutung. Sie spielen auch bei dem Versuch eine Rolle, den Ursprung von Planetensystemen im Allgemeinen zu verstehen. Kosmochemie und Planetologie, an der Schnittstelle zwischen den Geowissenschaften und der Astronomie angesiedelt, sind die hier relevanten Fachrichtungen. Geowissenschaftliche Arbeitstechniken haben bei der Untersuchung von extraterrestrischer Materie fundamentale Beiträge geleistet.

5.1 Die Entstehung des Sonnensystems und der Erde

Durch die Untersuchung von Meteoriten und die Beobachtung anderer junger Sternsysteme sind die Vorgänge, die zur Entstehung des Sonnensystems geführt haben, heute zumindest qualitativ verstanden. Das Sonnensystem ist aus interstellarer Materie geformt, die – möglicherweise nach einer Supernovaexplosion – zu Staub kondensierte und sich durch ihre eigene Schwerkraft zu einer Wolke verdichtete. Dieses interstellare Medium bildete das Baumaterial für die großen Planeten und Kleinstplaneten (Planetesimale). Von den Planetesimalen sind im Asteroidengürtel Bruchstücke erhalten geblieben, die die Erde in Form von Meteoriten erreichen. Der Zerfall kurzlebiger radioaktiver Elemente (also von Radionukliden mit Halbwertszeiten im Bereich von Millionen von Jahren) setzte genug Wärme frei, um früh entstandene Kleinstplaneten aufzuschmelzen. Ähnlich wie bei der Erde bildeten sich bei diesen Himmelskörpern ein Metallkern und ein silikatreicher Mantel. Durch isotopengeochemische Altersbestimmungen auf der Basis von radioaktiven Zerfallsreihen können die Zeitskalen dieser fundamentalen Prozesse jetzt sehr genau entschlüsselt werden. Die älteste uns bekannte kondensierte Materie ist auf 4,567 bis 4,568 Milliarden Jahre datiert, mit einer Genauigkeit von einigen 100.000 Jahren. Die Bildung und Differenzierung von Kleinplaneten war zehn Millionen Jahre nach der Entstehung des Sonnensystems weitestgehend abgeschlossen. Die großen, inneren Planeten des Sonnensystems sind durch Kollisionen von etwa 150 mondgroßen Planetesimalen, den so genannten Embryos, entstanden. Diese Embryos repräsentieren lokale Anhäufungen von Materie. Sie waren anfänglich über das gesamte innere Sonnensystem verteilt und wurden dann durch gravitative Wechselwirkungen auf exzentrische Bahnen abgelenkt. Modellrechnungen haben ergeben, dass daraus durch zahlreiche Zusammenstöße über einen Zeitraum von etwa 100 Millionen Jahren die vier inneren Planeten des Sonnensystems gewachsen sind.

Ein weiterer wichtiger Prozess bei der Planetenbildung waren Meteoriteneinschläge. Das zeigen Mondgesteine und das Wachstum der inneren Planeten. So entstand der Erdmond wahrscheinlich durch die späte Kollision eines marsgroßen Körpers mit der fast fertigen Erde. Der Einschlag war streifend, und das Projektil muss einen Metallkern besessen haben. Das erklärt den hohen Gesamt-

Die Planeten des Sonnensystems. Während die inneren („terrestrischen") Planeten (Merkur, Venus, Erde, Mars) aus einem Metallkern und einer Silikathülle aufgebaut sind, bestehen die äußeren Planeten (Jupiter, Saturn, Uranus, Neptun, Pluto) zu großen Teilen aus Gasen und Eis. Größenverhältnisse sind richtig wiedergegeben, Abstände nicht.

drehimpuls des Erde-Mond-Systems und den niedrigeren Eisengehalt des Mondes. Abgesehen von den Unterschieden im Eisengehalt gibt es eine Reihe bemerkenswerter chemischer und isotopischer Ähnlichkeiten zwischen Erde und Mond, die durch bestehende Modellvorstellungen nur schwer zu verstehen sind. Verschiedene Autoren haben berechnet, dass ein erheblicher Teil der Mondmasse aus Material des Impaktors bestehen sollte. In Anbetracht der großen Unterschiede zwischen den Sauerstoffisotopen verschiedener Meteoritengruppen ist es überraschend, dass der Mond genau dieselben Verhältnisse wie die Erde besitzt. Wenn genau bekannt ist, welche Wechselwirkungsprozesse während der frühen Geschichte des Sonnensystems zwischen fremden Himmelskörpern und der Erde abliefen, lässt sich auch die Entstehungsgeschichte der ersten Kontinente und des Lebens auf der Erde verstehen. Möglicherweise wird auch klar, ob primitive Lebensformen auf anderen Planeten entstanden sein könnten.

Wissenschaftliche Herausforderungen

Entstehung der Erde und des Sonnensystems

Planetenforschung befriedigt ein grundlegendes Interesse der Menschheit an ihren Wurzeln. Ein naturwissenschaftlicher Wissenspool über die Entstehung des Sonnensystems ist gleichzeitig ein wichtiger Schlüssel zum Verständnis der Frühgeschichte der Erde. In den letzten zehn Jahren hat sich in unserer Gesellschaft unterschwellig wieder eine gewisse Skepsis gegenüber naturwissenschaftlicher Grundlagenforschung verbreitet. Beispielhaft lässt sich hier die heute wieder aktuelle Debatte über Kreationismus oder Intelligent Design nennen. Die Naturwissenschaften stehen wieder vermehrt in direkter Konkurrenz zu einer fundamentalen Schöpfungslehre. Die moderne Planetenforschung und Kosmochemie spielen eine wichtige Rolle dabei, den drohenden Einzug naturwissenschaftlichen Halbwissens in den Bildungssektor und in das gesellschaftliche Allgemeinbewusstsein zu verhindern.

Untersuchung extraterrestrischer Proben

Es ist zu erwarten, dass in den nächsten Jahrzehnten bemannte und unbemannte Raumfahrtmissionen zu Nachbarplaneten, Kometen, Asteroiden und zum Mond durchgeführt werden. Diese Missionen werden zahlreiche Proben außerirdischer Materie zur Erde bringen. Ein erster Vorbote dieses Trends war die Stardust-Mission, die erstmals Probenmaterial von Kometen sammelte. Um im internationalen Wettbewerb mithalten zu können, muss eine methodische Infrastruktur geschaffen werden, die es ermöglicht, auch kleinste Proben extraterrestrischen Materials mit hoher Genauigkeit zu untersuchen. Bisher war dies am Max-Planck-Institut für Chemie in Mainz möglich. Das Labor der Abteilung für Kosmochemie genoss höchste internationale Anerkennung, wurde aber 2005 geschlossen. Die dadurch entstandene Lücke muss schnell durch ein gleichwertiges Institut oder aber durch einen Verbund kleinerer Forschungseinrichtungen geschlossen werden.

Analytische Methodik

Die Kosmochemie hat eine Vorreiterrolle, wenn es darum geht, neue analytische Verfahren in den Geowissenschaften einzuführen. Dies rührt daher, dass von extraterrestrischen Proben naturgemäß nur kleinste Mengen zur Verfügung stehen. Wissenschaftliche Durchbrüche in der Kosmochemie sind daher eng mit methodischen Fortschritten verknüpft. Beispiele für bedeutende methodische Innovationen aus der Kosmochemie sind räumlich hochauflösende Methoden (Mikrosonde, Ionensonde) oder isotopen- und spurenelementgeochemische Verfahren (Massenspektrometrie). Ein konkretes Beispiel für diesen erfolgreichen Methodentransfer: Die Erosion von Gebirgen lässt sich mit Hilfe so genannter kosmogener Nuklide bestimmen. Das sind Atome, die durch die Kollision kosmischer Strahlung mit der Erdatmosphäre entstehen. Dieses Verfahren wurde ursprünglich in der Kosmochemie entwickelt, um die Zeitdauer zu bestimmen, der ein Meteorit im Weltraum der Höhenstrahlung ausgesetzt war. Durch eine enge Anbindung der Kosmochemie lassen sich auch zukünftig neue Forschungsansätze in den Geowissenschaften verankern.

Innovationsfreudige Förderstruktur

Die modernen Geowissenschaften verdanken ihr Innovationspotenzial dem engen Kontakt mit den anderen Naturwissenschaften. Grundlegende Fragen, etwa wie feste Materie im Sonnensystem entstanden ist und sich entwickelt hat, treiben die Geowissenschaften ebenfalls voran. Auf diese Weise kann angewandte Forschung von instrumentellen Entwicklungen der Grundlagenforschung profitieren. Eine erfolgreiche Förderpolitik muss daher die absolute Gleichwertigkeit von grundlagenorientierter Forschung und angewandter, oft gesellschaftlich motivierter Forschung, sicherstellen. Eine erfolgreiche planetologische und kosmochemische Grundlagenforschung muss auf verschiedenen Förderebenen verankert werden. Logistisch anspruchsvolle Forschungsprojekte wie zum Beispiel Weltraummissionen erfordern es, auch in Zukunft Großforschungsinstitute beizubehalten und neu zu errichten. Darüber hinaus wird innovative Grundlagenforschung in der Planetologie oder Kosmochemie weiterhin sehr erfolgreich in universitären Kleingruppen durchgeführt werden, zum Beispiel mit analytischen oder experimentellen Ansätzen. Für diesen Forschungssektor wird das DFG-Normalverfahren zunehmend wichtiger.

5.2 Kondensation, Akkretion und Differentiation im solaren Nebel

Unser Wissen über die Kondensation der ersten festen Materie im frühen Sonnensystem stammt aus der Untersuchung von Einschlüssen in primitiven Meteoriten, den so genannten Chondriten. Diese Einschlüsse enthalten eine besonders große Menge schwerflüchtiger Elemente wie Kalzium und Aluminium. Sie werden gewöhnlich als

CAI (Calcium-Aluminium-rich Inclusions) bezeichnet. Ihre chemische und mineralogische Zusammensetzung deutet darauf hin, dass sie aus einem heißen, sich abkühlenden solaren Nebel kondensierten. Die Einschlüsse enthalten deshalb nur geringe Mengen an allen nicht schwerflüchtigen Elementen, die erst später kondensierten, zum Beispiel Silizium, Magnesium, Eisen, Natrium, Mangan oder Blei. Mit der Uran-Blei-Methode hat man diese Einschlüsse auf ein Alter von 4,567 bis 4,568 Milliarden Jahren datiert. Die ersten Kondensationsprodukte lassen sich mit Hilfe der Zerfallsprodukte kurzlebiger Nuklide, insbesondere von 26Al, sehr genau datieren. Die zeitliche Auflösung liegt bei bis zu 20.000 Jahren. Daher weiß man, dass die Kondensation dieser Einschlüsse relativ schnell, das heißt während der ersten 100.000 Jahre des Sonnensystems, vonstatten ging. Durch Schwerkraft und Zusammenstöße bildeten sich innerhalb von ein bis zwei Millionen Jahren nach der Kondensation der ersten festen Materie Planetesimale. Die Überreste dieser ersten Himmelskörper im Sonnensystem sind heute nur durch Meteorite zugänglich, die aus dem Asteroidengürtel zwischen Mars und Jupiter stammen. Hierbei zeigen Chondrite die primitivsten Zusammensetzungen. In ihnen sind neben den ältesten Einschlüssen auch kosmischer Staub, kondensierte Metalle und so genannte Chrondren, wenige Millimeter große, früh im solaren Nebel gebildete Schmelztröpfchen, erhalten geblieben. Zu den wichtigsten anderen Meteoritengruppen zählen Achondrite und Eisenmeteorite. Sie stellen die Überbleibsel von differenzierten Planetesimalen dar. Man ist lange davon ausgegangen, dass sich alle differenzierten Meteorite aus Chondriten gebildet haben.

In allen Chondriten findet man kleinste Mengen von präsolaren Körnern. Diese wenige Mikrometer großen Partikel sind älter als das Sonnensystem. Sie weisen, wie man durch Untersuchungen mit der hochauflösenden NanoSIMS Methode festgestellt hat, äußerst ungewöhnliche Isotopenverhältnisse für viele Elemente des Periodensystems auf. Die Erforschung der präsolaren Körner ist ein gutes Beispiel dafür, dass bahnbrechende wissenschaftliche Erkenntnisse bei der Untersuchung extraterrestrischer Proben eng mit methodischen Weiterentwicklungen verknüpft sind.

Die Stardust-Mission der NASA hat neue fundamentale Erkenntnisse über die Frühphase des Sonnensystems gebracht. Stardust hat mit Wild-2 erstmals einen Kometen direkt beprobt. Anders als

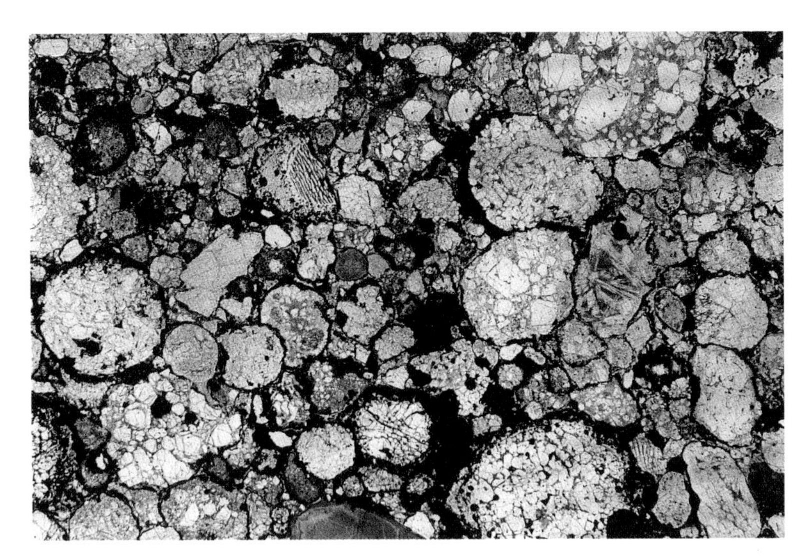

Gesteinsdünnschliff eines primitiven Meteoriten. Diese so genannten Chondrite zählen zur besterhaltenen Materie des frühen Sonnensystems. Der Meteorit besteht aus Chondren (Schmelzkügelchen), Chondrenbruchstücken, Metall, Sulfid und einer feinkörnigen Matrix. Komponenten, die im frühen solaren Nebel entstanden sind, haben sich zu kleinen Körpern verbunden, aus denen durch weitere Zusammenballung Asteroide und schließlich Planeten entstanden. Längsseite etwa 5 mm.

erwartet, zeigten Isotopenuntersuchungen an den eingefangenen Staubkörnern, dass diese Körner zum Großteil aus unserem Sonnensystem stammen müssen und nicht präsolaren Ursprungs sind. Viele Staubkörner bestanden aus gesteinsbildenden Mineralen wie Olivin und Pyroxen, einige exotische Körner enthielten aber auch Minerale wie Osbornit (Titannitrid), die nur bei hohen Kondensationstemperaturen nahe der Sonne entstanden sein können. Dass diese Körner in Kometen vorkommen, die im äußeren Sonnensystem entstanden sind, lässt sich nur erklären, wenn im frühen Sonnensystem Material von innen nach außen transportiert wurde.

Neue Entwicklungen in der Feststoffmassenspektrometrie haben es in den letzten Jahren ermöglicht, kleinste Meteoritenproben mit nie gekannter zeitlicher Auflösung zu datieren. In den letzten fünf Jahren haben sich dadurch unsere Vorstellungen zum zeitlichen Ablauf der Bildung und Differenzierung von Planetesimalen drastisch geändert. Lange ging man davon aus, dass die primitiven Chondrite zuerst entstanden. Demnach trennten sich leichte und schwere Bestandteile in einem Teil dieser Planetesimale anschließend in einen Metallkern und eine Hülle aus Silikatgesteinen. Diesen Vorgang nennt man Differenzierung. Die Metallkerne sind die Quelle der Eisenmeteoriten. Aus den Silikathüllen stammt die Meteoritengruppe der Achondrite. Durch Datierungen mit der Uran-Blei-Methode sowie mit den kurzlebigen Hafnium-Wolfram- und Aluminium-Magnesium-Uhren weiß man heute, dass magmatische Eisenmeteorite etwa genauso alt wie CAI sind, die als älteste Materie des Sonnensystems gelten. Damit sind Eisenmeteorite als Kerne von Kleinplaneten älter als die primitiven Chondrite. Auch die Mutterkörper der meisten anderen differenzierten Meteoritengruppen entwickelten sich innerhalb der ersten vier Millionen Jahre des Sonnensystems vollständig. Sie entstanden somit mehr oder weniger zeitgleich mit den Chondriten. Dieser zunächst rätselhafte Befund wird inzwischen dadurch erklärt, dass die Chondrite gerade deswegen nicht mehr differenzieren konnten, weil sie so spät entstanden. Zu diesem Zeitpunkt gab es keine kurzlebigen Radionuklide mehr, die die nötige Wärme zum Schmelzen der Planetesimale liefern konnten.

Diese revidierte Chronologie der Bildungsgeschichte der Kleinplaneten und die neuen Modellvorstellungen über das Wachstum der inneren Planeten des Sonnensystems haben erhebliche Folgen für Modelle der größeren Planeten. Die in unterschiedlichem Abstand zur Sonne gebildeten Embryos enthielten vermutlich unterschiedliche Mengen schwer- und leichtflüchtiger Elemente. Wenn man annimmt, dass die Erde eine Mischung verschiedenster mond- bis marsgroßer Objekte ist, lässt sich ihre Gesamtzusammensetzung nicht mehr voraussagen. Zudem hat sich jüngst gezeigt, dass verschiedene Meteoritengruppen kleine, aber systematische Unterschiede bei der Häufigkeit stabiler Isotope wie Nickel, Chrom, Kupfer, Molybdän, Zirkonium und Osmium aufweisen – eine Erkenntnis, die präziseren massenspektrometrischen Isotopenanalysen zu verdanken ist. Diese Unterschiede sind vermutlich darauf zurückzuführen, dass diese Elemente im frühen Sonnensystem nicht gleichmäßig verteilt waren. Bestimmte Radionuklide gelangten möglicherweise erst durch die Explosion benachbarter Supernovae in das frühe Sonnensystem.

In den letzten Jahren hat man zunehmend erkannt, dass Impaktprozesse für die thermische Geschichte von Kleinstplaneten eine große Bedeutung hatten. Die Kleinstplaneten differenzierten und erwärmten sich häufig erst mehr als zehn Millionen Jahre nach der Entstehung des Sonnensystems, wie Datierungen zeigen. Solche vergleichsweise „jungen" Ereignisse können nur durch die Kollision von Kleinstplaneten erklärt werden. Keine andere Energiequelle konnte so spät noch die notwendige Heiz-Energie liefern. Durch Zusammenstöße könnte sich auch die chemische Zusammensetzung früh gebildeter Kleinstplaneten verändert haben, zum Beispiel könnten differenzierte und undifferenzierte Kleinplaneten kollidiert sein. Es ist auch denkbar, dass leichtflüchtige Elemente verdampften, wenn sich der Himmelskörper durch eine Kollision stark aufheizte. Dieses Konzept der „Collisional Erosion" kann Unterschiede in der Gesamtzusammensetzung einzelner Himmelskörper erklären.

Wissenschaftliche Herausforderungen

Schwer- und leichtflüchtige Elemente in Meteoriten

Wie häufig schwer- und leichtflüchtige Elemente in primitiven Meteoriten vorkommen, hängt von Kondensations- und Verdampfungsprozessen ab. Um die Abfolge und die Dynamik solcher Prozesse entschlüsseln zu können, muss man verstehen, wie sich schwer- und leichtflüchtige Elemente bei hohen Temperaturen verhalten. In den letzten Jahren hat sich die Genauigkeit der Analysemethoden erheblich verbessert, so dass die Häufigkeit von Spurenelementen in verschiedenen Meteoritentypen genauer bestimmt werden kann. So deutet es sich zum Beispiel an, dass Meteoriten sehr unterschiedliche Mengen einer bestimmten Gruppe schwerflüchtiger Elemente enthalten können.

Lang- und kurzlebige radioaktive Zerfallssysteme

Kurzlebige Radionuklide erlauben es, Ereignisse im frühen Sonnensystem mit hoher zeitlicher Auflösung zu datieren. Da diese radioaktiven Zerfallssysteme aber jeweils nur relative Altersinformationen liefern, ist ihre Kalibrierung mit langlebigen Chronometern (zum Beispiel der Uran-Blei-Uhr) sehr wichtig. Nur so können vergleichbare und absolute Altersinformationen gewonnen werden. Es ist zudem weitgehend ungeklärt, ob kurzlebige Nuklide im frühen Sonnensystem wirklich gleichmäßig verteilt waren. Zum Beispiel könnte die kosmische Strahlung einen Einfluss darauf gehabt haben, wie häufig die Zerfallsprodukte kurzlebiger Nuklide vorkamen. Das muss aber noch modelliert und untersucht werden.

Entstehung der Elemente

Die meisten Isotope fast aller Elemente des Periodensystems, die nicht durch radioaktiven Zerfall entstanden sind, kommen in der Erde, im Mond und in Meteoriten etwa gleich häufig vor, soweit heutige Massenspektrometer das erkennen können. Allerdings hat sich in den letzten Jahren dank verbesserter Methoden gezeigt, dass Meteoriten doch ungewöhnliche Anteile einiger Elemente enthalten. Vergleicht man irdische Isotopenhäufigkeiten mit denen von Meteoriten, so lassen sich bestimmte Meteoritentypen als Bausteine der Erde identifizieren. Untersucht man solche Anomalien weiter, kann man erfahren, wie die schwereren Elemente entstanden sind, wie homogen Elemente und Isotope im frühen Sonnensystem verteilt waren und ob nahe Supernovae-Explosionen dem Sonnensystem kurzlebige Radionuklide zugeführt haben. Hochauflösende Untersuchungen präsolarer Körner und anderer exotischer Bestandteile von Meteoriten mit dem besonders leistungsstarken Massenspektrometer NanoSIMS können weitere Erkenntnisse zur Entstehung der Elemente liefern.

Kondensations-, Akkretions- und Differentiationsprozesse

Petrologische und physikalische Experimente können klären, aus welchen Elementen und Mineralen extraterrestrische Proben bestehen und was für eine Struktur sie besitzen. Einige Fragen, die in Zukunft geklärt werden sollten: Wie hängt die Flüchtigkeit bestimmter Elemente von der mineralogischen Zusammensetzung der Kondensate oder deren Oxidationszustand ab? Welche physikalischen Prozesse steuerten die Geburt planetarer Embryos aus Staub? Welche Prozesse spielten bei der Entstehung der Chondren eine Rolle? Zudem wäre es wünschenswert, die Zusammenstöße und die thermischen Prozesse im frühsolaren Nebel zu modellieren.

5.3 Die Frühgeschichte der Erde und des Mondes und die Bildung des Erdkerns

Nach der Geburt der Kleinstplaneten und dem weiteren Wachstum der Erde durch planetare Kollisionen ist die Differenzierung in Kern und Mantel eines der einschneidensten Ereignisse in der frühen Erdgeschichte. Damit sich die primitive Ur-Erde innerhalb von 60 Millionen Jahren nach Entstehung des Sonnensystems in Kern und Mantel aufspalten konnte, musste das Eisen-Nickel-Metall 2.900 Kilometer tief ins Erdinnere absinken. Dieser Separationsprozess kam vermutlich in Gang, nachdem sich ein oder mehrere Magmenozeane gebildet hatten. Diese Ozeane aus geschmolzenem Gestein entstanden durch gewaltige Meteoriteneinschläge in der Frühphase der Erde. Informationen dazu, welcher Druck und welche Temperatur herrschten, während sich Metalle und Silikate trennten, lassen sich aus dem Vergleich experimenteller Daten mit der Häufigkeit von Elementen im Erdmantel ableiten. Das Verhalten von Wolfram ist dabei von besonderer Bedeutung, da das Hafnium-Wolfram-Isotopensystem zur Datierung der Differenzierung genutzt wird. Modelle zeigen, dass der Erdkern 30 bis 60 Millionen Jahre nach der Entstehung des Sonnensystems gebildet wurde.

Leichte Elemente wie Silizium, Sauerstoff oder Schwefel machen bis zu zwölf Prozent der Masse des Erdkerns aus. Diese leichte

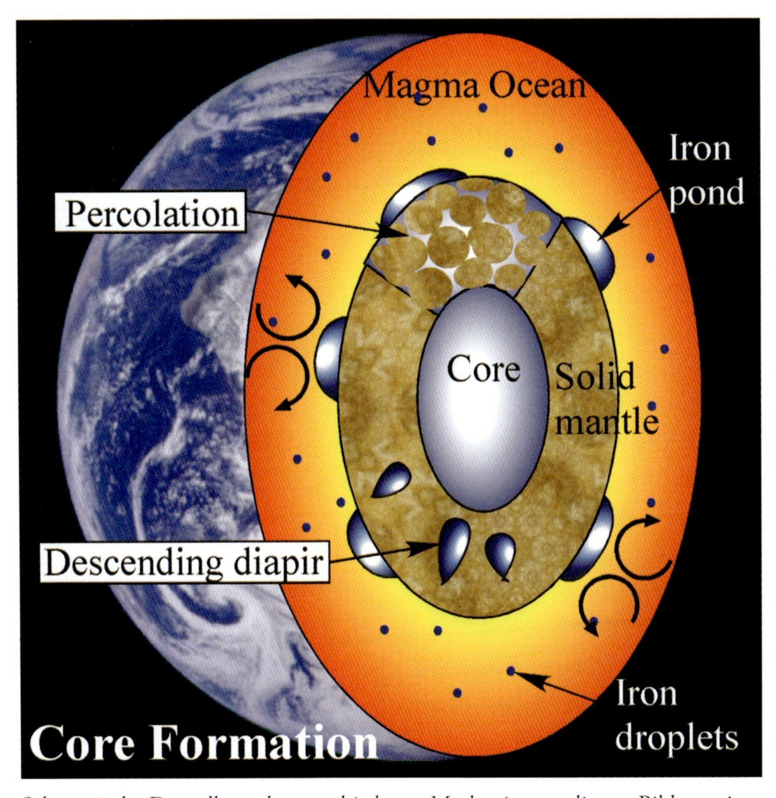

Schematische Darstellung der verschiedenen Mechanismen, die zur Bildung eines Eisenkerns aus einem kristallisierenden Magmaozean geführt haben können. Das metallische Eisen kann entweder durch Perkolation entlang von Korngrenzen oder in Form von Diapiren in den Kern abgesunken sein.

Komponente war bereits von Anfang an im Erdkern enthalten. Es ist mittlerweile bekannt, dass die leichten Elemente die Konvektion im flüssigen äußeren Erdkern kontrollieren und damit das Magnetfeld der Erde in Gang halten. Die leichten Elemente beeinflussen zudem die chemischen Reaktionen an der Kern-Mantel-Grenze. Welche leichten Elemente im Erdkern vorliegen und wie hoch ihre Konzentrationen sind, ist bisher aber nur unzureichend geklärt. Welche Menge leichtflüchtiger (volatiler) und chalkophiler (schwefelliebender) Elemente im Erdkern vorhanden ist, bleibt ebenfalls unklar. Erst jüngst zeigte sich, dass keine nennenswerten Mengen des leichtflüchtigen und schwach chalkophilen Elements Blei im Erdkern stecken. Das Uran-Blei-Alter der Erde datiert somit nicht die Entstehung des Erdkerns, sondern eher die Aufheizung der Erde nach dem letzten großen Impakt, bei dem vermutlich der Mond entstanden ist.

Die geologische und biologische Entwicklung der Erde kann ohne ein vertieftes Wissen über die Entstehung und Entwicklung des Mondes nicht verstanden werden. Das haben die Mondmissionen und die Analyse von Mondgesteinen im Labor gezeigt. Seitdem der erste Mensch im Juli 1969 auf dem Mond gelandet ist, hat sich das Wissen über die Geologie des Mondes und der terrestrischen Planeten deutlich erweitert. Eine der wichtigsten Erkenntnisse besteht darin, dass alle festen Planeten durch extrem kurzzeitige und hochenergetische Kollisionsprozesse geprägt wurden. Im Gegensatz zu Prozessen wie Gebirgsbildung, Erosion und Sedimentation sind Meteoriteneinschläge keine langsamen oder sich regelmäßig wiederholenden Vorgänge. Selbst die größten Meteoritenkrater auf der Erde, die einen Durchmesser von über 200 Kilometern aufweisen und ursprünglich mehr als 15 Kilometer tief waren, sind innerhalb weniger Minuten entstanden. Auch die Geburt des Mondes hat nur 24 Stunden gedauert, wie neueste Daten zeigen. Sie ereignete sich 50 bis 100 Millionen Jahre nach der Entstehung des Sonnensystems, als ein etwa marsgroßer Körper mit der Erde zusammenstieß. Die Isotope vieler Elemente, zum Beispiel Sauerstoff oder Chrom, sind auf dem Mond gleich häufig wie auf der Erde. Das Material, aus dem sich der Mond zusammenballte, schmolz nach der Kollision vollständig und verdampfte wahrscheinlich teilweise. Der Mond enthält daher extrem wenig leichtflüchtige Elemente. Einige magmatische Mondgesteine weisen eine ungewöhnliche che-

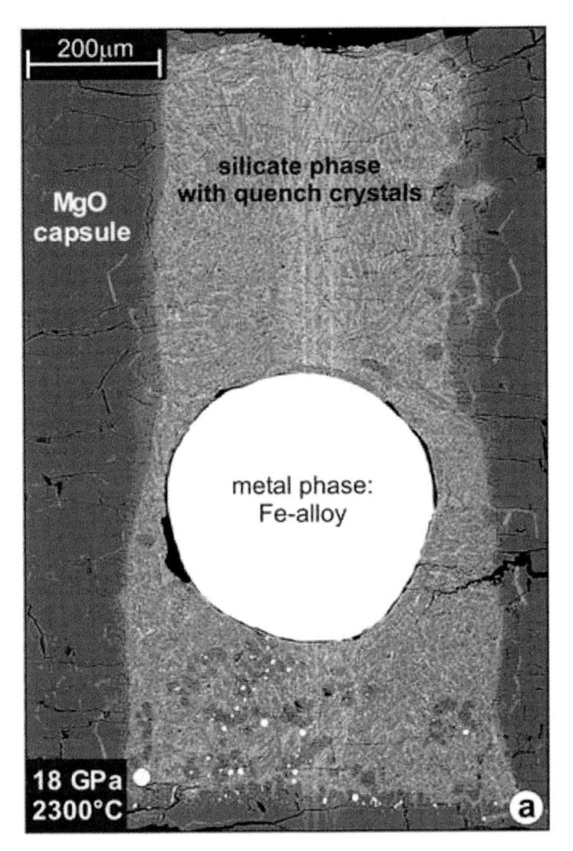

REM-Aufnahme einer Probe, die in einer Hochdruck-Presse bei 18 Gigapascal und 2.300 Grad Celsius geschmolzen wurde, um die Elementverteilung zwischen Silikat und Metall zu studieren.

mische Zusammensetzung auf. Dazu zählen extrem feldspatreiche Anorthosite, sehr titanreiche Mare-Basalte oder die so genannten KREEP-Basalte, die reich an Kalium, Barium, Uran, Zirkonium und Phosphor sind. Diese ungewöhnlichen Gesteine könnten unmittelbar nach der Geburt des Mondes entstanden sein, als ein mindestens 500 Kilometer tiefer „Magmaozean" auskristallisierte. Die Befunde vom Mond sind ein Hinweis darauf, dass sich auch auf der Erde ein Magmaozean gebildet hat.

Um das relative Alter von Gesteinen auf der Mondoberfläche zu bestimmen, werden gewöhnlich die Meteoritenkrater in einem Gebiet gezählt. Diese Methode wurde zur Standardmethode für alle festen Planeten und Monde des Sonnensystems. Sie basiert auf den Kratergrößen-Häufigkeitsverteilungen für die Hauptepo-

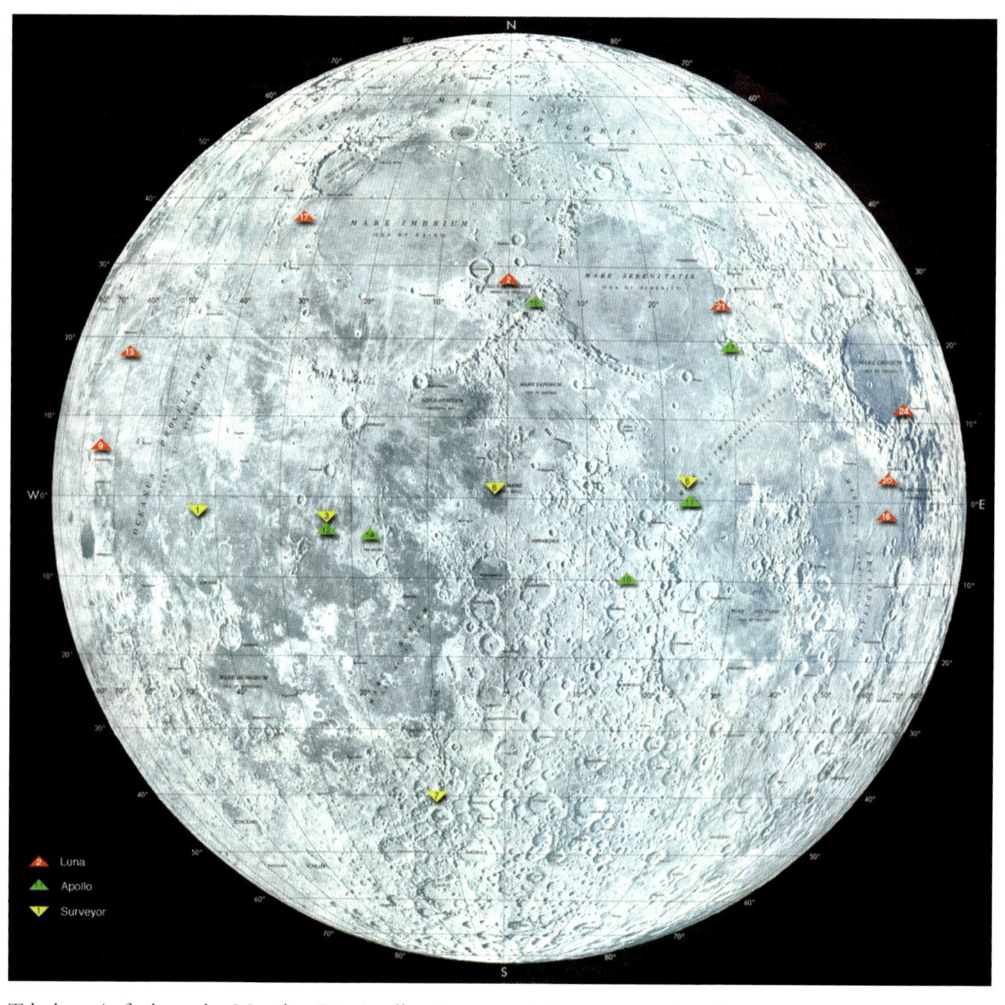

Teleskop-Aufnahme des Mondes. Die Apollo-, Luna- und Surveyor-Landestellen sind gekennzeichnet.

chen der Mondgeschichte. Die Kraterhäufigkeit wurde durch die radiometrische Altersdatierung von Gesteinsproben der Apollo-Missionen zeitlich kalibriert. Der innere Aufbau des Mondes kann durch die seit 35 Jahren durchgeführten Laser-Abstandsmessungen und durch die Fernerkundung mit Satelliten erforscht werden. Solche Messungen haben auch Informationen über die Zusammensetzung der Mondrückseite geliefert, die durch bemannte Weltraummissionen nicht beprobt wurde.

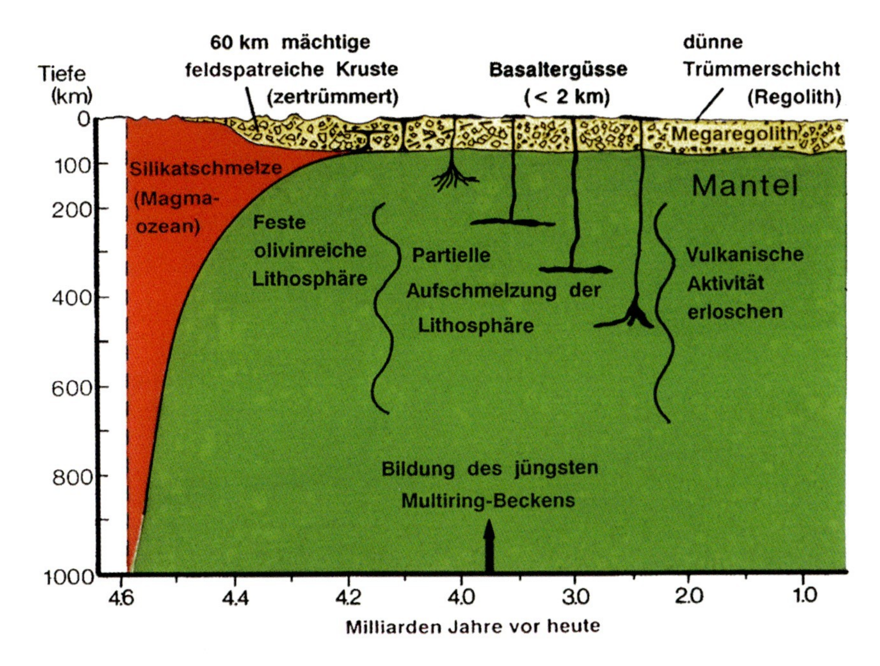

Die frühe Entwicklung des Mondes und seiner Gesteine

Wissenschaftliche Herausforderungen

Gesamtzusammensetzung der Erde und des Mondes

Die aktuelle Erforschung des Erde-Mond-Systems konzentriert sich auf folgende Fragen: Wie unterscheidet sich die Zusammensetzung von Erde und Mond und welche Prozesse sind dafür verantwortlich? Je nachdem, welches Modell der Mondentstehung sich als richtig herausstellt, fällt die Antwort auf diese Fragen unterschiedlich aus. Besteht der Mond wirklich zu 80 Prozent aus Material des Impaktors, wie es die Modelle voraussagen, oder sind solche Modellrechnungen nicht zutreffend? Die überraschenden Ähnlichkeiten von lunarer und terrestrischer Materie werden von manchen Forschern damit erklärt, dass sich nach der Kollision ein Gleichgewicht zwischen dem Mondmaterial und den heißen, verdampften Oberflächenschichten der Erde einstellte. Der Schlüssel zu diesem Rätsel ist das Mondgestein, da es älter als irdische Gesteine ist. Während die ältesten Gesteine der Erde durch die Plattentektonik zerstört wurden, blieb auf dem tektonisch inaktiven Mond wesentlich älteres Material erhalten. Daher ist es nötig, Mondgesteine und irdische Proben zu vergleichen. Dieser Vergleich ermöglicht zudem Einblicke in die Frühgeschichte der Erde.

Experimentelle Simulation von Prozessen im Erdinneren

Die Prozesse, die für die heutige Zusammensetzung des Erdmantels und des Erdkerns verantwortlich waren, können heute nicht mehr beobachtet werden. Genauso wenig ist es möglich, den Austausch von Material zwischen Erdmantel und Erdkern direkt zu beobachten, auch wenn er möglicherweise noch heute abläuft. Deswegen ist man auf petrologische und physikalische Experimente angewiesen. Mit solchen Experimenten könnte sich in Zukunft klären lassen, wie der Erdkern zusammengesetzt ist, wie sich flüchtige oder chalkophile Elemente bei der Kernbildung verhalten haben und welche Vorgänge an der Kern-Mantel Grenze ablaufen.

Alter des Mondes und Lebensdauer des lunaren Magmaozeans

Durch Datierungen mit lang- und kurzlebigen Zerfallsreihen kann das Alter des Mondes auf 50 bis 100 Millionen Jahre nach der Entstehung des Sonnensystems eingegrenzt werden. Wann der Magmaozean auf dem Mond kristallisierte, ist weit unsicherer. Momentan akzeptierte Abschätzungen ergeben ein Alter von bis zu 4,35 Milliarden Jahren, also bis zu 250 Millionen Jahren nach der Entstehung des Sonnensystems. Solch ein „junges“ Alter steht jedoch im Widerspruch zum Alter der ältesten Mondgesteine (circa 4,45 Milliarden Jahre). Diese Altersabschätzungen können in der Zukunft erheblich präzisiert werden, indem verschiedene chemische und physikalische Ansätze kombiniert werden.

Impaktforschung

Planetare Kollisionen hatten einen entscheidenden Einfluss auf die thermische Entwicklung und die Zusammensetzung der Planeten und möglicherweise sogar auf die Entwicklung des frühen Lebens. Es ist daher vielversprechend, die Impaktgeschichte des Mondes und auch Meteoritenkrater auf der Erde zu erforschen und diese Vorgänge in Modellen nachzuvollziehen.

Neue Sample-Return-Missionen zum Mond

Die Proben der Apollo- und der Luna-Missionen sind wahrscheinlich nicht repräsentativ für die gesamte Mondoberfläche. Das zeigen Mondmeteoriten und die Fernerkundung der Mondoberfläche. Um die Modelle zur Mondentstehung zu verbessern, ist es unerlässlich, Zugang zu neuem Probenmaterial zu bekommen und neue analytische Methoden anzuwenden. Das macht es erforderlich, eine geeignete Infrastruktur aufrechtzuerhalten und weiterzuentwickeln und sich an zukünftigen Mondmissionen zu beteiligen.

5.4 Die Frühgeschichte der Erde

Wissenschaftler, die die Frühgeschichte der Erde untersuchen, beschäftigen sich mit folgenden Fragen: Wie ist die feste Erde entstanden und wie ist sie zusammengesetzt? Wie haben sich die Hydrosphäre, die Atmosphäre und das Magnetfeld entwickelt? Welche physikalischen und chemischen Prozesse steuerten diese Entwicklung? Da die Geowissenschaften mittlerweile eng mit den Biowissenschaften vernetzt sind, lässt sich nun auch der Einfluss der sich entwickelnden Biosphäre in diese Untersuchungen einbeziehen. Was mit „Frühgeschichte der Erde“ gemeint ist, ist im Allgemeinen nicht klar definiert. Meist umfasst der Begriff „Frühgeschichte“ die Zeitspanne vom Hadaikum (also dem Erdzeitalter vor mehr als 4 Milliarden Jahren) über das Archaikum (vor 4 bis vor 2,5 Milliarden Jahren) entweder bis ins Paläoproterozoikum (vor circa 2 Milliarden Jahren) oder bis zur Präkambrium-Kambrium-Grenze (vor circa 550 Millionen Jahren). Viele Prozesse auf der frühen Erde, etwa der Beginn der Plattentektonik oder die Entwicklung der kontinentalen Kruste, liefen ohne Zutun von Lebewesen ab. Bei anderen, von außen gesteuerten Prozessen spielte das Leben aber eine entscheidende Rolle. Diese Vorgänge können Geowissenschaftler daher nur erforschen, wenn sie eng mit den Biowissenschaften zusammenarbeiten.

Fortschritte bei den Analysemethoden haben den Kenntnisstand über die frühe Differenzierung der Erde in den letzten Jahren erheblich erweitert. Doch es bleiben offene Fragen bestehen: Gab es einen Magmaozean? Wann setzte die Plattentektonik ein, und wie entwickelte sich das Krusten-Mantel-System zu Beginn der Erdgeschichte? Die Untersuchung von Gesteinen aus dem frühen Archaikum aus Australien, Grönland und Nordkanada mit lang- und kurzlebigen radioaktiven Uhren hat jüngst gezeigt, dass sich bereits vor 4,3 bis 4,4 Milliarden Jahren kontinentale Kruste gebildet hat. Das zeigen vor allem kombinierte Uran-Blei- und Lutetium-Hafnium-Messungen an Zirkonkörnern aus dem Hadaikum und dem frühen Archaikum. Solche Untersuchungen können seit einiger Zeit mit mikroanalytischen Methoden durchgeführt werden. Dabei hat sich gezeigt, dass alle terrestrischen Gesteine etwas mehr von dem Isotop Neodym-142 enthalten als Chondrite. Womöglich liegt das an einem Reservoir im tiefen Erdmantel, das sich schon im Hadaikum bildete. Es wird angenommen, dass es sich bei diesem Reservoir um einen Kristallbrei handelt, der sich zunächst am Boden des Magmaozeans abgesetzt hatte. Allerdings gilt dieses Modell nur unter der Annahme, dass die Erde zunächst genauso viel Neodym-142 enthielt wie Chondrite. Ob die Zirkone tatsächlich aus dem Hadaikum stammen und wie sie entstanden sind, ist unter Wissenschaftlern umstritten. Auch die Bedeutung der Diamanteinschlüsse, die in diesen Zirkonen jüngst entdeckt wurden, wird kontrovers diskutiert. Dennoch deutet sich an, dass geologische Proben aus dem Hadaikum in Zukunft in stärkerem Maße direkt untersucht werden können.

Unter biologisch ausgerichteten Forschungsgebieten ist die Astrobiologie eine der jüngsten Disziplinen. Sie ist im Wesentlichen aus der Exobiologie hervorgegangen. Die Astrobiologie wird jedoch weiter gefasst und beinhaltet auch Fragestellungen der Geowissenschaften. Das Ziel der Astrobiologie besteht darin, den Ursprung, die Entwicklung und die Verbreitung des Lebens im Universum zu verstehen. Die potenziellen Antworten haben weitreichende philosophische und theologische Implikationen. Die Fragestellungen der Astrobiologie sind ganz ähnlich denen, die sich bei der Erforschung exogener Prozesse auf der frühen Erde ergeben. Auch mit der Sonnensystemforschung ist die Astrobiologie eng vernetzt. Aktuelle und geplante Weltraummissionen werden es bereits in den nächsten Jahren ermöglichen, in Proben vom Mars sowie in interplanetarem Staub mit modernen analytischen Methoden nach Spuren von Leben zu suchen.

Die interdisziplinäre geowissenschaftlich-biologische Forschung im Bereich „Frühe Erde und Astrobiologie" kann an drei Beispielen skizziert werden. Dabei ist hervorzuheben, dass die zum Teil sehr kontroversen Hypothesen befruchtend auf die wissenschaftliche Diskussion wirken, da sie dazu nötigen, traditionelle Modelle zu hinterfragen und zu überprüfen.

Das erste Beispiel: In früharchaischen Sedimenten finden sich Hinweise, dass Biomasse bereits vor mindestens 3,8 Milliarden, womöglich sogar vor über 4 Milliarden Jahren existierte. Dies würde bedeuten, dass die abiotische Synthese organischer Verbindungen auf der Erde in einer relativ kurzen Zeitspanne erfolgt sein muss. Denn vorher wurde die Erde von zahlreichen großen Meteoriteneinschlägen immer wieder sterilisiert. Auf dem Mond lässt sich dieser Meteoritenregen, das so genannte „Late Heavy Bombardment“, an einer sehr hohen Rate von Meteoriteneinschlägen erkennen. Da zahlreiche organische Verbindungen wie Aminosäuren auf Meteoriten nachgewiesen wurden, vermuten einige Forscher, dass der erste Schritt zur Entstehung des Lebens nicht auf der Erde stattgefunden hat. Hier besteht großer Forschungsbedarf.

Das zweite Beispiel: Die ersten Stromatolithen traten vor circa 3,5 Milliarden Jahren auf. Dabei handelt es sich um geschichtete Sedimentgesteine, die von Mikroben gebildet werden. Heute bildet eine Gemeinschaft von Mikroorganismen ohne Zellkern die Kalkgesteine, aus denen die Stromatolithen bestehen. Vor allem Cyanobakterien (früher auch als „Blaualgen“ bezeichnet) fällen den Kalk aus. Sie betreiben Photosynthese, nehmen Kohlendioxid auf und setzen Sauerstoff frei. Für präkambrische Stromatolithen wird Vergleichbares angenommen. Das würde aber bedeuten, dass bereits vor 3,5 Milliarden Jahren freier Sauerstoff produziert wurde. Auch 2,7 Milliarden Jahre alte Biomarker weisen auf die Existenz der

Oxidierte Gesteine in einer gebänderten Eisenformation (BIF) aus der früharchaischen Fig Tree Group, Barberton Greenstone Belt, Südafrika

Photosynthese hin. Doch bis vor etwa 2,4 Milliarden Jahren existierte eine extrem sauerstoffarme oder gar sauerstofffreie Erdatmosphäre. Zahlreiche andere Forschungsergebnisse deuten darauf hin, dass bis vor etwa 2,4 Milliarden Jahren eher reduzierende Umweltbedingungen an der Erdoberfläche und in den Ozeanen herrschten, dass also noch kein freier Sauerstoff vorhanden war. Existierten in der Zwischenzeit womöglich „Sauerstoff-Oasen" – ökologische Nischen, in denen photosynthesetreibende Organismen lebten? Darauf deuten sowohl Untersuchungen der Thorium-Uran-Verteilung in 3,8 Milliarden Jahre alten Gesteinen als auch Messungen von Molybdän-Isotopen in 2,5 Milliarden Jahre alten Gesteinen hin.

Das dritte Beispiel: Eine weitere Kontroverse entzündet sich an den präkambrischen gebänderten Eisenformationen (banded iron-formations, kurz BIFs). Sie liefern seit dem 19. Jahrhundert den Rohstoff für die Stahlindustrie und wurden daher intensiv untersucht. Die BIFs entstanden hauptsächlich während des Archaikums und waren bis vor etwa zwei Milliarden Jahren weit verbreitet. Deshalb sind sie in nahezu jeder Schichtenfolge aus dem frühen Präkambrium anzutreffen. Es muss damals ein großes Reservoir an gelöstem Eisen gegeben haben. Dabei kann es sich letztlich nur um sauerstofffreies Meerwasser gehandelt haben.

Wissenschaftliche Herausforderungen

Gesellschaftliche Relevanz

Das interdisziplinäre Forschungsgebiet „Frühe Erde und Astrobiologie" behandelt absolute Grundfragen des Menschen: Wann, wo und wie hat sich das Leben entwickelt und im Universum verbreitet? Das Verständnis der Prozesse und Umweltbedingungen auf der frühen Erde ist aber auch deshalb von Bedeutung, weil sich im Präkambrium die meisten Erzlagerstätten bildeten. Die Forschung in diesem Themenbereich ist somit nicht nur von akademischem Interesse, sondern auch ökonomisch motiviert.

Strukturelle Verankerung

Die Astrobiologie und die Erforschung der frühen Erde stoßen in der Öffentlichkeit auf große Resonanz. Für Aufregung sorgten unter anderem die Ergebnisse der jüngsten Mars-Missionen. Abgesehen von ersten Ansätzen existiert in Deutschland jedoch bislang kein Standort, an dem diese Forschungsrichtung als Schwerpunkt vertreten ist. Vergleicht man die Situation mit dem europäischen und außereuropäischen Ausland, so weist die deutsche Wissenschaftslandschaft hier ein eklatantes Defizit auf. Dabei ist die Kombination der Erforschung der frühen Erde mit der Astrobiologie ein exzellentes Beispiel dafür, wie moderne interdisziplinäre naturwissenschaftliche Forschung und Ausbildung aussehen kann. Da dieses Forschungsgebiet sowohl von akademischem als auch von ökonomischem Interesse ist und ein großes Medien- und Öffentlichkeitsinteresse genießt, bietet sich die Chance, die fundamentale Bedeutung der Geowissenschaften für eine moderne Industriegesellschaft im Bewusstsein der Öffentlichkeit und der politischen Entscheidungsträger zu verankern.

Bohrprogramm

Auf den alten präkambrischen Schilden, wie zum Beispiel im südlichen Afrika und in Westaustralien, ist das Gestein bis in große Tiefen verwittert. Um frisches Probenmaterial zu gewinnen, sind Forschungsbohrungen notwendig. So kann sichergestellt werden, dass exzellente moderne Analysemethoden auf geeignete Proben angewendet werden.

Auf dem Meeresboden gebildetes Vulkangestein aus dem frühen Archaikum. Dabei entstanden sind die typischen, kopfkissenähnlichen „pillow“-Strukturen. Barberton Greenstone Belt, Komati River Valley, Südafrika.

Frühe Differenzierung der Erde

Neue analytische Methoden, zum Beispiel verbesserte massenspektrometrische und räumlich hochauflösende Verfahren, haben in den letzten Jahren viele neue Erkenntnisse über die frühe Entwicklung der Erde geliefert. So weiß man inzwischen mehr darüber, wann die moderne Plattentektonik in Gang gekommen ist, wann zum ersten Mal kontinentale Kruste entstanden ist und ob sich früh in der Erdgeschichte Silikatreservoire im tieferen Erdmantel (so genannte „hidden reservoirs") gebildet haben. Weitere Themen sind die frühe Differenzierung und Homogenisierung des Erdmantels, die Bildung von Kratonen, die Mechanismen der Krustenbildung im Archaikum sowie die Rolle von Wasser bei der frühen Krusten-Mantel-Differenzierung.

Chemie der frühen Ozeane und Entstehung der gebänderten Eisenformationen

Bisher ist immer noch ungeklärt, wieso Eisen in den extrem sauerstoffarmen Meeren des Archaikums oxidiert wurde und wieso sich Eisenoxide am Meeresboden ablagern konnten. Womöglich wurde das Eisen indirekt durch molekularen Sauerstoff oxidiert, der von Lebewesen produziert wurde. Oder es wurde durch den Prozess der anorganischen Photooxidation umgewandelt. In den letzten Jahren hat sich außerdem gezeigt, dass heutige Organismen, die Licht als Energiequelle nutzen (so genannte photoautotrophe Organismen), gelöstes zweiwertiges Eisen in einem sauerstofffreien Ozean direkt oxidieren können. Untersuchungen deuten darauf hin, dass im frühen Präkambrium ebenfalls Organismen existierten, die die Energie von Licht nutzten, um Eisen zu oxidieren und daher in sauerstofffreiem Meerwasser Eisenoxide bilden konnten. Das stellt die bisherige Lehrmeinung in Frage. Demnach war die oxygene Photosynthese – also die Form der Photosynthese, bei der Sauerstoff freigesetzt wird – die Voraussetzung dafür, dass sich Bändereisenerze bilden konnten. Dieses Beispiel zeigt, wie die enge Verknüpfung von Geowissenschaften und Biowissenschaften eine allgemein akzeptierte Annahme in Frage stellt und so einen erheblichen Erkenntnisgewinn schafft.

5.5 Vergleichende Planetologie und Weltraummissionen

Mit dem Beginn des Raumfahrtzeitalters sind die Planeten in greifbare Nähe gerückt. Sie können nun mit geowissenschaftlichen Me-

Olympus Mons, der größte Schildvulkan des Sonnensystems. Aufgenommen mit Hilfe der High Resolution Stereo Camera auf der Mars Express Mission.

thoden untersucht werden. Bis vor wenigen Jahrzehnten war die Erforschung der Planeten weitgehend der Astronomie überlassen. Die Erforschung des Sonnensystems begann in den späten sechziger Jahren des vorigen Jahrhunderts mit den Apollo-Missionen und mit kurzen Vorbeiflügen an einigen Planeten. Heute sind alle Planeten und Monde durch Vorbeiflüge erkundet worden. Raumsonden haben die Planeten Venus, Mars, Jupiter und Saturn von der Umlaufbahn aus eingehend untersucht. Landemissionen, bei denen Roboter die Oberfläche vor Ort untersuchten, erfolgten auf der Venus, dem Mars und dem Saturnmond Titan.

Die Erforschung des Mars ist mit vier erfolgreichen Landemissionen inzwischen am weitesten vorangeschritten. Automatische Fahrzeuge sind weiter dabei, den Mars zu erkunden. Es ist geplant, seismische Netzwerke aufzubauen, um den inneren Aufbau des Planeten zu erforschen. Zudem sollen Wetterstationen errichtet werden, die die Meteorologie des Mars erkunden. Die Rückführung von Gesteinsproben zur Erde und schließlich eine bemannte Erkundung sollen folgen. Die Marsforschung ist von besonderer Bedeutung, da auf diesem Planeten primitives Leben entstanden sein könnte: Der heutige Wüstenplanet war früher zeitweise von stehenden und fließenden Gewässern bedeckt.

Alle Himmelskörper des Sonnensystems besitzen mehr oder weniger große Anteile von drei Komponenten: zum einen Gestein und Eisen, zum zweiten Eis (Wasser, Methan und Ammoniak) und schließlich Gas (Wasserstoff und Helium). Die Zusammensetzung der Planeten entspricht im Wesentlichen der der Sonne. Sie sind aber in unterschiedlichem Maß an flüchtigen Stoffen verarmt. Wasserstoff und Helium sind die Hauptbestandteile von Jupiter und Saturn; den kleineren Subriesen Neptun und Uranus fehlt die Gaskomponente dagegen weitgehend. Sie bestehen hauptsächlich aus Eis und Gestein. Auch die zahlreichen Monde der Riesen- und Subriesenplaneten, die Kleinplaneten und die Kometen sind Mischungen aus Eis und Gestein. Die inneren, erdähnlichen Planeten, der Mond und die Asteroiden bestehen im Wesentlichen aus Gestein und Eisen.

Viele Körper des Sonnensystems sind weitgehend differenziert. Dies gilt insbesondere für die Riesenplaneten Jupiter und Saturn. Die etwas kleineren Planeten Neptun und Uranus scheinen dagegen nicht vollständig differenziert zu sein. Das lässt sich aus den Schwerefeldern dieser Körper schließen. Wie sich die Masse im Inneren der Monde der Riesenplaneten verteilt, ist unklar. Seit der Galileo-Mission ist bekannt, dass es sowohl differenzierte als auch undifferenzierte Monde gibt: Die annähernd gleich großen Jupitermonde Kallisto und Ganymed sind grundverschieden. Während Ganymed offenbar einen Eisenkern gebildet hat, in dem ein Magnetfeld erzeugt wird, ist Kallisto weitgehend undifferenziert. Die inneren Planeten des Sonnensystems und wahrscheinlich auch der Mond sind komplett in einen Eisen-Nickel Kern und eine Silikathülle differenziert.

Die Dynamik der Erde lässt sich mit Hilfe der Plattentektonik verstehen. Es gibt aber keinen weiteren Körper im Sonnensystem, auf dem Anzeichen für Plattentektonik zu erkennen sind. Die Jupitertrabanten Europa und Ganymed zeigen Hinweise darauf, dass sich größere Schollen ihrer Eiskruste seitlich verschieben. Auch die Oberfläche der Venus könnte sich bewegt haben. Dort findet man zum einen Rifttäler, an denen Krustenteile auseinandergedriftet sein könnten. Zum anderen sind auf Satellitenbildern so genannte Coronae zu sehen, ringförmige tektonische Strukturen. Womöglich hat sich die Oberfläche an diesen Stellen aufgewölbt, weil aus dem Mantel heißes Gestein aufstieg. Die meisten Himmelskörper des Sonnensystems scheinen eher durch eine vertikale als durch eine horizontale Tektonik geprägt zu sein, wie sie für die Erde typisch ist. Eine dicke, weitgehend unbewegliche Lithosphäre umgibt das konvektierende tiefe Innere der Körper. Vulkanschlote durchdringen diese Lithosphäre, wobei sowohl wenige, riesige Dome wie auf dem Mars als auch eine Vielzahl kleinerer Vulkane wie auf der Venus vorkommen können.

Zwei Prozesse treiben die innere Dynamik der Planeten und Monde an: zum einen die Zerfallsenergie radioaktiver Isotope im Gestein, zum anderen die Gravitationsenergie, die während der Zusammenballung und Differenzierung der Körper frei wird. Im äußeren Sonnensystem spielt außerdem die Gezeitenenergie eine wichtige Rolle. So ist der Jupitermond Io, an dem gleichzeitig die Schwerkraft Jupiters und der Nachbarmonde Europa und Ganymed zerren, extremen Gezeitenkräften ausgesetzt. Obwohl Io nur einen Radius von 1865 Kilometern besitzt, sind sein Wärmefluss und seine Vulkanaktivität mindestens 20-mal so hoch wie die der Erde. Enceladus, ein 500 Kilometer messender Kleintrabant des Saturns, zeigt aufgrund der Gezeitenreibung einen Wärmefluss von 4 Terawatt und Eisfontänen. Andere Körper, für die die Gezeitenenergie eine Rolle gespielt haben muss, sind der Merkur und alle größeren Monde.

Magnetfelder sind ein weiteres Zeichen der inneren Dynamik der Planeten. Neben den Riesenplaneten haben nur der Merkur, die Erde und der Jupitermond Ganymed selbsterzeugte Magnetfelder, obwohl die Erzeugung planetarer Magnetfelder als eine natürliche Phase der Entwicklung von Planeten angesehen wird. Offenbar ist es möglich, dass Magnetfelder erlöschen. Das zeigen auch magnetisierte Gesteine auf dem Mars, in denen die Richtung des früheren Magnetfeldes eingefroren wurde. Der Dynamo schaltete sich vermutlich vor etwa 4 Milliarden Jahren ab.

Wissenschaftliche Herausforderungen

Habitabilität von Planeten

Planetenforscher widmen sich zunehmend der Frage der so genannten Habitabilität: Welche Planeten und Monde haben das Potenzial, Leben zu ermöglichen? Daneben stellt sich die Frage, ob Leben als biogeochemischer Prozess die Entwicklung eines Planeten beeinflussen kann. Auf der Erde ist dies der Fall: Das Leben wirkt wie ein Katalysator im Kohlenstoffzyklus der Erde. Der Kohlenstoffzyklus stabilisiert die Temperatur der Atmosphäre und trägt dazu bei, dass flüssiges Wasser auf der Erdoberfläche existiert. Flüssiges Wasser scheint wiederum notwendig zu sein, um die Plattentektonik zu erhalten. Die Plattentektonik kühlt das tiefere Planeteninnere wirksam ab und hält damit den Dynamo in Gang, der das Erdmagnetfeld erzeugt. Weil sich durch die Plattentektonik leichtes und schweres Krustengestein bildet, können dauerhaft Kontinente auf der Erdoberfläche existieren. Das Magnetfeld schützt die Bio- und die Atmosphäre weitgehend vor der kosmischen Strahlung. Ob sich Venus und Mars anders entwickelt hätten, wenn auf ihnen Leben entstanden wäre, ist fraglich: Die unterschiedliche Sonneneinstrahlung scheint entscheidend dafür gewesen zu sein, dass der Mars zu kalt und die Venus zu warm für Leben ist. In unserem eigenen Sonnensystem wird sich die Frage danach, wie das Leben die Entwicklung von Planeten beeinflusst, daher nicht klären lassen. Doch die Entdeckung anderer Erden in fremden Sonnensystemen liegt heute an der Grenze des technisch Machbaren und ist nur noch eine Frage der Zeit. Womöglich existiert extraterrestrisches Leben aber auch in unserem eigenen Sonnensystem. Es könnte sich in den eisbedeckten Ozeanen der Monde des äußeren Sonnensystems oder gar in den Tiefen der Jupiteratmosphäre verbergen.

Zukünftige Weltraummissionen

Die Erforschung des Sonnensystems wie auch die Entdeckung fremder Planetensysteme hängt stark von der Weltraumtechnologie ab. Die Planetenforschung treibt daher die Entwicklung der Raumfahrt an. Besondere Aufmerksamkeit genießen zurzeit der Mars, aber auch der Merkur und die großen Planeten des äußeren Sonnensystems. Der Merkur wird als Schlüssel angesehen, um die Entstehung des Sonnensystems zu verstehen. Die Planeten des äußeren Sonnensystems und ihre Monde faszinieren durch ihre Vielfalt und die Prozesse, die zu diesem Formenreichtum geführt haben. Ein Planet, der sicher größere Aufmerksamkeit verdient, ist die Venus.

Bedeutung planetarer Prozesse für die Entstehung der Erde

Die Erforschung des Sonnensystems verhilft dem Geowissenschaftler zu einem tieferen Verständnis des Planeten Erde. Diese erweiterte Perspektive trägt dazu bei, das geowissenschaftliche Weltbild zu verallgemeinern. Zudem lässt sich die Entstehung der Erde nicht losgelöst von der Entstehung des gesamten Sonnensystems verstehen. Eine entscheidende Rolle mag dabei der Jupiter gespielt haben. Die Modelle zur Entwicklung der Erde müssen stets mit der Geschichte des Sonnensystems vereinbar sein.

Kernaussagen

Die Erforschung der Frühgeschichte des Sonnensystems und der Erde befriedigt ein grundlegendes Interesse der Menschheit an ihren Wurzeln. Kosmochemie und Planetologie, an der Schnittstelle zwischen den Geowissenschaften und der Astronomie angesiedelt, sind zwei Fachrichtungen, die in den nächsten Jahren wichtige wissenschaftliche Beiträge liefern werden:

- Die Planetologie-Kosmochemie wird auch zukünftig eine Vorreiterrolle einnehmen, wenn es darum geht, neue analytische Verfahren in den Geowissenschaften einzuführen. Vorrausetzung hierfür ist die Akzeptanz der Gleichwertigkeit von Grundlagenforschung und angewandter Forschung in der Förderpolitik.
- In den letzten fünf Jahren haben sich unsere Vorstellungen zum zeitlichen Ablauf der Bildung und Differenzierung von Kleinplaneten im frühen Sonnensystem drastisch geändert. Daraus ergeben sich eine Fülle von analytischen und experimentellen Forschungsansätzen, die zum Ziel haben, die zeitliche Entwicklung des frühen Sonnensystems in größter Genauigkeit und höchster zeitlicher Auflösung zu bestimmen.

- Kürzlich entwickelte analytische und experimentelle Methoden werden ein besseres Verständnis der Entstehung des Mondes sowie der Kernbildung auf der Erde und anderen festen Planeten ermöglichen. Es ist zusätzlich notwendig, eine geeignete Infrastruktur aufrechtzuerhalten und weiterzuentwickeln, um extraterrestrische Proben von zukünftigen Sample-Return-Missionen (z.B. Mond, Mars, Asteroiden) untersuchen zu können.
- Neue Erkenntnisse über die Frühgeschichte der Erde werden durch einen verbesserten Zugang zu Probenmaterial aus dem Archaikum und Hadaikum erwartet. Dies wird auch durch neue analytische Konzepte und eine engere Zusammenarbeit mit den Biowissenschaften angetrieben werden.
- Durch die Beteiligung an Weltraummissionen und physikalischen Fernerkundungsuntersuchungen können neue Informationen zur Entstehung des Planeten Erde und zu einer möglichen Habitabilität entfernter Planeten gewonnen werden.

6 Das tiefe Erdinnere

Viele Prozesse, die an der Erdoberfläche ablaufen und den Lebensraum des Menschen beeinflussen, haben ihre Ursachen tief im Erdinneren. Konvektionsströme im Erdmantel treiben die Bewegung der Platten an der Erdoberfläche an. Sie verursachen damit letztlich Erdbeben, Vulkanausbrüche und die Bildung von Gebirgen. Das Magnetfeld der Erde, ein lebensnotwendiger Schild gegen kosmische Strahlung, wird im Erdkern erzeugt.

Lange Zeit war der Aufbau der Erde nur sehr ungenau bekannt. Zwar weiß man bereits seit über hundert Jahren, dass sich im Inneren der Erde ein Kern aus Nickel-Eisen-Metall befindet, der von einem Mantel aus silikatischem Gestein umgeben ist. Erst in den letzten Jahrzehnten konnten jedoch die Feinstruktur des Mantels und des Kerns, ihre chemische Zusammensetzung und das dynamische Verhalten des Erdinnern aufgeklärt werden. Dies gelang zum einen durch verbesserte seismische Daten und Auswerteverfahren, bei denen Erdbebenwellen aufgezeichnet und analysiert werden, zum anderen durch Hochdruckexperimente sowie durch innovative numerische Modelle der Konvektionsprozesse im Erdmantel und im Erdkern.

Kern-Mantel-Grenze

Die neuen Entdeckungen der letzten Jahrzehnte zeichnen ein faszinierendes Bild der Dynamik unseres Planeten. Prozesse an der Kern-Mantel-Grenze in einer Tiefe von 2.900 Kilometern steuern offenbar vulkanische Phänomene an der Erdoberfläche. Andererseits taucht ehemaliger Ozeanboden an manchen Stellen tief in den unteren Mantel ab und beeinflusst möglicherweise das Wachstum des inneren Kerns. Über geologische Zeiträume tauschen die Ozeane offenbar Wasser mit einem Wasserreservoir im Erdmantel aus. Konvektionsströme im Erdmantel lassen sich direkt nachweisen und mit numerischen Modellen vergleichen. Das Magnetfeld der Erde ist mittlerweile soweit verstanden, dass numerische Modelle die spontanen Umpolungen des Feldes in der geologischen Vergangenheit reproduzieren können. Grundsätzliche Unterschiede in der Evolution der Planeten Merkur, Venus, Erde und Mars lassen sich durch neue Kenntnisse über die innere Dynamik von Gesteinsplaneten inzwischen gut erklären.

Seismik

Die Fortschritte in der Erforschung des Erdinnern sind untrennbar mit technologischen Entwicklungen verbunden. Oft finden diese Innovationen Anwendungen auf unerwarteten Gebieten. So diente die Seismologie zunächst dazu, Erdbeben zu verstehen. Später nutzte man die Erdbebenwellen, um das Erdinnere zu untersuchen. Seit etwa 50 Jahren werden seismische Methoden zudem gezielt zur Überwachung von Kernwaffentests eingesetzt. Keine Nation kann einen Atombombentest verheimlichen, selbst wenn dieser Test unterirdisch in großer Tiefe vorgenommen wird. Ein globales Netz seismischer Stationen kann die Erschütterungen der Explosion überall nachweisen und von natürlichen Erdbeben unterscheiden. Weil das globale seismische Netzwerk gleichzeitig auch natürliche Erdbeben beobachtet, liefert es zusätzlich Daten über den Aufbau und die Dynamik des Erdinnern. Diese Daten sind unter anderem nötig, um das seismische Signal eines nuklearen Tests korrekt interpretieren zu können.

6.1 Erdkern, Magnetfeld und thermische Geschichte der Erde

Ohne das Erdmagnetfeld gäbe es wahrscheinlich keine lebensfreundlichen Umweltbedingungen auf der Erdoberfläche. Das Magnetfeld lenkt den Sonnenwind – einen Strom energiereicher, geladener Partikel – weiträumig um die Erde herum. Dieser Teilchenstrom hätte die Erdatmosphäre möglicherweise im Laufe der Zeit erodiert, wenn das Magnetfeld nicht existierte. Sonneneruptionen verursachen magnetische Stürme auf der Erde. Während solcher Stürme ist die Telekommunikation oft gestört, im Extremfall kann die Stromversorgung zusammenbrechen und Satelliten können abstürzen. Die Abschwächung des Erdmagnetfeldes, die gegenwärtig vor allem über dem Südatlantik zu beobachten ist, wird das Risiko für solche Zwischenfälle in Zukunft weiter erhöhen. Prinzipiell kann das Erdmagnetfeld auch das Klima beeinflussen, da geladene Partikel aus dem Sonnenwind oder aus dem Kosmos Kondensationskeime für Wolken bilden können. Diese Zusammenhänge sind aber quantitativ noch wenig untersucht.

Geodynamo

Das Erdmagnetfeld wird durch Konvektionsströmungen im geschmolzenen äußeren Eisenkern erzeugt. In den letzten Jahren hat

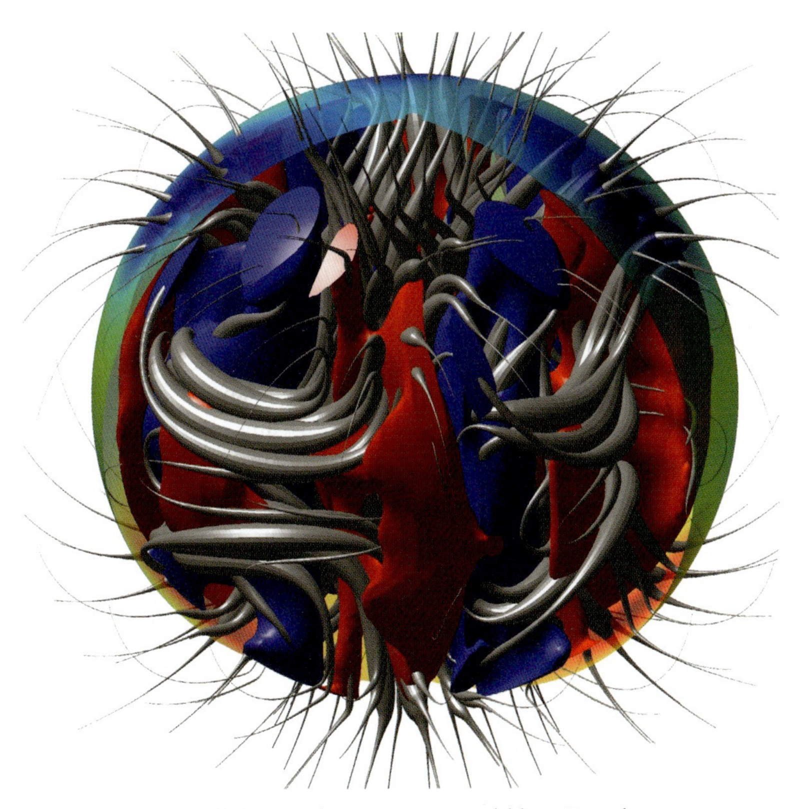

Ein einfaches Modell des Geodynamos. Rote und blaue Bereiche repräsentieren zyklonale und antizyklonale Wirbel in der Strömung des Kerns. Einige Feldlinien illustrieren den Verlauf des Magnetfelds im Inneren des Kerns. Deren Dicke entspricht der lokalen magnetischen Feldstärke.

es große Fortschritte in der numerischen Modellierung des Geodynamos gegeben. In einigen Modellen konnten wesentliche Kennzeichen des Erdmagnetfeldes nachgebildet werden. Hierzu gehören spontane Umpolungen des Erdmagnetfeldes, wie sie in der geologischen Vergangenheit häufig aufgetreten sind. Die numerischen Modelle können die Bedingungen im Erdkern allerdings nicht realistisch abbilden. Die Ursache dafür liegt darin, dass geschmolzenes Nickel-Eisen möglicherweise so dünnflüssig ist wie Wasser. Dies verursacht Turbulenz auf sehr kleinen Skalen bis in den Meter-Bereich. Realistische Modelle des Geodynamos müssten daher die Konvektion im Erdkern und ihre Wechselwirkung mit dem Magnetfeld auf Skalen von einem Meter bis über tausend Kilometer modellieren, was weit jenseits der Rechenkapazität heutiger Supercomputer liegt.

Alter des inneren Kerns

Der innere Erdkern ist fest. Das ist eine Folge der langsamen Abkühlung der Erde. Die seismisch beobachtete Dichte des äußeren Kerns ist etwa zehn Prozent geringer, als es für eine reine Eisen-Nickel-Legierung zu erwarten wäre. Der äußere Kern muss daher einige Prozent eines leichten Elements enthalten, wobei vor allem Sauerstoff und Silizium, aber auch Kohlenstoff, Schwefel und Wasserstoff in Frage kommen. Bei der Kristallisation des inneren Kerns bleibt dieses leichte Element größtenteils in der Schmelze zurück. Die flüssige Restschmelze hat daher ein geringes spezifisches Gewicht und steigt nach oben. Diese chemische Trennung treibt wahrscheinlich die Strömung im flüssigen Teil des Kerns an. Es ist daher wichtig herauszufinden, wie alt der innere Kern ist und ob sich die Natur des Erdmagnetfeldes seit seiner Entstehung geändert hat. Den meisten Modellen zufolge ist der innere Kern ein bis zwei Milliarden Jahre alt.

Untersuchungen in den vergangenen Jahren haben gezeigt, dass der innere Kern seismisch anisotrop ist: Wie schnell sich Erdbebenwellen im inneren Kern ausbreiten, hängt von ihrer Richtung ab. Dies deutet darauf hin, dass die Eisen-Nickel-Kristalle sich vorzugsweise in eine bestimmte Richtung orientieren. Einer Theorie zufolge könnte dieses Phänomen seine Ursache in der Konvektion des Erdmantels haben. Wenn sich kalte, abtauchende tektonische Platten an der Kern-Mantel-Grenze ansammeln, so ist der Wärmefluss vom Kern in den Mantel an dieser Stelle besonders hoch. Das führt zu einem schnellen Wachstum des inneren Kerns in bestimmten Bereichen. Die Feinstruktur des inneren Kerns enthält daher möglicherweise Informationen über Plattenbewegungen in der geologischen Vergangenheit.

Thermische Entwicklung der Erde

Die meisten Modelle zur thermischen Entwicklung der Erde nehmen an, dass der Wärmeverlust der Erde größtenteils durch radioaktiven Zerfall von ^{40}K, ^{235}U, ^{238}U und ^{232}Th kompensiert wird. Andernfalls würde der Erdmantel sich schnell abkühlen und erstarren, da seine Viskosität stark von der Temperatur abhängt. Die Mantelkonvektion und die Plattentektonik kämen zum Stillstand. Geochemische Modelle der Zusammensetzung des Mantels deuten aber darauf hin, dass radioaktive Elemente weniger Wärme produzieren als erforderlich. Diese Diskrepanz ist erklärbar, wenn man annimmt, dass sich merkliche Mengen von radioaktivem ^{40}K im Kern befinden. Aufgrund der Ergebnisse neuerer Hochdruckexperimente sowie quantenmechanischer Berechnungen erscheint dies grundsätzlich möglich. Direkte Messungen der radioaktiven Wärmeproduktion im Erdinneren sind seit kurzem durch die Beobachtung von „Geoneutrinos" möglich. Das sind Elektronen-Antineutrinos, die als Nebenprodukte des radioaktiven Zerfalls im Erdinneren entstehen. Geoneutrinos werden von der Materie praktisch nicht absorbiert und können daher an der Erdoberfläche gemessen werden. Die bisherigen Beobachtungen haben allerdings noch sehr hohe Unsicherheiten.

Wissenschaftliche Herausforderungen

Entwicklung des Geodynamos

Verbesserte paläomagnetische Daten werden insbesondere für die Frühgeschichte der Erde vor mehr als zwei Milliarden Jahren benötigt. Diese Daten sollen zeigen, ob sich die Eigenschaften des Geodynamos durch die Bildung des inneren Kerns grundsätzlich geändert haben. Um den derzeitigen Zustand des Geodynamos besser zu verstehen und die Entwicklung des Erdmagnetfeldes vorhersagen zu können, sind hochgenaue Messungen der Magnetfeldänderungen mit speziellen Satelliten notwendig, wie es zum Beispiel in der geplanten SWARM-Mission vorgesehen ist.

Verbesserte Modelle des Geodynamos

Um realistischere Modelle des Geodynamos zu entwerfen, die zuverlässige Vorhersagen der Feldentwicklung erlauben, sind verschiedene Strategien denkbar. In absehbarer Zukunft wird es nicht ausreichen, hierfür einfach die Rechenkapazität zu erhöhen. Ein vielversprechender Ansatz besteht darin, Skalierungsgesetze zu untersuchen, die über viele Größenordungen hinweg beschreiben, wie die Eigenschaften des Geodynamos von der Wahl der Eingangsparameter abhängen. Zusätzlich müssen die Eigenschaften von flüssigem Eisen, etwa Viskosität, elektrische und thermische Leitfähigkeit, unter hohem Druck untersucht werden. Experimentelle Ansätze hierfür sind gegenwärtig kaum zu erkennen, quantenmechanische Modelle könnten aber möglicherweise die benötigten Daten liefern. Eine Annäherung der Modelle an realistische Parameter ist ebenfalls unverzichtbar, um den Energiebedarf des Geodynamos abschätzen zu können.

Experimente

Was ist das leichte Element im Erdkern? Zur Beantwortung dieser Frage werden experimentelle Daten darüber benötigt, wie sich Silizium, Sauerstoff, Kohlenstoff, Schwefel und Wasserstoff zwischen einer Silikat- und einer Metallschmelze sowie zwischen festem und geschmolzenem Eisen-Nickel-Metall verteilen. Um derartige Experimente unter Druck- und Temperatur-Bedingungen durchführen zu können, wie sie realistisch für den Erdkern sind, müssen bestehende experimentelle und analytische Techniken weiterentwickelt werden. Zusätzlich werden experimentelle Daten über die Dichte von flüssigem Eisen mit veränderlichen Anteilen leichter Elemente benötigt. Derartige Daten können prinzipiell durch die Messung von Röntgenabsorptions-Koeffizienten in Diamantstempel-Zellen gewonnen werden.

Struktur des inneren Kerns

Eine wesentlich verbesserte seismische Datenbasis ist notwendig, um einen möglichen Lagenbau des inneren Kerns und die Verteilung der seismischen Anisotropie in verschiedenen Lagen zuverlässig bestimmen zu können. Diese Daten würden möglicherweise die Rekonstruktion der Mantelkonvektion in der geologischen Vergangenheit erlauben.

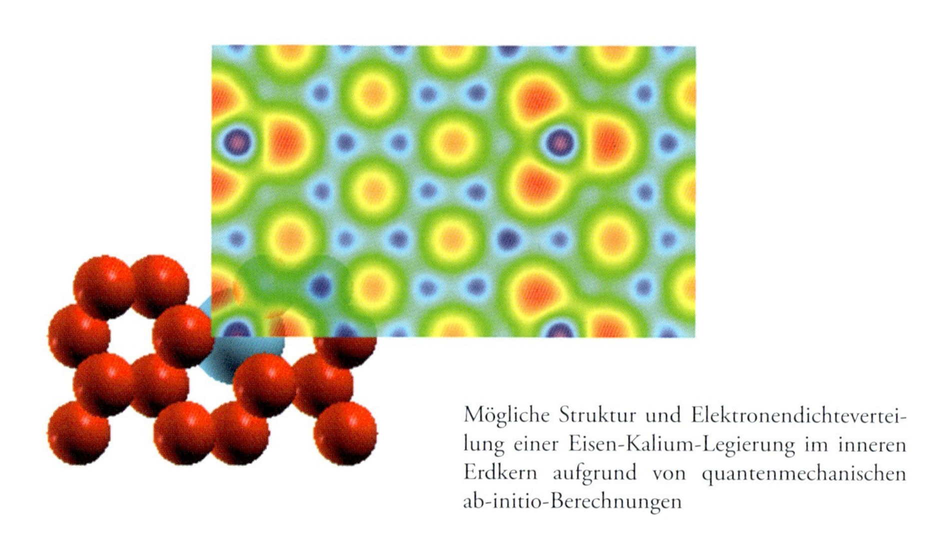

Mögliche Struktur und Elektronendichteverteilung einer Eisen-Kalium-Legierung im inneren Erdkern aufgrund von quantenmechanischen ab-initio-Berechnungen

6.2 Die Kern-Mantel-Grenze: Die wichtigste innere Oberfläche unseres Planeten

An der Kern-Mantel-Grenze in 2.900 Kilometern Tiefe liegen die festen, silikatischen Gesteine des unteren Erdmantels über dem geschmolzenen Eisen des äußeren Kerns. Die Gegensätze an dieser Grenzfläche sind viel spektakulärer als an der Erdoberfläche, und nur wegen ihrer Unzugänglichkeit ist die Kern-Mantel-Grenze noch wenig erforscht. Seismische Untersuchungen in den vergangenen Jahren haben faszinierende Details der Region unmittelbar über dem äußeren Kern enthüllt. Die Kern-Mantel-Grenzfläche ist nicht eben, sondern hat eine aufgeraute Oberfläche mit Gebirgen und Tälern. In den 300 Kilometern darüber finden sich eigenartige Phänomene: An einigen Stellen steigt die Geschwindigkeit von Erdbebenwellen sprunghaft an, anderswo gibt es Regionen mit ungewöhnlich niedrigen seismischen Geschwindigkeiten.

Mantel-Plumes

Trotz ihrer großen Entfernung kontrolliert die Kern-Mantel-Grenzfläche Prozesse an der Erdoberfläche. Manche Mantel-Plumes – Körper von heißem, aufsteigendem Gestein – haben ihre Wurzel in 2.900 Kilometern Tiefe und verursachen Vulkanismus an der Erdoberfläche. Rekonstruktionen der Plattenbewegungen über die letzten 300 Millionen Jahre zeigen, dass die Zentren riesiger Flutbasalteruptionen allesamt oberhalb der Ränder bestimmter Strukturen an der Kern-Mantel-Grenze liegen. Diese gewaltigen Eruptionen, die weit größer waren als irgendein vulkanisches Ereignis in den vergangenen Jahrmillionen, sind wahrscheinlich für die größten Aussterbeereignisse in der Erdgeschichte verantwortlich. Die Evolution des Lebens auf der Erde wurde daher wohl durch das tiefe Erdinnere mit gesteuert.

Scherwellen-Anomalien

200 bis 300 Kilometer über der Kern-Mantel-Grenze gibt es eine Grenzschicht, an der Erdbebenwellen teilweise reflektiert werden. An dieser Grenze wandelt sich wahrscheinlich das Mantelmineral Perowskit zu einer Hochdruck-Variante, dem so genannten Post-Perowskit um. Diese erst vor kurzem entdeckte Phasenumwandlung erklärt jedoch allenfalls einen kleinen Teil der Strukturen im untersten Mantel. Unter dem Pazifik und unter Afrika gibt es beispielsweise Regionen, in denen sich die so genannten Scherwellen – das sind Erdbebenwellen, bei denen das Gestein senkrecht zur Ausbreitungsrichtung schwingt – sehr langsam fortbewegen. Diese

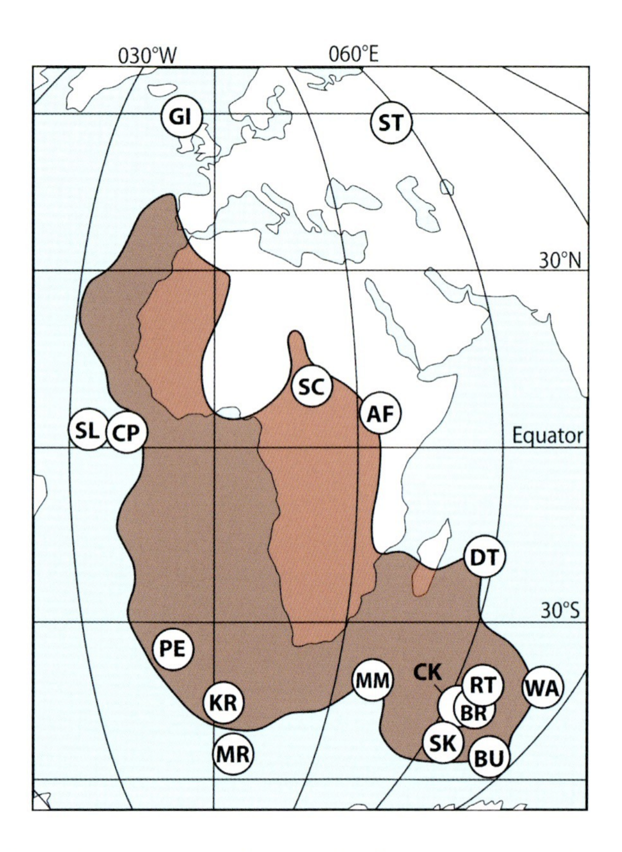

Plattentektonisch rekonstruierte Lage von Flutbasaltprovinzen der letzten 300 Millionen Jahre relativ zu einem Gebiet mit niedrigen seismischen Scherwellen-Geschwindigkeiten an der Kern-Mantel-Grenze (braun). Einige Beispiele für besonders große Flutbasalte sind DT = Dekkan-Trap-Flutbasalte (65 Millionen Jahre), KR = Karroo-Flutbasalte (182 Millionen Jahre), PE = Parana-Etendeka Flutbasalte (132 Millionen Jahre).

Anomalien werden sehr wahrscheinlich durch Material verursacht, das sich chemisch vom normalen Mantel unterscheidet und eine erhöhte Dichte besitzt. Bei diesem Gestein könnte es sich entweder um die Überreste abgetauchter tektonischer Platten handeln, oder das Material ist bei chemischen Reaktionen zwischen Erdkern und Erdmantel entstanden. Direkt über dem Kern gibt es zudem dünne Lagen mit extrem niedrigen Scherwellen-Geschwindigkeiten, die vermutlich Silikatschmelze enthalten. Möglicherweise sind dies die letzten Reste eines mittlerweile weitgehend auskristallisierten Magmenozeans aus der Frühgeschichte der Erde.

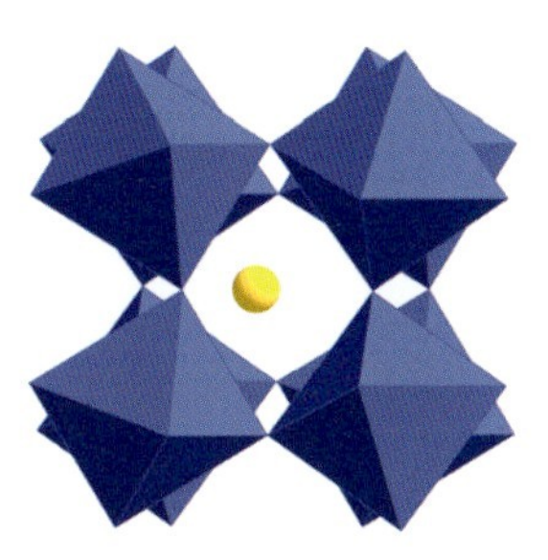
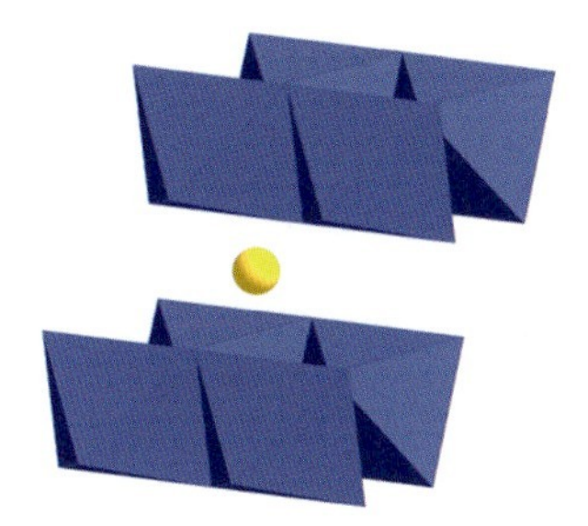

Kristallstruktur von $MgSiO_3$-Perowskit (links) und $MgSiO_3$-Post-Perowskit (rechts). Blau: SiO_6-Oktaeder; gelb: Mg. Die Post-Perowskit-Phase ist dichter als Perowskit. Sie wurde erst vor wenigen Jahren entdeckt und existiert möglicherweise im tiefsten Teil des Erdmantels. Die Struktur von Post-Perowskit ist im Vergleich zu Perowskit viel stärker anisotrop. Das kann möglicherweise die starke seismische Anisotropie in Teilen des untersten Mantels erklären.

Wärmeaustausch

Der Wärmeaustausch über die Kern-Mantel-Grenze kontrolliert die thermische Entwicklung des gesamten Planeten. Ob und in welchem Umfang nicht nur Wärme, sondern auch Materie zwischen Kern und Mantel ausgetauscht werden, ist dagegen weniger klar. Durch die Kristallisation des inneren Kerns sollten sich bestimmte Metalle, etwa Platin und Rhenium, in der Restschmelze des äußeren Kerns anreichern. Dies sollte zu einer gekoppelten Anreicherung von ^{187}Os und ^{186}Os führen, den Tochterisotopen von radioaktivem ^{187}Re und ^{190}Pt. Tatsächlich enthalten einige Magmen aus tiefen Mantel-Plumes derartige gekoppelte Anreicherungen von ^{187}Os und ^{186}Os, was sich durch Austauschprozesse mit dem äußeren Kern erklären lässt. Allerdings lassen sich diese Beobachtungen auch anders deuten.

Wissenschaftliche Herausforderungen

Seismische Kartierung

Die Strukturen im untersten Mantel sind bisher nur an wenigen Stellen genau bekannt. Das liegt daran, dass die Seismometerstationen auf der Erdoberfläche ungleichmäßig verteilt sind. Während in Nordamerika und Europa dichte Netzwerke bestehen, existieren nur relativ wenige Stationen auf der Südhalbkugel. Eine vollständige Beobachtung der Kern-Mantel-Grenze und des Erdinnern überhaupt ist jedoch nur mit Hilfe von zusätzlichen seismischen

Observatorien auf dem Meeresboden möglich. Derartige Stationen existieren bisher noch nicht.

Wärmefluss vom Kern in den Mantel

Der Wärmefluss durch die Kern-Mantel-Grenze treibt den Geodynamo an. Die thermische Grenzschicht im untersten Mantel kontrolliert zudem möglicherweise die Entstehung von Mantel-Plumes. Allerdings lässt sich bislang nur ungenau abschätzen, wie groß der Wärmefluss vom Kern in den Mantel ist. Ein Grund dafür besteht darin, dass die thermische Leitfähigkeit von Mantel-Mineralen in 2.900 Kilometern Tiefe nicht bekannt ist. Das Temperaturprofil oberhalb des Kerns lässt sich möglicherweise mit Hilfe der Phasenumwandlung von Perowskit zu Post-Perowskit bestimmen. Der Druck, bei dem diese Umwandlung vor sich geht, steigt mit zunehmender Temperatur an. Dies kann dazu führen, dass sich Perowskit mit zunehmender Tiefe und gleichzeitig ansteigender Temperatur zunächst in Post-Perowskit umwandelt, dann aber unmittelbar oberhalb des Kerns wieder in Perowskit übergeht. Dieses Phänomen könnte rätselhafte Geschwindigkeitssprünge von Erdbebenwellen erklären, die an verschiedenen Stellen oberhalb der Kern-Mantel-Grenze beobachtet wurden. Wenn genau bekannt ist, bei welchen Drücken und welchen Temperaturen sich Perowskit in Post-Perowskit verwandelt, dann lässt sich die Temperatur an den Sprungschichten bestimmen. Derartige Daten würden es ermöglichen, den Wärmefluss aus dem Kern in den Mantel recht genau abzuschätzen. Hierzu müsste aber der Verlauf der Phasengrenze sehr viel genauer bekannt sein als dies zurzeit der Fall ist.

Chemischer Austausch zwischen Kern und Mantel

Isotope und Spurenelemente in Laven, die aus tiefen Mantel-Plumes stammen, könnten direkte Hinweise auf eine Wechselwirkung zwischen Kern und Mantel liefern. Neben Osmium-Isotopen könnten auch die kurzlebigen ^{107}Pd-^{107}Ag und ^{182}Hf-^{182}W Isotopensysteme nützlich sein. Experimentelle Studien unter realistischen Druck- und Temperaturbedingungen sind nötig, um herauszufinden, wie sich Platingruppen-Elemente sowie andere Spurenelemente, etwa Germanium, Gallium, Selen und Tellur, zwischen festem und flüssigem Kern verteilen. Experimente können auch klären, wie geschmolzenes Eisen mit Silikatmineralen an der Kern-Mantel-Grenze reagiert. Für beide Vorhaben sind erhebliche Fortschritte bei den experimentellen und analytischen Methoden notwendig. Der Vergleich experimenteller Daten mit seismischen Messungen wäre eine zusätzliche Methode, um die Natur der chemischen Wechselwirkung zwischen Kern und Mantel zu bestimmen.

Post-Perowskit-Phase

Die Post-Perowskit-Phase könnte wegen ihrer besonderen Kristallstruktur möglicherweise ein separates chemisches Reservoir für radioaktive Elemente und andere Spurenelemente darstellen. Entsprechende experimentelle Untersuchungen sind zurzeit noch extrem schwierig, aber mit quantenmechanischen Berechnungen ist dieses Problem grundsätzlich zugänglich.

Schmelze im untersten Mantel

Die Schmelztemperaturen im unteren Mantel, die mögliche Zusammensetzung der Schmelze und ihre Dichte sind bisher praktisch nicht bekannt. Insbesondere Daten über die Dichte wären notwendig, um vorhersagen zu können, ob eine Schmelze möglicherweise schwerer ist als das umgebende Gestein und damit eine stabile Lage direkt über dem inneren Kern bilden könnte.

6.3 Mineralphysik und seismische Tomographie

Seismische Diskontinuitäten

Seit etwa hundert Jahren untersuchen Geowissenschaftler das Erdinnere systematisch mit Erdbebenwellen. Der deutsche Seismologe Beno Gutenberg lokalisierte bereits 1912 die Kern-Mantel-Grenze in einer Tiefe von 2.900 Kilometern. Weitere Untersuchungen zeigten, dass der Erdmantel in den unteren Mantel, eine Übergangszone in 410 bis 660 Kilometern Tiefe und den oberen Mantel unterteilt ist. Diese Schalen sind durch seismische Diskontinuitäten, an denen sich die Ausbreitungsgeschwindigkeit von Erdbebenwellen sprunghaft ändert, voneinander getrennt. Hochdruckexperimente zeigten dann, dass alle diese Diskontinuitäten durch Mineralumwandlungen im Mantel erklärt werden können, wobei sich die chemische Zusammensetzung kaum ändert. Die Entdeckung ultratiefer Diamanten vor einigen Jahren war eine glänzende Bestätigung dieses Modells. Diese Diamanten stammen aus der Übergangszone oder dem unteren Erdmantel und enthalten genau die Minerale und Mineralvergesellschaftungen als Einschlüsse, die von Mineralphysik und Seismologie vorhergesagt wurden. Mit diesen Einschlüssen sind erstmals Proben des unteren Mantels verfügbar, die direkt im Labor untersucht werden können – obwohl diese Region der Erde bis vor wenigen Jahren viel unzugänglicher erschien als die Rückseite des Mondes.

Ein ultratiefer Diamant mit zwei Mineraleinschlüssen. Der dunkle Einschluss ist (Mg,Fe)O, der helle Einschluss darüber $(Mg,Fe)SiO_3$. Diese beiden Phasen können nur bei Drücken oberhalb von 250.000 Atmosphären im unteren Erdmantel miteinander koexistieren.

Seimische Tomographie

Seismische Tomographie erlaubt es, dreidimensionale Strukturen im Erdmantel abzubilden. Hierzu werden die Laufzeiten von seismischen Wellen verglichen, die den Erdmantel in verschiedenen Richtungen durchlaufen haben. Aus diesen Daten kann man Modelle der seismischen Geschwindigkeiten im Erdmantel konstruieren. Strukturen mit hohen seismischen Geschwindigkeiten deuten auf kaltes Material hin, während niedrige seismische Geschwindigkeiten auf heißes, möglicherweise aufsteigendes und vielleicht sogar teilweise geschmolzenes Material hindeuten. Ausgedehnte Körper mit niedrigen seismischen Geschwindigkeiten findet man als „Mantel-Plumes“ unter vielen aktiven vulkanischen Gebieten wie in der Eifel. Andererseits kann man absinkende Platten ozeanischer Kruste bis in den unteren Erdmantel, ja bis zur Kern-Mantel-Grenze verfolgen. Dies ist vielleicht die wichtigste seismologische Beobachtung der letzten Jahrzehnte überhaupt, denn sie zeigt, dass der gesamte Mantel chemisch durchmischt wird.

Chemische Heterogenitäten

In den vergangenen Jahren ist zunehmend klar geworden, dass die Unterschiede der seismischen Geschwindigkeiten im Mantel nicht nur durch Temperaturänderungen erklärt werden können. Eine entscheidende Rolle spielen offenbar auch chemische Heterogenitäten. Eine der großen Herausforderungen in den kommenden Jahrzehnten wird es daher sein, seismische Daten in Daten über die lokale Zusammensetzung und Temperatur im Erdmantel zu „übersetzen“. Hierzu müssen die elastischen Eigenschaften von Mantel-

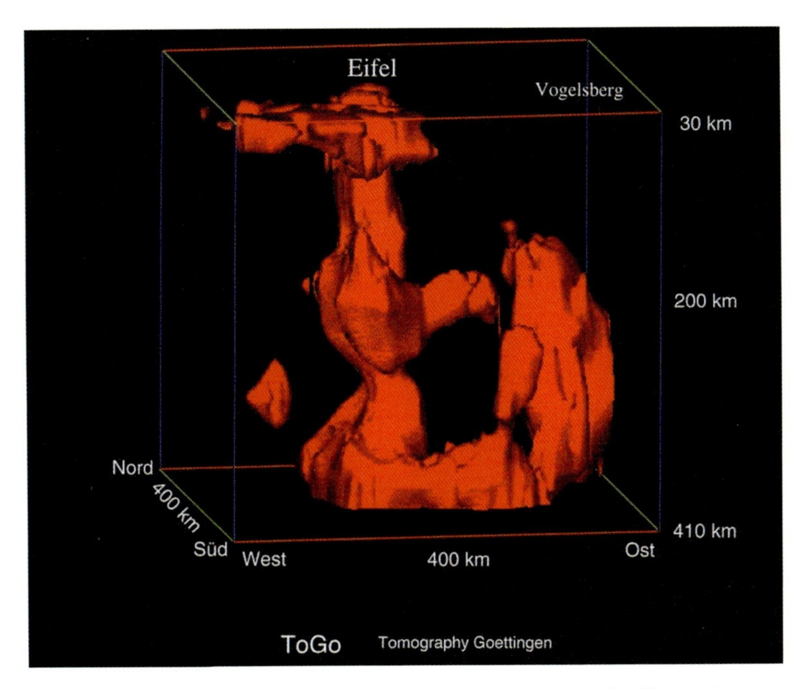

Dreidimensionale Darstellung der seismischen Signatur des Eifel-Plumes. In dem rot gezeigten Volumen liegt die Kompressionswellen-Geschwindigkeit um mindestens ein Prozent niedriger als in einem Standard-Erdmodell. Diese Anomalie könnte durch eine Temperaturerhöhung von circa 100 bis 150 Grad Celsius hervorgerufen werden.

Mineralen als Funktion von Druck, Temperatur und Zusammensetzung sehr genau bekannt sein.

Tomographie ist nur eine von mehreren seismischen Methoden, die zur Untersuchung des tiefen Erdinnern eingesetzt werden. Durch die Beobachtung von gestreuten Wellen, konvertierten Wellen und Vorläuferwellen können Diskontinuitäten identifiziert und ihre Topographie auskartiert werden. Die genaue Tiefe einer Diskontinuität wird durch die Stabilität einzelner Mineralphasen bestimmt. Die Tiefe eines solchen Übergangs hängt im Allgemeinen von der Temperatur und von der chemischen Zusammensetzung des Erdmantels ab. Weitere Informationen über das Erdinnere liefern Messungen der elektrischen Leitfähigkeit. Zwar haben diese Daten eine geringere räumliche Auflösung als die der seismischen Tomographie, jedoch zeigt die elektrische Leitfähigkeit zuverlässig an, ob geringe Mengen von Schmelzen und Fluiden im Mantel vorhanden sind.

Wissenschaftliche Herausforderungen

Globale Kartierung der Topographie von Diskontinuitäten

Eine Reihe von Studien hat gezeigt, dass die 410- und die 660-Kilometer-Diskontinuitäten an einzelnen Stellen höher oder tiefer liegen. Das hängt mit darüber liegenden Strukturen zusammen, wie zum Beispiel Subduktionszonen, an denen tektonische Platten in den Erdmantel abtauchen. Um die Ursachen hierfür verstehen zu können, ist eine globale Auskartierung der Topographie dieser Diskontinuitäten notwendig. Dies ist nur mit Hilfe von seismischen Stationen am Ozeanboden möglich.

Kartierung der Zusammensetzung des Erdmantels

Die elastischen Eigenschaften von Mantel-Mineralen wurden bisher meist bei hohem Druck, aber bei Raumtemperatur vermessen. Aus diesen Daten lässt sich nur ungenau abschätzen, wie sich die Minerale bei den Druck- und Temperatur-Bedingungen im Mantel verhalten. Daher sind zahlreiche unterschiedliche Modelle der Zusammensetzung und Temperaturverteilung im Mantel mit den gemessenen seismischen Daten vereinbar. Um die Zusammensetzung und eventuell auch die Temperatur im Mantel genau bestimmen zu können, ist es notwendig, die elastischen Eigenschaften sowohl bei hohem Druck als auch bei hoher Temperatur und über ein breites Spektrum chemischer Zusammensetzungen zu messen. Derartige Messungen sind sehr schwierig, aber mit Laser-geheizten Diamantstempelzellen prinzipiell durchführbar. Hier tritt jedoch ein weiteres experimentelles Problem auf: Die Geschwindigkeit von seismischen Wellen unter hohem Druck wird gewöhnlich mit Schallwellen im Megahertz- bis Gigahertz-Frequenzbereich gemessen. Natürliche seismische Wellen haben dagegen Frequenzen in der Größenordnung von einem Hertz. Die im Experiment verwendeten hochfrequenten Schallwellen können anelastische Effekte auslösen: Sie können Korngrenzen verschieben sowie Ionen und Defekte innerhalb der Minerale versetzen. Diese anelastischen Effekte können seismische Wellen dämpfen. Vor allem hängen die seismischen Geschwindigkeiten – anders als im Erdmantel – in diesen Experimenten von der Frequenz der Schallwellen ab. Es müssen daher neue experimentelle Methoden entwickelt werden, mit denen seismische Geschwindigkeiten in einem realistischen Frequenzbereich unter Druck gemessen werden können. Dies ist zurzeit noch nicht möglich. Anelastische Effekte werden gegenwärtig mit theoretischen Modellen korrigiert, die aber zu sehr unterschiedlichen Resultaten führen können.

Konsistente Interpretation seismischer Daten

Zonen mit niedriger seismischer Geschwindigkeit im Mantel werden oft mit hohen Temperaturen und aufsteigenden Massebewegungen gleichgesetzt. Fluid-dynamische Berechnungen zeigen jedoch, dass heiße Plumes auch ein oszillierendes Verhalten zeigen können: Phasen des Aufstiegs wechseln sich mit Phasen des Rückzugs ab. Gleichzeitig wird die tomographische Auflösung von Mantelstrukturen durch die Lage der verfügbaren seismischen Stationen und durch die Methoden der Datenanalyse beeinflusst. Um die seismischen Messungen korrekt interpretieren zu können, sind synthetische Seismogramme und synthetische tomographische Bilder sehr hilfreich. Sie werden aus geodynamischen Konvektionsmodellen und Daten aus der Mineralphysik gewonnen.

Diskontinuitäten im unteren Erdmantel?

Wie vor wenigen Jahren entdeckt wurde, kommt es in eisenhaltigen Mineralen unter hohem Druck zur so genannten Spin-Paarung. Dabei verändert sich die Elektronen-Konfiguration von Fe^{2+} und Fe^{3+}, was zu drastischen Änderungen der physikalischen Eigenschaften der entsprechenden Minerale führen kann. Unter anderem wurde vermutet, dass sich die Dichte durch diesen Effekt drastisch erhöht, was die seismische Geschwindigkeit sprunghaft

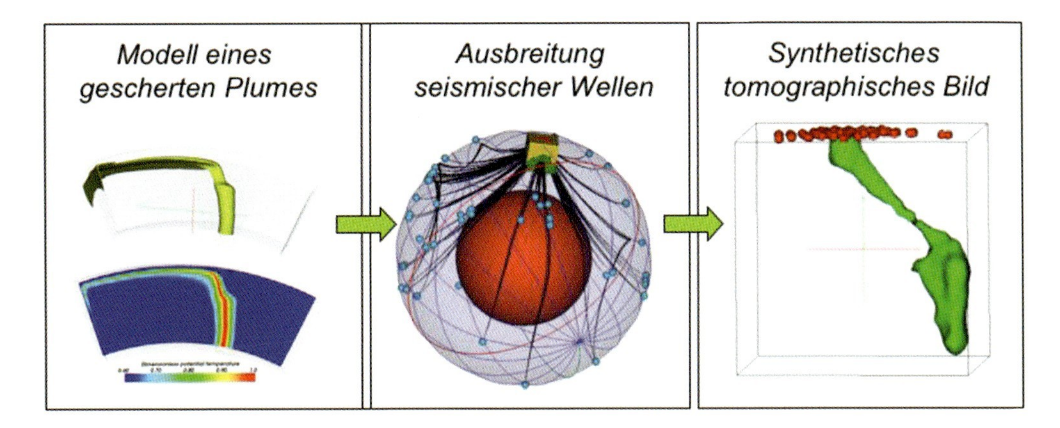

Ein synthetisches tomographisches Bild eines Mantel-Plumes, abgeleitet aus einem geodynamischen Modell. Links: numerische Simulation eines Mantel-Plumes unter einer sich bewegenden Platte. Diese thermische Struktur wird mit Hilfe von Daten aus der Mineralphysik umgerechnet in ein dreidimensionales Modell seismischer Geschwindigkeiten. Hieraus werden synthetische Seismogramme berechnet (Mitte), aus denen ein synthetisches tomographisches Bild (rechts) erzeugt wird. An diesem Bild kann man erkennen, mit welcher Genauigkeit ein Plume abgebildet werden würde.

ansteigen lassen würde. Neuere Untersuchungen zeigen aber, dass die Auswirkungen der Spin-Paarung wahrscheinlich subtiler sind als früher vermutet. Eine Auswirkung der Spin-Paarung im unteren Mantel könnte darin bestehen, dass die Gesamt-Schallgeschwindigkeit abnimmt, je höher die Scherwellengeschwindigkeit wird. Auch gelegentlich lokal beobachtete Hinweise auf Diskontinuitäten im unteren Mantel sind nicht voll verstanden.

6.4 Mantelkonvektion und Rheologie von Mineralen

Konvektionsströme im Erdmantel

Die Gesteine des Erdmantels verhalten sich über geologisch lange Zeiträume wie eine extrem viskose Flüssigkeit. Das zeigt sich zum Beispiel daran, dass sich Skandinavien langsam hebt, seit es von den Gletschern der letzten Eiszeit entlastet ist. Konvektionsströme im Erdmantel treiben die Bewegung der Lithosphären-Platten an der Erdoberfläche an. Durch seismische Tomographie können absinkende Platten im Erdmantel ebenso wie aufsteigende Plumes sichtbar gemacht werden. Seit einigen Jahren ist es zudem möglich, die Strömungsmuster im Mantel zu erkennen und zwar anhand seismischer Anisotropien. Bei der plastischen Deformation der Minerale orientieren sich die Kristalle vorzugsweise in eine bestimmte Richtung. Dies führt dazu, dass die Ausbreitungsgeschwindigkeit seismischer Wellen ebenfalls richtungsabhängig wird. Vergleicht man diese Effekte mit Deformationsexperimenten im Labor, so lassen sich die Fließrichtungen im Mantel rekonstruieren. Extrem genaue Messungen des Schwerefeldes der Erde mit Satelliten wie GRACE oder GOCE liefern weitere Hinweise darauf, wie sich Materie tief im Erdinneren verlagert.

Numerische Modellierung

Die numerische Modellierung der Mantelkonvektion hat in den vergangenen Jahren enorme Fortschritte gemacht. Die Modelle sind mittlerweile derart verfeinert, dass sie es erlauben, frühere Konvektionsbewegungen im Erdmantel nachzuvollziehen und die Plattenbewegungen in der Zukunft vorherzusagen. Nach wie vor fehlen jedoch experimentelle Daten über die so genannte Rheologie der Minerale des tiefen Erdmantels, das heißt, über ihr Verformungsverhalten und ihre Festigkeit. Derzeit ist noch nicht bekannt, ob die Minerale des oberen Mantels, der Übergangszone und des unteren Mantels jeweils eine andere Viskosität haben. Ohne diese Informa-

Der GOCE-Satellit untersucht das Schwerefeld der Erde. Mit derartigen Satelliten lassen sich Masseverlagerungen an der Erdoberfläche, aber auch tief im Erdinnern nachweisen (GOCE = Gravity field and steady-state ocean circulation explorer).

tion, die in Experimenten gewonnen werden kann, ist es nicht möglich, die Dynamik des Erdinnern realistisch zu modellieren. Nach wie vor ist es außerdem ungeklärt, wie effizient oberer und unterer Mantels sich vermischen und ob dies kontinuierlich oder episodisch geschieht. Die entscheidende Frage besteht darin, wie sich die abtauchenden Platten verhalten, wenn sie auf die Grenzschichten in 410 und 660 Kilometern Tiefe stoßen, wo sich einige Minerale in Hochdruck-Modifikationen umwandeln. Da sich dort die Struktur und damit die Dichte der Minerale ändert, verändert sich auch der Auftrieb der Platten relativ zum umgebenden Mantel. Möglicherweise sind die Platten nicht schwer genug, um diese Grenzflächen zu durchdringen. In diesem Fall könnte sich das subduzierte Material im Mantel anhäufen und schließlich in Form katastrophaler „Lawinen" in den unteren Mantel absinken. Das könnte wiederum den Aufstieg großer Plumes auslösen.

Rolle des Wassers

Spuren von Wasser haben einen drastischen Effekt auf die Festigkeit von Mineralen. Werden Protonen als Punktdefekte in Minerale eingebaut, so bilden sich Leerstellen. Dadurch werden Fehlstellen im Kristallgitter beweglicher, was die Festigkeit eines Minerals um Größenordnungen verringern kann. Es gibt Hinweise darauf, dass Plattentektonik nur in einem wasserhaltigen Mantel möglich ist. Dieser Zusammenhang würde erklären, warum es auf dem Mars und der Venus keine Plattentektonik gibt. Die Venus ist fast so groß wie die Erde und hat eine sehr ähnliche chemische Zusammensetzung. Trotzdem scheint die Venus eine dicke, starre Kruste zu besitzen, während die Erde eine dünne, bewegliche Kruste hat. Obwohl Wasser in den Mineralen des Erdmantels nur ein Spurenelement ist, bildet es doch wegen der enormen Masse des Mantels ein Reservoir, dessen Masse mit den Ozeanen auf der Erdoberfläche vergleichbar ist. Über geologische Zeiträume findet wahrscheinlich ein Austausch zwischen diesen beiden Reservoiren statt. Die Menge an Kohlenstoff in der Atmosphäre, den Ozeanen und anderen oberflächennahen Reservoiren ist im Vergleich mit dem Kohlenstoff-Reservoir im Mantel vernachlässigbar klein. Die Entwicklung der Erdatmosphäre lässt sich nicht ohne die Wechselwirkung mit dem Mantel verstehen. Am Ende des Proterozoikums, vor etwa 700 Millionen Jahren, war der größte Teil der Erde von Eis bedeckt. Das Leben stand möglicherweise am Rande der Auslöschung. Vulkane beendeten diese Vereisung, indem sie Kohlendioxid aus dem tiefen Erdinneren in die Atmosphäre transportierten.

Primitive Reservoire

Obwohl die Konvektionsbewegungen den ganzen Mantel durchmischen könnten, gibt es überzeugende geochemische Hinweise darauf, dass der Mantel chemisch nicht einheitlich zusammengesetzt ist. Wahrscheinlich existieren tiefe, „primitive" Reservoire, die nie in der Nähe der Erdoberfläche waren und aus denen nie Schmelze abgetrennt wurde. Darauf deuten unter anderem die isotopische Zusammensetzung von Edelgasen und die Massebilanzen radioaktiver Isotope wie ^{142}Nd und ^{143}Nd in Mantelgesteinen und Basalten hin. Osmium-Isotopendaten des Mantelminerals Peridotit zeigen, dass selbst der obere Mantel, der durch die Plattentektonik umgewälzt wird, über zwei Milliarden Jahre alte Heterogenitäten enthält.

Wissenschaftliche Herausforderungen

Durchmischung oberer und unterer Mantel

Die Minerale der Übergangszone und des unteren Mantels haben wahrscheinlich eine andere Viskosität und ein anderes Deformationsverhalten als die Gesteine des oberen Mantels. Dieser Viskositätsunterschied könnte den Stoffaustausch im Mantel stark beeinflussen. Bisher existieren jedoch kaum quantitative Daten darüber, wie sich Minerale bei extrem hohen Drücken verformen. Entspre-

Ein geodynamisches Modell der Konvektionsbewegungen im Erdmantel. Heiße, aufsteigende Bereiche sind rot, kalte, absinkende Bereiche blau dargestellt. Die vier Schnitte sind jeweils in der Blickrichtung um 90° gegeneinander gedreht.

chende Experimente sind nur mit neuen Methoden und Apparaturen möglich. Weiterhin müssen neue theoretische Modelle entwickelt werden, um Viskositätsdaten aus dem Labor auf die Natur zu extrapolieren, wo die Verformung wesentlich langsamer abläuft. Die Dynamik des Erdinnern lässt sich nur dann verstehen, wenn neue experimentelle Daten in geodynamische Modelle eingebettet werden. Solche verbesserten Modelle könnten beispielsweise zeigen, ob der Mantel kontinuierlich oder episodisch-katastrophal in Form von Mantel-Lawinen durchmischt wird.

Zusammenhang zwischen geochemischen Reservoiren und seismischen Strukturen

Die seismische Tomographie liefert dreidimensionale Bilder der physikalischen Eigenschaften des Mantels. So genannte Mantel-Xenolithe – Bruchstücke von Mantelgestein, die durch einen Vulkanausbruch an die Erdoberfläche transportiert wurden - und Magmen aus dem Mantel zeigen, dass es eine Reihe von chemisch verschiedenen Reservoiren gibt. Allerdings ist noch unklar, ob seismische Messungen diese geochemischen Reservoire abbilden können. Enthält beispielsweise der Mantel unterhalb von Inseln wie Hawaii „primitives“ Material, das noch nie in der Nähe der Erdoberfläche war, oder handelt es sich um aufgearbeitete, subduzierte ozeanische Kruste? Sofern es noch primitive Reservoire im Erdmantel gibt, stellt sich die Frage, wo sie liegen und warum sie sich nicht mit dem Rest des Mantels vermischt haben. Eine Antwort lässt sich nur finden, wenn man geochemische Untersuchungen von Proben aus dem Erdmantel mit einer Kalibrierung seismischer Daten durch Laborexperimente vergleicht und alle Daten in einem geodynamischen Modell zusammenführt. Seit kurzem ist bekannt, dass ultratiefe Diamanten Einschlüsse aus dem unteren Erdmantel enthalten. Damit sind erstmals Proben aus dem unteren Mantel verfügbar, die nun mit allen verfügbaren analytischen Methoden untersucht werden. Anhand der Daten ist es möglich, Modelle zur chemischen Entwicklung des gesamten Mantels zu testen.

Geschichte der Zusammensetzung des Mantels

Mehr als 3,8 Milliarden Jahre alte Gesteine enthalten ungewöhnlich viel ^{142}Nd und ein ungewöhnliches Verhältnis von Hafnium-Isotopen. Das deutet darauf hin, dass der Mantel zu Beginn der Erdgeschichte extrem heterogen war. Ob diese Heterogenitäten vollständig verschwunden sind und ob sich der Mantel im Archaikum grundsätzlich anders verhielt als heute, ist nicht bekannt. Um diese Fragen zu lösen, müssten alte Gesteine und Körner des chemisch besonders widerstandsfähigen Minerals Zirkon sorgfältig untersucht werden, insbesondere ihre kurzlebigen Isotopensysteme. Eine weitere Frage besteht darin, ob die Entwicklung der Atmosphäre mit einer langsamen Oxidation des Erdmantels verknüpft war.

Austausch von Wasser und Kohlenstoff zwischen Mantel, Atmosphäre und Ozeanen

An mittelozeanischen Rücken und vulkanischen Inseln dringt ständig Magma aus dem Erdinneren empor, aus dem Wasser und CO_2 entgasen. Diese Verbindungen gelangen in die Erdatmosphäre und in die Ozeane, während in den Subduktionszonen flüchtige Bestandteile wieder in den Mantel zurückgeführt werden. Dieser Kreislauf ist wahrscheinlich dafür verantwortlich, dass der Meeresspiegel und der CO_2-Gehalt der Atmosphäre in der Vergangenheit sehr langsam schwankten. Wie viel Wasser und Kohlendioxid an Vulkanen und Subduktionszonen aus der Erde quellen, ist allerdings nur ungenau bekannt. Genauso wenig weiß man, wie viel Wasser und Kohlenstoff der Mantel gegenwärtig enthält. Daher ist es notwendig, den Gasfluss an Vulkanen genauer zu messen. Dafür eignen sich direkte Methoden wie die Infrarot-Emissionsspektroskopie oder auch indirekte Methoden. Anhand von Schmelzeinschlüssen und abgeschreckten Gesteinsgläsern lassen sich Wasser- und CO_2-Gehalt des Magmas zum Beispiel ebenfalls bestimmen. Ein Teil des Wassers und des Kohlendioxids, das die abtauchenden Platten mit in den Mantel nehmen, geben sie in der Tiefe wieder ab. Von dort gelangen die beiden Stoffe mit den Eruptionen explosiver Vulkane teilweise wieder an die Oberfläche. Um zuverlässiger abschätzen zu können, wie viel Wasser und CO_2 eine subduzierte Platte freisetzt, sind verbesserte Modelle der Temperaturverteilung in Subduktionszonen sowie sorgfältige Geländeuntersuchungen nötig.

Einfluss des Wassers auf die Mantelkonvektion

Wasser verringert als Spurenbestandteil die Festigkeit von Kristallen um Größenordnungen. Spuren von Wasser können zudem Schmelzbildung auslösen, was die Festigkeit eines Gesteins ebenfalls drastisch herabsetzen kann. Seit kurzem gibt es Hinweise darauf, dass sich der Deformationsmechanismus von Mineralen unter dem Einfluss von Wasser ändert. Auch die Vorzugsorientierung von Kristallen, die sich als seismische Anisotropie bemerkbar macht, hängt davon ab, ob Wasser vorhanden ist. Alle diese Effekte sind experimentell noch sehr wenig untersucht. Um den Wassergehalt im Mantel systematisch auszukartieren, lassen sich folgende Methoden nutzen: Der Wassergehalt der Mantel-Xenolithe müsste systematisch bestimmt werden. Außerdem wäre es sinnvoll, den Einfluss von Wasser auf die elektrische Leitfähigkeit, die seismischen Geschwindigkeiten und die Dämpfung seismischer Wellen zu bestimmen. Ebenso müsste man in Experimenten herausfinden, bei welchen Temperaturen der Erdmantel in Gegenwart geringer Mengen Wasser und CO_2 schmilzt. Die Zusammensetzung, Dichte und Viskosität der entstehenden Schmelzen ist ebenfalls von Interesse. Wenn diese Daten in geodynamische Modelle eingearbeitet werden, würde sich zeigen, ob der Wassergehalt im Mantel tatsächlich für die unterschiedliche tektonische Aktivität auf Erde und Venus verantwortlich ist.

Kernaussagen

Die Erforschung des tiefen Erdinnern hat in den letzten Jahren große Fortschritte gemacht. Wichtige Ziele für die nächsten Jahre sind:

- Entwicklung von realistischeren Modellen des Geodynamos. Solche Modelle würden es erlauben, die Entwicklung des Erdmagnetfeldes für die Zukunft zuverlässig vorherzusagen.
- Untersuchung der Struktur und der Zusammensetzug des inneren Erdkerns. Der innere Kern ist der am weitesten entfernte und am schwersten zugängliche Teil der Erde. Trotzdem spielt er möglicherweise eine entscheidende Rolle bei der thermischen Entwicklung unseres Planeten und bei der Entstehung des Erdmagnetfeldes.
- Auskartierung der chemischen Zusammensetzung des Erdmantels. Dies ist eine Aufgabe, die durchaus vergleichbar ist mit der geologischen Kartierung der Erdoberfläche. Sie ist die Grundlage für alle Modelle der inneren Dynamik unseres Planeten.
- Untersuchung des Mischungsverhaltens des Erdmantels und seiner Entwicklung während der Erdgeschichte. Experimentelle Untersuchungen, seismische Studien und geodynamische Modelle sollen klären, in welchem Umfang sich oberer und unterer Mantel mischen und ob diese Mischung kontinuierlich oder episodisch abläuft.
- Untersuchung der Wechselwirkung zwischen Erdkern, Erdmantel und Erdoberfläche. Ziel ist ein quantitatives Verständnis der Stoffflüsse vom Erdinnern an die Erdoberfläche und umgekehrt. Dies ist wahrscheinlich der Schlüssel, um viele grundlegende Veränderungen in der geologischen Vergangenheit unseres Planeten zu verstehen, etwa die Evolution der Atmosphäre, Schwankungen des Meeresspiegels und globale Aussterbeereignisse.

7 Die Lithosphäre

Die Lithosphäre ist die äußere, weitgehend feste und starre Hülle der Erde. Sie ist hundert bis 200 Kilometer dick und zerfällt in ein gutes Dutzend tektonische Platten. Die kontinentale Lithosphäre bildet den Lebensraum des Menschen. Er bezieht nahezu alle Rohstoffe und fast die gesamte Wasserversorgung aus ihr. Gleichzeitig gehen viele Naturgefahren auf die Dynamik der Lithosphäre zurück, zum Beispiel Erdbeben, Vulkanismus, Massenverlagerungen an Berghängen oder Landhebungen und -senkungen in Küstenregionen.

Von besonderer Relevanz ist dies an den Rändern der Kontinente und der tektonischen Platten. Über 90 Prozent der globalen Erdbebenaktivität sowie fast alle hochexplosiven Vulkane konzentrieren sich an den konvergenten Kontinenträndern, ebenso ein Großteil der bekannten mineralischen Lagerstätten (Kupfer, Zink, Silber, Blei, etc.). An konvergenten Kontinenträndern wächst die kontinentale Erdkruste an. Dort wird aber auch kontinentale Kruste vernichtet. Diese Prozesse prägen die interne Architektur und den thermischen und stofflichen Charakter der kontinentalen Lithosphäre dauerhaft. An den divergenten Kontinenträndern und innerhalb der Kontinente befindet sich dagegen ein Großteil der Kohlenwasserstofflagerstätten der Erde. In den Sedimentbecken sind zudem alle Veränderungen des Systems „Erde-Ozean-Atmosphäre" archiviert. Um zukünftige Umweltveränderungen realistisch einschätzen zu können, ist es nötig, diese Archive zu entschlüsseln. Unabhängig vom Typ des Kontinentrandes haben die Küstenbereiche eine besondere Bedeutung. Hier leben in einem 200 Kilometer breiten Streifen etwa 80 Prozent der Weltbevölkerung. Dort liegen auch fast alle Megacities. Diese Städte haben ein großes ökonomisches Entwicklungspotenzial, allerdings wächst die Bevölkerung dort auch besonders schnell.

Die äußerste Hülle der Lithosphäre bis in etwa 15 Kilometer Tiefe ist der einzige Teil der festen Erde, der dem Menschen direkt zugänglich ist. Viele unserer Vorstellungen darüber, wie kontinentale und ozeanische Lithospärenplatten funktionieren, beruhen auf der Erforschung dieses Bereichs. Zahlreiche nationale und internationale Forschungsprogramme der vergangenen Jahrzehnte haben in den letzten Jahren zwar wesentliche Einsichten vermitteln können, doch bleiben viele Fragen noch weitgehend ungeklärt.

Neue Technologien eröffnen gegenwärtig einen neuen Zugang zu Teilen der Lithosphäre. Dies sind zum einen beispielsweise satellitengestützte Techniken, die Eigenschaften auf und in der Lithosphäre messen. Veränderungen können inzwischen systematisch überwacht werden, indem Messungen wiederholt werden. So werden zum Beispiel aktive Deformationen und Vertikalbewegungen messbar, aber auch Massenverlagerungen auf und in der Lithosphäre. Bislang unbekannte, kurzlebige Vorgänge werden erstmals sichtbar. Diese Resultate erzeugen eine ganz neue Vorstellung von der Dynamik der Erde. Auch Entgasungsprozesse an der Erdoberfläche, die einen großen Einfluss auf Stoffbilanzen haben, lassen sich erstmals erfassen. Neue Analysemethoden bieten neue Einblicke in die zeitliche Variabilität von Prozessen oder ihre Kopplung auf verschiedenen Zeitskalen. Verfeinerte experimentelle Möglichkeiten erlauben es, bessere Stoffgesetze abzuleiten. Man kann auch herausfinden, wie sich die Deformation der Lithosphäre auf Fluidsysteme in der Tiefe auswirkt, wie sich Minerale verändern und wie sich vorübergehende Veränderungen oder große Deformationen über lange Zeiträume auswirken. In der Zukunft wird es darauf ankommen, verschiedene Methoden zu integrieren. Diese Entwicklung beginnt schon jetzt. So lassen sich seismologische und geodätische Beobachtungen verbinden. Über längere Zeiträume ergänzen paläoseismologische und geomorphologische Beobachtungen diese Messungen.

In Deutschland ist die Erforschung der Kontinente und ihrer Ränder in den vergangenen Jahren erheblich vorangekommen, was international sehr gut anerkannt wird. Beispiele sind nicht nur Tiefbohrprogramme, sondern entsprechende thematische Sonderforschungsbereiche, Schwerpunktprogramme und ähnliche Verbundvorhaben. Diese Programme haben dynamische Teile der Erde auf vielen Zeit- und Raumskalen untersucht.

7.1 Entstehung der kontinentalen Lithosphäre

Das von Charles Lyell aufgestellte geologische Grundprinzip des Aktualismus gilt auch heute noch: Geologische Vorgänge, die heute zu beobachten sind, haben ebenso in der Vergangenheit gewirkt.

Exhumierte alte Gesteine sind die einzigen Zeugen des Experiments „Erde“. Vorhersagen zum mechanischen Verhalten und zur Entwicklung der Erde bauen auf diesen Zeugen der Vergangenheit auf. Vom Prinzip des Aktualismus ist möglicherweise nur der früheste Abschnitt ausgenommen. Erst als die Erde soweit abgekühlt war, dass Lithosphärenprozesse einsetzten, die mit der heutigen Plattentektonik vergleichbar waren, und als der Wasserkreislauf mit Erosion und Sedimenttransport entstand, liefen die geologischen Prozesse so ab wie heute. Die ältesten Überreste der kontinentalen Erdkruste sind mehr als 4 Milliarden Jahre alte Zirkone aus Australien. Zirkon ist ein Mineral, das aufgrund seines hohen Gehalts an Uran und Thorium eine präzise Altersdatierung erlaubt. Die Zirkone belegen, dass die ersten Kontinente fast so alt sind wie die Erde selbst. Die früheste kontinentale Kruste, die vor mehr als 2,5 Milliarden Jahren entstand, unterscheidet sich jedoch geochemisch wesentlich von später gebildeten Gesteinen. Offensichtlich liefen die frühen plattentektonischen Prozesse schneller und anders ab als heute. Das lag daran, dass die Temperaturen im Erdmantel und in den subduzierten Platten damals noch deutlich höher waren als heute. Das führte dazu, dass die frühe Ozeankruste nicht so einfach in den Erdmantel zurück sinken konnte und sich übereinander stapelte. Da sie mit Ozeanwasser durchsetzt war, schmolz die aufgestapelte, basaltische Kruste an ihrer Basis. Die an Silizium, Aluminium und anderen leichten Elementen reichen Schmelzen bildeten die ältesten Kontinentkerne.

Als der Planet sich immer weiter abkühlte, konnten die ozeanischen Platten in den Erdmantel zurücksinken. Als diese immer noch heißen, mit Wasser angereicherten Ozeanbasalte in die Tiefe sanken, schmolzen sie auf. Auch hier bildeten sich siliziumreiche Schmelzen, die nach oben stiegen und die Ur-Kontinente weiter wachsen ließen. Durch ihre geringere Dichte konnten diese frühen Krustengesteine nicht wieder in den Mantel subduziert werden. Sie blieben an der Erdoberfläche. Auf diese Weise vergrößerten sich das Volumen und die Fläche der Kontinente im Laufe der frühen Erdgeschichte. Die frühe kontinentale Kruste hat einen spezifischen Fingerabdruck von Spurenelementen, der sie von der später gebildeten Kontinentkruste erkennbar unterscheidet.

Ohne Ozeane keine Kontinente

Der größte Teil der Kontinente bildete sich in mehreren Phasen zwischen 3,5 und 2 Milliarden Jahren. Zu diesem Zeitpunkt trat

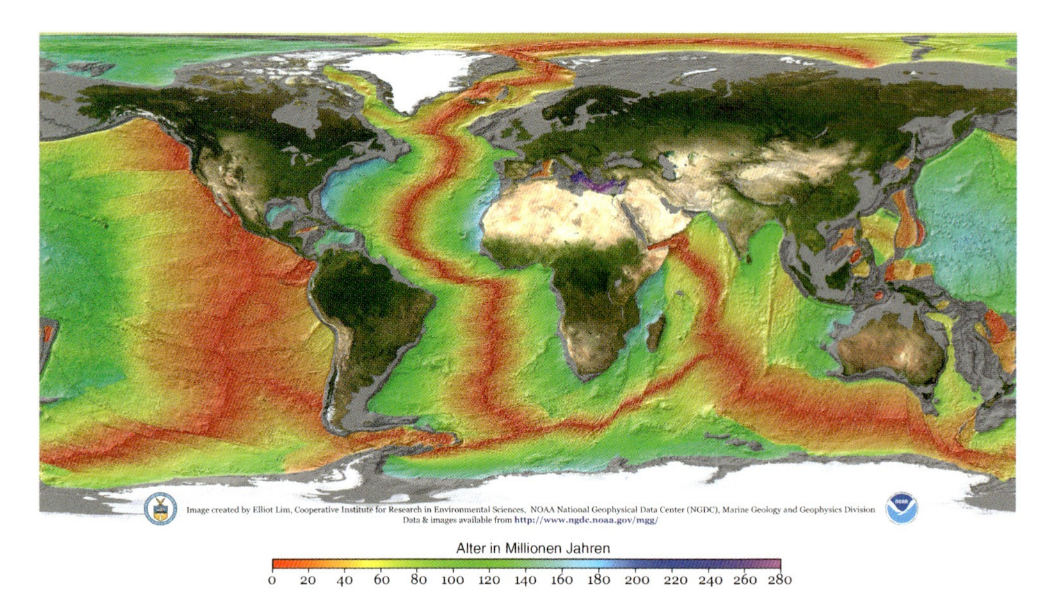

Altersverteilung der ozeanischen Lithosphäre. Deutlich sind die unterschiedlich breiten Zeitscheiben zu sehen, die ein propagierendes Wachstum von großen Störungssystemen andeuten und Veränderlichkeiten der mittelozeanischen Spreizungsraten aufzeigen.

erstmals auch ein anderer Krustenbildungsprozess auf: Weil die radioaktiven Elemente im Erdinneren nicht mehr so viel Wärme produzierten, kühlte der Planet ab. Auch die subduzierte Ozeankruste wurde zu kalt, um bei der Subduktion aufzuschmelzen. Die am Ozeanboden entstandenen wasserhaltigen Minerale wurden nun in große Tiefen subduziert, wo sie sich langsam aufheizten und instabil wurden. Schließlich gaben sie ihr Wasser an den darüber liegenden heißeren Erdmantel ab. Dort erniedrigte sich der Schmelzpunkt, und das Gestein schmolz auf. Die Basaltschmelzen stiegen auf, kühlten ab und differenzierten zu siliziumreicheren Magmen und Gesteinen. Die magnesium- und eisenreichen Rückstände der Differentiation wurden bei der nächsten Gebirgsbildung wieder in den Mantel zurückgeführt. Diese Prozesse liefen bis vor etwa zwei Milliarden Jahren besonders effektiv ab. Dadurch wuchs das Krustenvolumen stark an. Bis heute lassen die gleichen Vorgänge die Kontinente an den Plattenrändern weiter wachsen. Ohne Ozeane können daher keine Kontinente auf einem Planeten entstehen.

Weder auf der Venus noch auf dem Mars gibt es Plattentektonik. Die Wechselwirkung zwischen den Kontinenten und Ozeanen spielt in der langfristigen Entwicklung der Erdoberflächentemperatur eine wesentliche Rolle. Im Flachmeer und auf den Kontinentalschelfen wurden im Verlauf der Erdgeschichte Karbonatgesteine gebildet. Dabei verbanden sich Calcium und Hydrogenkarbonat, die bei der Gesteinsverwitterung freigesetzt wurden, mit riesigen Mengen an CO_2 aus der Atmosphäre. Ohne Ozeane und Kontinente wäre unsere Atmosphäre so reich an CO_2 wie die der Venus. Somit spielen die Kontinente eine zentrale Rolle dafür, dass sich auf der Erde lebensfreundliche Bedingungen entwickelten und bestehen blieben.

Wissenschaftliche Herausforderungen

Wie weit reicht die Plattentektonik zurück?

Die Plattentektonik existiert auf der Erde seit mindestens zwei Milliarden Jahren. Möglicherweise gab es sie noch viel früher. Wann genau sich erstmals mobile Platten an der Erdoberfläche bildeten, ist jedoch unklar. Wenn man die Struktur der noch erhaltenen Teile der archaischen Kruste untersucht und nach geochemischen Spuren von Prozessen in Subduktionszonen sucht, könnte man klären, ob es auf de r frühen Erde eine andere Art von globaler Tektonik gegeben hat als wir sie heute beobachten. Durch stark verbesserte Untersuchungsmethoden, Datenassimilation und Modellierungen ergeben sich seit kurzem ganz neue Möglichkeiten zur Erforschung der Lithosphäre.

Neue geochemische Analysenmethoden

Die Geochemie erforscht, wie chemische Elemente innerhalb der Lithosphäre im Verlauf der Erdgeschichte transportiert und umgelagert werden. Isotopengeochemische Analysen spielen dabei eine immer größere Rolle. Sie erlauben es zum einen, Gesteine und Minerale der Erdkruste zu datieren, zum anderen ermöglichen sie es, chemische Veränderungen im Erdmantel und in der Kruste im Verlauf der Erdgeschichte zu bestimmen. Eine der spannendsten offenen Fragen ist die, wie hoch die Raten der Krustenneubildung und des Recyclings waren. Moderne, ortsauflösende Methoden, mit denen sich Spurenelemente und Isotopenzusammensetzungen in zonierten Einzelmineralen bestimmen lassen, sind für diese Arbeiten unerlässlich. Sie müssen für die Arbeitsgruppen an den Universitäten verfügbar gemacht werden.

Die Lithosphäre in 4-D

Die Geophysik bildet die Strukturen der Erdkruste mit tomographischen und reflexionsseismischen Methoden mit immer höherer Ortsauflösung ab. Sie liefert damit die entscheidenden Daten, um den Aufbau der Lithosphäre bestimmen zu können. An jetzt herausgehobenen, früher aktiven Kontinentalrändern lassen sich magmatische und metamorphe Prozesse in tieferen Krustenniveaus untersuchen. Diese Prozesse erlauben neue Einblicke in die Bildung der Kontinente. Sie müssen interdisziplinär, gegebenenfalls im Rahmen von internationalen Tiefbohrprogrammen vertieft untersucht werden. Da sich einzelne geochemische, petrologische oder tektonische Prozesse mit unterschiedlicher Geschwindigkeit verändern, sollten die wichtigsten Parameter in der Zeitdimension erfasst werden. Dies ist eine der wichtigsten Forderungen an die entsprechenden Datenbanken, digitalen Archive und 3-D Visualisierung von Geodaten als Modellierungsgrundlage.

Abtauchen kontinentaler Kruste in den Mantel

Die Gesteine der Kontinente sind einem ständigen Kreislauf unterworfen. Durch die Kollision von Lithosphärenplatten, durch Gebirgsbildung, Hebung, Erosion und Sedimentation werden die Gesteine immer wieder abgetragen, versenkt und wieder emporgehoben. Nur gelegentlich wird kontinentales Material, zum Beispiel in Form von Sedimenten oder tektonisch „abgehobelten" Krustenspänen, an der Subduktionszone eines aktiven Plattenrandes tief in den Mantel versenkt. Einen Teil dieses Krustenmaterials erkennen wir anhand seines geochemischen Fingerabdrucks in den vulkanischen Gesteinen, die an den aktiven Plattenrändern wieder an die Oberfläche kommen. Ein anderer Teil dieses Fingerabdrucks der Kontinente verschwindet im tiefen Erdmantel und erscheint Milliarden Jahre später als chemische Anreicherung in manchen ozeanischen Basalten, zum Beispiel in Hawaii. Weil sich viele Elemente im Laufe der Erdgeschichte in den Kontinenten angereichert haben, verarmten diese Elemente im Erdmantel, aus dem die kontinentale Kruste entsteht. Verarmung im Mantel, Anreicherung in den Kontinenten und Recycling von Krustenmaterial an den Subduktionszonen sind die wichtigsten geochemischen Transportprozesse zwischen Mantel und Kruste.

7.2 Plattentektonik und Gebirgsbildung

Alfred Wegener 1907. Reproduktion einer Zeichnung des Künstlers Achton Friis.

Vor hundert Jahren entdeckte Alfred Wegener die Kontinentaldrift, und vor 40 Jahren wurde die Plattentektonik entwickelt. Dadurch änderte sich das Verständnis von Gebirgsbildungsprozessen maßgeblich. Die plattentektonische Hypothese ermöglicht es, die Bewegung und die Geschwindigkeit der großen Lithosphärenplatten genau vorherzusagen. Vor etwa 20 Jahren erfuhr die Plattentektonik eine revolutionäre Bestätigung. Damals gelang es zum ersten Mal, die Bewegung der europäischen Platte relativ zur nordamerikanischen Platte mit Satellitenmessungen zu bestimmen.

Bis heute ist allerdings die Frage nicht gelöst, welche Kräfte Plattentektonik und Gebirgsbildung antreiben. Heute wird die Lithosphäre als wichtigste Grenzschicht zwischen dem Erdinneren und der Atmosphäre angesehen. Die Kräfte, die die Oberfläche unseres Planeten geformt haben, kann man erst wirklich verstehen, wenn man die Plattentektonik mit Modellen der Mantelkonvektion und der Klimaänderung kombiniert. Daher braucht man komplexe Modelle, die die Entwicklung der Lithosphäre mit den Prozessen im Erdinneren einerseits und den Prozessen der Atmosphäre und der Hydrosphäre andererseits auf längeren Zeitskalen verknüpfen. Die Herausforderung besteht somit darin, Modelle zu erstellen, die alle drei Sphären verbinden.

In den letzten Jahren haben sich die Methoden zur Vermessung der Erdoberfläche mit Hilfe von Satelliten so drastisch verbessert, dass vertikale und horizontale Bewegungen der Oberfläche extrem genau erfasst werden können. Auch Massenverlagerungen tief im Mantel hinterlassen einen messbaren Abdruck an der Erdoberfläche. Neue Datierungsmethoden erlauben es, die Abtragungs- und Exhumierungsraten von Gebirgen genau zu bestimmen. Damit lassen sich geodynamische Modelle teilweise in Echtzeit testen. Allerdings brauchen die Bewegungen der Erdoberfläche, die während eines kurzen Zeitfensters beobachtet werden, nicht unbedingt repräsentativ für die langfristige tektonische Entwicklung der Erd-

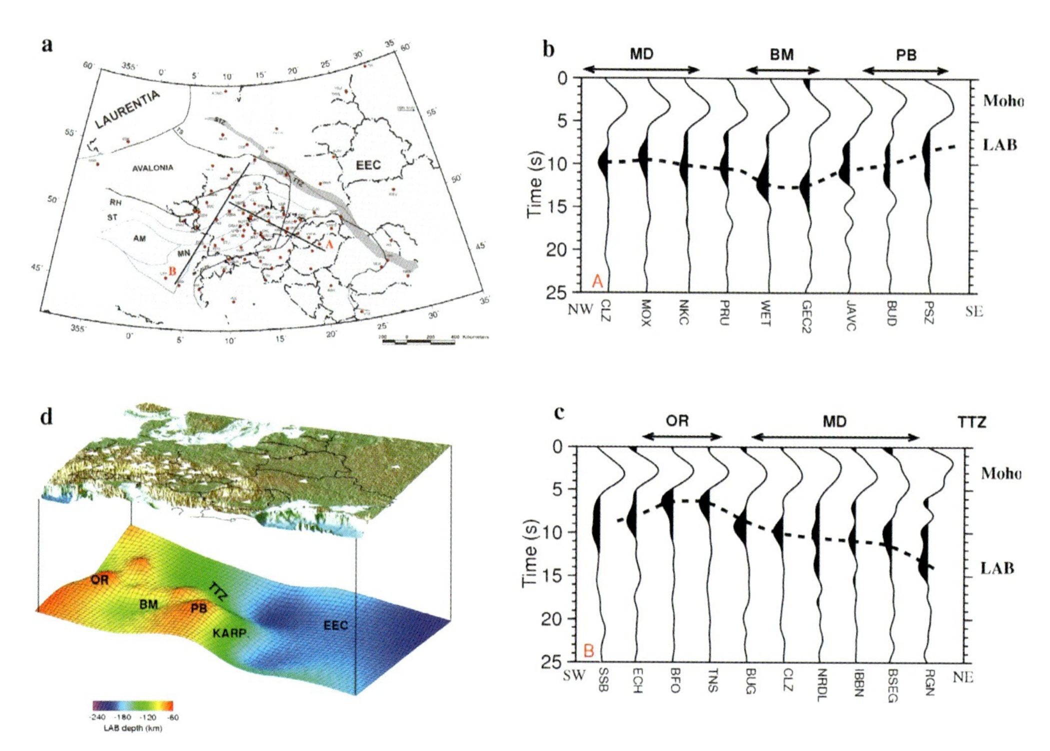

Lage der Grenze zwischen Lithosphäre und Asthenosphäre (LAB) unter Mitteleuropa. a) Seismische Stationen und Lage zweier Profile, Seismisches Profil mit Lage der Moho-Diskontinuität entlang des b) Profils A, c) Profils B, d) 3-D Darstellung der LAB in Mitteleuropa, EEC-Osteuropäischer Kraton, KARP-Karpaten, PB-Pannonisches Becken, BM-Böhmisches Massiv, OR-Oberrheingraben, TTZ-Tornquist-Teisseyre Zone, MD-Mitteldeutschland.

kruste zu sein. Es ist nach wie vor eine große Herausforderung, die Zeitskalen zu überbrücken.

Geodynamische Modelle und geologische Beobachtungen zeigen, dass sich unter der Lithosphäre wahrscheinlich eine Schicht niedriger Viskosität befinden muss, die so genannte Asthenosphäre, damit Plattentektonik möglich ist. Der Übergang von der starren Lithosphäre zu der duktilen Asthenosphäre wurde lange Zeit als eine diffuse, rein thermisch bedingte Grenze betrachtet. Neue seismische Untersuchungen zeigen jedoch, dass diese Grenzfläche oft sehr scharf und nur wenige Kilometer dick ist. Eine derartig scharfe Grenze kann nur existieren, wenn sich dort der Phasenbestand ändert. In der Tat gibt es Hinweise darauf, dass sich in der Asthenosphäre geringe Anteile von Schmelzen bilden. Dabei spielt die Gegenwart geringer Spuren von Wasser wahrscheinlich eine entscheidende Rolle.

Das mechanische Verhalten der Lithosphäre unterscheidet sich vom darunter liegenden, plastisch fließenden Mantel dadurch, dass sich die Verformung in der Lithosphäre oft auf kleine, lokale Bereiche konzentriert. Weite Bereiche der Lithosphäre verhalten sich starr, nur wenige Störungen verformen sich. Die physikalischen Mechanismen dieser Scherlokalisierung sind noch wenig verstanden. Wenn die Festigkeit des Gesteins stark von der Temperatur und der Verformungsrate abhängt, kann diese Scherlokalisierung auftreten. So können Störungszonen an Stellen auftreten, an denen sich durch lokale Reibungswärme Schmelze bildet oder an denen wässrige Fluide vorhanden sind. Untersuchungen in der San Andreas-Störung haben gezeigt, dass ein Teil der aktiven Störungszone das Mineral Talk enthält, das durch hydrothermale Lösungen gebildet wurde. Talk ist extrem weich und ein hervorragendes Schmiermittel. Das tiefere Verständnis der Scherlokalisierung ist nicht nur von rein akademischer Bedeutung. Es könnte auch ein Schlüssel dazu sein, Erdbeben womöglich einmal vorhersagen zu können.

Wissenschaftliche Herausforderungen

Lithosphärendynamik, Manteldynamik und Klimadynamik

In den letzten Jahren hat sich die Vorstellung darüber drastisch geändert, wie klimatische Prozesse mit der Plattentektonik gekoppelt sind. So ist heute klar, dass sich die Meereszirkulation grundlegend verändern kann, wenn sich große Ozeanbecken wie der Atlantische Ozean öffnen oder wenn sich kleine Meeresengen wie in Panama oder Gibraltar schließen. Diese Veränderungen der globalen Wasserzirkulation wirken sich drastisch auf Temperatur und Niederschlagsverteilung aus, die wiederum die Erosion der Gebirge steuern. Entlang konvergenter Plattengrenzen bilden sich dagegen neue Gebirge, weil dort Gesteinspakete übereinander geschoben werden. Wenn ein Gebirge in die Höhe wächst, bildet es eine Barriere für den Niederschlag. Also entwickeln sich häufig niederschlagsarme Regionen im Inneren der Gebirge, was die Erosion verringert. Dadurch hebt sich das Gebirge weiter an, bis sich Hochplateaus wie in Tibet ausbilden. Auf der Erde können Gebirge aufgrund der Festigkeit der Gesteine nur eine bestimmte Höhe erreichen. Wenn

Scherlokalisierung im Gelände. Oben: San Andreas Zone in Kalifornien. Unten: Eine stark deformiere Scherzone in einem Quarzdiorit

sich das Gebirge weiter verformt, bilden sich an einer konvergenten Plattengrenze entweder große Störungssysteme aus oder der mittlere wasserreiche Bereich der Lithosphäre beginnt, plastisch zu fließen. Welche Mechanismen dieses Verhalten auslösen, ist allerdings nur in Grundzügen bekannt. Die Topographie der Lithosphäre entsteht somit durch ein dynamisches Wechselspiel zwischen internen und externen Kräften. Sie ist daher ein erstrangiger Indikator für die gekoppelten Prozesse im System Erde.

Scherlokalisierung in der Kruste

Die Prozesse, die Verwerfungen in der Kruste erzeugen und vergrößern, sind generell wenig verstanden. Experimentelle Untersuchungen, bei denen das Deformationsverhalten von Gesteinen mit komplexer mineralischer Zusammensetzung gemessen wird, können Hinweise auf diese Vorgänge geben. Allerdings ist es schwierig, die hohen Verformungsraten im Experiment zu den sehr viel niedrigeren Deformationsraten in der Natur zu extrapolieren. Dieses Problem kann nur durch verbesserte theoretische Modelle gelöst werden. Deren Ergebnisse müssen anschließend mit Geländebeobachtungen verglichen werden. Möglicherweise werden sich quantenmechanische Modelle in den kommenden Jahren so stark verbessern, dass man das Deformationsverhalten von Gesteinen rein theoretisch vorhersagen kann. Die Struktur von Störungen und das Material in der Störungszone können Hinweise auf Verformungsmechanismen liefern. Damit lassen sich theoretische Modelle der Scherlokalisierung testen. Die Vorhersage von Erdbeben ist ein Fernziel dieser Untersuchungen.

Festigkeit von Kruste und Mantel

Es ist nach wie vor nicht geklärt, wie groß die relative Festigkeit der oberen Kruste, der unteren Kruste und des lithosphärischen Mantels ist. Das liegt daran, dass sich das Gestein in der Tiefe verformt, umwandelt und eventuell auch partiell schmilzt. Deformation kann Reaktionen zwischen Mineralen drastisch beschleunigen. Wenn sich der Mineralbestand verändert und eine Vorzugsorientierung ausbildet, verändert sich wiederum die Festigkeit des Gesteins. Partielle Schmelzbildung ist wahrscheinlich ein verbreitetes Phänomen in der Unterkruste. Schmelzbildung kann die Festigkeit eines Gesteins drastisch reduzieren. Sie hängt jedoch, wie viele andere Parameter, sehr stark von der Aktivität des Wassers ab. Diese Frage lässt sich nur klären, wenn man verschiedene Methoden kombiniert. Dabei kommen Laborexperimente, Untersuchungen im Gelände, numerische Modellierung, direkte Beobachtung von Deformation an der Erdoberfläche mit Satelliten und die Untersuchung der Struktur der Lithosphäre mit hochauflösenden seismischen Methoden in Frage.

Europäische Lithosphäre

Ein dichtes Netz aus mobilen seismischen und satellitengeodätischen Stationen kann die Struktur der Lithosphäre und die aktive Verformung in bisher unerreichbarer Auflösung abbilden. Frühere seismische Experimente hatten meist nur die Kruste zum Ziel. Ein Experiment wie das USArray-Projekt könnte völlig neue Einblicke in die Struktur und die tektonische Entwicklung des europäischen Kontinentes liefern. USArray nutzt 400 mobile seismische Stationen, die nach und nach über den ganzen amerikanischen Kontinent bewegt werden. Ein ähnliches Experiment in Europa wäre nützlich, um bisher unbekannte oder wenig untersuchte Störungszonen oder Magmenkammern zu lokalisieren. Damit könnte man seismische und vulkanische Risiken besser abschätzen.

Satellitengestützte geodätische Messungen beschränken sich bisher auf wenige kleine, nicht miteinander verknüpfte Netzwerke. Sie messen meist nur die lokale Verformung der Erdoberfläche. In der Zukunft wäre es von grundlegender Bedeutung, ein GPS-Netzwerk wie das nordamerikanische Plate Boundary Observatory (PBO) einzurichten. Das PBO und USArray sind Teile des von der National Science Foundation getragenen Großprojektes EarthScope, bei dem die nordamerikanische Lithosphäre mit mehreren Methoden durchleuchtet wird. Eine ähnliche Initiative gibt es zurzeit mit EPOS und TOPO Europe im Rahmen der europäischen Zusammenarbeit.

7.3 Das Wachstum der kontinentalen Lithosphäre: Der Subduktionskanal

Als die Quarz-Hochdruckvariante Coesit und Diamant in metamorphen Gesteinen der kontinentalen Kruste entdeckt wurden, änderte sich das Verständnis des Wachstums der kontinentalen Kruste grundlegend. Die metamorphen Gesteine müssen zeitweilig in Tiefen von mehr als 150 Kilometern gelegen haben – also tiefer als die kontinentale Kruste dick ist. Hochdruckmetamorphe Gesteine erwiesen sich als verbreiteter Bestandteil der kontinentalen Kruste. Mit den herkömmlichen, schematischen Vorstellungen von Subduktion und Gebirgsbildung ließen sich diese Befunde nicht erklären. Neuartige Prozesse der Versenkung und Exhumierung waren gefragt.

Hochdruckmetamorphe Gesteine kommen meist räumlich eng begrenzt vor, sind in manchen Gebirgsgürteln aber sehr häufig. Aus den vorhandenen Mineralien lässt sich schließen, dass sich das Gestein während der Druckentlastung deutlich abkühlte. Die Zeitspanne der Exhumierung muss während eines eng begrenzten

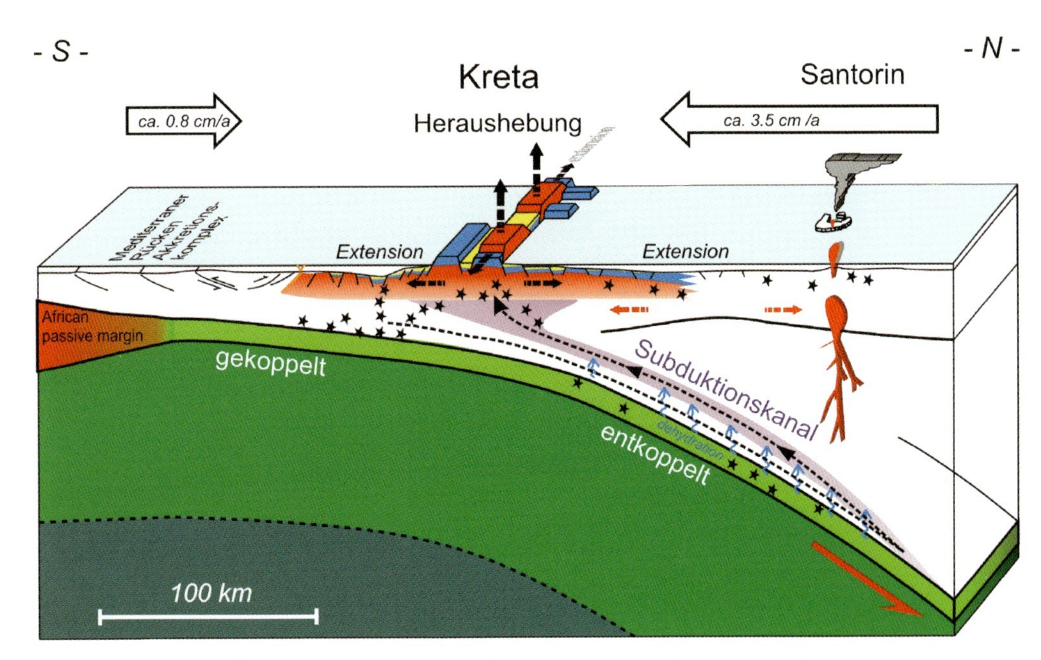

Schematische Darstellung der Hellenischen Subduktionszone: Möglicherweise ist Material aus einem Subduktionskanal dafür verantwortlich, dass Kreta sich so stark gehoben hat, obwohl es in einem Milieu liegt, das durch Krustendehnung charakterisiert ist. Die Sterne zeigen die Verteilung von Erdbebenherden.

Zeitraums mit einer Geschwindigkeit von mindestens einigen Zentimetern pro Jahr erfolgt sein. Anhand dieser Merkmale ergibt sich ein neues, komplizierteres Bild der Subduktion. Dieser Hypothese zufolge steigt zuvor subduziertes Material in einem engen Keil oberhalb der subduzierten Platte gegenläufig nach oben. In der Fachsprache heißt diese Gegenbewegung Subduktionskanal. Die Ergebnisse numerischer Simulationen stützen dieses Konzept. Herkömmliche Vorstellungen dazu, wie die Platten mechanisch gekoppelt sind, wie die Temperaturen verteilt sind und wie Erdbeben entstehen, sind damit in Frage gestellt. Außerdem erscheint die generelle Entwicklung kontinentaler Kruste in einem neuen Licht.

Wissenschaftliche Herausforderungen

Rolle des Subduktionskanals

Die zahlreichen Vorkommen hochdruckmetamorpher Gesteine in der kontinentalen Kruste lassen sich durch die Hypothese des Subduktionskanals gut erklären. Die Hyopthese gibt aber keine Auskunft darüber, ob sich Subduktionskanäle an allen konvergenten Plattengrenzen bilden oder ob sie eher die Ausnahme sind. Es ist möglich, dass sich Subduktionskanäle nur in bestimmten Stadien der Subduktion ausbilden, dass die Subduktionszone dafür eine bestimmte Geometrie haben muss, oder dass abtauchende ozeanische Lithosphäre und überfahrende Platte ganz bestimmte Eigenschaften haben müssen. Diese Informationen sind für fossile Systeme generell nicht verfügbar.

Seismische Kartierung

Die Frage, ob Subduktionskanäle existieren, ist essenziell, um die Subduktion und damit die Plattentektonik zu verstehen. Es ist daher dringend nötig, entsprechende geophysikalische Untersuchungen in heute aktiven Subduktionszonen durchzuführen. Ein Subduktionskanal kann durchaus mit seismologischen Methoden abgebildet werden. Dazu wird ein dichtes Netz aus Seismographen an Land und am Ozeanboden benötigt.

Prozesse in einer Subduktionszone

Hinweise darauf, welche Fließ- und Vermischungsvorgänge sich in einem Subduktionskanal abspielen, könnte man in Gebirgen finden. Bestimmte Merkmale von Gebirgen könnten auf spezifische Eigenschaften der früheren Subduktionszone hinweisen. Um solche Fragen zu erforschen, müssen aber zunächst Subduktionskanäle in aktiven Subduktionszonen identifiziert und erforscht werden.

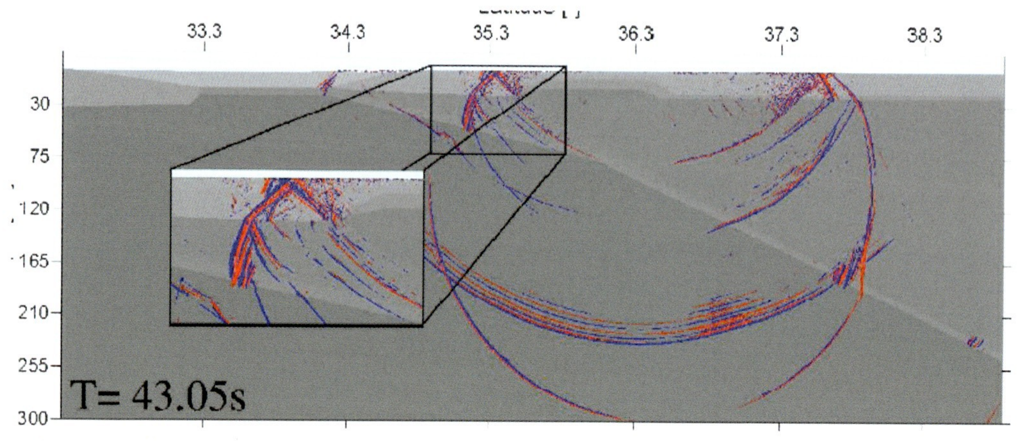

Momentaufnahme der seismischen Wellenausbreitung im Keil zwischen subduzierter und überfahrender Platte. Ein Erdbeben am Plattenkontakt in 90 Kilometer Tiefe hat die Wellen angeregt.

7.4 Aufbau und Entwicklung von kontinentalen Plattenrändern

An Kontinenträndern grenzt junge, dünne ozeanische Kruste mit basaltischer Zusammensetzung an ältere, dicke kontinentale Kruste mit einer vergleichsweise langen und komplexen Vorgeschichte. Gehören beide zur gleichen Lithosphärenplatte, so handelt es sich um einen passiven Kontinentrand. Solche passiven Kontinentränder entstehen, wenn ein Kontinent zerbricht und sich neue, ozeanische Kruste zwischen den beiden Teilen dieses Kontinents bildet. Ein passiver Kontinentrand ist keine Plattengrenze. Im Gegensatz dazu steht der aktive Kontinentrand, an dem ozeanische Lithosphäre unter kontinentale Lithosphäre subduziert wird. An einem solchen Kontinentrand spielen sich tektonische Bewegungen ab, womit Erdbeben und aktiver Vulkanismus verknüpft sind. Beide Typen von Kontinenträndern spielen für die Menschheit eine zentrale Rolle, da die Küstenregionen bevorzugte Siedlungsräume sind. Einerseits ist eine große Zahl von Menschen dem spezifischen Gefährdungspotenzial der aktiven Kontinentränder ausgesetzt, andererseits konzentrieren sich an Kontinenträndern auch Rohstoffe unterschiedlichster Art.

Früher dachte man, dass Kontinente aufbrechen, wenn kontinentale Kruste mit oder ohne Vulkanismus immer weiter ausdünnt. Der Theorie zufolge bildet sich dann entweder eine neue ozeanische Spreizungszone oder die Ausdünnung kommt vorher zum Stillstand. Tatsächlich ist der Vorgang wesentlich komplizierter: Das Aufbrechen geht zeitlich und räumlich viel sprunghafter vor sich als man bislang annahm. Um die Abläufe besser zu verstehen, ist es erforderlich, die Entwicklung vom ersten Zerbrechen bis zur gleichmäßigen Krustenspreizung sowohl an aktiven als auch an fossilen Spreizungszonen zu untersuchen. Beim Standardmodell für divergente Ränder wird angenommen, dass die Lithosphäre nach dem Aufspalten abkühlt und allmählich absinkt. Zusätzlich zur Abkühlung durch Wärmeleitung müssen aber weitere Prozesse beteiligt sein. Bei der frühen Entwicklung eines Randes treten ungeklärte Phänomene auf, die sich mit dem einfachen Modell nicht erklären lassen. Es ist zu untersuchen, inwieweit diese Anomalien mit anderen Phänomenen zusammenhängen, zum Beispiel mit Änderungen in der Plattenbewegung, mit Hot Spots oder mit einer ungewöhn-

Topographische und bathymetrische Karte des Atlantischen Ozeans und der umliegenden Kontinente. Die Meeresbodenoberfläche ist asymmetrisch verteilt. An dieser Verteilung kann auf die Mechanismen bei der Bildung dieser divergenten Plattengrenze geschlossen werden.

lich starken Sedimentzufuhr. Ferner ist die Frage zu beantworten, wie sich Hebungen und Senkungen auf die Stabilität des Kontinenthangs und auf die Entwicklung von Kohlenwasserstofflagerstätten auswirken.

Wissenschaftliche Herausforderungen

Vulkanismus divergierender Kontinentränder

An manchen divergenten Kontinenträndern ist ein äußerst intensiver, aber kurzlebiger Vulkanismus verbreitet. Solche Eruptionen hatten wahrscheinlich in früheren Erdzeitaltern dramatische, globale Auswirkungen auf die Umwelt. Die vulkanischen Kontinentränder zählen zu den großen magmatisch-vulkanischen Provinzen der Erde. Ihre Entstehung kann mit dem plattentektonischen Paradigma bislang nicht überzeugend erklärt werden. Es wird vermutet, dass ein enger Zusammenhang zwischen Hot Spots und dem Aufspalten von Kontinenten besteht. Warum der vorübergehende Magmatismus manchmal auftritt und manchmal nicht, ist aber bislang nicht hinreichend untersucht. Möglicherweise hat dieser Magmatismus erhebliche Konsequenzen für das Kohlenwasserstoffpotenzial eines Gebietes.

Fluide an Kontinenträndern

An konvergenten Kontinenträndern spielen Fluide eine große Rolle für Prozesse wie Erdbebentätigkeit, Magmatismus, Massen- und Stofftransport und Lagerstättenbildung. Die Gesteine und Sedimente der abtauchenden Platte setzen die Fluide frei. Allerdings ist bisher kaum bekannt, woher genau die Fluide kommen und welche Mengen entstehen.

Gegenwärtig geht man davon aus, dass der Porendruck eine entscheidende Rolle dabei spielt, ob ein Erdbeben entsteht und sich weiter ausbreitet. Es sind daher Experimente erforderlich, um zu klären, welche Zusammenhänge zwischen Erdbeben und Fluidabgabe, Fluidmigrationswegen, Druckentwicklung, Permeabilität und Deformation bestehen. Wenn die geologischen Randbedingungen

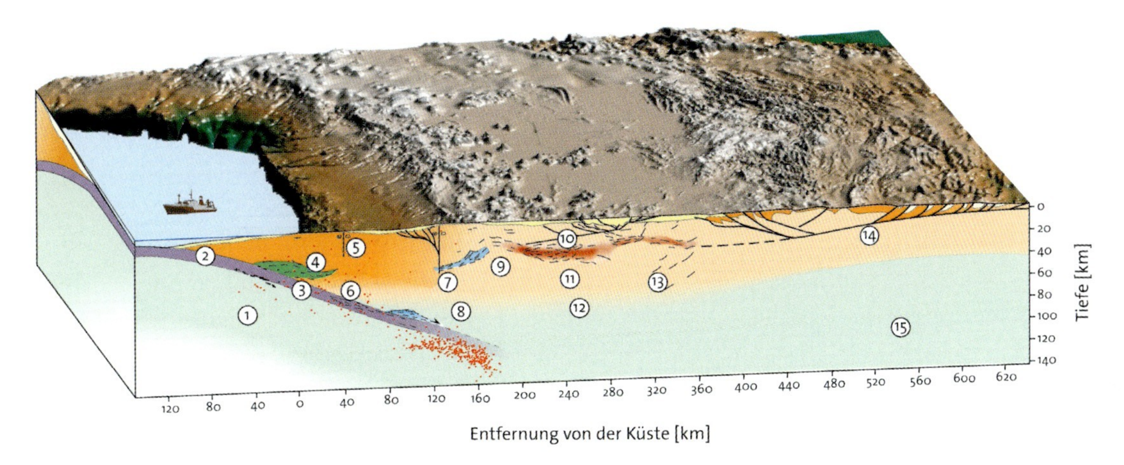

Profilschnitt durch einen konvergenten Plattenrand anhand von neuen Erkenntnissen aus der Erforschung solcher Regionen, zum Beispiel den Anden Südamerikas. 1: ozeanische Mantellithosphäre; 2: ozeanische Kruste; 3: Blauschiefer; 4: Jurassische magmatische Unterplattung; 5: intrudierte Kruste des Forearc; 6: hydratisierter Erdmantel?; 7: Fluide, Schmelzehn und Andesitintrusionen; 8: Fluidfalle über abtauchender Platte; 9: seismisch transparenter magmatischer Bogen; 10: Top von Schmelz- und Fluidlagen; 11: verdickte, teilgeschmolzene Kruste hinter dem Vulkanbogen; 12: unscharfe Moho; 13: Schergefüge?; 14: dünnhäutiger Überschiebungsgürtel; 15: kontinentaler Erdmantel

besser bestimmt sind, lässt sich auch das seismische Risiko besser abschätzen. Zum Beispiel könnte die abtauchende ozeanische Lithosphäre unmittelbar vor dem Tiefseegraben Wasser aufnehmen. Dort knickt die Platte ab, und es bilden sich Risse im Gestein, so genannte Dehnungsstörungen. Ob die Platte in dieser Region tatsächlich Wasser aufnimmt, ist aber kaum untersucht. Die fraglichen Risse könnten mit Bereichen übereinstimmen, in denen ein sehr niedriger Wärmefluss vorhanden ist. Es werden daher geophysikalische Techniken benötigt, die die abtauchende ozeanische Platte und die Plattengrenzfläche im Detail abbilden.

Vulkanismus konvergierender Kontinentränder

Der Magmatismus konvergenter Ränder wird durch Fluide angetrieben, die in Tiefen von 100 bis 150 Kilometern freigesetzt werden. Typischerweise sind die vulkanischen Zentren etwa 50 Kilometer voneinander entfernt. Der Grund dafür ist unbekannt. Nach jüngeren Vorstellungen müssen die Fluide aus der subduzierten Platte eine große Rolle spielen. Wie die Fluide verteilt sind und wie schnell sie fließen, ist jedoch unbekannt. Die Fluide sind der Schlüssel dazu, den Schmelzfluss besser zu verstehen und herauszufinden, welche Prozesse den Bogenvulkanismus steuern.

Stoffaustauschprozesse

An konvergenten Kontinenträndern treten nicht nur aktiver Vulkanismus und Erdbeben auf, sondern auch ausgeprägte Stoffaustauschprozesse. Damit sind großskalige tektonische Veränderungen wie Gebirgs- und Beckenbildung oder Wachstum und Vernichtung von kontinentaler Lithosphäre verbunden. Bei diesen Prozessen können auch bedeutende mineralische Lagerstätten entstehen. Welche Faktoren den Materialtransfer an den verschiedenen Typen von konvergenten Kontinenträndern steuern, welche Prozesse damit verbunden und wie sie gekoppelt sind, ist nur unzureichend bekannt. Welche tektonischen Randbedingungen nötig sind, damit sich Forearc- und Backarc-Becken mit Kohlenwasserstofflagerstätten ausbilden, ist ebenfalls wenig verstanden.

7.5 Sedimentbecken

Sedimente als Archive

Sedimentgesteine bedecken heute 75 Prozent der Erdoberfläche einschließlich der Meeresböden. Sie entstehen durch Verwitterung, Transport und Ablagerung. Damit sind sie ein Produkt der Wechselwirkung zwischen Lithosphäre, Hydrosphäre, Biosphäre, Kryosphäre und Atmosphäre. In Sedimentgesteinen sind diese Wechselwirkungen seit über 3,8 Milliarden Jahren archiviert. Neben den klassischen Geländemethoden gibt es heute hochtechnische Erkundungsverfahren, hochauflösende analytische Methoden und numerische Modelle, um die Prozesse zu rekonstruieren und die Wechselwirkungen zu verstehen. Diese Kenntnisse sind nötig, um Erdsystemmodelle weiterzuentwickeln, oder auch um Ressourcen zu erkunden. Dabei ist es besonders interessant, extreme Zustände des Erdsystems zu erforschen. In der frühen Erdgeschichte kam es beispielsweise zu extremen Vereisungen; es gab Zeiten, in denen die Ozeane weitgehend frei von Sauerstoff waren oder Eiszeiten während des Quartärs die Erdoberfläche prägten. Auch Meteoriteneinschläge, erhöhte Hotspot-Tätigkeit und Gebirgsbildungsphasen führten zu extremen Zuständen des Erdsystems.

Sedimentbecken als Georeaktoren

In der oberen Lithosphäre entstehen durch plattentektonische Prozesse charakteristische Senkungsgebiete, die Sedimentbecken. Darin können sich mehr als zehn Kilometer dicke Schichten aus mineralischem und organischem Material ablagern, bevor das Becken durch veränderte Spannungen in der Lithosphäre oder Gebirgsbildung wieder zerstört wird. Je nach Mächtigkeit des Beckens sind die abgelagerten Materialien Temperaturen bis 300 Grad Celsius und

Drücken bis etwa hundert Megapascal ausgesetzt, wodurch sie sich chemisch verändern. Da die Becken sehr langlebig sind und einen hohen Anteil an chemisch metastabilen Bestandteilen enthalten, können sie als Langzeit-Niedrigtemperatur-Reaktoren angesehen werden. Stoffumsatz und Produktzusammensetzung in einem solchen Georeaktor hängen ganz wesentlich davon ab, welche inneren und äußeren Prozesse auf die Sedimentfüllung einwirken. Ein wichtiger Faktor ist der vorhandene Porenraum, denn an großen inneren Oberflächen können sich chemische Reaktionen abspielen. Berechnungen zufolge liegen in den obersten Kilometern der Erdkruste mehrere hundert Millionen Quadratkilometer Mineraloberflächen vor. Auf diesen riesigen Flächen laufen im Sedimentinnern ständig chemische und biochemische Prozesse ab, die vor allem im Grundwasserbereich auch für den Menschen von großer Bedeutung sind. Diese reaktiven Oberflächen können beispielsweise Schadstoffe wie Schwermetalle und langlebige organische Verbindungen aus dem Grundwasser adsorbieren und so unschädlich machen.

Sedimentbecken als Ressource

Sedimentbecken stellen die größte Ressource der Menschheit dar. Neben den Kohlenwasserstoff- und Kohlenlagerstätten befinden sich in ihnen die größten Speicher und Ressourcen für Grundwasser und Salze. Sie bilden zudem potenzielle End- und Zwischenlager für Gase, Flüssigkeiten und Feststoffe. Unter ökologischen Gesichtspunkten erlangen Sedimentbecken ebenfalls eine zunehmende

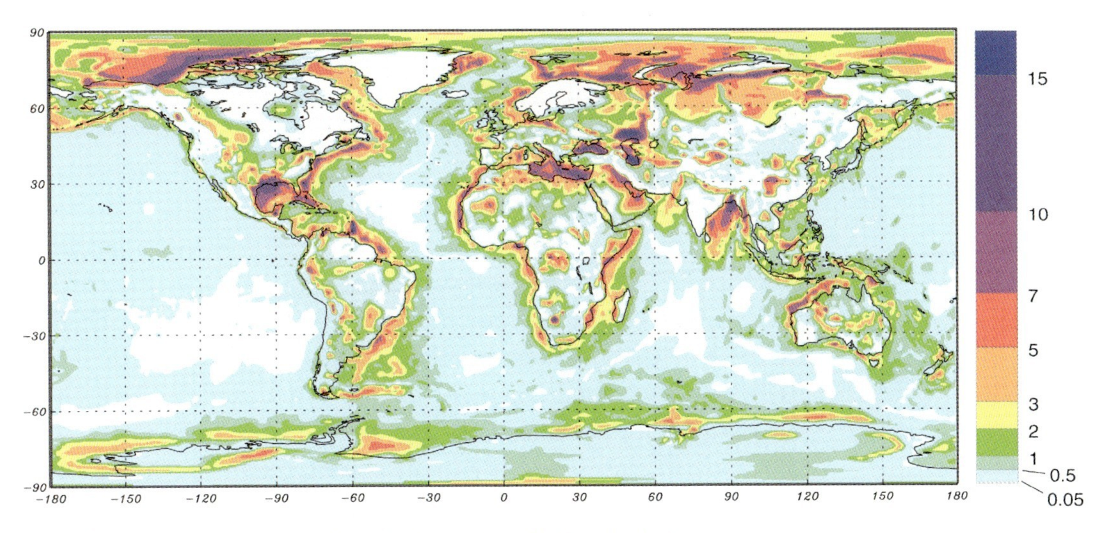

Dicke der Sedimentmassen (in km) in den Sedimentbecken der Erde

gesellschaftliche Bedeutung. Sie können als End- und Zwischenlager für CO_2, toxische und radioaktive Stoffe dienen, sie lassen sich aber auch als Quelle der regenerativen Energie Erdwärme nutzen. Sedimentbecken sind zum Teil heute noch aktive Senkungsräume. Daher stellen sie besondere Anforderungen, zum Beispiel an den Küstenschutz, was eine prozessorientierte Langzeit-Prognose erfordert.

Wissenschaftliche Herausforderungen

Dynamik der Beckenentwicklung

Weil Sedimentbecken so groß sind und sich über lange Zeiträume entwickeln, ist es für die geowissenschaftliche Forschung eine große Herausforderung, die Dynamik der Beckenentwicklung zu entschlüsseln und die Ressourcen besser zu erschließen. Bis auf wenige Ausnahmen ist die Erkundung der Sedimentbecken überwiegend darauf ausgerichtet, spezifische Rohstoffe zu gewinnen. Vor allem die Industrie, allen voran die Erdöl- und Erdgasindustrie, betreibt diese Erkundung. Sie hat dabei in den letzten 30 Jahren zahlreiche neue Erkundungsmethoden entwickelt, wie zum Beispiel die 3-D Seismik, das Konzept der Sequenzstratigraphie und die Beckenmodellierung. Neue Nutzungsinteressen haben jedoch zu einem erhöhten akademischen Interesse an der Erforschung von Sedimentbecken geführt. Sedimentbecken kommen in Betracht, um dort radioaktiven Abfall zu lagern oder CO_2 zu speichern. Zudem ist es notwendig, die Georisiken zu bewerten, die von Sedimentbecken ausgehen. Die Geokommission hat das GEOTECHNOLOGIEN-Programm initiiert, damit es die Entwicklung der dazu notwendigen innovativen Erkundungs- und Erschließungstechniken unterstützt. Dazu zählen zum Beispiel geophysikalische Tomographie, CO_2-Sequestrierung und Bohrtechniken. Die akademische Forschung hat in jüngerer Vergangenheit wichtige Fortschritte in der Einzelmineralanalytik erzielt. Anhand einzelner Minerale lassen sich heute aussagekräftige Fingerabdrücke früherer geodynamischer Prozessen abbilden. Bei den dabei eingesetzten Verfahren handelt es sich um radiometrische Verfahren (Thermochronologie), hochaufgelöste Spurenelementanalytik und neue Isotopensysteme. Wenn sich die analytischen Möglichkeiten verbessern, sind weitere Fortschritte zu erwarten.

Becken-modellierung

Um ein Sedimentbecken zu erforschen, muss man zahlreiche komplexe Wechselwirkungen verstehen, das Beckensystem aber auch ganzheitlich betrachten. Bei der Entstehung des Beckens spielen Vorgänge wie Absenkung, Sedimentverfüllung, Inversion, Spannung, Erwärmung und Fluid-Migration eine wichtige Rolle. Eine zentrale Frage besteht darin, inwieweit die geologische Prägung eines Beckensystems durch historische Prozesse erklärt werden kann. Prinzipiell erscheint es heute möglich, gemeinsam mit der Beckenmodellierung die raumzeitliche Entwicklung des Beckens nachzuvollziehen, wobei aber bei der dreidimensionalen Prozessmodellierung weitere Anstrengungen unternommen werden müssen.

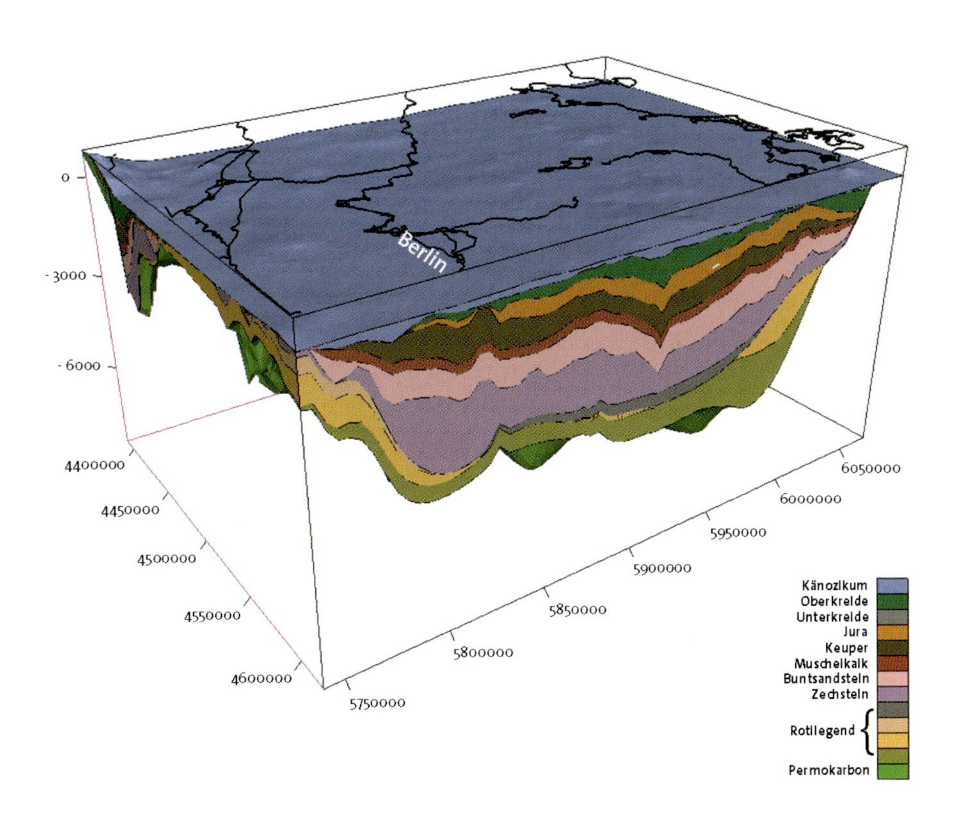

3-D Modell des Norddeutschen Beckens. Das Modell bildet die physikalischen Eigenschaften unterschiedlicher Gesteinsschichten ab. Die wissenschaftliche Herausforderung besteht darin, gekoppelte Modelle zu entwickeln, um Temperatur- und Versenkungsgeschichte, Kompaktion, Diagenese, Deformation und Fluidbewegungen zu beschreiben.

7.6 Vulkanismus und Physik magmatischer Prozesse

Magmen haben eine wichtige Rolle bei der Entwicklung der Lithosphäre gespielt. Sie bilden sich zum Beispiel in Subduktionszonen und anderen tektonisch aktiven Gebieten. Dieses Phänomen ist nicht nur von akademischem Interesse: Magmatisch-hydrothermale Erzlagerstätten enthalten einen großen Teil der Weltreserven an Metallen wie Kupfer, Molybdän, Wolfram und Zinn. Die Suche nach neuen Lagerstätten ist nur dann erfolgversprechend, wenn man versteht, wie sich die Metalle in Schmelzen anreichern und wie sie sich aus hydrothermalen Lösungen abscheiden.

Magmen

Magma ist ein komplexes Gemisch aus kristallinen, flüssigen und gasförmigen Bestandteilen. Die Verformungseigenschaften sind sehr komplex. Sie beeinflussen aber so gut wie alle physikalischen Aspekte von der Entstehung der Magmen bis zum Vulkanausbruch. Ob Magma entsteht, hängt von Temperatur, Druck und Zusammensetzung der Lithosphäre ab. Magma verändert sich, während es aus größeren Tiefen aufsteigt. Es kühlt sich ab, es verliert Gase und der Druck lässt nach. Durch diese Prozesse verändert sich die chemische Zusammensetzung des Magmas. Bestimmte chemische Elemente reichern sich unter bestimmten Bedingungen bevorzugt im Magma an. Dadurch können sich ökonomisch relevante und abbauwürdige Vorkommen bilden.

Vulkanismus

Bei Vulkanausbrüchen treten sehr hohe Verformungsraten auf. Wie das Magma darauf reagiert, hängt von der chemischen Zusammensetzung, der Temperatur, dem Kristallgehalt und der Porosität des Magmas ab. Unter Umständen verhält sich das geschmolzene Gestein nicht wie eine Flüssigkeit, sondern wie ein Festkörper;. die Grenze zwischen duktilem und sprödem Verhalten wird überschritten. In einem derartigen Fall kommt es oftmals direkt zur Katastrophe: einem explosiven Vulkanausbruch. Dabei entstehen vulkanische Pyroklasten, also Gesteinsbruchstücke wie vulkanische Bomben, Glasfragmente oder auch Asche. Bei hochexplosiven Ausbrüchen können innerhalb kurzer Zeit große Mengen vulkanischer Asche entstehen. Wenn die feinsten Teilchen dieser Asche als Aerosole in die Stratosphäre gelangen, können sie Klima und Wetter erheblich beeinflussen. Die genaue Massen- und Energiebilanz solcher Ereignisse wird zurzeit detailliert erforscht, unter anderem mit Experimenten und Simulationen und durch die Charakterisierung vulkanischer Produkte direkt im Gelände. Die hierbei gewonnenen Erkenntnisse dienen als Randbedingungen, um theoretische und numerische Modelle zu validieren und um Messergebnisse zu interpretieren.

Nur ein kleiner Prozentsatz der Magmen, die in die Lithosphäre eindringen oder dort entstehen, erreicht bei einem Vulkanausbruch die Erdoberfläche. Der Großteil erstarrt als Tiefengestein in der Kruste. Durch präzise Überwachungs- und Analysemethoden wie die Fernerkundung oder die seismische Tomographie ist es möglich, immer kleinere Massenveränderungen in der Lithosphäre zu entdecken und mit magmatischen Prozessen zu korrelieren.

Wissenschaftliche Herausforderungen

Vulkanologische Experimente

Eine wichtige Aufgabe der experimentellen Vulkanologie ist es, die Fließeigenschaften von Magma akkurat und aussagekräftig zu parametrisieren. Dies stellt eine erhebliche experimentelle Herausforderung dar. Für solche Experimente müssen hydrostatischer Druck, Spannung, Temperatur und Magmenzustand unabhängig voneinander kontrolliert werden. Auf diesem Gebiet wurden große Fortschritte erzielt. Von einem Gesamtverständnis ist man angesichts der extrem variablen Magmenzusammensetzungen aber noch weit entfernt.

Temperatur der Lithosphäre

Aufsteigende Magmen reißen oft Gesteins- und Mineralbruchstücke aus dem oberen Erdmantel und der Erdkruste mit sich an die Erdoberfläche. Das erlaubt einen Einblick in anderweitig unerreichbare Tiefen. Die Analyse dieser Bruchstücke trägt dazu bei, den petrologischen Aufbau der Lithosphäre und die dort herrschenden Druck- und Temperaturbedingungen zu verstehen. In solchen Gesteinsfragmenten sind Einschlüsse sowohl von Fluiden und Schmelzen als auch von Mineralphasen enthalten. Sie sind Zeugen ihrer Entstehungsregionen in der Lithosphäre.

Aktive Magmakammern in der Oberen Kruste

In der Lithosphäre befinden sich große Magmenkörper und wahrscheinlich sind größere Anteile der Lithosphäre partiell geschmolzen. Das bedeutet, dass das Magma die mechanischen Eigenschaften der Lithosphäre erheblich beeinflussen kann. Seismische Tomographie wird weltweit eingesetzt, um Magmakammern nachzuweisen und ihre Ausdehnungen abzuschätzen. Daneben werden

Eine natürliche Gesteinsprobe (unten links) aus einem vulkanischen Dom bei Colima, Mexico (oben), ins Labor gebracht und bei 900 Grad Celsius in einer Uniaxialpresse verformt; die während der Verformung auftretenden Geräusche wurden aufgezeichnet (unten rechts). Die Probe zeigt sowohl duktiles als auch bei höherer Verformungsrate sprödes Verhalten. In der Natur entsprechen die durch Sprödbruch entstandenen Risse in der Probe den Erdbeben im Vulkan.

Anomalien in der Geschwindigkeitsstruktur seismischer Wellen in der Lithosphäre herangezogen, um die Anwesenheit eines teilweise geschmolzenen Bereichs nachzuweisen. Allerdings ist es mit dieser Methode nicht möglich, die Lebensspanne einer Magmenkammer zu bestimmen. Revolutionäre Fortschritte auf diesem Gebiet werden durch verbesserte analytische Untersuchungsmethoden erwartet. So ist es zum Beispiel bereits möglich, die Wachstumsphasen von Zirkonkristallen durch hochauflösende Messungen der Wachstumsringe zu bestimmen.

Magmen in Subduktionszonen

In Subduktionszonen bilden sich Schmelzen überwiegend dadurch, dass Wasser in den Mantelkeil eindringt. In der frühen Geschichte der Erde schmolzen die subduzierten Platten vermutlich direkt auf, heute ist das wohl eher die Ausnahme. Viele Einzelheiten in diesem System sind noch nicht verstanden: Wie wird Wasser in den Mantelkeil transportiert: als wässriges Fluid, in einer Silikatschmelze oder teilweise durch Konvektion im festen Zustand? In welchen Zeiträumen spielen sich Entwässerung, Schmelzbildung und Aufstieg der Magmen ab? Wie sieht die Mantelkonvektion oberhalb der subduzierten Platte aus? Radioaktive Ungleichgewichte in jungen Laven und Diffusionsprofile in Xenolithen liefern

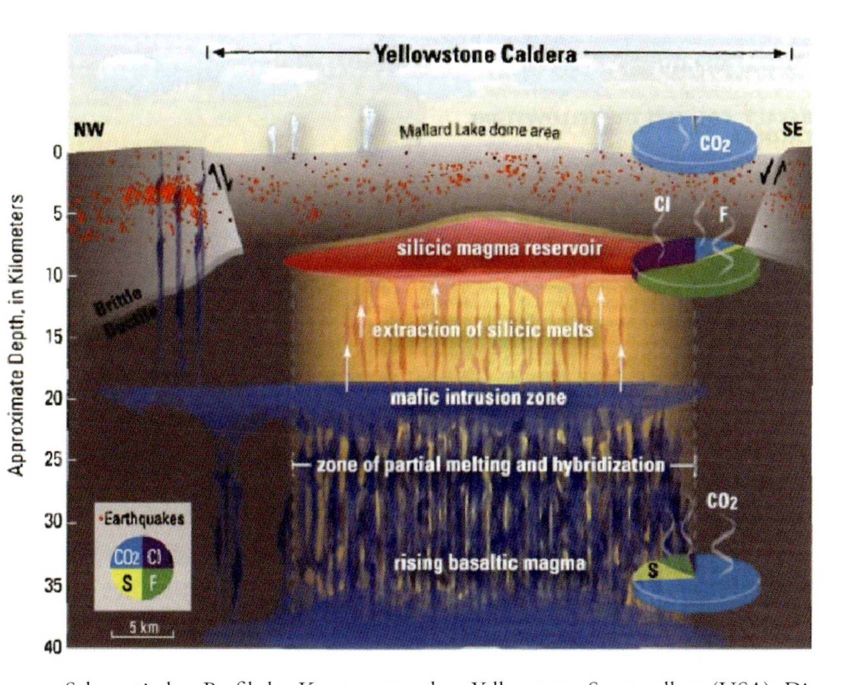

Schematisches Profil der Kruste unter dem Yellowstone Supervulkan (USA). Die roten Punkte symbolisieren den Entstehungsort kleiner Erdbeben. Die silikatreiche Magmakammer liegt in der mittleren und unteren Kruste und ist verantwortlich für den Großteil des dort auftretenden Vulkanismus der letzen zwei Millionen Jahre.

wertvolle Daten über die Zeitskalen dieser Prozesse. Seismische Anisotropie kann benutzt werden, um Fließrichtungen im Mantel zu rekonstruieren. Messungen der elektrischen Leitfähigkeit können in günstigen Fällen direkt die Bewegung von Fluiden im Mantel abbilden. Die Eigenschaften dieser Fluide sind dagegen experimentell noch sehr wenig untersucht.

7.7 Verformungsmechanismen, Störungssysteme und Erdbeben

Tektonische Störungssysteme („Tectonic Fault Zones") sind Zonen, in denen Gesteine intensiv deformiert werden. Diese Systeme treten hauptsächlich an Plattengrenzen auf und sind Ausgangspunkt von Naturkatastrophen wie Erdbeben und Tsunamis. Wegen des erhöhten Fluid- und Wärmetransports tragen sie wesentlich zur Entstehung vieler Metall- und Kohlenwasserstofflagerstätten bei. Um einen signifikanten wissenschaftlichen Fortschritt bei der Erforschung von Störungszonen zu erreichen, müssen geologische, physikalische und chemische Prozesse in Störungszonen über verschiedene Größen- und Zeitskalen interdisziplinär studiert werden. Das Bruch- und Fließverhalten von Gesteinen und Mineralen ist dafür verantwortlich, wie die feste Erde mechanische Spannungen überträgt und aufnimmt. Deformationsprozesse in der festen Erde werden einerseits durch das Material und andererseits durch geodynamische Faktoren wie Mantelkonvektion und Wärmefluss bestimmt. Das Wechselspiel zwischen den Mechanismen, die auf atomarer und molekularer Ebene wirksam sind und den großskaligen, geodynamischen Prozessen ist noch wenig verstanden.

Wissenschaftliche Bohrprojekte, wie zum Beispiel das Kontinentale Tiefbohrprogramm KTB in der Oberpfalz oder das San Andreas Fault Observatory at Depth (SAFOD) in Kalifornien vermitteln ein neues Verständnis der Prozesse im obersten Teil der Erdkruste bis in maximal neun Kilometer Tiefe. Zu diesen Prozessen zählen Erdbeben, Kriechbewegungen, der Spannungszustand und der Transport von Fluiden. Durch Bohrungen kann allerdings nur der seismisch aktive Teil der Oberkruste erschlossen werden. Tiefere Bereiche der Lithosphäre werden manchmal innerhalb von Gebirgen sichtbar. Dort gelangen ältere Gesteine aus der mittleren oder unteren Lithosphäre durch tektonische Prozesse und Abtragung an die Erdoberfläche. Der Schlüssel zum Verständnis von Störungszonen und Erdbeben besteht darin, die Beobachtungen aus den heute aktiven, aber unzugänglichen Bereichen der Lithosphäre mit denen inaktiver, aber zugänglicher Bereiche zu kombinieren.

Erdbeben betreffen aber nicht nur den oberen Teil der Kruste, sie sind auch mit der Deformation von Unterkruste und oberem Erdmantel verknüpft. Thermisch aktivierte Verformungsprozesse unterhalb der seismogenen Zone beeinflussen den Spannungsaufbau vor einem Erdbeben und die Entspannung danach entscheidend. Welche physikalischen Eigenschaften Gesteine unter dem Druck, der Temperatur und dem Fluidgehalt der tieferen Lithosphäre haben und wie sie sich verformen, kann nur in Laborexperimenten untersucht werden. Aus solchen Experimenten sind inzwischen Stoffgesetze für Quarzite, Anorthosite, Pyroxenite und Dunite, die wichtigsten Gesteine der Unterkruste und des oberen Erdmantels entstanden. Die Verformung der Erdkruste nach einem Erdbeben lässt sich durch Satellitengeodäsie bestimmen. Inzwischen ist es auch gelungen, die Verformung erfolgreich mit den Stoffgesetzen zu modellieren, die auf der Laborskala entwickelt wurden. Das Materialverhalten von Unterkruste und Mantelgesteinen, das bislang überwiegend aus Experimenten abgeleitet wurde, stimmt gut mit Geländebeobachtungen überein, die aus exhumierten fossilen Scherzonen abgeleitet werden können. Indem verschiedene Methoden und Beobachtungen auf einer breiten Zeit- und Längenskala kombiniert werden, entsteht ein neues Bild der Rheologie der Lithosphäre, also des Fließverhaltens der Gesteine unterhalb der seismisch aktiven Oberkruste. Es wird deutlich, dass einfache Paradigmen das komplexe mechanische Verhalten der Lithosphäre nicht adäquat beschreiben. In den tektonisch aktiven Regionen der Erde, zum Beispiel an Plattenrändern, ist die Viskosität des oberen Mantels deutlich geringer als die der überwiegend festen Erdkruste. In stabilen Kontinentalplatten, so genannten Kratonen, ist die Viskosität des oberen Erdmantels dagegen vermutlich deutlich höher als die der Unterkruste.

Wissenschaftliche Herausforderungen

Um seismische Prozesse und ihre Kopplung an die Dynamik der Lithosphäre zu erforschen, müssen Geowissenschaftler zahlreiche wissenschaftliche Herausforderungen bewältigen. Sie müssen neue Methoden zur integrierten Inversion seismologischer und geodätischer Messungen entwickeln, Materialmodelle für vorübergehende Verformungsprozesse aufstellen und diese Verformungsprozesse im Feld und im Labor entschlüsseln. Die Architektur großer, seismisch aktiver Plattenrandstörungen wie der San-Andreas-Störung oder der Nordanatolischen Störung ist zum Beispiel noch weitgehend unbekannt. Es bleibt auch unklar, bis zu welcher Tiefe Verformung auf räumlich eng begrenzte Scherzonen beschränkt bleibt. Dies hat erhebliche Konsequenzen für Modelle, die simulieren, wie Spannungen in der Erdkruste nach großen Erdbeben abgebaut werden. Auch sind wir noch weit von einer vollständigen physikalischen Beschreibung der wichtigsten Verformungsprozesse in der Lithosphäre entfernt.

Störungssysteme

Viele gegenwärtige Modelle stellen erdbebenträchtige Störungen als isolierte Schwächezonen in einer homogenen Lithosphäre dar. Solche Modelle beruhen oft auf der Vorstellung, dass das Bruchverhalten als elastische Dislokation modelliert werden kann. Diese Modelle sind aber nicht in der Lage, Störungen innerhalb tektonischer Platten zu reproduzieren. Inzwischen nehmen viele Geowissenschaftler an, dass es von den Eigenschaften der Lithosphäre abhängt, wo ein Störungssystem entsteht und wie sich benachbarte Störungen verformen. Wie sich die Verformungsenergie überträgt und wie schnell eine Störung wächst, ist noch weitgehend ungeklärt. Im nächsten Unterkapitel wird ein Ansatz beschrieben, der zeigt, dass hochauflösende Daten in Zukunft dabei helfen können, das räumliche und zeitliche Wachstum besser zu verstehen.

7.8. Der Breitband-Ansatz zur Messung der Lithosphärendeformation

Die Verformung der Lithosphäre kontrolliert so gut wie alle Prozesse auf der Erde. Die Bewegung der Lithosphärenplatten erfolgt über Zeiträume von mehr als einer Million Jahren in erster Näherung gleichförmig und stetig. Hochauflösende geodätische Verfahren zeigen für den Bereich der Plattengrenzen jedoch ein komplexes Bild. Mit GPS-Messungen kann man die Bewegung einzelner Punkte auf der Erdoberfläche relativ zueinander quasi in Echtzeit mit einer Auflösung von wenigen Millimetern erfassen. Die Satelliten-Radar-Interferometrie (InSAR) liefert im Abstand von wenigen Monaten flächendeckende Information mit einer Auflösung von einigen Zentimetern pro Jahr. An den Plattengrenzen verformt sich das Gestein ungleichmäßig, sowohl zeitlich als auch räumlich. In vielen Fällen wird eine Verformung durch ein Erdbeben eingeleitet und klingt dann ab. Vorübergehende Verformungsepisoden, so genannte langsame oder stille Erdbeben, ereignen sich unabhängig von seismischen Ereignissen im herkömmlichen Sinn. Diese Verschiebungen dauern Stunden bis Jahrzehnte. Die Ursachen für die messbare Verschiebung an der Oberfläche liegen tiefer als gewöhnliche Erdbebenherde. Langsame Erdbeben stehen im Verdacht, besonders starke Erdbeben auslösen zu können, da sich während eines langsamen Bebens die Spannung in der zugehörigen Störungszone in der Oberkruste erhöhen kann.

Die Vorhersagen dazu, wie sich die tiefere Kruste und der obere Mantel mechanisch verhalten, basieren derzeit auf sehr einfachen Modellen und auf Laboruntersuchungen. Deren Ergebnisse müssen notgedrungen über mehrere Größenordnungen in den Zeit- und Längenskalen extrapoliert werden. Um zu einem umfassenden Verständnis der Lithosphäre zu kommen, muss die Kluft zwischen den langsamen Verschiebungen an der Erdoberfläche, den Erdbeben in der Oberkruste und den Prozessen in der tieferen Kruste und im oberen Mantel überbrückt werden. Das ist nicht zuletzt aufgrund der Erdbebentätigkeit von grundlegender Relevanz für die menschliche Gesellschaft.

Wissenschaftliche Herausforderungen

Assimilation von Daten

Die elementare Herausforderung für die kommenden Jahre wird darin liegen, die Informationen über alle Längen- und Zeitskalen zu integrieren. Für die verschiedenen Informationsquellen gelten jeweils charakteristische Skalenbereiche und Auflösungsvermögen. Die Informationen sind zudem unvollständig. Am besten lassen sich dabei die aktuellen Verschiebungen an der Erdoberfläche durch eine Kombination von GPS und InSAR erfassen. Wenn genügend Seismometer vorhanden sind, kann die Erdbebentätigkeit mit den geodätischen Beobachtungen korreliert werden. Paläoseismologie und tektonische Geomorphologie erlauben es, den Beobachtungszeitraum zu erweitern. Das ist für starke Erdbeben mit langen Wiederkehr-Zeiten essenziell. Für die Interpretation ist eine angemessene numerische Simulation entscheidend. Solche Simulationen basieren auf Modellen für das mechanische Verhalten der Gesteine, die in Labor-Experimenten gewonnen werden. Um diese Modelle zu testen, müssen unterschiedliche Beobachtungen aus der Satellitengeodäsie, aus Feldstudien und aus Laboruntersuchungen zu einem konsistenten Bild zusammengeführt werden. Zum Beispiel bieten Gesteine, die aus großer Tiefe stammen, die einzigartige Möglichkeit, die dort wirksamen Verformungsmechanismen zu entschlüsseln. Daher muss sich in der Arbeitsweise der Strukturgeologie ein Paradigmenwechsel vollziehen. Bisher bestand das Ziel vorwiegend darin, frühere Verformungen der Lithosphäre zu rekonstruieren. In Zukunft wird das Ziel darin bestehen, aus der fossilen Überlieferung kleiner, episodischer Verformungsschritte nach dem Prinzip des Aktualismus auf aktuell ablaufende Prozesse zu schließen. Daraus lassen sich Randbedingungen für die Experimente und Modelle ableiten, die es erlauben, alle Beobachtungen in Simulationen einzuarbeiten.

Transiente Prozesse für das Verständnis der Lithosphärendynamik

Der traditionellen Sichtweise zufolge dauern geologische Prozesse viele Millionen Jahre und sind deshalb für den Menschen kaum interessant. Inzwischen ist klar, dass viele Prozesse schneller ablaufen, als man bisher angenommen hat. Zum Beispiel wurde die früheste kontinentale Kruste viel früher und schneller gebildet als bisher angenommen. Material wird aus dem Mantel entnommen und innerhalb einiger Millionen Jahre wiederverwertet („recycling"). Krustenmaterial kann sehr schnell in große Manteltiefen und wieder zurück in die Kruste transportiert werden. Viele dieser Prozesse können in ein und derselben Kollisionszone auftreten. Sie greifen wie die Zahnräder eines Uhrwerks fein abgestimmt ineinander. Wie sie über eine so große Spanne von Zeitskalen gekoppelt miteinander auftreten und dabei einen stabilen und zugleich dynamischen Planeten wie die Erde formen, ist eine der großen Fragen, die Geowissenschaftler in der Zukunft zu beantworten haben.

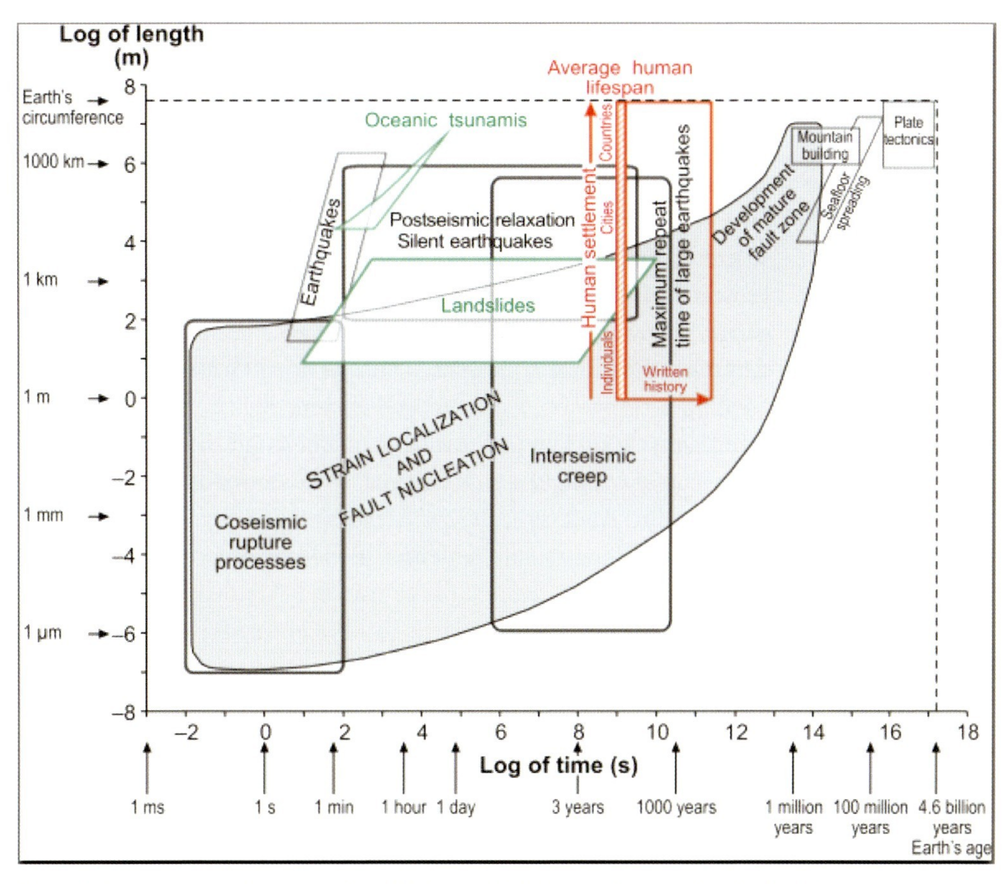

Hierarchie von miteinander gekoppelten Zeitskalen. Viele Prozesse laufen schneller ab als bisher angenommen.

Um dieses Ziel zu erreichen, sind zusätzlich zu bekannten geologischen Uhren neue Werkzeuge notwendig. Die Fortschritte in der Fernerkundung, in der Analytik und bei der Rechenleistung bieten solche neue Möglichkeiten. Sie basieren auf kinetischen Prinzipien. Die unterschiedlich zusammengesetzten Gesteine werden modelliert, um die Dauer und die Geschwindigkeit von Prozessen zu bestimmen.

Um solche Systeme zu verstehen und zum Beispiel Vulkanausbrüche vorhersagen zu können, muss man wissen, wie lange die Schmelzen in den jeweiligen Reservoirs verweilt. Auch die Menge der Schmelze, die zwischen den einzelnen Reservoirs ausgetauscht wird, muss bekannt sein. Kinetische Modellierungen helfen uns, einen ersten Schritt in diese Richtung zu machen und die Prozesse in diesen Leitungssystemen im Detail aufzulösen. Diese Vorgänge laufen innerhalb von Tagen, Wochen oder Monaten ab.

Mit den neuen Werkzeugen kann man Prozesse untersuchen, die in Tagen bis Jahrtausenden ablaufen, so genannte Episoden. Anschließend kann man mehrere Episoden miteinander verknüpfen, um damit länger anhaltende Prozesse genauer zu verstehen, so genannte Events, die mehrere Millionen Jahre dauern. Einzelne Episoden wie ein Vulkanausbruch, ein Erdbeben oder auch Vorgänge in großer Tiefe laufen auf Zeitskalen ab, die sehr wohl in den menschlichen Zeitrahmen fallen. Wir sind immer besser in der Lage, diese Prozesse zu messen und zu verstehen.

Im Kern dieser Herausforderungen liegt somit die Frage, wie sich Prozessgeschwindigkeiten verändern. Wie beantworten wir die Frage, was eine Änderung des Wiederkehrintervalls eines Erdbebens in einem Störungssystem bedeutet? Bedeutet eine solche Änderung automatisch, dass sich auch die zugrunde liegenden Kräfte geändert haben? Oder sind diese Änderungen Teil eines komplexen Systems, bei dem kleine Auslöser kurzfristig große Wirkungen nach sich ziehen könnten? Um Antworten auf diese Fragen zu bekommen, muss man Messdaten über wesentlich längere Zeitfenster integrieren. Um dynamische Modelle der Erde auf verschiedenen Raum- und Zeitskalen entwickeln zu können, müssen alle verfügbaren Daten gesammelt werden.

Ein Forschungsansatz, bei dem Messungen vom atomaren Maßstab bis zur Plattengrenze und von Sekundenbruchteilen bis zum seismischen Zyklus kombiniert werden, verlangt völlig neue strategische Konzepte. Dabei ist es nötig, koordinierte Forschungsprojekte über den nationalen Rahmen hinaus abzustimmen. Dies gilt zum Beispiel für Plattenrandobservatorien. Diese Observatorien stellen die methodische und technische Infrastruktur für Langzeitbeobachtungen auf der großregionalen Skala bereit. Auch in der experimentellen und analytisch orientierten Forschung werden koordinierte, arbeitsteilige Verfahren an Bedeutung gewinnen. Das lassen laufende internationale Projekte wie EARTHSCOPE mit dem Plate Boundary Observatory und SAFOD, das San Andreas Fault Observatory at Depth, unschwer erkennen. Erste Ansätze auf europäischer Ebene sind unterwegs (EPOS, THYMER etc.). GEO-Plate Boundary Observatories, die Fernerkundungsdaten und ana-

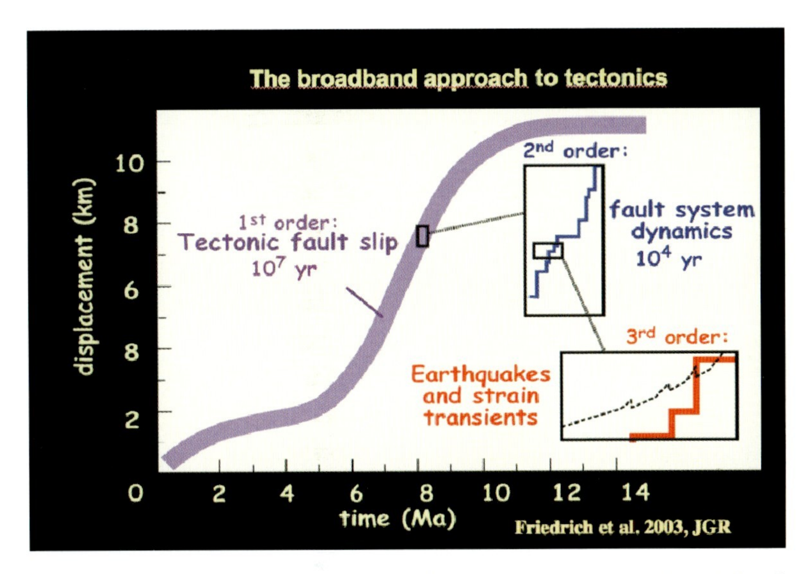

Vielversprechender Ansatz der Datenassimilation: So könnte man sich in Zukunft die Integration von Deformationsmessungen auf verschiedenen Skalen vorstellen könnte. Bisher ungelöst ist, auf welcher dieser Skalen eine Änderung in der Deformationsrate eine Änderung in den tektonischen Randbedingungen, also den dynamischen Kräften, widerspiegelt.

lytische zeitliche Daten verwalten und erfassen, müssen neu etabliert werden.

7.9 Submarine Hydrothermalquellen

Die Zirkulation von Meerwasser durch die Ozeankruste spielt eine wesentliche Rolle für den Stoff- und Wärmehaushalt unseres Planeten. Die Erde gibt etwa ein Drittel ihres Wärmeverlustes unmittelbar an das zirkulierende Meerwasser ab. Chemische Reaktionen zwischen dem Meerwasser und der Ozeankruste sind für die Zusammensetzung der Ozeane ähnlich relevant wie Verwitterungs- und Abtragungsprozesse an Land. Zum Beispiel hängt die Bilanz des Kohlendioxids in den Ozeanen und der Atmosphäre auf langen Zeitskalen vor allem davon ab, wie viel Kalzium aus der Ozeankruste freigesetzt wird. Wenn Ozeankruste im Erdmantel versinkt, werden einzelne Elemente mit unterschiedlicher Effizienz in den Erdmantel zurückgeführt. Dabei spielen die Eigenschaften der

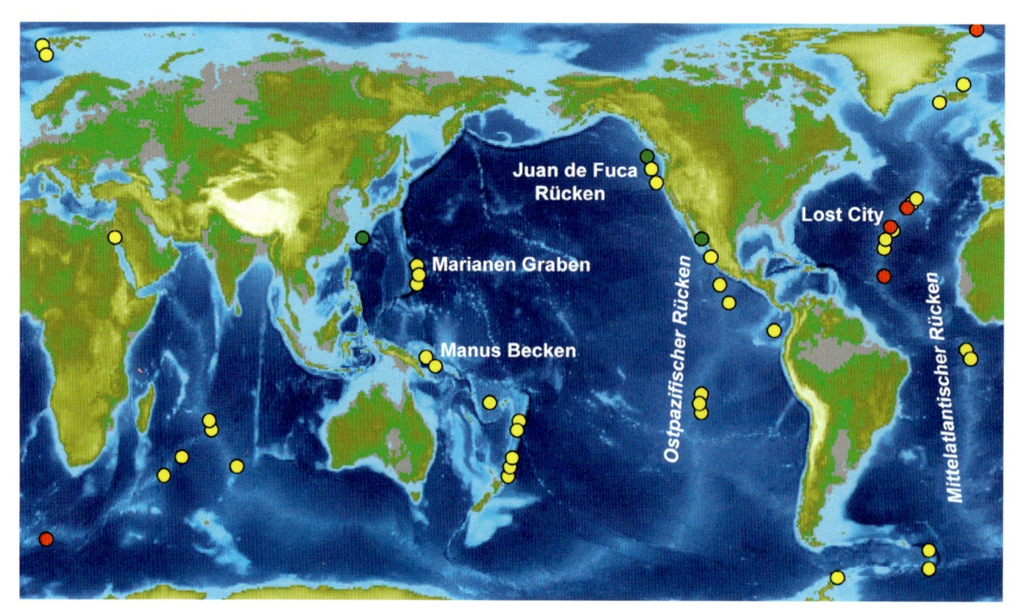

Lage bekannter Hydrothermalsysteme an ozeanischen Spreizungszentren sowie in Backarc-Becken und submarinen Inselbögen. Gelbe Punkte markieren Systeme, die in Vulkaniten beherbergt sind. Grüne Punkte weisen auf den Einfluss sedimentärer Lithologien, rote auf die Präsenz ultramafischer Gesteine hin.

Ozeankruste eine große Rolle, die durch hydrothermale Prozesse eingestellt wurden.

Hydrothermale Reaktionen finden an vielen Stellen am Meeresboden statt: an den Spreizungsachsen, an Rückenflanken, an Seebergen sowie vor und über Subduktionszonen. Welche Tiere und Mikroben die hydrothermalen Quellen bewohnen, hängt von den physikalischen und chemischen Bedingungen ab. Da kein Sonnenlicht in die Tiefsee vordringt, hat sich an hydrothermalen Quellen eine besondere Stoffwechselstrategie ausgebildet, die Chemosynthese. Bei der Chemosynthese nutzen Organismen die Energie, die bei chemischen Reaktionen freigesetzt wird. An der Erdoberfläche geht quasi die gesamte Primärproduktion von Biomasse auf die Photosynthese zurück. In der Tiefsee kommt dagegen der Chemosynthese eine viel größere ökologische Bedeutung zu.

Black smoker

In der globalen Bilanz spielen langsame und unscheinbare Austauschprozesse die größte Rolle. Die spektakulären Schwarzen Raucher, extrem heiße Hydrothermalquellen in der Tiefsee, rufen allerdings ein besonderes Interesse hervor. Heiße Hydrothermalquellen sind außerdem moderne Analogsysteme für hydrothermale Kupferlagerstätten wie zum Beispiel auf Zypern. Bei Temperaturen oberhalb von 350 Grad Celsius werden Buntmetalle, Eisen und Schwefel im Meerwasser gelöst und über einige Kilometer transportiert, bevor sich die heiße Lösung mit kaltem Meerwasser vermischt und die Metallsulfide am Meeresboden ausfallen. Aus diesen Lösungen wachsen nicht nur Erze. Auch Mikroorganismen, die gelösten Schwefelwasserstoff oxidieren, nutzen sie für die Chemosynthese. An Schwarzen Rauchern wächst auf engstem Raum eine enorme Biomasse. Hydrothermalquellen sind Oasen des Lebens in der ansonsten kargen Tiefsee. Symbiotische Beziehungen zwischen den schwefeloxidierenden Bakterien und Weichtieren spielen in Biotopen, die bis zu 80 Grad Celsius heiß sind, eine besonders wichtige Rolle.

Kopplungen von Geologie, Geochemie und Biologie

Geo- und Biowissenschaftler arbeiten gemeinsam an zahlreichen submarinen Hydrothermalsystemen. Diese umfassen „alte Bekannte“ wie Hydrothermalquellen am Juan-de-Fuca-Rücken im Nordwest-Pazifik. Diese Quellen werden schon seit zwei Jahrzehnten

Schwarzer Raucher am Mittelatlantischen Rücken

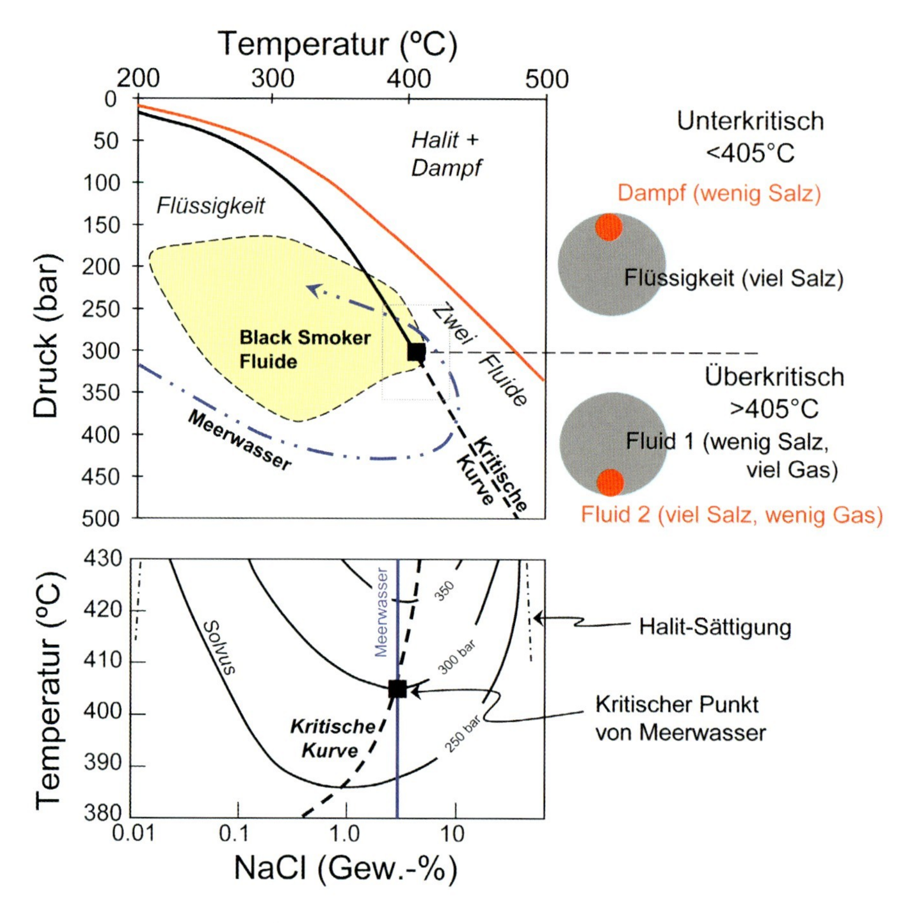

Die obere Grafik zeigt das Druck-Temperatur Zustandsdiagramm mit der Zweiphasen-Kurve von Meerwasser. Hydrothermalfluide liegen in der Regel im subkritischen Feld, in Ausnahmen jedoch am Siedepunkt oder am kritischen Punkt. Das untere Phasendiagramm H2O-NaCl zeigt Solvus-Kurven für unterschiedliche Drücke. Je nach Druck und Temperatur entstehen Fluide mit unterschiedlichen Gas- und Salzgehalten.

immer wieder aufgesucht, so dass dort inzwischen lange Zeitreihen entstanden sind. Diese Zeitreihe erlaubte es erstmals, ein Phänomen direkt zu beobachten, das aus Experimenten schon bekannt war: die so genannte überkritische Phasenseparation. Entscheidend dabei ist, ob die Phasenseparation unterhalb oder oberhalb des kritischen Punktes von Meerwasser stattfindet, der bei ca. 300 bar und 405 °C liegt. Bei der unterkritischen Phasenseparation (Sieden) bildet sich neben einer kontinuierlichen Flüssigphase mit hohen

Salzgehalten eine diskontinuierliche Wasserdampfphase mit sehr geringen Salzgehalten.

Tatsächlich treten an Schwarzen Rauchern häufig sichtbar siedende Fluide am Meeresboden aus. Die Phasenseparation bestimmt maßgeblich, welche Metalle und Nährstoffe zu den Mikroorganismen gelangen. Dies wird am Juan-de-Fuca-Rücken eindrucksvoll deutlich: Die Fluidgeochemie und die Biologie sind dort offensichtlich gekoppelt. Die hydrothermale Aktivität setzte 1991 nach einer großen Vulkaneruption ein. Zunächst traten gasreiche Fluide mit einem hohen Verhältnis von Schwefelwasserstoff zu Eisen aus. Rasch entwickelten sich florierende Röhrenwürmerkolonien. Als die Fluide in den folgenden Jahren zunehmend gasärmer und salzreicher wurden, verkümmerten die Röhrenwürmerkolonien zunehmend. Das Fluid enthielt nicht mehr genug freien Schwefelwasserstoff für die sulfidoxidierenden Bakterien, mit denen die Würmer in Symbiose leben. Das später herrschende, sehr niedrige Verhältnis von Schwefelwasserstoff zu Eisen bevorteilte eisenoxidierende Bakterien. Nach einigen Jahren übersiedelte ein roter Bakterienrasen die abgestorbenen Röhrenwürmer. 2005 ereignete sich eine große Lavaeruption und ein neuer Zyklus begann. Dieses Beispiel zeigt, wie eng magmatische, hydrothermale und biologische Prozesse an mittelozeanischen Rücken gekoppelt sein können.

Plattentektonik und Mikroorganismen

Am Juan-de-Fuca-Rücken und an anderen Hydrothermalquellen auf Basaltgestein scheint Schwefelwasserstoff die wichtigste Energiequelle für Lebewesen zu sein. Seit einigen Jahren sind aber auch Systeme bekannt, in denen Wasserstoff und Methan als Energiequelle dominieren. Zwei der bekanntesten sind das Lost City Hydrothermalfeld am Mittelatlantischen Rücken bei 30 Grad Nord und die Serpentin-Schlammvulkane im Marianen-Vorbogen. Diese Systeme zeichnen sich durch eine extrem hohe Alkalität aus. PH-Werte um 11 sind typisch und weisen auf eine Pufferung durch das Mineral Brucit hin, mit dem die Fluide gesättigt sind. Manche Quellen aus dem Marianen-Vorbogen haben noch höhere pH-Werte von bis zu 12,6. Das liegt daran, dass Methanbakterien in den Schlammvulkanen Karbonatalkalität in Hydroxidalkalität umwandeln. Die Mikroorganismen beziehen die benötigten Karbonationen aus Fluiden, die aus der subduzierten Platte freigesetzt werden. Plattentektonische Prozesse können also unmittelbare Auswirkung auf biologische Systeme haben. An anderen Subduktionszonen strömt

Schwefeldioxid aus Magmen und reagiert zu Schwefelsäure. Das lässt den pH-Wert einiger Quellen im östlichen Manus-Becken bei Papua-Neuguinea auf unter 0,9 fallen. Mikroorganismen müssen mit Protonen- und Elektronenaktivitäten umgehen, die über viele Größenordnungen variieren. Protonen- und Elektronentransfers durch Zellmembranen spielen dabei eine zentrale physiologische Rolle. Es ist daher von großem Interesse, wie Mikroorganismen sich auf solche extreme Bedingungen einstellen.

Bioenergetik – Thermodynamik an der Schnittstelle zwischen Bio- und Geospäre

Mikroorganismen beuten ein Ungleichgewicht zwischen reduzierten und oxidierten Komponenten in ihrer Umgebung aus. Molekularer Wasserstoff stellt unter anaeroben Bedingungen häufig Elektronen in Redoxreaktionen zur Verfügung, die von Mikroben genutzt werden. Obwohl bei der Umsetzung von Wasserstoff sehr große Energiemengen frei werden, laufen Redoxreaktionen mit Wasserstoff nicht spontan ab. Mikroorganismen haben Enzyme, so genannte Hydrogenasen, entwickelt, die zum Beispiel die Reaktion von Wasserstoff und Sauerstoff zu Wasser katalysieren. Mit diesen Enzymen kontrollieren sie auch, wie schnell die Redox-Reaktionen ablaufen und wie viel Material dabei umgesetzt wird. Die Mikroben nutzen die freiwerdende Energie, um Biomasse zu fixieren. Man kann empirische Ansätze verwenden, um eine Beziehung zwischen der anfallenden Energie und der Produktion von Biomasse herzustellen. Über solche thermodynamisch-bioenergetische Ansätze kann man eine Beziehung zwischen geochemischen Reaktionen und dem Zellwachstum herstellen. Man kann außerdem vorhersagen, welche Stoffwechsel-Reaktionen sich in einem bestimmten Milieu bioenergetisch lohnen. Wenn man zusätzlich noch die funktionellen Gene der mikrobiellen Konsortien molekularbiologisch erfasst, erhält man neuartige Einblicke in die Ökologie chemosynthetischer Lebensgemeinschaften.

Bio-Geo Interaktionen in der Tiefsee

Für Mikroorganismen ist das Leben in der Nähe einer hydrothermalen Quelle nicht einfach, da sich chemische und physikalische Bedingungen dort sehr rasch ändern. Um mit diesen Bedingungen fertig zu werden, gehen einige Mikroben eine Symbiose mit einem Wirtstier ein. Das Tier bewegt sich so, dass Temperatur und Aktivität der kritischen chemischen Spezies in zuträglichen Bereichen liegen. Freilebende Mikroorganismen behelfen sich anders: Sie bilden einen so genannten Biofilm, das heißt, sie scheiden organische Makromoleküle aus, in denen sie sich einnisten, bewegen und sogar

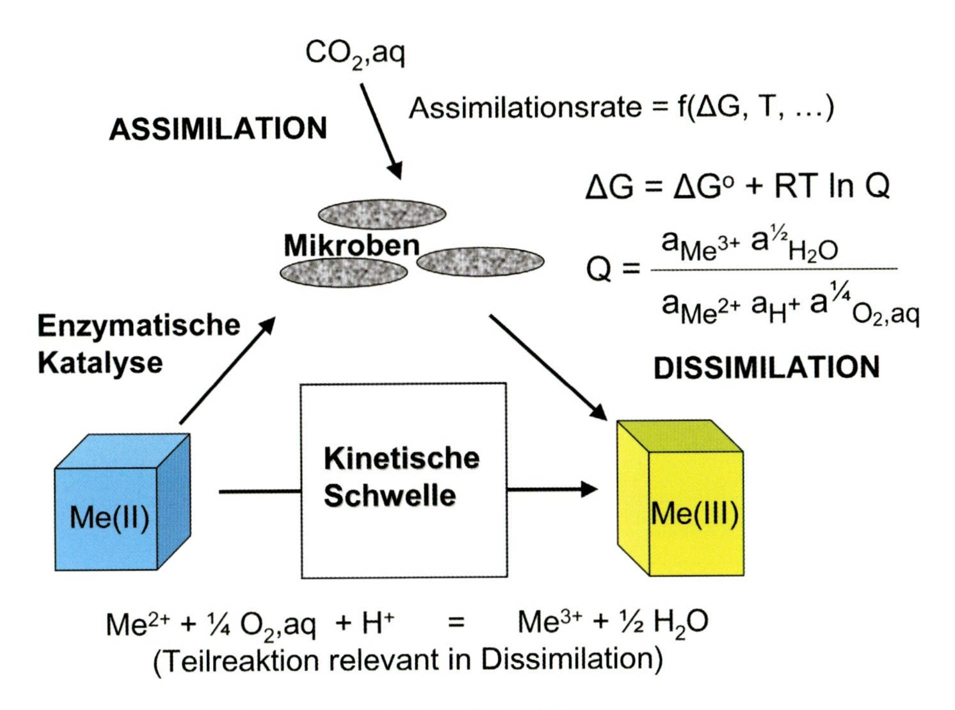

Die Rolle der Gibbsschen Energie in den Geo-Bio Beziehungen

miteinander kommunizieren. Dadurch schaffen sie Mikromilieus, in denen sie die geochemischen Bedingungen beeinflussen können. Ein gutes Beispiel dafür sind eisenoxidierende Bakterien am Meeresboden. Bis weit in die 90er Jahre hinein glaubte niemand an ihre Existenz, weil das gelöste zweiwertige Eisen im Tiefseewasser durch andere, abiotische Prozesse oxidiert wird. Es stellte sich allerdings heraus, dass eisenoxidierende Bakterien in der Tiefsee überaus häufig anzutreffen sind, und das nicht nur an heißen Quellen. Um die abiotische Oxidation von Sulfiden oder Basalt aufzuhalten, überziehen die Bakterien die Oberflächen dieser Gesteine zunächst mit einem Biofilm. Unter dieser Schicht herrschen suboxische Bedingungen. Dort ist die Oxidation von zweiwertigem Eisen zwar möglich, läuft aber so langsam ab, dass die Bakterien die Oxidation enzymatisch kontrollieren können. Somit haben die Bakterien gezielt die Umwelt manipuliert, um ihrer Physiologie gerecht zu werden. Zudem beeinflussen die Mikroben auch Mineralisationsprozesse im System.

Tiefseetechnologie

Neue Tiefseetechnologien haben die Entdeckung und Erkundung neuer Hydrothermalquellen beschleunigt. Zu diesen Technologien zählen Sonden, die vom Schiff aus eingesetzt werden und die Trübung des Wassers und die Temperatur messen. Sie ermöglichen es, hydrothermale Aktivität großräumig zu erfassen, ohne dass dabei die Austrittsstellen genau lokalisiert werden. In der Vergangenheit war die Entdeckung von Hydrothermalquellen oft dem Zufall überlassen. Einige dieser Systeme wurden in der Tat rein zufällig entdeckt, zum Beispiel das Lucky Strike (deutsch: Glückstreffer) Feld südlich der Azorenplattform. Heute werden Schiffssonden und autonome Tauchroboter gestaffelt eingesetzt, um Hydrothermalquellen zu lokalisieren. Anschließend setzt man ferngesteuerte Tauchroboter oder bemannte Tauchboote ein, um die Quellen zu beproben.

Wissenschaftliche Herausforderungen

Vor wenigen Jahren hielt man die geologischen und geochemischen Vorgänge an Hydrothermalquellen am Meeresboden für geklärt. Damals wiesen alle Untersuchungen darauf hin, dass die heißen Fluide durch die Reaktion von Meerwasser mit Basalt bei 350 bis 400 Grad Celsius gebildet werden. Es schien, dass sie eine einheitliche Zusammensetzung haben und diese über viele Jahre hinweg beibehalten. Inzwischen kennt man allerdings Hydrothermalsysteme, die sich geochemisch stark von den oben beschriebenen Basaltsystemen an mittelozeanischen Rücken unterscheiden. Daraus ergeben sich neue Entwicklungen und Fragestellungen. Im vergangen Jahrzehnt hat man an den Flanken von Rückenachsen und über Subduktionszonen Hydrothermalquellen gefunden, deren Chemie extrem variiert. Abschnitte von mittelozeanischen Rücken, die sich sehr langsam spreizen, sind in den Vordergrund der Hydrothermalforschung getreten. Denn dort ist der Erdmantel an einzelnen Stellen direkt am Meeresboden zugänglich. Es hat sich herausgestellt, dass Abschnitte, an denen das Mantelgestein Peridotit am Meeresboden zu finden ist, besonders häufig hydrothermale Aktivität aufweisen. Die dort austretenden Fluide enthalten sehr viel Wasserstoff und Methan. Diese Stoffe entstehen bei der Serpentinisierung, der Reaktion von Peridotit mit heißem Meerwasser. An Inselbögen befinden sich Hydrothermalsysteme, die sich durch eine enorme Spannweite in den geochemischen und physikalischen Bedingungen auszeichnen. Einige der Quellen sind extrem schwefelsauer, ihr pH-Wert liegt unter eins, während andere derart hohe CO_2-Konzentrationen aufweisen, dass sich flüssiges Kohlendioxid am Meeresboden als eigene Phase abtrennt. Es zeichnet sich immer stärker ab, dass es eine direkte Beziehung zwischen plattentektonischen Prozessen und der Zusammensetzung von Hydrothermalfluiden gibt. Die Prozessabläufe und Massenflüsse in Hydrothermalsystemen sind aber weitgehend ungeklärt.

Die Fluide versorgen die Ökosysteme rund um die Hydrothermalsysteme mit Energie. Wie wirkt sich der Variantenreichtum der Fluide auf diese Organismen aus, und welche Bedeutung hat das für die globale Verteilung von Biomen? Solche Fragen haben eine neue Explorationsphase in der Hydrothermalforschung ausgelöst, bei der Geochemiker und Biologen extrem eng zusammenarbeiten. Spannende Fragestellungen sind: Bedingt chemische Diversität mikrobielle Diversität? Gibt es eine Biogeografie von Mikroorga-

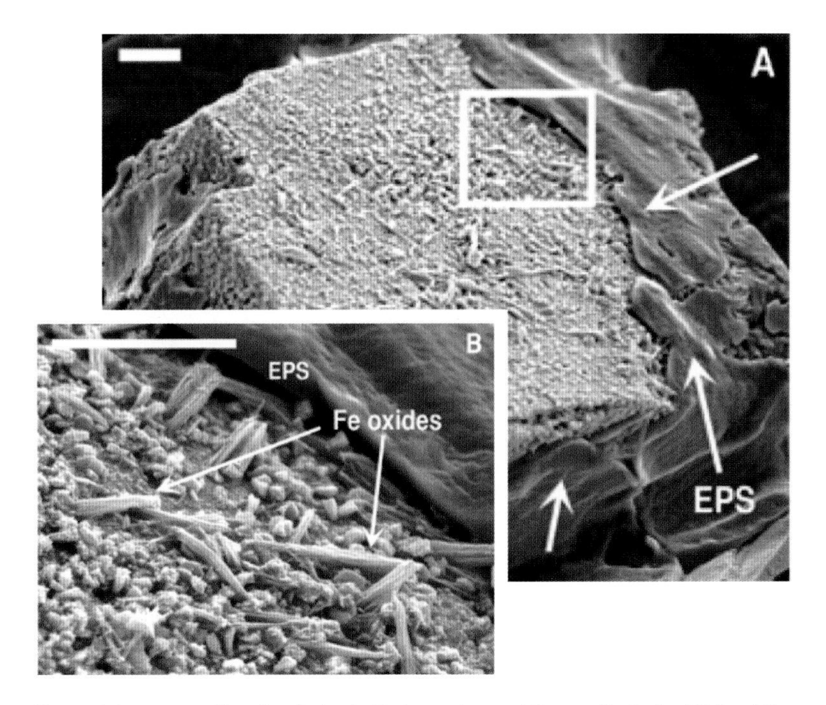

Rasterelektronen-mikroskopische Aufnahme einer oxidierten Pyritoberfläche. Die Skalenbalken sind 10 Mikrometer lang. Ein Biofilm reguliert die Oxidation des Pyrits zu Ferrihydrit.

nismen oder von Genen? Welche Rolle spielt der Genaustausch zwischen den Ozeanen und der tiefen Biosphäre innerhalb der Erdkruste? Wie können sich Mikroorganismen auf die extremen geochemischen Bedingungen einstellen, und wie verändern sie dabei das geochemische Milieu? Welche geochemischen Reaktionen und metabolischen Strategien könnten auf der frühen Erde bedeutsam gewesen sein? Bilden sich komplexe organische Moleküle unter extrem reduzierenden Bedingungen auch abiotisch?

Kernaussagen

- Die Plattentektonik existiert auf der Erde seit mindestens 2 Mio. Jahren, möglicherweise gab es sie noch viel früher. Unklar ist jedoch, wann genau sich erstmals mobile Platten an der Erdoberfläche bildeten.
- Ungeklärt ist auch, welche Kräfte Plattentektonik und Gebirgsbildung antreiben.
- Zahlreiche Vorkommen hochdruckmetamorpher Gesteine in der kontinentalen Kruste lassen sich durch die Hypothese des Subduktionskanals gut erklären.
- An manchen divergenten Kontinentalrändern tritt ein intensiver Vulkanismus auf. Die Entstehung kann mit den plattentektonischen Modellen bisher nicht überzeugend erklärt werden.
- An Spreizungsachsen, an Rückenflanken, an Seebergen sowie vor und über Subduktionszonen finden hydrothermale Reaktionen statt. Prozessabläufe und Massenflüsse in diesen Hydrothermalsystemen sind weitgehend ungeklärt.
- Sedimentgesteine überdecken heute 75 % der Erdoberfläche, einschließlich der Meeresböden. Die Dynamik der Beckenentwicklung muss weiter entschlüsselt und die Ressourcen müssen besser erschlossen werden.

8 Die Oberfläche der Erde

Die Oberfläche der Erde, die Grenze zwischen Lithosphäre, Atmosphäre, Hydrosphäre und Biosphäre wird durch chemische, physikalische und biologische Prozesse ständig verändert. Die Prozesse finden auf verschiedenen Raum- und Zeitskalen statt. Die Raumskalen reichen von der Gebirgsbildung bis zu Domänen innerhalb einzelner Mineralkörner. Die geologische Zeitskala reicht von Gebirgsbildungs- bis zu Klimazyklen. Seit einigen Jahrtausenden beeinflusst auch der Mensch maßgeblich die Vorgänge an der Oberfläche der Erde. Heute bewegt der Mensch durch Landnutzung und Siedlungsbau bereits mehr Sediment als auf natürliche Weise erodiert und durch die Flüsse transportiert wird.

Von großem Interesse ist ein besseres Verständnis der gewaltigen Stoffflüsse an der Oberfläche der Erde. Milliarden Tonnen chemischer Elemente werden jährlich aus Gesteinen herausgewittert, und über diesen Prozess wird der Atmosphäre CO_2 entzogen. Über lange Zeiträume stabilisiert die Verwitterung den Treibhauseffekt der Erde. Der geochemische Stoffaustausch zwischen der Lithosphäre, der Hydrosphäre und der Atmosphäre findet zumeist an Mineraloberflächen statt. Dort reagieren wässrige Lösungen mit den Mineralen und lösen verschiedene Stoffe aus ihnen heraus. Diese chemische Verwitterung von Mineralen, an der häufig auch (mikro-)biologische Prozesse beteiligt sind, ist der zentrale Prozess, der die Zyklen der Elemente Kohlenstoff, Sauerstoff, Schwefel und Eisen auf globaler Ebene steuert. Die Verwitterung kontrolliert, welche Stoffe in Gewässer und Flüsse gelangen, sie versorgt die Pflanzen mit Nährstoffen und sie hat einen Einfluss darauf, wie mobil Schadstoffe in oberflächennahen Systemen sind. Wie sich in den letzten Jahren gezeigt hat, sind Mikroorganismen bei vielen Verwitterungsreaktionen als Katalysatoren beteiligt.

Die Oberfläche der Erde wird auch durch Impaktprozesse beeinflusst, die sich als Spuren früherer Kollisionen überall auf der Erde finden. Heute werden pro Jahr bis zu fünf neue Meteoritenkrater entdeckt. Sie lassen sich durch verformte und veränderte Minerale eindeutig nachweisen.

8.1 Die Evolution von Atmosphäre und Ozeanen

Giant Impact

Geochemiker gehen davon aus, dass es die Atmosphäre und die Ozeane bereits etwa 30 Millionen Jahre nach der Entstehung der Erde gab. Vermutlich entstanden beide unmittelbar nach dem „Giant Impact", der zur Entstehung des Erdmondes führte. Damals war die Erde schon kühl genug, damit Wasserdampf, der von Vulkanen freigesetzt wurde, in den frühen Ozeanen kondensieren konnte. Dass sich auch die Erdatmosphäre bereits in diesen ersten 30 Millionen Jahren bildete, zeigen Untersuchungen an den Isotopen des Edelgases Xenon. Trotz einer stark verbesserten Datenbasis konkurrieren aber noch immer zwei Hypothesen zur Herkunft des Wassers miteinander. Die eine postuliert eine „endogene" Quelle, das heißt, das Wasser stammt aus dem Erdmantel und gelangte durch vulkanische Aktivität an die Erdoberfläche. Die andere favorisiert einen extraterrestrischen Ursprung, das heißt, das Wasser gelangte durch Kometen auf die Erde.

Die Zusammensetzung der frühen Atmosphäre und des frühen Ozeans unterschied sich grundsätzlich von der heutigen. Das Auftreten von Kissenlaven und von marinen chemischen Sedimenten (gebänderten Eisenformationen, so genannten BIFs) belegt, dass auf der Erde flüssiges Wasser existierte. Um die geringere Leuchtkraft der „jungen Sonne" zu kompensieren und eine permanente Vereisung zu verhindern, muss die frühe Atmosphäre reich an Treibhausgasen wie Kohlendioxid und Methan gewesen sein. Darüber hinaus deutet eine Vielzahl geologisch-geochemischer Befunde darauf hin, dass sowohl die Atmosphäre als auch die Ozeane im Archaikum keinen freien Sauerstoff enthielten. Obwohl das erstmalige Auftreten der oxygenen Photosynthese noch umstritten ist, scheint es relativ sicher zu sein, dass marine Organismen vor circa 2,7 Milliarden Jahren damit begannen Sauerstoff zu produzieren. Der erste Sauerstoff reagierte jedoch sofort mit Stoffen wie Methan oder Eisen und wurde chemisch gebunden. Zurzeit wird allerdings diskutiert, ob im Neoarchaikum zeitweise kleinräumige Sauerstoffoasen existierten.

Ph-Wert

Die Frage nach dem pH-Wert des Meerwassers ist ebenfalls umstritten. Eine Minderheit von Wissenschaftlern postuliert, dass der Ozean alkalisch war, also einen hohen pH-Wert hatte. Dadurch ließe sich die Entwicklung des Lebens einfacher erklären. Die deutliche

Mehrheit nimmt jedoch an, dass der pH-Bereich neutral war und zwischen 6 und 8 lag. Auch die Ansichten zur Temperatur der frühen Ozeane gehen weit auseinander. Untersuchungen von Sauerstoff- und Siliziumisotopen in archaischen Hornsteinen ergeben zum Teil Temperaturen von über 80 Grad Celsius. Neueste Untersuchungen an früharchaischen Hornsteinen aus Westaustralien und Südafrika deuten nur noch auf Temperaturen um 40 Grad Celsius hin.

Der Versuch, den Salzgehalt des archaischen Meerwassers über die Untersuchung von Flüssigkeitseinschlüssen zu bestimmen, ist zurzeit nicht allgemein akzeptiert. Nach bisherigen Ergebnissen lag die Salinität damals womöglich um das Fünffache höher als heute.

Sauerstoffkatastrophe

Im frühen Paläoproterozoikum vor etwa 2,3 Milliarden Jahren kam es auf der Erde zur großen Sauerstoffkatastrophe („Great Oxidation Event"). Erstmals reicherte sich freier Sauerstoff in der Atmosphäre und in den Ozeanen an. Für viele der damals vorherrschenden anaeroben Mikroorganismen war das Gas giftig. Die Umwelt veränderte sich drastisch, wie das Verschwinden bestimmter Gesteine und Minerale zeigt. Durch den Anstieg des Sauerstoffgehaltes lagerten sich erstmals in der Erdgeschichte gewaltige Manganoxid-Sedimente im heutigen Kalahari-Manganese-Field ab. Ob es sich bei dieser Manganoxid-Ausfällung vor 2,3 Milliarden Jahren um ein lokales oder globales Ereignis handelte, ist noch unklar.

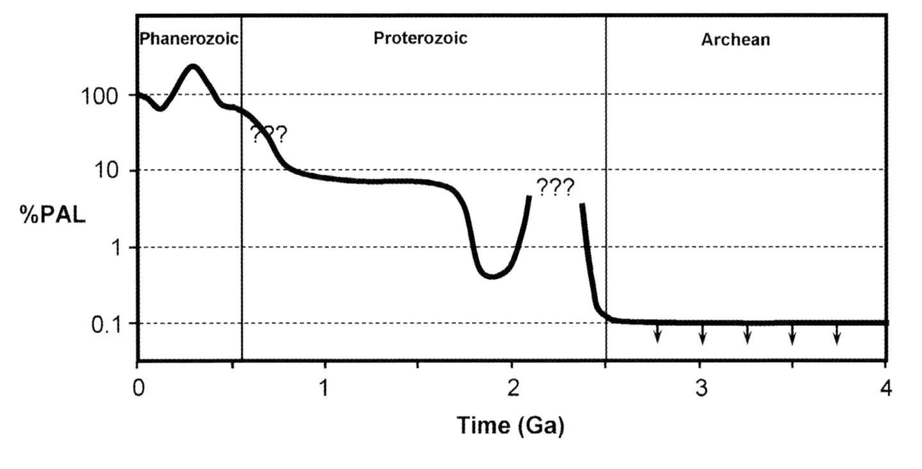

Entwicklung des Luftsauerstoffes im Vergleich zu heute (PAL = Present Atmospheric Level)

Paläoproterozoische Manganoxid-Erze im Kalahari-Manganese-Field, Südafrika. Die Ablagerungen entstanden in einem Meer.

Im Verlauf des mittleren Proterozoikums existierte weiter sauerstofffreies Tiefenwasser in den Ozeanen, wie neuere Arbeiten zeigen. Hier besteht allerdings noch großer Forschungsbedarf. So ist es zum Beispiel umstritten, wann der Sauerstoffgehalt das heutige Niveau erreichte. Im Neoproterozoikum gab es vor 600 bis 700 Millionen Jahren offensichtlich noch einmal Bedingungen, die eher an die Sauerstoffarmut des Archaikums erinnern. Diese werden mit der Hypothese der so genannten Schneeball-Erde erklärt. Demnach war die gesamte Erde damals mit einer kompakten Eisschicht bedeckt, die den Sauerstoffaustausch zwischen Atmosphäre und Ozeanen verhinderte. Dadurch wurden die Ozeane wieder anoxisch. Sedimentologische und geochemische Befunde sprechen inzwischen aber dafür, dass der Planet nicht komplett eisbedeckt war und eher als „Schneematsch-Erde" bezeichnet werden könnte.

Wissenschaftliche Herausforderungen

Proxies

Der Hauptbedarf besteht darin, geeignete geochemische Kenngrößen, so genannte „Proxies", weiterzuentwickeln. Diese Proxies erlauben es, die Bedingungen im Paläo-Ozean und in der Paläo-Atmosphäre zu rekonstruieren. In den letzten Jahren sind hier große Forschritte erzielt worden. Zum Beispiel eignen sich die Verhältnisse einiger Elemente wie Eisen, Molybdän oder Cerium dazu,

Rückschlüsse auf frühere Umweltbedingungen zu ziehen. Neuerdings lassen sich mit so genannten Femtosekunden-Laserablationssystemen ortsaufgelöste Messungen der Verhältnisse der stabilen Eisenisotope durchführen. Hier zeigt sich, dass das Verhältnis von Eisen-56 zu Eisen-54 seit etwa zwei Milliarden Jahren so ähnlich ist wie heute. Am Ende des Archaikums herrschte starke Eisenreduktion durch erste dissimilatorische eisenreduzierende Bakterien vor. Diese setzten große Mengen isotopisch leichten Eisens frei.

Informationen über die Lebewesen des Archaikums und des Proterozoikums könnten Biomarker liefern. Bei diesen langlebigen Molekülen handelt es sich zum Beispiel um langkettige Lipid-Verbindungen. Sie finden sich in Sedimenten, die reich an organischem Material sind.

Archive

In bestimmten Gesteinen sind die Veränderungen solcher Proxies wie in einem Archiv aufgezeichnet. Zu diesen Sediment-Archiven gehören organikreiche Tonschiefer, gebänderte Eisenerze, Manganoxid-Sedimente, Hornsteine, Sulfide und Stromatolithenkalke. Um die Geschichte dieser Ablagerungen erforschen zu können, muss zunächst bekannt sein, wie sie entstanden sind. Ebenso ist es nötig, Datierungstechniken weiterzuentwickeln. Um geeignete Proben zu bekommen, müssen in der Regel Forschungsbohrungen durchgeführt werden.

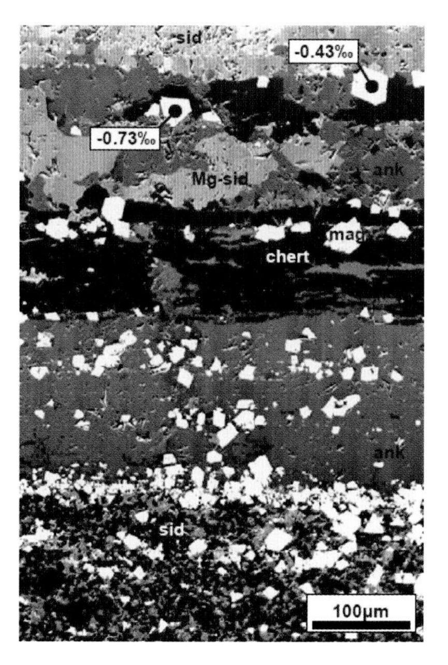

Um präkambrische Sedimentformationen erforschen zu können, sind hochaufgelöste Analysemethoden nötig, die die chemische Zusammensetzung und die Isotopenverhältnisse direkt auf der Mineralskala messen. Hier sind Ergebnisse von Eisenisotopenmessungen des an der Universität Hannover entwickelten Femtosekunden-Laserablationssystems zu sehen. Die Probe stammt aus einem Bändereisenerz der etwa 2,5 Milliarden Jahre alten Kuruman Iron Formation (Südafrika). Mag = Magnetit, sid = Siderit, ank = Ankerit und qz = Chert.

8.2 Mineraloberflächen und Verwitterung

Prozesse an Mineraloberflächen finden auf der atomaren und molekularen Ebene statt. Dort lösen sich Verbindungen auf, Minerale wandeln sich um und wachsen neu, Ionen werden ausgetauscht und Stoffe adsorbiert. Diese Reaktionen sind nicht nur für geologische, sondern auch für technische Prozesse von großer Bedeutung. So haften zum Beispiel einige Schadstoffe an Mineraloberflächen, was für die Trinkwasserversorgung wichtig ist. Einige Industrieminerale, zum Beispiel Schichtsilikate, erhalten durch Oberflächenreaktionen besondere Funktionen. Auch die Korrosion ist für technische Anwendungen von Bedeutung. Um das Speichervermögen und die Sicherheit geplanter CO_2-Speicher zu erforschen, müssen Mineralreaktionen ebenfalls untersucht und verstanden werden.

Rasterkraftmikroskope

Rasterkraftmikroskope haben es in den vergangenen Jahren ermöglicht, Auflösungs- und Wachstumsprozesse direkt zu beobachten und diese Prozesse besser zu verstehen. So hat sich gezeigt, dass schon geringe Mengen bestimmter Moleküle ausreichen, um das

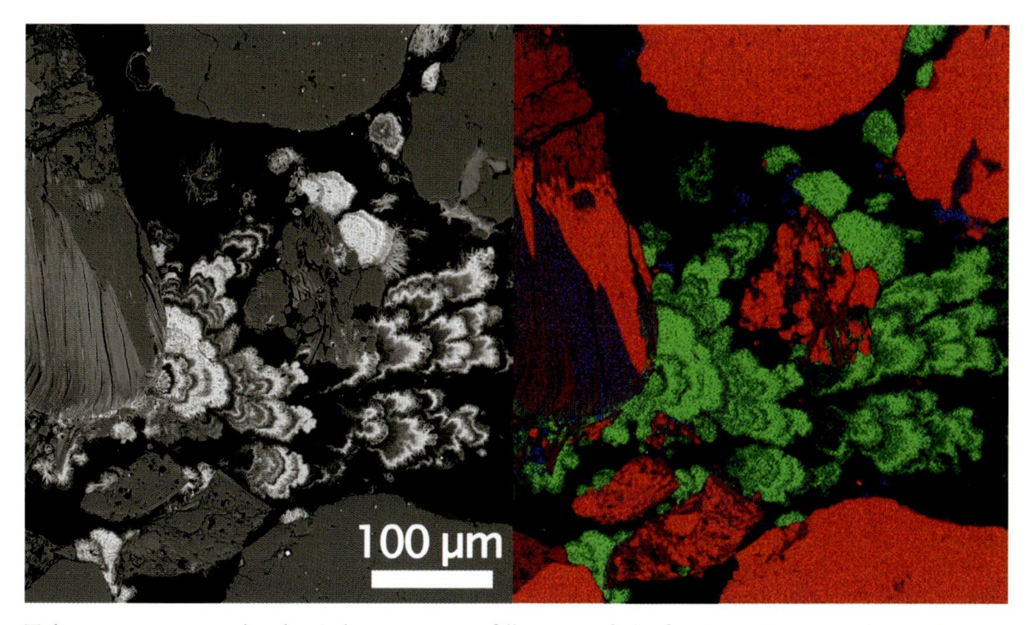

Teilweise verwittertes glaziales Sediment mit Ausfällung von fächerförmigen Manganoxiden. Neben der Umwandlung von primären Mineralen kommt es zum Wachstum von Manganmineralen im Porenraum. Diese tragen dazu bei, das Gestein zu verfestigen. Rückstreuelektronenbild (links) und farbcodiertes Elementverteilungsbild (rechts), rot = Silizium, grün = Mangan, blau = Eisen.

Wachstum und die Form von Kristallen zu verändern. Um den Vorgang der Biomineralisation zu verstehen und zum Beispiel Knochenersatzstoffe entwickeln zu können, muss man wissen, wie organische und anorganische Bausteine zusammenwirken. Um paläoklimatische Proxies nutzen zu können, muss man das anorganische und das biologisch-induzierte Kristallwachstum kennen. Welche Elemente sich in einem Kristall anreichern, kann davon abhängen, welcher dieser beiden Prozesse überwiegt. So lässt sich zum Beispiel die Wassertemperatur früherer Zeiten aus dem Verhältnis von Magnesium zu Calcium in den Kalkskeletten von Meeresorganismen errechnen. Mineraloberflächen können durch ihre geordnete Struktur auch selbst als Katalysatoren wirken und die Entstehung komplexer Moleküle begünstigen. Solche Reaktionen haben womöglich bei der Entstehung des Lebens eine Rolle gespielt.

Eine neu ins Bewusstsein gerückte Stoffklasse sind Nanopartikel und Kolloide. Oberflächengewässer enthalten immer mehr Nanopartikel, die zum Beispiel aus dem Bergbau, aus Industrieanlagen oder aus Abgasen stammen. Da sie eine große Oberfläche besitzen und sehr mobil sind, steigern sie die Reaktivität und den chemischen Transport in den Gewässern. Wie stabil diese Partikel sind, hängt zu einem großen Teil davon ab, ob sie sich im Wasser oder in der Luft befinden und welche Stoffe sich an ihrer Oberfläche festgesetzt haben. Arsen und Uran verbreiten sich zum Beispiel vor allem dann, wenn sie an Nanopartikeln wie Ferrihydrit haften. Nanopartikel lassen sich nur mit hochmodernen Instrumenten charakterisieren, die eine hohe örtliche Auflösung besitzen.

Wissenschaftliche Herausforderungen

Verwitterungsraten sind nach wie vor nur ungenau bekannt, da die grundlegenden Prozesse auf der Nanometerskala unzureichend verstanden sind. Wie stark Minerale sich auflösen, hängt vom Alter der verwitternden Oberfläche ab. So kann ein 10 bis 50 Nanometer dünner Film auf einem Millionen Jahre alten Feldspat die Verwitterungsrate um mehrere Größenordnungen herabsetzen. Dies bedeutet, dass Gesteine in Gebieten mit aktiver Tektonik oder verstärkter Erosion schneller verwittern als in tektonisch inaktiven Gebieten. Diese Unterschiede sind bisher nicht eingehend untersucht und werden daher

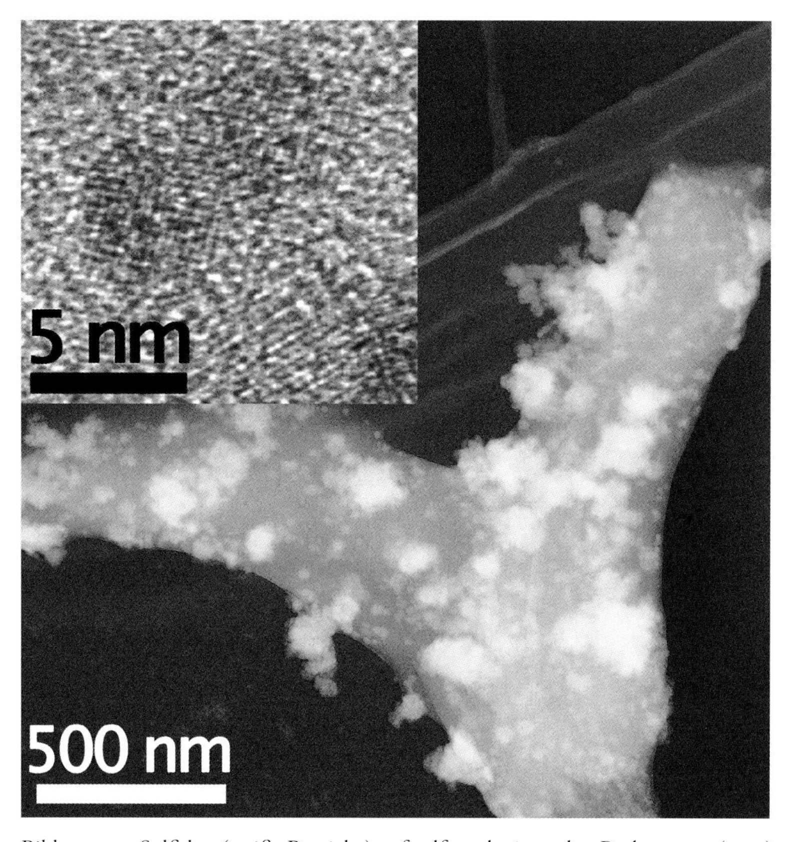

Bildung von Sulfiden (weiße Bereiche) auf sulfatreduzierenden Prokaryoten (grau) aus dem ehemaligen Uranabbaugebiet um Ronneburg. Hochauflösende Transmissionselektronenmikroskopie (oben links) zeigt Nanokristallite mit einer Korngröße von etwa 5 Nanometern und Netzebenenabständen von 0,3 Nanometern.

in Modellen nicht berücksichtigt. Wie sie sich auf die globalen Elementkreisläufe und das Klima auswirken, ist daher unbekannt.

Mikroorganismen

Welchen Einfluss Mikroorganismen auf Auflösungsraten haben, beginnen Geowissenschaftler gerade zu verstehen. Oft lässt sich nicht eindeutig klären, ob Mikroorganismen eine Oberfläche direkt angreifen oder ob sie nur indirekt zur Auflösung beitragen, indem sie etwa den pH-Wert herabsetzen. Die Auflösungsraten einfacher Minerale sind in der Regel gut bestimmt. Das Auflösungsverhalten von Mischkristallen und Mineralen mit variabler Struktur wird aber nur unzureichend verstanden. Wie Sekundärminerale die Auflösungsmechanismen und -raten beeinflussen, ist ebenfalls nur in Ansätzen untersucht.

Karbonatmineralien, also die Verbindungen von Kohlensäure mit Elementen wie Kalzium, Magnesium oder Eisen, könnten bei der geplanten CO_2-Reduzierung eine Rolle spielen. Daher ist es wichtig, die Entstehung und die Stabilität der Karbonatmineralien zu erforschen. Um Paläoproxies und Biomineralisation zu verstehen, muss man wissen, welche Rolle organische Stoffe bei der Mineralbildung spielen. Zurzeit weiß man noch relativ wenig darüber, wie sich Minerale unter biotischen und abiotischen Bedingungen bilden und wie sich diese Bedingungen unterscheiden. Diese Prozesse lassen sich zum Beispiel nutzen, um Altlasten zu bewerten, sie sind aber auch für die Astrobiologie und das Entstehen des Lebens von Bedeutung.

Schadstoffe

Wie werden Schadstoffe in oberflächennahen Systemen transportiert, an welche Partikel sind sie gebunden und wie reagieren sie auf veränderte Umweltbedingungen? Welchen Einfluss haben industriell produzierte Nanopartikel und Aerosole auf die Biosphäre und die menschliche Gesundheit? Alle diese scheinbar einfachen Fragen befassen sich mit Prozessen auf der Nanometerskala. Sie sind nur beantwortbar, wenn man verschiedene chemische, spektroskopische und abbildende Verfahren miteinander kombiniert. Mit modernen spektroskopischen Methoden kann man reaktive Oberflächenkomplexe nahezu in Echtzeit beschreiben und Strukturen im Submikrometerbereich auflösen. Neben den klassischen Methoden der Elektronenmikroskopie gibt es einige neue Methoden, mit denen sich Prozesse auf Mineraloberflächen untersuchen lassen. Dazu zählen das Massenspektrometer NanoSIMS und die Feldflussfraktionierungs-Massenspektroskopie (FFF-ICP-MS). Zudem lassen sich abbildende und spektroskopische Methoden koppeln, zum Beispiel bei der AFM-Ramanspektroskopie.

8.3 Impaktprozesse

Auf der Oberfläche aller Körper des Sonnensystems mit Ausnahme der Gasplaneten finden sich Spuren früherer Kollisionen. Mit Hilfe der Kraterhäufigkeit, also der Anzahl von Impaktstrukturen einer Größenklasse pro Flächeneinheit, lassen sich einzelne Krustenbereiche datieren. Diese Methode wurde am Mond geeicht. Sie erlaubt es abzuschätzen, wie viele Asteroidenbruchstücke zu einer

Dieses Bild wurde während der Apollo 11-Mission aufgenommen und zeigt zahlreiche Impaktkrater auf der Rückseite des Mondes. Der größte hier erkennbare Krater ist Daedalus mit einem Durchmesser von 93 Kilometern.

bestimmten Zeit im inneren Sonnensystem vorhanden waren. Sehr alte Oberflächen wie die Hochländer des Erdmondes sind mit Impaktkratern gesättigt. Das bedeutet, dass bei der Entstehung eines Impaktkraters ein älterer zerstört werden kann. Deshalb gibt die Kraterhäufigkeit nur ein Minimalalter an. Das Erde-Mond-System weist seit über drei Milliarden Jahren eine im Mittel gleich bleibende Impaktrate auf, da durch Kollisionen im Asteroidengürtel laufend neue Projektile entstehen. Ein besonders folgenschwerer Zusammenstoß ereignete sich im Ordovizium vor etwa 470 Millionen Jahren. Das zeigen fossile Meteoriten und Chromitkörner in Schweden und vier kleine Impaktkrater in Skandinavien und im Baltikum. Noch heute erreichen Trümmer dieser gewaltigen Kollision die Erde.

Alter der Krater

Meteoritenkrater liefern auch einen Einblick in die tieferen Schichten eines Himmelskörpers. So werden im Zentrum großer, komplexer Krater sonst nicht zugängliche Gesteine aus dem tiefen Untergrund herausgehoben. Die Kraterform spiegelt zudem die Eigenschaften der Kruste wieder. Aus der Gestalt der Krater des Saturnmondes Rhea lässt sich beispielsweise ableiten, dass die Oberfläche aus sehr kaltem Wassereis mit einer Temperatur von bis zu minus 220 Grad Celsius besteht. Auswurfgesteine auf dem Mars zeigen die Anwesenheit flüssigen Wassers an und die zentrale Aufwölbung des riesigen, uralten Vredefort-Kraters in Südafrika enthält ein vollständiges Profil durch die Unterkruste.

Der Jupitermond Io und die Erde sind die einzigen Himmelskörper in unserem Sonnensystem, auf denen es nur wenige Krater gibt. Io ist durch die Gezeitenreibung extrem dynamisch, bei der Erde haben Plattentektonik und Erosion die meisten Krater zerstört. Nahezu alle Krater mit einem Durchmesser von weniger als einem Kilometer sind jünger als eine Million Jahre. Vredefort, der älteste

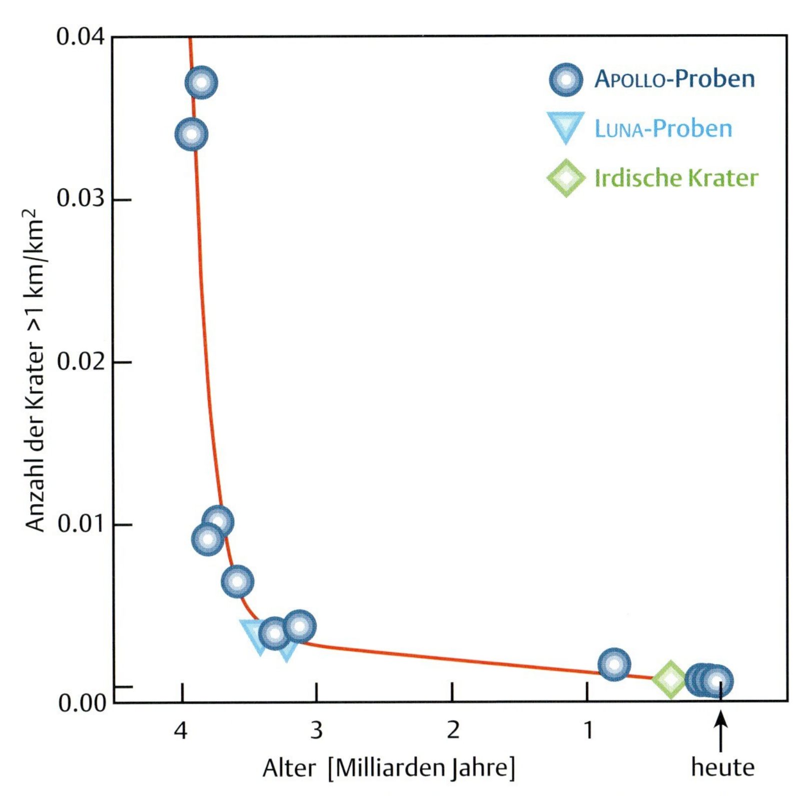

Anzahl von Impaktkratern mit einem Durchmesser von mehr als einem Kilometer pro Quadratkilometer Fläche als Funktion des Alters

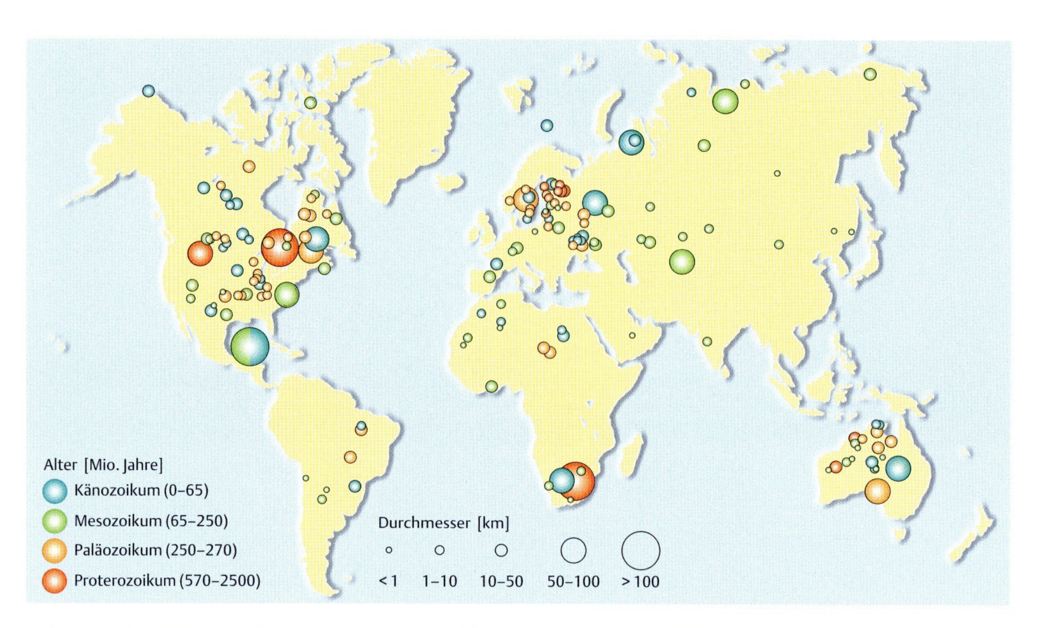

Weltweite Verteilung von Impaktkratern als Funktion ihrer Größe und ihres Alters

und größte Krater auf der Erde, wäre mit seinem Durchmesser von etwa 300 Kilometern und seinem Alter von zwei Milliarden Jahren auf dem Mond nur ein Krater unter vielen. Innere und äußere Prozesse beeinflussen die Kraterhäufigkeit. Das zeigt sich zum Beispiel daran, dass sich Krater auf alten Kontinentschilden mit niedrigen Erosionsraten häufen. Am Ozeanboden kennt man nur die Spuren des Eltanin-Impakts in etwa fünf Kilometern Tiefe im Südostpazifik. Dass es kaum Impaktkrater in den Tiefseeregionen gibt, liegt zum einen am jungen geologischen Alter der Ozeanböden. Zum anderen werden Projektile mit einem Durchmesser von wenigen Kilometern vom Wasser so stark abgebremst, dass sie nicht in den Ozeanboden eindringen.

Welche Form der endgültige Krater annimmt, hängt von vielen Faktoren ab. So spielen zum Beispiel die Eigenschaften der Zielregion eine wichtige Rolle, etwa Festigkeit, Dichte und Porosität des Gesteins. Ist die Einschlagregion von Wasser oder Eis bedeckt, wirkt sich das ebenfalls auf die Kraterform aus, ebenso wie die Schwerkraft des Meteoriten, seine Größe und Geschwindigkeit sowie der Einschlagswinkel. Dieses hochdynamische Geschehen, unter dem Begriff Kratermechanik zusammengefasst, kann in aufwändigen Modellen simuliert werden. Bei einfachen, schüsselförmigen Kratern hängen Kraterform und Kratergröße vor allem von der Materialfestigkeit des Ziels ab. Ist das Gestein fest, bricht kein Material vom Kraterwall in den ausgehöhlten Krater nach. Solche einfachen Krater können auf Körpern ohne Atmosphäre einen Durchmesser von wenigen Millimetern haben; auf der Erde liegt ihr Durchmesser bei maximal fünf Kilometern. Auf den Eismonden können sie einige Dutzend Kilometer groß werden. Komplexe Krater hingegen bilden sich, wenn Material unter dem Einfluss der Schwerkraft aus den Kraterwänden in den vorübergehenden Krater stürzt. Dabei haben die Materialeigenschaften nur einen geringen Einfluss. Die größten bekannten Impaktbecken im Sonnensystem sind das South-Pole-Aitken-Becken auf dem Erdmond mit einem Durchmesser von mehr als 2.500 Kilometern und das 2.300 Kilometer große Hellas-Becken auf der Südhalbkugel des Mars.

Neue Meteoritenkrater

Derzeit werden pro Jahr bis zu fünf neue Meteoritenkrater entdeckt. Dies beruht zum einen auf der Tatsache, dass Meteoriteneinschläge in den Erdwissenschaften nicht mehr als kurioser Prozess, sondern als Teil des normalen geologischen Geschehens wahrgenommen werden. Zum anderen aber tragen auch moderne Fernerkundungstechniken und geophysikalische Untersuchungsmethoden dazu bei, dass mehr Krater als früher gefunden werden. Impaktkrater lassen sich durch verformte und veränderte Minerale eindeutig nachweisen. So können bestimmte Hochdruck-Varianten von Mineralen oder wieder verheilte Bruchflächen in Kristallen, so genannte planare Deformationselemente (PDF), nur bei den Druck- und Temperatur-Verhältnissen eines Einschlags entstehen. Diese speziellen Bedingungen bezeichnet man als Stoßwellenmetamorphose. Der chemische Fingerabdruck des Projektils kann weitere eindeutige Beweise für die kosmische Herkunft liefern. Größere Mengen bestimmter Platingruppenelemente, etwa Iridium, oder ungewöhnliche Chrom- und Osmium-Isotopenverhältnisse in verdächtigen Ablagerungen können in der Regel nur von einem Meteoriten stammen. Zu den weniger wichtigen Kriterien zählen die Anwesenheit von Brekzien, geophysikalische Anomalien und morphologische Kennzeichen wie runde geologische Strukturen. Das Gestein, das bei einem Einschlag ausgeworfen wird, enthält oft „geschockte“ Minerale, Gläser und geochemische Anomalien. Selbst in Gesteinen aus dem Archaikum hat man solche Auswurfgesteine anhand charakteristischer Glaskügelchen identifiziert.

Wissenschaftliche Herausforderungen

In den vergangenen Jahrzehnten ist es gelungen, den Kraterbildungsprozess wesentlich besser zu verstehen, da die Ergebnisse verschiedener Forschungsfelder verknüpft werden konnten. Die Planeten-Fernerkundung liefert 3D-Daten über die Gestalt unveränderter Impaktkrater und stellt Basisdaten zur Kollisionshäufigkeit im Sonnensystem bereit. Impaktkrater auf der Erde können bei Forschungsbohrungen geologisch und geophysikalisch untersucht werden. Das verbessert das Verständnis der Kratermechanik. Experimente grenzen die Randbedingungen der Stoßwellenmetamorphose und der Kratermechanik ein. Allerdings ist es nur schwer möglich, die Ergebnisse der Laborexperimente auf realistische Einschläge hochzurechnen. Dies ist eines der Felder, in denen die numerische Modellierung wesentliche Erkenntnisse liefert. Naturbeobachtung, Experiment und Modell ergänzen einander.

8.4 Erdoberflächenprozesse

Der Begriff Erdoberflächenprozesse umschreibt alle chemischen, physikalischen und biologischen Vorgänge, die an der Grenze zwischen der Lithosphäre mit der Atmosphäre, Hydrosphäre und Biosphäre stattfinden. Das schließt solche Vorgänge ein, die durch menschliche Aktivitäten beeinflusst werden oder diese beeinflussen. Die Bedeutung von Erdoberflächenprozessen wird deutlich, wenn man die gewaltigen Stoffkreisläufe betrachtet, die an der Erdoberfläche stattfinden:

- 20 Milliarden Tonnen Sediment werden jedes Jahr auf natürliche Weise erodiert und in Flüssen transportiert.
- Zwei Milliarden Tonnen chemischer Elemente werden jährlich aus Gesteinen herausgewittert und in die Ozeane transportiert.
- Dieser Prozess entzieht der Atmosphäre jedes Jahr ungefähr 100 Millionen Tonnen CO_2. Die Verwitterung stabilisiert seit Milliarden Jahren den Treibhauseffekt und hält damit die Atmosphärentemperatur in einem lebensfreundlichen Bereich.

- Jährlich werden der Atmosphäre etwa 60 Milliarden Tonnen Kohlenstoff durch Photosynthese auf der Landoberfläche entzogen. Die terrestrische Biosphäre nimmt den Kohlenstoff auf, anschließend wird er durch die Oxidation der Pflanzenreste wieder freigesetzt.
- Da höhere Pflanzen auch beträchtliche Mengen an Metallen und Silizium aufnehmen, wird eine große Menge dieser Elemente durch die Verrottung von Pflanzenmaterial in Umlauf gebracht. Dieser Kreislauf ist ein Vielfaches dessen, was Flüsse transportieren.
- Seit dem Beginn des Holozäns greift der Mensch zunehmend in diese Prozesse ein. Landnutzung und Siedlungsbau bewegen jährlich hundert Milliarden Tonnen Boden. Davon entfallen 30 Prozent auf Bautätigkeiten und 70 Prozent auf landwirtschaftliche Nutzflächen. Dies entspricht einer Verfünffachung der globalen Abtragung und stellt einen der größten menschlichen Eingriffe in terrestrische Systeme überhaupt dar.

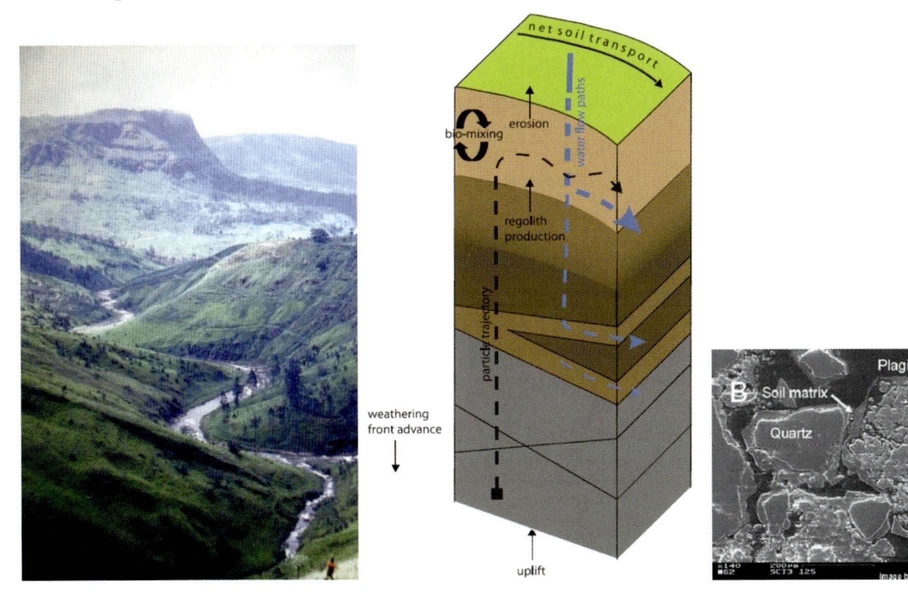

Die drei Raumskalen, auf denen Erdoberflächenprozesse stattfinden und untersucht werden: stark durch Abholzung verändertes Flusseinzugsgebiet in Sri Lanka (links); chemische und physikalische Prozesse in der „Critical Zone“ (Mitte); Rasterelektronenmikroskop-Bild eines verwitternden Feldspats, der sich zu Tonmineralen zersetzt (rechts)

Die Erforschung der Prozesse der Erdoberfläche ist ein stark wachsendes Gebiet, nicht zuletzt, weil diese Kreisläufe eine große Bedeutung haben. In den angelsächsischen Ländern sind in den letzten Jahren Dutzende von Professuren im Bereich der tektonischen Geomorphologie und „Earth Surface Processes“ eingerichtet worden. Die European Geosciences Union hat vor kurzem eine stark wachsende Sektion „Geomorphology“ eingerichtet. Neue Zeitschriften sind entstanden und die Zahl der Publikationen auf dem Gebiet der Erdoberflächenprozesse steigt ständig an. Bei diesen Entwicklungen verschmelzen die Grenzen zwischen den Fächern Geologie, Geomorphologie, Physische Geographie, Bodenkunde, Geochemie und Geophysik. Dies sollte auch für Deutschland wegweisend sein.

Erdoberflächenprozesse finden auf verschiedenen Raum- und Zeitskalen statt. Die Raumskalen reichen von Gebirgen bis hinab zu Domänen innerhalb eines einzelnen Mineralkorns. Die längste geologisch relevante Zeitskala ist die eines Gebirgsbildungszyklus, die kürzeste die des Klimazyklus. Die Zeitskala der anthropogen verursachten Zunahme der Sedimentflüsse reicht von der Gegenwart einige Jahrtausende in die Vergangenheit zurück. Die noch junge Disziplin Geoarchäologie beleuchtet die raumzeitlichen Veränderungen der Erdoberfläche unter dem Einfluss des Menschen. Dabei kommen unterschiedliche Methoden zur Anwendung.

Das Ziel der modernen Forschung besteht darin, die oben genannten Prozesse physikalisch und chemisch zu verstehen. Die dafür notwendigen Variablen sollen erfasst und parametrisiert werden. Diese werden dann in Reliefentwicklungsmodelle eingespeist. Andererseits ist ein empirischer Ansatz möglich. Dabei werden bestimmte Messgrößen als Proxies für einen Prozess ermittelt. Beide Vorgehensweisen haben ein großes Potenzial, denn in den letzten Jahren hat es eine Reihe technischer Entwicklungen gegeben, die eine sehr detaillierte Beschreibung der Prozesse ermöglichen. Dazu gehören:

- Methoden der digitalen Topographie (SRTM, Lidar, InSAR, Landsat)
- geochemische und physikalische Methoden der Ratenbestim-

mung, der Ereignisdatierung und der Prozess-Proxy-Anwendung (kosmogene Nuklide, Lumineszenzdatierung, U-Serien, ^{14}C, stabile Isotope)

- historisch-geographische und archäologische Datierung und Modellierung der menschlichen Eingriffe
- nichtinvasive geophysikalische erdoberflächennahe Erkundungsmethoden
- 4-D geophysikalische Transportmodelle.

Neue Methoden zur Untersuchung von Erdoberflächenprozessen

Geophysikalische Methoden	**Datierung / Raten**	**Geochemische Proxies**	**Geodätische und photogrammetrische Methoden und Daten**	**Mikro- bis nanoskalige Prozessaufklärung**
Refraktions- / Reflektionsseismik und Georadar	komponentenspezifischer Radiokohlenstoff (^{14}C)	Leichte stabile Isotope (H, C, N, O und S) an Biomarkern	SAR-Interferometrie (InSAR)	Hochenergie-, Absorptions-, Emissions- und Relaxations-Spektroskopie (z.B. NEXAFS)
Elektrische Impedanz-Tomographie / elektrische Widerstands-Tomographie	*In-situ* produzierte kosmogene Nuklide	H/O-Isotope an Ton und authigenem Karbonat als Paläoaltimeter	HRSC, SRTM, Landsat-, RapidEye und andere Satellitendaten	Femtosekunden-Laserablation-Massenspektrometrie
Elektromagnetik	$^{230}Th/^{234}U$	Stabile Si-Isotope an Bioopal	Digitale Photogrammetrie	Nano-Sekundärionen-Massenspektrometrie (nanoSIMS)
Radiomagnetotellurik	Thermolumineszenz, Optische Lumineszenz	Stabile Metallisotope als Proxies für Verwitterung und Bioaktivität	Digitale Kartographie	Röntgen-Photoelektronen-spektroskopie (XPS)
Surface Nuclear Magnetic Resonance (NMR)	Elektron-Spin-Resonanz	Meteorische kosmogene Nuklide als Proxies für solare Modulation	Terrestrisches Laserscanning, LIDAR	Kraft-Mikroskopische Techniken (z.B. AFM)

1 Absolute Alter glazialer Landformen (Alpin, Eisschilde)
2 Absolute Alter fluvialer Ablagerungen (Terassen, Einschneidung)
3 Absolute Chronologie von Küstenformen (Terassen, lakustrine- und marine Ablagerungen)
4 Raten der Hangerosion
5 Fluss-Einzugsgebietsweite Denudationsraten
6 Einlagerungsalter (Höhlen, Terassen, Paläoböden)
7 Alter von Erdrutschen
8 Alter von Abschiebungen (tektonische Versatzraten)
9 Alter vulkanischer Eruptionen
10 Alter von Oberflächen in der Wüste
11 Ablagerungsalter von Schwemmfächern
12 Alter archäologischer Funde

Durch kosmogene Nuklide datierbare Landformen

Wissenschaftliche Herausforderungen

Eine Reihe hochkarätiger Konferenzen und Workshops sowie Strategieschriften haben in den letzten drei Jahren die herausragenden Fragen der Erdoberflächenprozessforschung identifiziert. Diese können in die nachfolgend benannten Themenkomplexe und Forschungsfragen gegliedert werden.

- Raum- und Zeitskalen: Wie hängen Sedimentflüsse und Lösungsfrachten, raumzeit-variable Antriebskräfte und Einflussfaktoren voneinander ab? Wie ist die Architektur der Bodenschicht und deren Wechselwirkung mit physikalischen und biogechemischen Prozessen auf kleinster Raumskala sowie der Übertragung dieser Ergebnisse auf größeren Skalen von Kleineinzugsgebieten bis Kontinenten?
- Rückkopplungen zwischen Krustenbewegungen und Relief: Wie hängen Erosionsrate und Geschwindigkeit der Krustendeformation zusammen? Welcher Zusammenhang besteht

zwischen Krustenverformung, Silikatverwitterung und dem Entzug von atmosphärischem CO_2? Wovon hängt der Versatzbetrag an Störungen und klimatisch-gesteuerten Erdoberflächenprozessen ab?

- Klima und Erdoberfläche: Kann ein Transportgesetz entwickelt werden, dass alle Prozesse vom Gestein bis zum Sediment umspannt und das die Steuerung durch klimatische Prozesse enthält. Über welche Zeitskalen reagiert die Reliefveränderung auf Klimawandel? Welche Reliefformen reagieren am empfindlichsten auf Klimawandel? Werden tektonische Bewegungen in Gebirgen durch Klimawandel beeinflusst oder wandelt sich regionales Klima durch Gebirgsbildung?
- Prozesse in der „Critical Zone": Wie hängen physikalische, chemische und biologische Verwitterungsprozesse zusammen? Lassen sich Labor- und Feldexperimente in Einklang bringen? Wie verändern sich die Verwitterungsbedingungen über die menschliche Zeitskala? Wie werden die Stoffflüsse von Kohlenstoff, Partikeln und reaktiven Gasen gesteuert?
- Wechselwirkung zwischen Leben und Erdoberfläche: Hinterlässt das Leben einen „topographischen Fingerabdruck" auf der Erdoberfläche? Welche isotopengeochemischen Systeme sind für bestimmte Formen mikrobiellen Lebens und höhere Pflanzen charakteristisch? Wie lassen sich mikroskopische biologische Prozesse auf regionale oder kontinentweite Skalen übertragen? Welches Modell erfasst Rückkopplungen zwischen biologischen und physikalischen Prozessen? Welchen Einfluss hat die Biodiversität auf die Entwicklung der Erdoberfläche?
- Wechselwirkungen zwischen Mensch und Erdoberfläche: Wie und wie stark hat der Mensch vom Beginn der Agrargesellschaften bis heute in das Erdoberflächensystem eingegriffen? Wie beeinflussen externe Vorgänge (zum Beispiel Klima oder Landnutzung) die Erdoberfläche und welche Rolle spielen interne Vorgänge (zum Beispiel Kopplung, Entkopplung und Selbstorganisation)? Welche Folgen hat die erhöhte Denuda-

tion auf die Bodendegradation? Wo lagert sich organischer Kohlenstoff ab? Wie beeinflusst der Mensch gelöste Stoffflüsse und die Nährstoffversorgung der Ozeane? Wie verändert sich der Sedimenttransport auf kürzeren, anthropogen beeinflussten Skalen im Vergleich zu längeren natürlichen Zeitskalen? Was für Folgen hat es für eine nachhaltige Landwirtschaft, wenn der Boden schneller abgetragen wird als er sich neu bilden kann? Welche natürlichen geomorphologischen Prozesse verstecken sich unter einer starken anthropogenen Überprägung? Wie lässt sich das Bodensystem durch Soil Engineering und hydrologisches Management nachhaltig nutzen? Nachhaltige Ressourcennutzung sowie die Rekultivierung und Renaturierung von übernutzten beziehungsweise degadierten Standorten, aber auch Verbesserungen des Bodenzustands und der Bodenfunktionen durch gezielte Eingriffe werden dabei angestrebt.

Kernaussagen

- Neue Proxies erlauben es, die Bedingungen im Paläo-Ozean und in der Paläo-Atmosphäre zu rekonstruieren.
- Leben, in Form von Mikroben und höheren Pflanzen erzeugt gewaltige biogeochemische Stoffflüsse an der Erdoberfläche. Durch den Menschen wird dieser Effekt vervielfacht.
- Verwitterungsraten sind noch nicht genau bekannt, da die grundlegenden Prozesse auf der Nanometerskala unzureichend verstanden werden. Auch die Bedeutung von Mikroorganismen für die Auflösung von Mineralen muss noch geklärt werden.
- Ebenfalls geklärt werden muss, wie Sedimentflüsse, raumzeitvariable Antriebskräfte und Einflussfaktoren voneinander abhängen. Großer Forschungsbedarf besteht auch bezüglich Rückkopplungsprozessen zwischen Krustenbewegungen und Relief einschließlich der Auswirkungen auf die Erosion.

9 Natürliche Klimaentwicklung und menschlicher Einfluss auf das Klima

Die moderne Industriegesellschaft führt im Klimasystem der Erde ein Großexperiment mit ungewissem Ausgang durch. Um die derzeitigen Klimaveränderungen und die zukünftige Entwicklung objektiv beurteilen zu können, ist es notwendig, die natürlichen Klimavariationen und die vom Menschen verursachten Veränderungen zu erkennen. Unter dem Begriff Klima versteht man den langjährig (meist über 30 Jahre) gemittelten Zustand der Atmosphäre und dessen Veränderlichkeit. In der modernen Klimaforschung wird der Begriff des Klimas jedoch weiter gefasst. Um zu verstehen, wie sich der mittlere Zustand der Atmosphäre im Laufe der Zeit ändert, muss man die Wechselwirkung der Atmosphäre mit den anderen Komponenten des Klimasystems betrachten. Klima wird daher in der modernen Klimaforschung über das Klimasystem definiert und mit Hilfe von Klima- oder Klimasystemmodellen simuliert. Diese Klimasystemmodelle sind erweiterte Wettervorhersagemodelle. Sie berechnen die Bewegung der Atmosphäre über viele Jahre und Jahrzehnte und beschreiben auch die Meeresströmungen, das Driften des Meereises (eine Komponente der so genannten Kryosphäre), die Vorgänge in Böden (der Pedosphäre) und das Wandern der Vegetationszonen. Klimasystemmodelle sind ein ideales Werkzeug, um Veränderungen und deren Ursachen auf unterschiedlichen Zeitskalen zu untersuchen. Veränderungen über einen Zeitraum von mehr als 10.000 Jahren bezeichnet man als Langzeitklima, über einen Zeitraum zwischen hundert und 10.000 Jahren als Mittelzeitklima und Veränderungen, die weniger als hundert Jahre dauern, als Kurzzeitklima. Klimasystemmodelle können Vorsorgeuntersuchungen zum Großexperiment der modernen Industriegesellschaft leisten.

Der Vergleich von Messungen und Modellergebnissen belegt, dass die vom Menschen verursachte Zunahme der Treibhausgase das Klima seit einigen Jahrzehnten verstärkt beeinflusst. Klimatische Extremereignisse, wie Überschwemmungen, Stürme, Unwetter, Dürren, Hitze- und Kälteperioden, haben in den letzten Jahren zugenommen – möglicherweise aufgrund der Klimaveränderung. Als Folge dieser Extremereignisse ist es vermehrt zu Deichbrüchen,

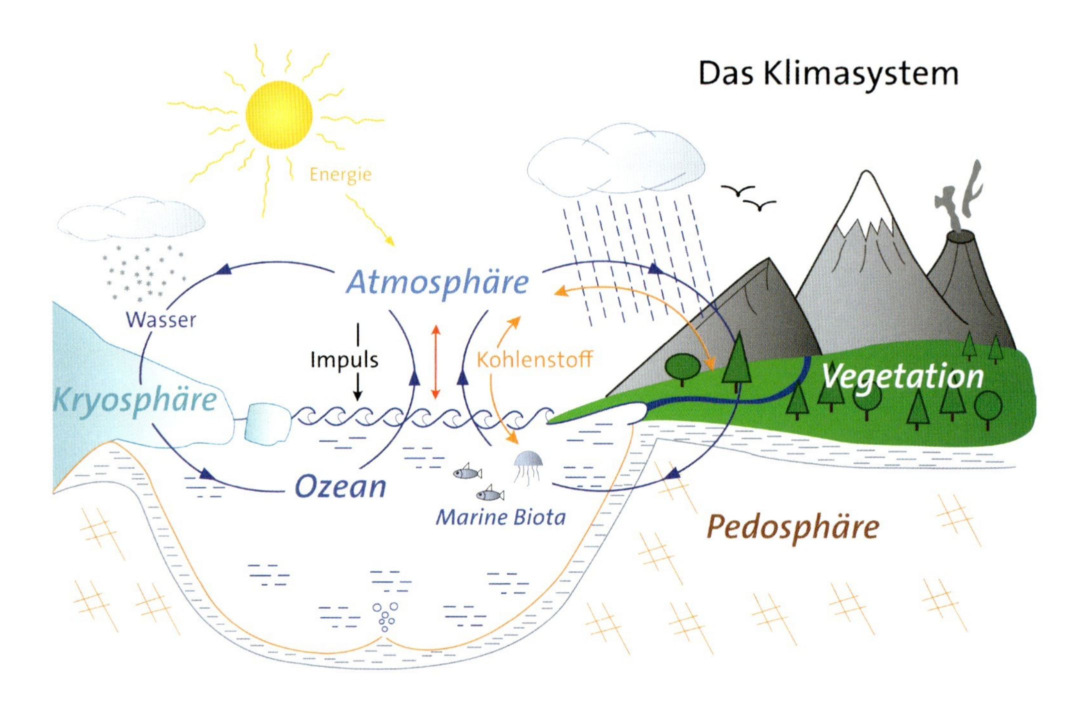

Klima ist eine Eigenschaft des Klimasystems. Das System setzt sich aus verschiedenen Bestandteilen zusammen: der Atmosphäre, der Hydrosphäre (dazu gehören Ozeane, Flüsse, Seen, Regen, Grundwasser), der Kryosphäre (Inlandeismassen, Meereis, Schnee, Permafrost), der marinen und terrestrischen Biosphäre, der Pedosphäre (Böden), und, wenn die Klimaentwicklung über viele Jahrtausende betrachtet wird, der Erdkruste und dem oberen Erdmantel. Das Klimasystem wird von außen durch den Energiefluss der Sonne und von innen durch die Erdwärme angetrieben. Die Komponenten des Klimasystems sind miteinander gekoppelt und beeinflussen sich gegenseitig.

Sturzfluten und Bergrutschen gekommen, mit entsprechenden volkswirtschaftlichen Schäden.

Frühere Klimavariationen

Mit Hilfe von geowissenschaftlichen Daten können frühere Klimavariationen rekonstruiert werden. Das ermöglicht es, frühere Veränderungen der Umwelt zu quantifizieren, die nicht mit Messinstrumenten aufgezeichnet wurden. So können die Prozesse entschlüsselt werden, die diese natürlichen Klimaschwankungen verursachen. Darüber hinaus bieten solche Rekonstruktionen die Möglichkeit, Klimasystemmodelle zu testen und zu verbessern. Paläoklimatologische Daten ermöglichen es auch abzuschätzen, welchen natürlichen Schwankungen das Klima ausgesetzt war, bevor der Mensch begann, es zu beeinflussen. Diese Daten helfen dabei, menschliche Einflüsse von natürlichen Klimavariationen zu unter-

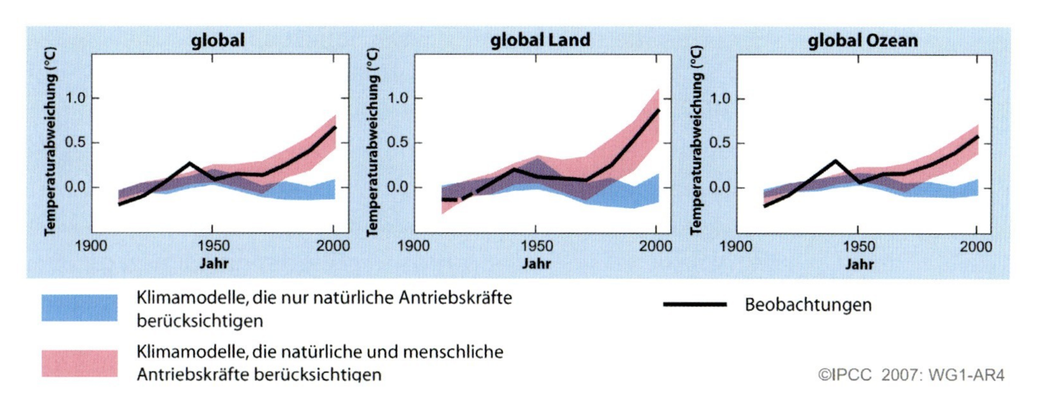

Vergleich der beobachteten Änderungen der globalen Erdoberflächentemperatur mit den von Klimasystemmodellen berechneten Resultaten. Die über 10 Jahre gemittelten, gemessenen Temperaturveränderungen (schwarze Linie) sind relativ zum entsprechenden Mittel von 1901 bis 1950 eingezeichnet. Blau schattierte Bänder zeigen die Bandbreite für 19 Simulationen von fünf Klimasystemmodellen, welche nur die natürlichen Antriebe durch Sonnenaktivität und Vulkane berücksichtigen. Rot schattierte Bänder zeigen die Bandbreite für 58 Simulationen von 14 Klimasystemmodellen, die sowohl die natürlichen als auch die anthropogenen Antriebe verwenden. Ohne menschlichen Einfluss kann die Erwärmung der letzten Jahre nicht erklärt werden.

scheiden. Sie sind somit von bedeutendem Wert für die Forschung über den globalen Wandel.

Klimaarchive

Die moderne Paläoklimaforschung verknüpft dabei alle verfügbaren Klimaarchive, um zu einer möglichst umfassenden Analyse globaler Umweltveränderungen zu gelangen. Verknüpft man Paläoklimarekonstruktionen mit Klimasystemmodellen, ergeben sich weit reichende Einblicke in die Dynamik von Klimavariationen.

Meeressedimente und biogene Ausfällungen in den Ozeanen bilden kontinuierliche Klimaarchive, die zeitlich am weitesten zurückreichen, über viele Millionen Jahre in die Vergangenheit. Sie enthalten Informationen darüber, wie sich die gesamte marine Umwelt veränderte und was für Auswirkungen das auf das Leben im Meer hatte. Die Untersuchung dieser Archive erlaubt es daher, die Folgen von Klimaveränderungen auf die Ozeane abzuschätzen, insbesondere auf die ozeanischen Zirkulationssysteme. Marine Archive eignen sich zudem hervorragend, um die Mechanismen paralleler Klimaänderungen im Ozean und an Land zu entschlüsseln. Terrestrische Archive, zum Beispiel Baumringe, Seesedimente, Höhlensinter und Eisablagerungen kommen als Klimaarchive in nahezu allen Regionen der Erde vor. Sie eignen sich besonders, um regionale Unterschiede der Klimavariabilität aufzuzeigen, beispielsweise zwischen kontinental und ozeanisch geprägten Klimazonen. Vor allem jahreszeitlich geschichtete Ablagerungen sind von großer Bedeutung. Sie erlauben es, fundierte Aussagen zur kurzfristigen Klimadynamik zu treffen.

Die geowissenschaftliche Klimaforschung hat in den letzten Jahrzehnten erhebliche Fortschritte dabei gemacht, die Klimageschichte der Erde quantitativ zu rekonstruieren. Gleichzeitig sind aber neue wissenschaftliche Herausforderungen entstanden, die es zukünftig anzugehen gilt. Dabei sollten sich die Geowissenschaften stärker mit Nachbardisziplinen verflechten. Synergieffekte sind insbesondere durch eine verstärkte Zusammenarbeit mit der Klimatologie, Meteorologie, Ozeanografie, Ökosystemforschung, Archäologie und Anthropologie zu erwarten.

9.1 Wechselwirkung zwischen Biosphäre, Kohlenstoffkreislauf und Klima

Paläoatmosphäre

Da Kohlendioxid (CO_2) und Methan (CH_4) in der Atmosphäre als Treibhausgase wirken, stellen sie das zentrale Bindeglied zwischen dem globalen Kohlenstoffkreislauf und dem Klima dar. Eisbohrkerne sind das einzige Klimaarchiv, in dem die Zusammensetzung der Paläoatmosphäre direkt aufgezeichnet ist. Die Zusammensetzung lässt sich anhand eingeschlossener Luftblasen messen. Bislang ist es gelungen, die Konzentration dieser beiden Treibhausgase während der letzten 800.000 Jahre zu ermitteln. Die CO_2- und CH_4-Variationen verlaufen etwa parallel zu den Temperatur- und Meeresspiegelschwankungen. Die Daten belegen somit, dass zwischen den Treibhausgaskonzentrationen und der Temperatur während der letzten acht Eiszeitzyklen ein enger Zusammenhang bestand. Kleine Veränderungen der Erdbahn, die so genannten Milanković-Zyklen, stoßen die regelmäßigen Wechsel zwischen Glazialen und Interglazialen an. Diese Orbitalzyklen lassen sich in Sauerstoffisotopenkurven mariner Sedimente nachweisen. Das belegt, dass das Klima auf Zeitskalen von 10.000 bis 100.000 Jahren durch Veränderungen der Erdbahnparameter gesteuert wird.

Schwankungen der Treibhausgase

Die Zeitreihen zeigen einige wichtige Merkmale bei den Treibhausgaskonzentrationen. So stieg der Gehalt von CO_2 während

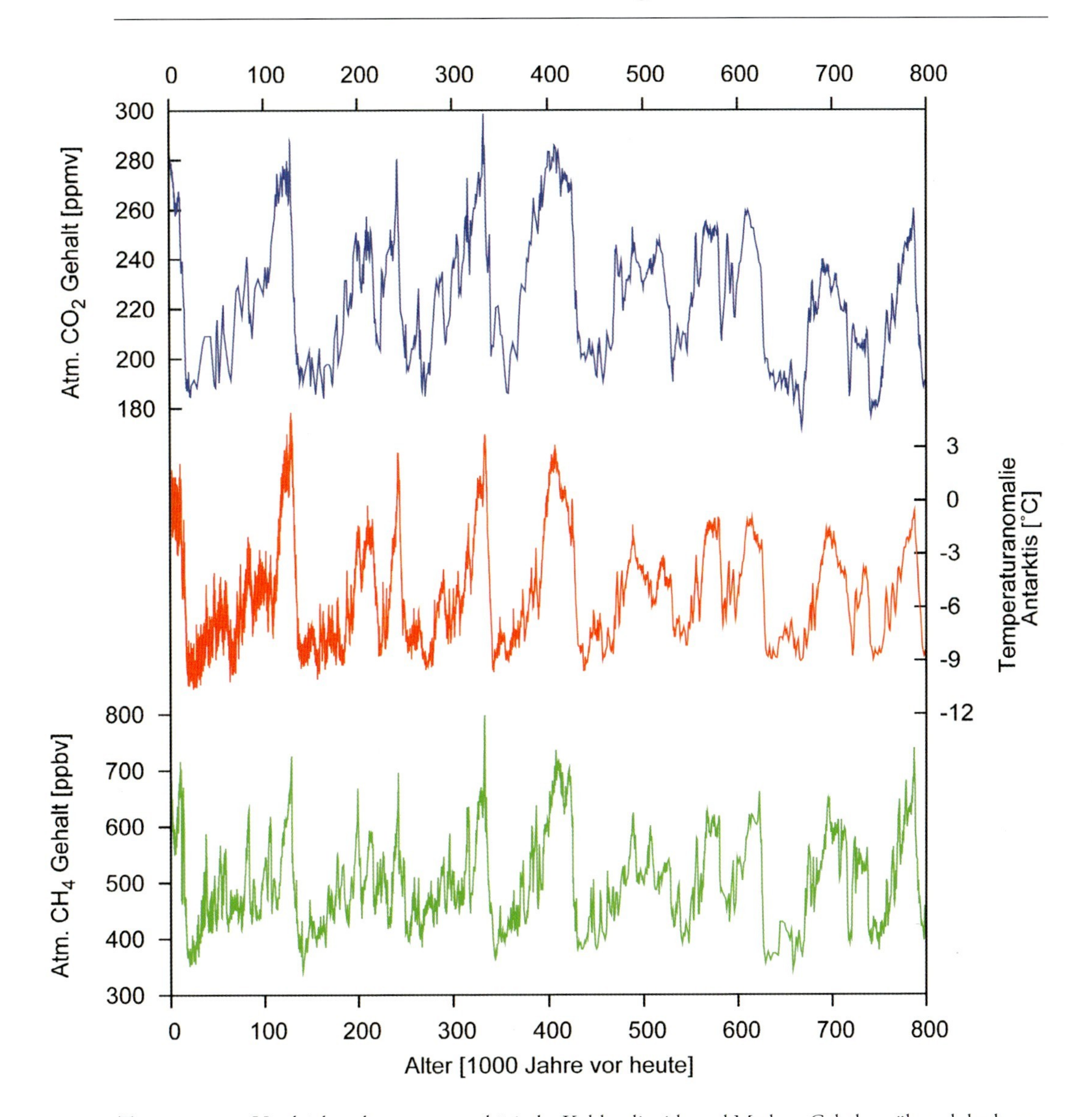

Temperatur im Vergleich zu heute, atmosphärische Kohlendioxid- und Methan-Gehalte während der letzten 800.000 Jahre. Die Daten stammen aus Eisbohrkernen aus der Antarktis.

der letzten 400.000 Jahre jeweils von 180 Volumenteilen pro Million (ppmv) während der Kaltzeiten auf 280 bis 300 ppmv in den Warmzeiten. Der Methangehalt stieg jeweils von 350 auf 750 ppbv (Volumenanteil pro Milliarde). In früheren Warmzeiten lagen die CO_2- und CH_4-Konzentrationen etwas niedriger. Welche Prozesse diese Schwankungen verursacht haben und welchen Grund die natürliche Spannbreite der Treibhausgaskonzentrationen hat, ist immer noch unsicher. In den vergangenen Jahren haben Geowissenschaftler zwar erkannt, dass Änderungen der Ozeanzirkulation, der Karbonatsedimentation im tiefen und flachen Ozean, der marinen und terrestrischen Biomasse, sowie die chemische Verwitterung hierbei eine Rolle spielen. Wie groß ihr Beitrag jeweils ist, ist aber nicht hinreichend eingegrenzt. Forscher haben auch die wichtigsten Methanquellen identifiziert, zum Beispiel die Ausdehnung tropischer und borealer Feuchtgebiete, die Biomassenverbrennung, den Zerfall mariner Methanhydrate und natürliche Methanaustritte. Die beobachteten Änderungen wurden aber noch nicht quantitativ modelliert. Ob der Mensch die Treibhausgaskonzentrationen schon in vorindustrieller Zeit beeinflusste und damit das globale Klima veränderte, ist bisher nicht allgemein akzeptiert, geschweige denn quantifiziert.

Aerosole

Atmosphärische Aerosole haben einen starken Einfluss auf die globale Strahlungsbilanz. Sie versorgen außerdem die Biosphäre über weite Distanzen mit Nährstoffen. Natürliche Klimaarchive zeigen, dass sich der Gehalt von Schwebeteilchen in der Atmosphäre zwischen Kaltzeiten und Warmzeiten, aber auch auf einer Skala von Jahren oder Jahrzehnten stark ändern kann. So zeigen die Eiskerne in Kaltzeiten zehn- bis hundertmal so viel Seesalz- und Mineralstaubaerosole an wie in Warmzeiten. Wie sich die Aerosol-Quellen und ihr Transport in der Atmosphäre mit der Zeit verändern, konnte bisher nur unzureichend modelliert werden – mit der Folge, dass die Ursachen der Schwankungen nicht hinreichend verstanden sind.

Über längere Zeiträume kann der CO_2-Gehalt anhand geochemischer Proxies (Stellvertreterdaten) rekonstruiert werden. Im Verlauf der letzten 65 Millionen Jahre, des so genannten Känozoikums, verlaufen CO_2-Gehalt und Temperatur in erster Näherung parallel. Allerdings zeigen sich auch deutliche Abweichungen: So schwankte das Klima im Miozän (vor 23 bis vor 5 Millionen Jahren) erheblich, während der CO_2-Gehalt nahezu unverändert blieb. Warum die CO_2-Konzentration im Verlauf des Känozoikums langsam abnahm, ist bisher nur unzureichend verstanden. Vermutlich spielten tektonische Prozesse eine Rolle sowie das Entweichen von Treibhausgasen aus großen Sedimentbecken. Neben CO_2 könnte über diese langen Zeiträume auch der Methanbeitrag in die Atmosphäre

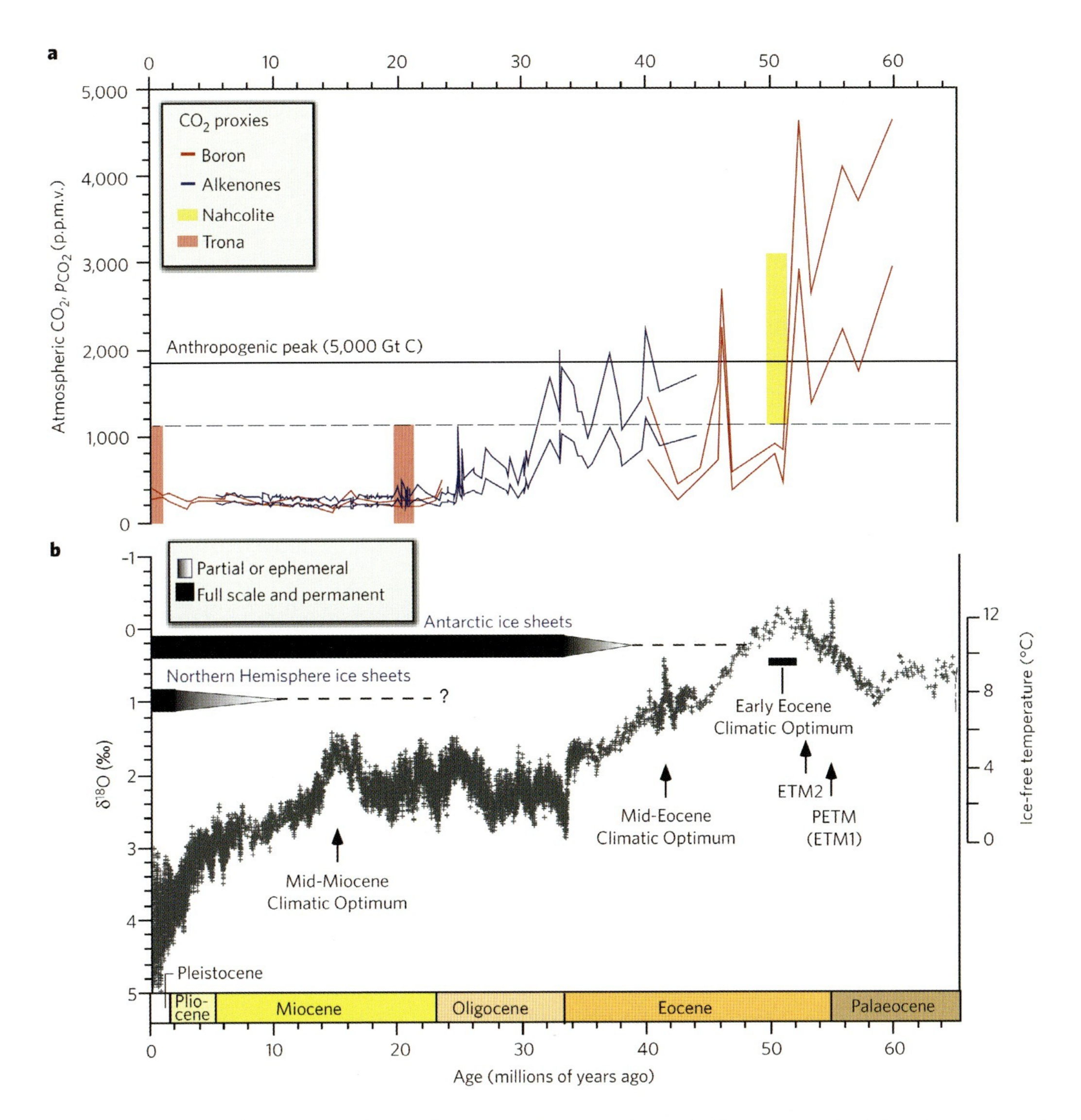

Rekonstruktion des CO_2-Gehaltes in der Atmosphäre (oben) und der Temperatur des tiefen Ozeans (unten) während der letzten 65 Millionen Jahre

das Klima beeinflusst haben. Methan bildet sich zum Beispiel aus organischem Material, das sich in Sedimentbecken gesammelt hat und durch hohe Temperaturen oder Mikroben zersetzt wird. Wie groß diese Methanquelle über geologische Zeiträume war, ist noch unklar.

Wissenschaftliche Herausforderungen

Wie sich erhöhte CO_2-Mengen in der Atmosphäre physikalisch auswirken, ist gut verstanden. Allerdings wissen wir noch relativ wenig darüber, wie sich der CO_2- und CH_4-Gehalt der Atmosphäre und die Oberflächentemperatur der Erde gegenseitig beeinflussen. Folglich ist es bisher nur unzureichend verstanden, welche Ursachen veränderte Treibhausgaskonzentrationen in der Erdgeschichte hatten und wie sich diese Veränderungen wiederum auf das Klima auswirkten. Es ist eine große Herausforderung für die Geowissenschaften, die Trends und Schwankungen des CO_2-Gehaltes im Verlauf von Warm- und Kaltzeiten sowie über das gesamte Känozoikum quantitativ zu verstehen. Um den globalen Wandel zu verstehen, ist es wichtig, den Zusammenhang zwischen dem CO_2-Gehalt und der mittleren Oberflächentemperatur der Erde genauer zu berechnen. Bessere Proxies können dazu beitragen, die Quellen und Senken von CO_2 im Verlauf der Erdgeschichte zu verstehen und den CO_2-Gehalt zu rekonstruieren.

Wechselwirkungen

Um das Klimasystem besser zu erfassen, müssen die Wechselwirkungen zwischen dem Klima und den marinen und terrestrischen Ökosystemen inklusive der Böden untersucht werden. Chemische Verwitterungsprozesse spielen ebenfalls eine Rolle, wirken sich aber eher über längere Zeiträume aus. Wie das Klima und diese biogeochemischen Kreisläufe gekoppelt sind, können Klimasystemmodelle dank umfangreicher Fortschritte bei Analysemethoden und Modellentwicklungen sowie verbesserter Rechnerleistungen inzwischen besser berechnen. Neu entwickelte, gekoppelte Klimasystemmodelle bilden erstmals alle wichtigen biogeochemischen Prozesse und Stoffkreisläufe explizit ab. Sie enthalten zum Beispiel die Vegetation, den marinen Kohlenstoffkreislauf, Aerosole und Verwitterung. Solche Modelle und neue Zeitreihen aus Klimaarchiven werden es ermöglichen, die zugrunde liegenden Prozesse quantitativ zu erfassen.

Zukünftige Forschungsaktivitäten sollten auch den Einfluss der „tiefen Biosphäre" auf den globalen Kohlenstoffkreislauf berücksichtigen. Diese erst vor kurzem entdeckte Lebensgemeinschaft könnte das Klimasystem auf Zeitskalen von mehr als hunderttausend Jahren beeinflussen. Schließlich besteht Forschungsbedarf, um herauszufinden, wie viel Methan auf geologischen Zeitskalen aus Sedimentbecken entweicht.

9.2 Wechselwirkungen zwischen Tektonik und Klima

Tektonische Prozesse können das Klima auf unterschiedliche Weise beeinflussen: Sie können Strömungen in Ozean und Atmosphäre nachhaltig stören, sie verändern die Verteilung von Land und Meer, die Topographie der Erdoberfläche und den globalen Kohlenstoffkreislauf.

Plattentektonik

Die Lage von Ozeanen und Kontinenten ist einem ständigen Wandel durch die Plattentektonik unterworfen. Das heutige ozeanische Zirkulationssystem mit seinen warmen Oberflächen- und kühlen Tiefenströmungen bildete sich während des Känozoikums schrittweise aus, weil sich Land und Meer umverteilten. Viele Forscher nehmen an, dass sich mehrere entscheidende Klimaveränderungen ereigneten, als sich Verbindungen zwischen zwei Ozeanbecken öffneten oder schlossen. So kühlte sich die Antarktis vermutlich ab, als ihre Landverbindung zu Australien abriss und sich eine kalte Meeresströmung rund um den Kontinent ausbilden konnte. Das könnte eine wichtige Voraussetzung dafür gewesen sein, dass der Kontinent schließlich vereiste. Als sich die Meeresstrasse zwischen Nord- und Südamerika vor etwa drei Millionen Jahren schloss, begann dagegen das Eiszeitalter auf der Nordhemisphäre. Neuere Klimasystemmodelle deuten jedoch an, dass die Öffnung und Schließung von Ozeanpassagen allein nicht ausreicht, um die Klimaentwicklung im Känozoikum zu erklären.

Gebirgsbildung

Die Gebirgsbildung spielt ebenfalls eine zentrale Rolle für die langfristige Entwicklung des Klimas. So verstärkte sich beispielsweise das Monsunsystem in Asien, als das Hochland von Tibet sich vor etwa 10 Millionen Jahren um ein bis zwei Kilometer anhob. Diese Hebung veränderte die atmosphärische Zirkulation großräumig. Aber auch küstenparallele Gebirgsketten wie die Sierra Nevada und das Kaskadengebirge in den USA kontrollieren die Verteilung von Niederschlag. Diese Gebirge sind dafür verantwortlich, dass sich innerhalb des nordamerikanischen Kontinents Wüsten gebildet haben. Gebirgsbildende Prozesse beeinflussen das Klima aber nicht nur regional. Meist ist das Wachstum von Gebirgen mit Vulkanismus verbunden, wodurch CO_2 in die Atmosphäre gelangt. Gleichzeitig entzieht die chemische Verwitterung der Gesteine, die bei der Gebirgsbildung an die Erdoberfläche gelangen, der Atmosphäre

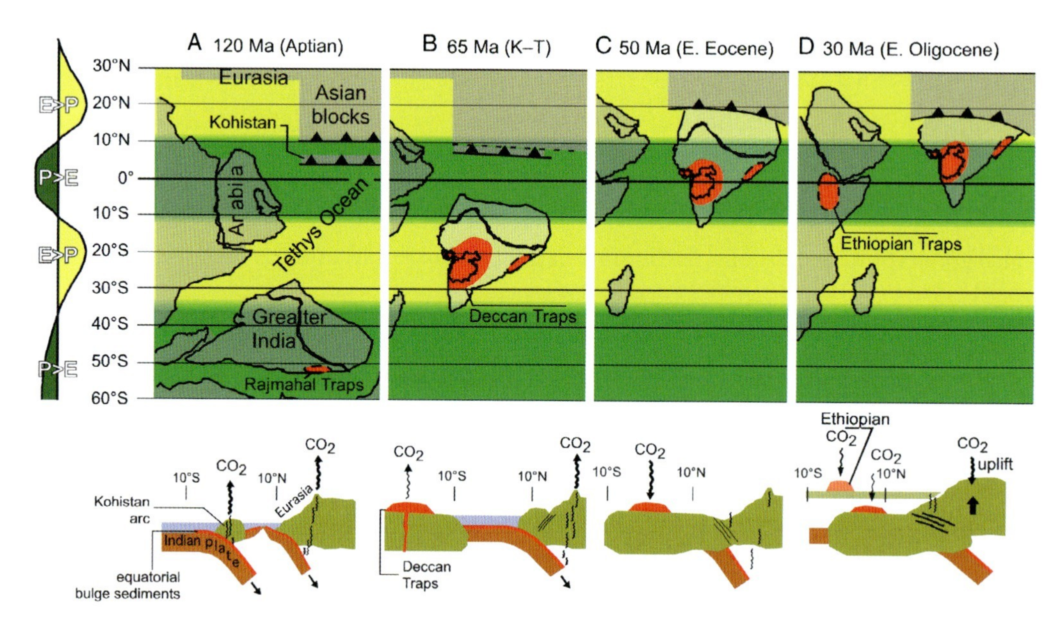

Oben: Der indische Subkontinent wanderte innerhalb von 90 Millionen Jahren durch unterschiedliche Klimazonen (grün: humid; gelb: arid). Vor 120 Millionen Jahren setzte die Subduktion ozeanischer Kruste CO_2 frei, das in die Atmosphäre gelangte. Flutbasalte (rot) setzten vor 65 Millionen Jahren ebenfalls große Mengen CO_2 frei. Als sich Indien vor 50 Millionen Jahren in den äquatorialen Regengürtel bewegte, verwitterte das Vulkangestein jedoch stark, wodurch der Atmosphäre wieder CO_2 entzogen wurde. Dieses Modell kann den Verlauf des CO_2-Gehaltes der Atmosphäre erstmals qualitativ erklären.

wieder CO_2. Dieser Mechanismus trägt auf Zeitskalen von etwa hundert Millionen Jahren wahrscheinlich dazu bei, den CO_2-Gehalt der Atmosphäre zu stabilisieren. Besteht ein Ungleichgewicht zwischen diesen tektonisch gesteuerten CO_2-Quellen und -Senken, kann sich der CO_2-Gehalt der Atmosphäre kurzfristig ändern. Viele Forscher vermuten, dass die oben beschriebene Abnahme des CO_2-Gehaltes in der Atmosphäre in der ersten Hälfte des Känozoikums eine tektonische Ursache hatte.

Wissenschaftliche Herausforderungen

Tektonische Prozesse und Klima

Bisher lassen sich die Auswirkungen tektonischer Prozesse auf das globale Klima nur sehr unzureichend berechnen. Dies liegt vor allem daran, dass Gebirge und Ozeanpassagen in globalen Klimasystemmodellen nur unzureichend wiedergegeben sind. Es ist daher eine große Herausforderung, die topographische Entwicklung von Gebirgen und Hochplateaus zu rekonstruieren und zu berechnen, wie sich die Topographie auf die Niederschlagsverteilung auswirkt. Verwitterungsprozesse und ihre Auswirkungen auf den CO_2-Gehalt der Atmosphäre lassen sich zurzeit ebenfalls nicht genau modellieren. Zukünftig gilt es insbesondere zu erforschen, ob tektonische Prozesse die globale Abkühlung im Verlauf des Känozoikums verursachten.

Tektonische Prozesse gehören ohne Zweifel zu den stärksten Antriebsmechanismen des globalen Klimas. Möglicherweise beeinflussen Klimaveränderungen umgekehrt aber auch Gebirgsbildungsprozesse. Zwischen Tektonik und Klima könnte es also einen echten Rückkopplungsmechanismus auf einer Zeitskala von einigen Millionen Jahren geben. Wie stark diese Rückkopplung ist, muss aber noch erforscht werden. Diese Forschung besitzt ein großes Potenzial, um unterschiedliche geowissenschaftliche Teildisziplinen stärker miteinander zu verknüpfen.

9.3 Dynamik abrupter Klimaänderungen

Schnelle Klimaänderungen

Eines der wichtigsten Ergebnisse der Paläoklimaforschung in den letzten zwei Jahrzehnten war der Nachweis, dass Klimaschwankungen außerordentlich schnell erfolgen können. Eisbohrungen auf Grönland zeigten, dass sich dort Temperatursprünge von zehn Grad Celsius innerhalb von zehn bis zwanzig Jahren ereigneten. Diese so genannten Dansgaard-Oeschger-Ereignisse sind mittlerweile weltweit nachgewiesen. Andere plötzliche Klimaschwankungen ereigneten sich während des Übergangs von der letzten Eiszeit zum Holozän. Während der Klimasprünge auf der Nordhalbkugel veränderte sich auch der Wasserkreislauf in den Tropen und Subtropen massiv. Weite Teile der Südhemisphäre erwärmten sich, wenn es auf der Nordhalbkugel kälter wurde und umgekehrt. Damit liefert die Paläoklimaforschung wichtige Einsichten dazu, wie sich Klimasignale über den Globus verbreiten und wie weit voneinander entfernte Regionen über Telekonnektionen oder Fernverbindungen miteinander verknüpft sind.

Sedimentkerne aus dem Nordatlantik zeigen, dass sich die Eisschilde auf der Nordhemisphäre während der letzten Eiszeiten mehrfach unerwartet stark veränderten. Im Meeresboden treten sporadisch Schichten mit einem hohen Anteil von Gletschergeröll auf. Sie sind ein eindrucksvolles Zeugnis dafür, dass die Eisschilde mehrfach instabil wurden und auseinanderbrachen. Während dieser so genannten Heinrich-Ereignisse brachen zahlreiche Eisberge von den Gletschern ab. Dadurch gelangten große Mengen Süßwasser in den Nordatlantik. Als Folge kam die Tiefenwasserbildung im nördlichen Atlantik zum Erliegen. Die Temperaturen auf der Nordhemisphäre sanken drastisch. Der globale Meeresspiegel stieg währenddessen um etwa 15 Meter. Anschließend wuchs das Eis wieder, und der Meeresspiegel senkte sich – bis zum nächsten Heinrich-Ereignis.

Weder die Dansgaard-Oeschger- noch die Heinrich-Ereignisse lassen sich durch die Veränderungen der Erdbahnparameter erklären, die für den Wechsel von Warm- und Kaltzeiten verantwortlich sind. Stattdessen gehen Klimaforscher davon aus, dass diese abrupten Klimaveränderungen durch nichtlineare Wirkungsketten

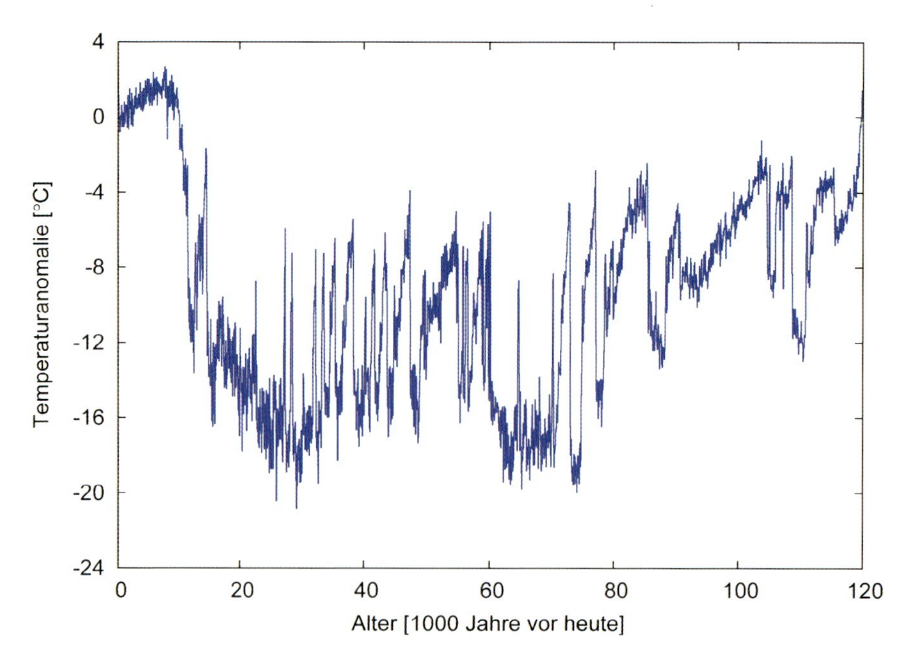

Temperaturschwankungen auf Grönland während der letzten Eiszeit. Die abrupten Erwärmungen von etwa 10 Grad Celsius fanden innerhalb von 10 bis 20 Jahren statt.

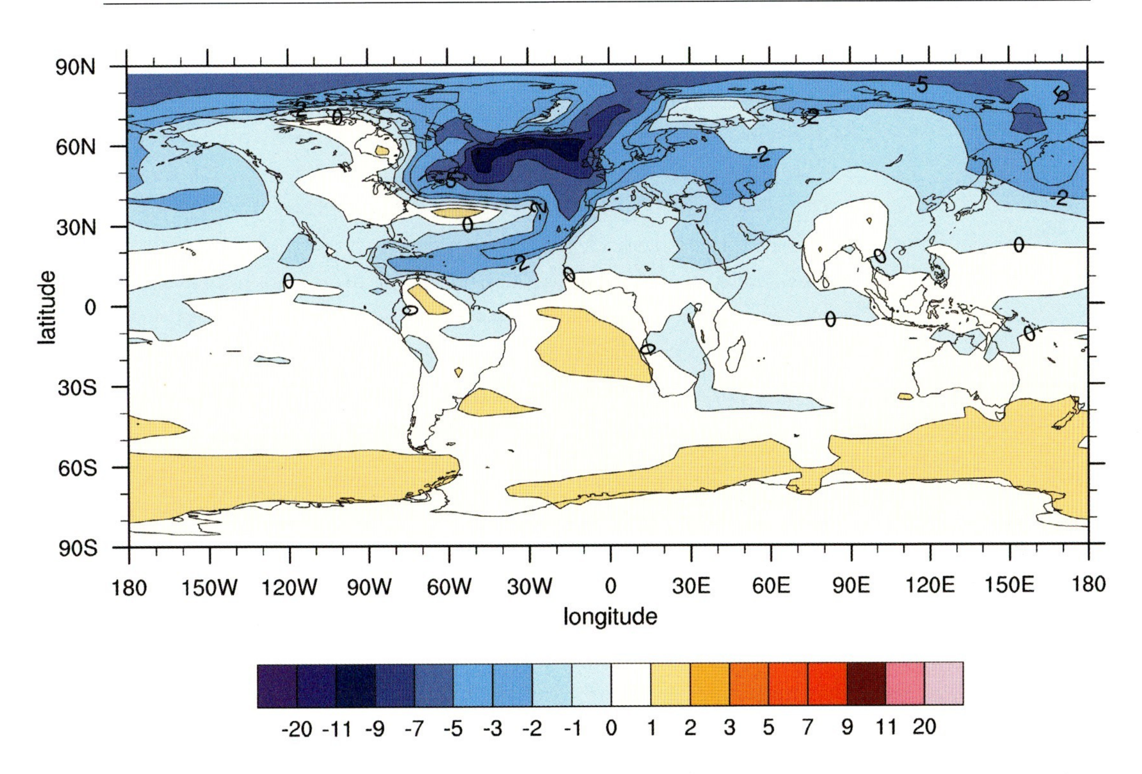

Modellierte Temperaturveränderung (in Grad Celsius) durch ein Heinrich-Ereignis während des Höhepunktes der letzten Eiszeit

im Klimasystem hervorgerufen werden. Diese Erkenntnis der Paläoklimaforschung hat zu einem wichtigen Paradigmenwechsel in der Klimaforschung geführt. Heute ist unbestritten, dass abrupte Klimaänderungen auftreten könnten – ein Umstand, der lange als physikalisch unplausibel galt. Bisher sind die Ursachen und der Verlauf abrupter Klimaänderungen nur sehr unzureichend verstanden. Änderungen der großskaligen Ozeanzirkulation, insbesondere der Tiefenwasserbildung im Nordatlantik, sowie die Dynamik der Eisschilde auf Grönland und der Antarktis werden als Schlüsselelemente für abrupte Klimaänderungen in Vergangenheit und Zukunft angesehen.

Wissenschaftliche Herausforderungen

Komplexe Klimasystemmodelle

Es besteht weiterhin erheblicher Forschungsbedarf, um Ursachen und Dynamik abrupter Klimaänderungen zu verstehen. So ist es bisher nicht gelungen, diese Ereignisse in komplexen Klimasystemmodellen abzubilden. Unklarheit besteht auch bezüglich der Frage, ob abrupte Klimaänderungen nur auftreten können, solange große Eisschilde auf der Nordhemisphäre vorhanden sind oder ob sie auch unter heutigen Bedingungen möglich sind. Folglich sind Aussagen über mögliche zukünftige abrupte Klimaänderungen mit großen Unsicherheiten behaftet. Die Modellierung dieser Ereignisse wird vor allem durch die begrenzte Rechenkapazität auf Großrechnern für entsprechende Experimente verhindert. Um herauszufinden, ob Klimasystemmodelle in der Lage sind, abrupte Klimavariationen zu simulieren, ist ein erheblicher Zuwachs an Rechenkapazität erforderlich. Besonders wichtig wäre es, die großskalige Ozeanzirkulation in Klimasystemmodellen realitätsnäher darzustellen.

Eisschildmodelle

Verfügbare Eisschildmodelle sind weder in der Lage, Heinrich-Ereignisse zu generieren noch zeichnen sie die beobachteten Veränderungen der grönländischen und antarktischen Eiskappen während der letzten Jahrzehnte nach. Daher müssen diese Modelle dringend verbessert werden. Mit der Modellierung von Eisschilden beschäftigen sich aber vergleichsweise nur wenige Forscher. Da die Dynamik der Eisschilde für den globalen Meeresspiegel von entscheidender Bedeutung ist, sollte eine konzertierte Anstrengung zur Verbesserung entsprechender Modelle ins Auge gefasst werden.

Durch die Verbindung von Proxydaten und Klimasystemmodellen kann man herausfinden, wie stabil die Meeresströmungen und die Eisschilde während der zukünftigen Erwärmung sind und ob es Schwellenwerte gibt, an denen das gesamte Klimasystem plötzlich in einen anderen Zustand springt.

9.4 Natürliche Klimavariationen in Warmzeiten

Warmzeit Holozän

Das Holozän bildet den Ausgangspunkt für die zukünftige Klimaentwicklung. Daher ist die Untersuchung dieser Warmzeit besonders wichtig. Wie groß die Bandbreite der natürlichen Klimavariabilität ist, lässt sich aber nur erkennen, wenn man das Holozän mit früheren Interglazialen oder noch früheren Warmzeiten in der Erdgeschichte vergleicht, zum Beispiel dem mittleren Pliozän.

In den letzten Jahrzehnten haben Klimaforscher die Schwankungen des Klimas überall auf der Welt kontinuierlich mit zahlreichen Messinstrumenten aufgezeichnet. Diese Datensätze belegen, dass das Klimasystem sich auf Zeitskalen verändert, die von wenigen Jahren bis zu einigen Dekaden reichen. Über längere Zeiträume sind dagegen kaum Aussagen möglich, da nur sehr wenige instrumentelle und historische Datensätze aus vergangenen Jahrhunderten existieren. Für die letzten 300 Jahre lassen solche Zeitreihen Trends erkennen, die sich zunächst nicht eindeutig erklären lassen. Erst eine Verlängerung der instrumentellen Aufzeichnungen durch Paläoklimadaten hat klare Belege dafür erbracht, dass diese Trends oft Abschnitte längerer Klimafluktuationen sind. Die Analyse von Paläoklimadaten hat zum Beispiel ergeben, dass das Klima während der warmen Perioden zwischen den Eiszeiten auf Zeitskalen von mehreren Jahrzehnten bis hin zu wenigen Jahrtausenden variiert.

„Kleine Eiszeit“

Die sicherlich bekanntesten Beispiele für solche Klimaschwankungen sind die so genannte „mittelalterliche Wärmeperiode“ im 11. Jahrhundert und die anschließende „kleine Eiszeit“, deren kältester Abschnitt vom 17. bis zum 19. Jahrhundert andauerte. Obwohl sich die Durchschnittstemperatur zwischen beiden Perioden auf der Nordhemisphäre nur um etwa 0,4 Grad Celsius unterschied, wirkte sich die Abkühlung der kleinen Eiszeit drastisch auf die Menschen aus, wie historische Aufzeichnungen eindrucksvoll belegen. Schwankungen der Sonnenaktivität oder Vulkanismus könnten die Klimaschwankungen im Mittelalter ausgelöst haben.

„Moden“

Auf einer Zeitskala von wenigen Jahren prägen so genannte Moden die Schwankungen des Klimas. Dazu gehören zum Beispiel die El Niño – Südliche Oszillation, die Arktische Oszillation oder die Nordatlantische Oszillation. Es ist ein vordringliches Ziel der modernen Klimaforschung, diese Schwankungen zu verstehen und vorherzusagen. Ob die globale Erwärmung diese Moden abschwächen oder verstärken wird, lässt sich derzeit nicht eindeutig beantworten. Wie sich diese Moden langfristig entwickeln, kann jedoch anhand von Paläoklimaarchiven und mithilfe von Klimasystemmodellen untersucht werden. So zeigen Klimazeitreihen aus fossilen Korallen, dass Sommer- und Wintertemperaturen sich während des letzten Interglazials stärker voneinander unterschieden als heute.

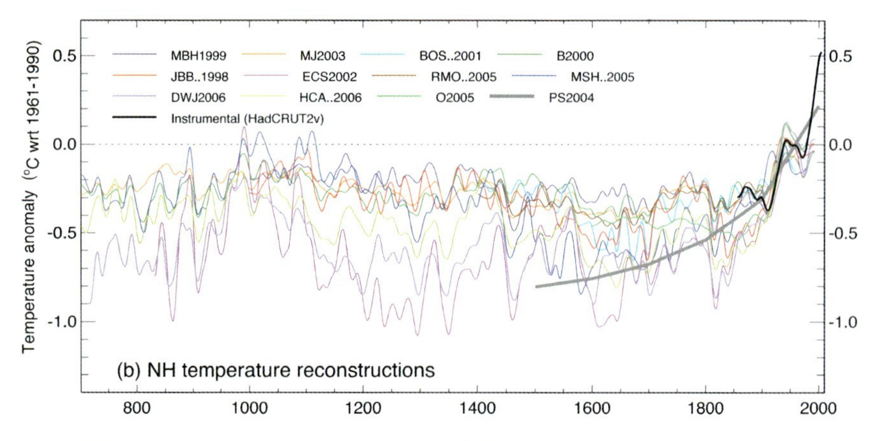

Rekonstruierte Temperaturanomalien auf der Nordhemisphäre zwischen 700 AD und heute. Farbige Linien markieren unterschiedliche Rekonstruktionen; die schwarze Linie zeigt instrumentelle Messdaten seit etwa 1750 AD.

Der Vergleich mit einem Klimasystemmodell zeigte, dass sich diese verstärkte Saisonalität dadurch erklären lässt, dass das Klimasystem sich damals häufiger in der so genannten positiven Phase der Nordatlantischen Oszillation befand.

Wissenschaftliche Herausforderungen

Vergleich unterschiedlicher Warmzeiten

Es ist notwendig, die natürliche Klimavariabilität auf Zeitskalen von einigen Jahren bis Jahrtausenden speziell in Warmzeiten quantitativ abzuschätzen. Nur so lassen sich der menschliche Einfluss auf das Klimasystem und der Einfluss der natürlichen Schwankungen besser beurteilen. Der Vergleich unterschiedlicher Warmzeiten kann wichtige Rückschlüsse auf die Dynamik des Klimasystems liefern. Aufgrund der guten Datenlage sind die Warmzeiten während der vergangenen Jahrmillion hierzu besonders geeignet.

Klimavariationen können durch innere und äußere Faktoren oder eine Kombination von beiden zustande kommen. Moderne Klimasystemmodelle zeigen oftmals keine ausgeprägte Variabilität auf längeren Zeitskalen von mehreren Jahrzehnten bis hin zu wenigen Jahrtausenden. Daher ist nicht klar, ob solche langfristigen Klimaschwankungen äußere Ursachen haben und daher in den Modellen fehlen oder ob die Modelle nicht alle wesentlichen Aspekte

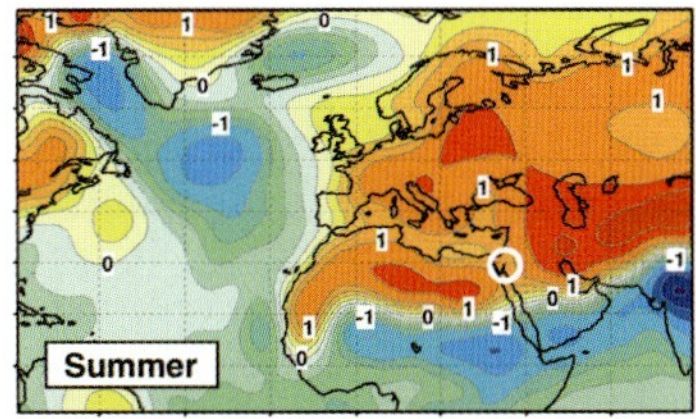

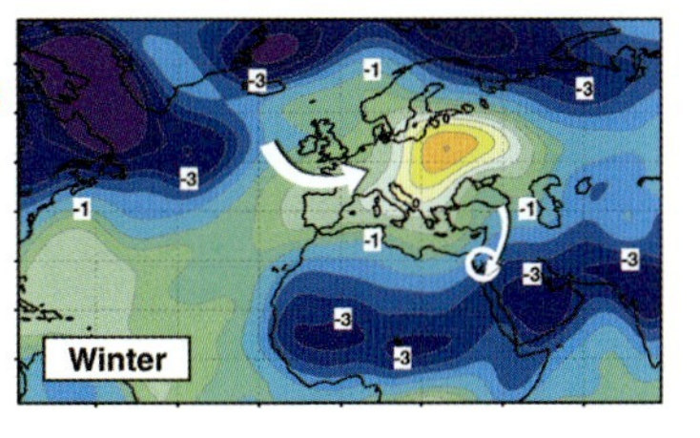

Geochemische Untersuchungen an Korallen aus dem Roten Meer belegen, dass die Sommer- und Wintertemperaturen im letzten Interglazial um circa 3 Grad Celsius mehr auseinanderlagen als heute (links). Experimente mit einem Klimasystemmodell zeigen, dass eine Tendenz zu einer positiven Phase der Nordatlantischen Oszillation während des letzten Interglazials maßgeblich zu dieser Verstärkung der saisonalen Temperaturvariation im Nahen Osten beigetragen hat (rechts).

berücksichtigen. Wie sich Klimavariationen und Kohlenstoffkreislauf über Jahrzehnte und Jahrtausende gegenseitig beeinflussen, ist ebenfalls nur unvollständig verstanden.

Vulkanismus

Vulkanismus beeinflusst das Klimageschehen in bedeutender Weise. Allerdings ist es bisher noch nicht hinreichend erforscht, wie sich extrem starke Vulkanausbrüche oder eine Häufung von Vulkanausbrüchen innerhalb kürzerer Zeit auf das Klima auswirken. Da nicht genau bekannt ist, wann welcher Vulkan in der Vergangenheit ausbrach und wie stark ein bestimmter Ausbruch war, besteht hier noch viel Forschungsbedarf.

Antriebsfaktoren

Die gemeinsame Analyse von Paläoklimadaten und Modellergebnissen wird maßgeblich dazu beitragen, die Ursachen natürlicher Klimaschwankungen in Warmzeiten besser zu verstehen. Dabei ist es auch nötig, mögliche äußere Antriebsfaktoren des Klimas zu rekonstruieren. Instrumentelle Zeitreihen müssen durch Paläoklimadaten erweitert werden. Zudem sollten Proxies für den hydrologischen Kreislauf, die atmosphärische Zirkulation, die Sonneneinstrahlung und vulkanische Aerosole weiterentwickelt werden. Ein vorrangiges Ziel sollte darin bestehen, räumliche Klimavariabilitätsmuster zu dokumentieren, ihre zeitlichen Variationen auf verschiedenen Zeitskalen zu bestimmen und die Antriebsfaktoren zu identifizieren.

9.5 Wechselwirkungen zwischen Klima und vorindustriellen Kulturen

Klimaveränderungen haben einen direkten Einfluss auf den Lebensraum des Menschen. Sie haben seine Evolution entscheidend geprägt. Indem man geowissenschaftliche Archive mit archäologischen und historischen Quellen kombiniert, kann man die Reaktionen antiker Gesellschaften auf Klimaveränderungen nachvollziehen. Neue, detaillierte Klimazeitreihen haben in den letzten Jahren einige verblüffende Erkenntnisse geliefert.

Einfluss auf den Menschen

So verraten Seesedimente auf Yucatan und marine Sedimente vor der Küste Venezuelas, dass der Untergang der klassischen Maya-Kultur mit einer allgemeinen Trockenheit in der Region und kurzen, wenige Jahre andauernden Dürrephasen einherging. Baumringanalysen im amerikanischen Südwesten zeigen, dass dort zwischen 1275 und 1300 AD eine ausgeprägte Trockenheit herrschte. Das war möglicherweise eine Ursache für das Verschwinden der Anasazi. Dieses Indianervolk ist durch seine Pueblos in den Steilwänden des Coloradoplateaus bekannt. Auch der Zusammenbruch des Akkadischen Reiches in Mesopotamien vor 4.200 Jahren, der Niedergang der Mochica-Kultur an den Küsten Perus vor 1.500 Jahren, das Ende der Tiwanaku-Zivilisation im Hochland Boliviens und Perus vor einem Jahrtausend und das Ende chinesischer Dynastien lassen sich mit lang andauernden Dürren in Verbindung bringen.

Am Untergang all dieser frühen Hochkulturen mögen noch andere Faktoren wie Kriege, Überbevölkerung oder Umweltzerstörung einen Anteil gehabt haben. Doch stets trat auch eine drastische Klimaänderung auf. Auch heute sind eine rapide Erwärmung des Klimas und Änderungen im Wasserkreislauf zu beobachten. Umso wichtiger ist es, den Zusammenhang zwischen Klimaveränderungen und sozioökonomischen Veränderungen in der Vergangenheit zu verstehen. Anhand von detaillierten Klimaanalysen kann zudem die umstrittene Hypothese getestet werden, ob der Mensch womöglich schon vor 6.000 Jahren, lange vor Beginn der Industrialisierung, einen Einfluss auf das regionale und globale Klima hatte.

Wissenschaftliche Herausforderungen

Die oben genannten Erkenntnisse sind zwar zum Teil noch spekulativ. Dennoch spricht immer mehr dafür, dass zwischen dem Untergang früherer Kulturen und starken natürlichen Klimaschwankungen ein Zusammenhang besteht. Das lässt sich am Vergleich archäologischer Daten mit den besten Klimazeitreihen erkennen.

Datierung

Geowissenschaftler, Archäologen und Anthropologen sollten gemeinsam die Datenbasis verbessern, um den umstrittenen Zusammenhang zwischen dem Untergang früherer Kulturen und extremen Klimaereignissen weiter zu untersuchen. Bisher liegen hierzu nur wenige interdisziplinäre Studien vor. Es ist vor allem wichtig, alle Ereignisse präzise und absolut zu datieren. Um Klimasignale aus verschiedenen Archiven vergleichen zu können, ist eine möglichst verlässliche und genaue Datierung von größter Bedeutung. Die Datenträger sollten idealerweise mit jährlicher Auflösung vorliegen oder mit kleinem Fehler absolut datierbar sein, wie dies beispielsweise bei Baumringen, Korallen, laminierten Sedimenten und Höhlensintern möglich ist. Um herauszufinden, ob es Klimaveränderungen gab, die den Lebensraum des Menschen gleichzeitig in verschiedenen Erdteilen stark beeinflussten, müssen besonders genaue Zeitreihen mit Klimasystemmodellen verknüpft werden.

Die Hypothese, dass der Mensch schon seit dem mittleren Holozän durch Landnutzung einen signifikanten Einfluss auf das Klima ausübte, sollte ebenfalls erforscht werden.

9.6 Szenarien für die zukünftige Klimaentwicklung

Szenarien

Um die zukünftige Entwicklung des Klimas abzuschätzen, werden so genannte Szenarien berechnet. Diese Szenarien treffen Annahmen zur zukünftigen Entwicklung der Weltbevölkerung, zur Landnutzung, zum Energieverbrauch und zur ökonomischen und technologischen Entwicklung. Im Auftrag der UNO hat das International Institute for Applied Systems Analysis (IIASA) im österreichischen Laxenburg Szenarien entwickelt, die von unterschiedlichen Entwicklungen ausgehen. Als Ergebnis liefern die Szenarien Prognosen zum Energieverbrauch und, unter Berücksichtigung des Energiemixes, zu den CO_2-Emissionen. Ein Kohlenstoffkreislauf-

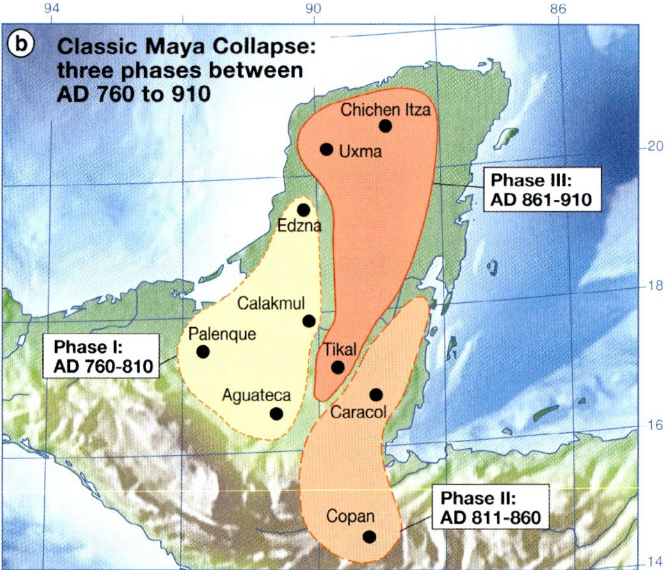

Diese und gegenüberliegende Seite: Der Einfluss des Klimas auf die klassische Maya-Kultur. Marine Ablagerungen vor der Küste Venezuelas deuten eine enge Verknüpfung zwischen Trockenperioden und Umbrüchen der Maya-Kultur an.

modell berechnet das weitere Schicksal der Emissionen, so dass sich am Ende die CO_2-Konzentration in der Atmosphäre ergibt. Diese Information wird im folgenden Schritt zum Antrieb von Klimasystemmodellen genutzt, die wiederum Aussagen über den Klimawandel liefern. Aus Informationen kann ein Klimafolgen- oder Impaktmodell schließlich die Auswirkungen auf die Menschheit berechnen, das heißt die sozialen und ökonomischen Kosten des Klimawandels. Am Anfang und am Ende einer Szenarienrechnung steht also ein gesellschaftswissenschaftliches Modell, in der Mitte jedoch ein mathematisch-naturwissenschaftliches Modell.

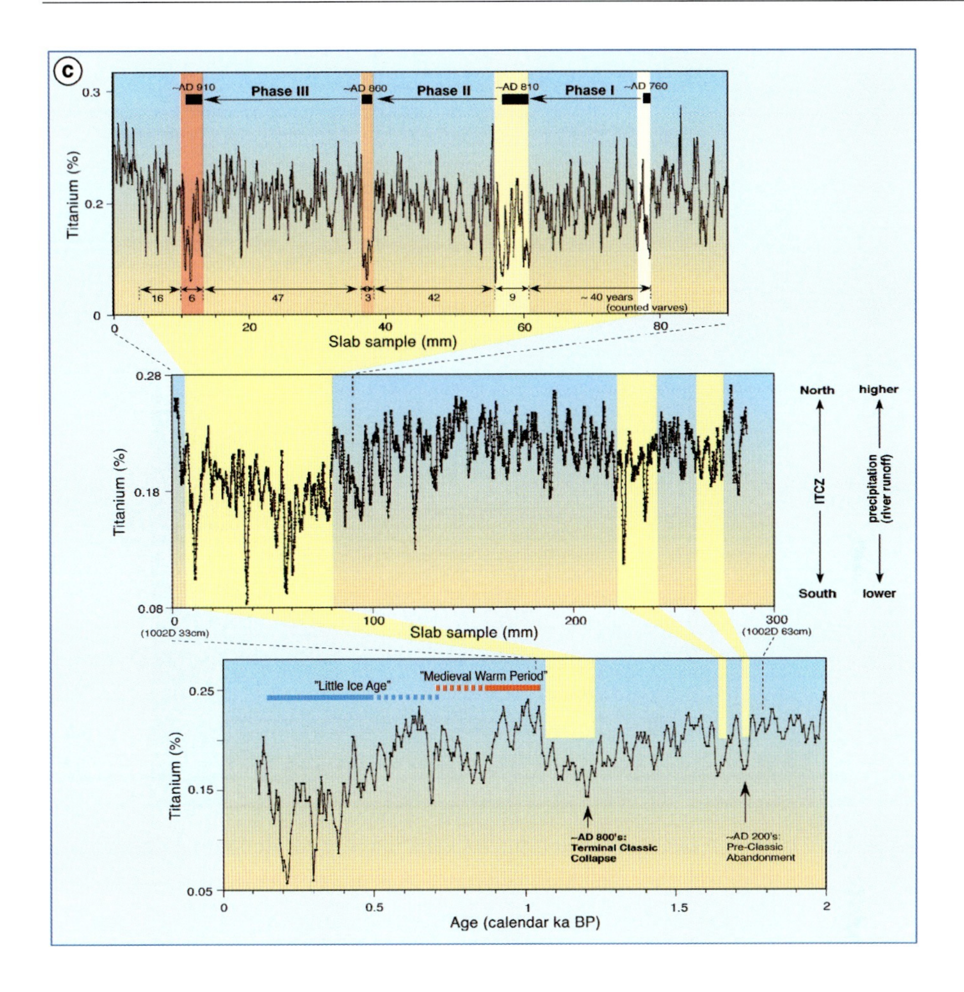

Analogien

Obwohl es keine direkte Analogie zum zukünftigen warmen Klima gibt, lassen sich aus der Klimageschichte einige "Testfälle" ableiten, anhand derer sich prüfen lässt, wie gut das physikalische Klimasystem verstanden ist. Anhand von Klimavariationen in der ferneren Erdgeschichte lassen sich Klimasystemmodelle in einem Bereich überprüfen, der weit vom heutigen Zustand entfernt ist.

Aus der Klimageschichte für die Zukunft zu lernen bedeutet aber auch, offen für überraschende Befunde zu sein. Ohne die Daten aus Klimaarchiven wäre es vermutlich heute nicht akzeptiert, dass abrupte Klimawechsel möglich sind. Paläoklimadaten haben wiederholt dazu beigetragen, Unzulänglichkeiten in Klimasystemmodellen aufzudecken und die Modelle zu verbessern.

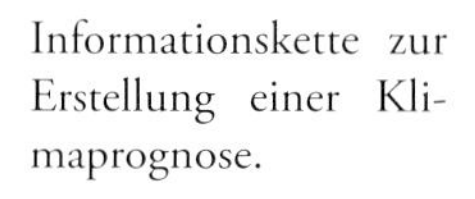
Informationskette zur Erstellung einer Klimaprognose.

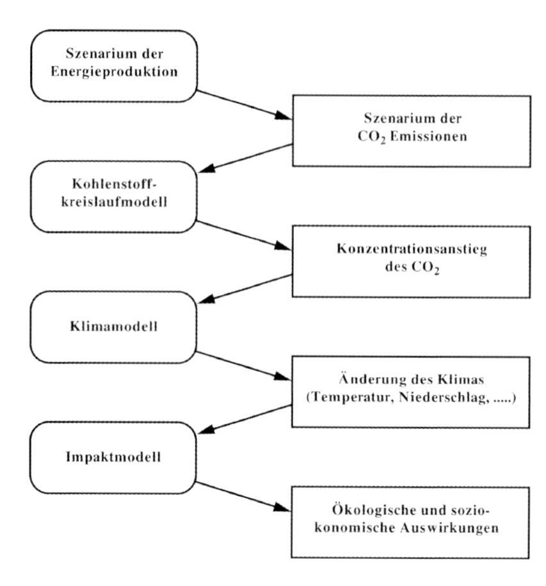

Klimamodelle

Paläoklimarekonstruktionen und Klimasystemmodelle haben in jüngster Zeit gemeinsam weitreichende Einblicke in die Dynamik von Klimavariationen ermöglicht. Die Spannbreite der Modelle reicht von detaillierten, realitätsnahen Modellen bis hin zu Modellen mit begrenzter Komplexität. Bereits heute lässt sich das Klimasystem mit Modellen mittlerer Komplexität über mehrere zehntausend Jahre simulieren. So können klimarelevante Prozesse auf geologischen Zeitskalen erstmals in großem Detail untersucht werden. Das Ziel der Klimasystemmodellierung besteht darin, die Ursachen natürlicher Klimaschwankungen zu verstehen, Rückkopplungsmechanismen zu identifizieren und daraus Aussagen über die Stabilität des Klimasystems zu unterschiedlichen geologischen Zeiten abzuleiten.

Wissenschaftliche Herausforderungen

Eine große Herausforderung für Klimaforscher besteht darin herauszufinden, wie stark und wie schnell sich das Klima in der Erdgeschichte änderte. Dafür ist es nötig, gut datierbare Klimaarchive mit hoher zeitlicher Auflösung zu finden. Besonders wichtig ist es dabei, mögliche Änderungsraten des Meeresspiegels in Warmzeiten einzugrenzen. Damit ist die Frage verknüpft, wie stabil die Eisschilde auf Grönland und in der Antarktis sind.

Sämtliche Klimaszenarien für das 21. Jahrhundert gehen davon aus, dass die Temperaturen in den Polarregionen stärker ansteigen als in niederen Breiten. Allerdings ist es unsicher, wie groß diese „polare Verstärkung" des Klimawandels ausfallen wird. Geowissenschaftliche Klimarekonstruktionen können dazu beitragen, diesen Effekt in Zukunft genauer vorhersagen zu können.

Handlungsoptionen

In den kommenden Jahren werden Klimavorhersagen für Zeiträume von weniger als zehn Jahren an Bedeutung gewinnen. Bisher sind solche Vorraussagen zu unsicher, um sie als Grundlage für die Entwicklung von Handlungsoptionen zu nutzen. Aus der Analyse der Klimavariabilität in der jüngsten Erdgeschichte können verbesserte Vorhersagen abgeleitet werden.

Die Ergebnisse der geowissenschaftlichen Klimaforschung reduzieren die Unsicherheiten, mit denen Klimaszenarien gegenwärtig behaftet sind. Eine zentrale Herausforderung besteht darin, eine dynamisch konsistente Kaskade von Klimasystemmodellen bereit zu stellen, mit der einerseits Klimaszenarien entwickelt werden können, andererseits die Klimaveränderungen in der Erdgeschichte untersucht werden können. Eine entsprechende Modellkaskade wird dazu beitragen, den Erkenntnistransfer zwischen Paläoklimaforschung und Klimaforschung zu beschleunigen.

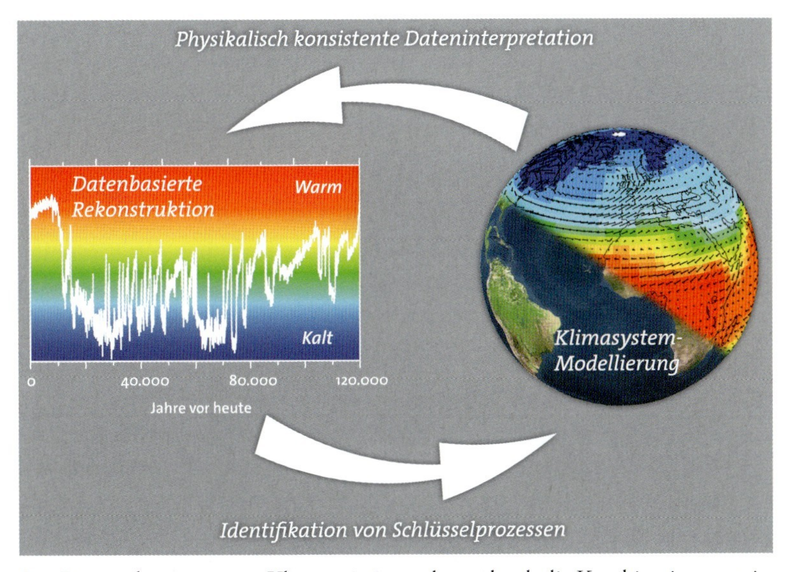

Die Dynamik vergangener Klimavariationen kann durch die Kombination geowissenschaftlicher Klimarekonstruktionen mit Ergebnissen der Klimasystemmodellierung entschlüsselt werden.

Kernaussagen

- Zukünftige Arbeiten werden dazu beitragen, die natürlichen Trends und Schwankungen der atmosphärischen Treibhausgase und der Aerosole während der jüngeren Erdgeschichte quantitativ zu rekonstruieren und zu verstehen. Dazu sind neben neuen Ansätzen zur Rekonstruktion auch Experimente mit komplexen Klimasystemmodellen nötig, um die Veränderungen des Erdklimas über geologische Zeiträume zu simulieren.
- Zukünftige Forschungsaktivitäten im Bereich der Ozeandynamik und der Erdoberflächenprozesse werden neue Erkenntnisse liefern, um Wechselwirkungen zwischen Tektonik und Klima besser zu verstehen. Dazu müssen tektonische Prozesse, ihre Wirkung auf die Topographie der Erdoberfläche und Rückkopplungseffekte gemeinsam in Modellen erfasst werden.
- Vor dem Hintergrund möglicher abrupter Klimaänderungen in der Zukunft besteht erheblicher Forschungsbedarf, um Ursache und Dynamik dieser Klimavariationen zu verstehen. Besondere Bedeutung kommt dabei einem verbesserten Verständnis der großskaligen Ozeanzirkulation sowie der Dynamik von Eisschilden zu.
- Die Rekonstruktion und Modellierung der natürlichen Klimavariabilität auf gesellschaftlich relevanten Zeitskalen wird einen wichtigen Beitrag leisten, um den menschlichen Einfluss auf das Klimasystem besser von natürlichen Variationen unterscheiden zu können.
- Eine verstärkte Zusammenarbeit von Geowissenschaften, Archäologie und Anthropologie wird es ermöglichen, den umstrittenen Zusammenhang zwischen dem Untergang früherer Kulturen und extremen Klimaereignissen besser zu verstehen.
- Geowissenschaftliche Paläoklimaforschung wird weiter dazu beitragen, die Unsicherheiten zu reduzieren, die gegenwärtig mit Szenarien der zukünftigen Klimaentwicklung verbunden sind.

10 Die Erde als Ökosystem

Die Erde ist der Lebensraum des Menschen und einer ungezählten Vielfalt des Lebens. Auch heute werden noch immer unbekannte Ökosysteme an Land oder im Meer entdeckt. Die Ökosystemforschung, ein faszinierendes Forschungsfeld an der Grenze zwischen Geowissenschaften und Biowissenschaften, befasst sich mit den vielfältigen Wechselwirkungen zwischen Lebewesen und ihrer Umwelt. Neue Verfahren haben in den letzten Jahren zu einer schnellen Entwicklung der Ökosystemforschung geführt. Dabei spielten zum Beispiel neue Methoden der Gelände-Beobachtung, der System-Modellierung, der experimentellen Ökologie, der Unterwasser-Technik sowie hoch auflösende und sensitive analytische Messverfahren eine Rolle. Heute umfasst die Ökosystemforschung eine riesige Spanne von Zeit- und Raumskalen. Sie wertet Satellitenmessungen globaler Prozesse aus und reicht bis zur Interaktion einzelner Bakterien mit Mineralien. Sie erfasst Isotopenverteilungen im Laufe der Erdgeschichte und erforscht die Photosynthese im Femtosekundenbereich, also in einer Zeitspanne von wenigen Billionstel Sekunden. Eine moderne Ökosystemforschung ist dringend notwendig, um die Herausforderungen des globalen Wandels zu bewältigen, die knappen natürlichen Ressourcen verantwortungsvoll zu nutzen und das Management der Naturräume zu verbessern. Die Ökosystemforschung beruht auf dem Verständnis des Geosystems, seiner erdgeschichtlichen Entwicklung sowie der Wechselwirkungen mit der Biosphäre. Die Geowissenschaften leisten hier auch in der Zukunft einen zentralen Beitrag in Forschung und Lehre.

10.1 Entwicklung und Bedeutung des Ökosystems Erde

Leben auf der Erde

Die Biosphäre ist ein einzigartiges Merkmal unseres Planeten. Seit mindestens 3,5 Milliarden Jahren existiert Leben auf der Erde. Vor etwa 2,5 Milliarden Jahren erzeugten Mikroorganismen durch die Photosynthese eine zunehmend sauerstoffhaltige Atmosphäre. Daraufhin konnten sich die Pflanzen- und die Tierwelt entwickeln und Nährstoffkreisläufe ausbilden, wie wir sie heute kennen. Warum sich ein so vielfältiges Ökosystem auf der Erde entwickeln konnte und warum diese Vielfalt immer wieder enormen Schwankungen unterworfen war, sind wichtige Fragen der Geowissenschaften.

Vor vier Milliarden Jahren, als die Leuchtkraft der Sonne etwa 20 Prozent unter dem heutigen Niveau lag, enthielt die Atmosphäre infolge des starken Vulkanismus große Mengen der Treibhausgase Methan und Kohlendioxid. Konvektionsströme im Erdmantel, die durch den radioaktiven Zerfall der Elemente Uran, Thorium und Kalium im Erdmantel angetrieben werden, halten den Vulkanismus in Gang. Durch die hohen Mengen an Treibhausgasen kam es zu einer folgenreichen Kettenreaktion. Zunächst heizten die Treibhausgase die Atmosphäre auf. In diesem warmen Klima verwitterten die Gesteine schneller. Dadurch wurde der Atmosphäre wiederum Kohlendioxid entzogen, was zu einer Abkühlung führte.

Seit es Leben auf der Erde gibt, sorgen selbstregulierende geobiologische Prozesse dafür, dass die Temperatur der Erde in einem lebensfreundlichen Bereich bleibt. Doch die Existenz des Ökosystems Erde ist endlich. Wenn die Konvektionsströme im Erdmantel in ferner Zukunft zum Stillstand kommen, wird die Erde so inaktiv wie ihr Mond. Doch schon viel früher, innerhalb der nächsten 500 bis 900 Millionen Jahre, wird die Erde zu heiß für höheres Leben, weil die Leuchtkraft der Sonne zunimmt und sich ihr Abstand zur

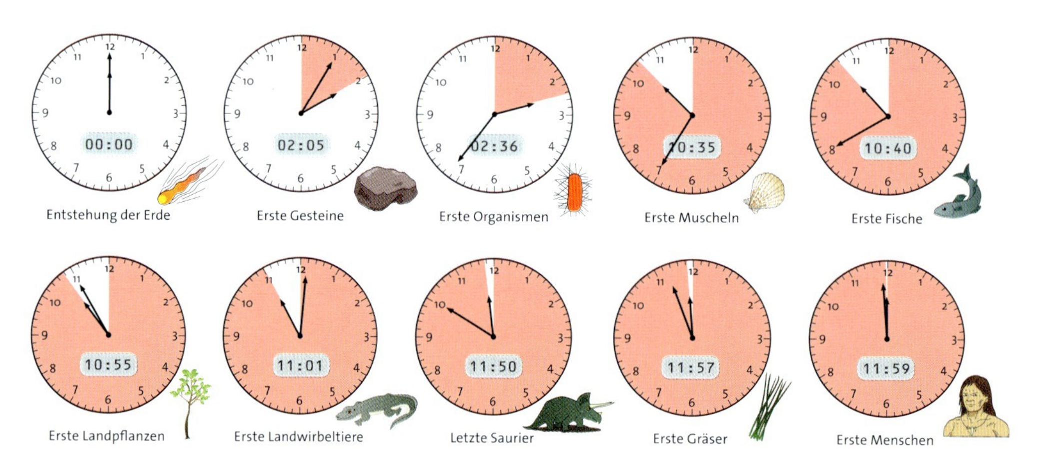

Die geobiologische Uhr: Komplizierte Ökosysteme erschienen erst spät in der Erdgeschichte auf der Erde.

Erde verringert. Die Geowissenschaften erforschen langfristige Änderungen der Umweltbedingungen, die seit Beginn der Erdgeschichte in den Gesteinen gespeichert sind und prüfen Hypothesen für die weitere Entwicklung der Erde. Gegenwärtig gelten allerdings kurzfristige Veränderungen als stärkste Bedrohung für viele Ökosysteme. Der rasante Anstieg des Treibhausgases Kohlendioxid und die globale Erwärmung, das exponentielle Wachstum der Weltbevölkerung und die damit verbundene Landnutzung haben vielerorts bereits Ökosysteme zerstört und Arten ausgelöscht.

Geobiologie

Die Geowissenschaften untersuchen die Entwicklung der Ökosysteme und die Wechselwirkungen der Biosphäre mit der Geosphäre in vielfältigen Ansätzen. So übt das Leben einen enormen Einfluss auf die chemische und physikalische Entwicklung der Erde aus. Es ist zum Beispiel an der Sauerstoffproduktion, am Kohlenstoffkreislauf, an der Biomineralisation und an der Verwitterung beteiligt. Globale Veränderungen, etwa die derzeitige Klimaveränderung oder die Versauerung der Meere, beeinflussen wiederum Lebewesen, von der Entwicklung genetischer Informationen bis hin zur Struktur von Lebensgemeinschaften. Diese Wechselwirkungen sind die Kernthemen der Geobiologie. Dieses interdisziplinäre Fach setzt eine Vielfalt von geo- und biowissenschaftlichen Methoden ein und arbeitet komplementär zu den klassischen Arbeitsfeldern der Paläontologie. Die Paläontologie erforscht anhand von Fossilien, welche Lebewesen zu welcher Zeit auf der Erde lebten, wie sie miteinander verwandt waren, sich verbreiteten und sich entwickelten. Die Geobiologie beschäftigt sich dagegen mit heutigen und fossilen Organismen und den von ihnen angetriebenen Prozessen. In Zukunft sollten diese Forschungszweige enger an die Biodiversitätsforschung gekoppelt werden. Diese Entwicklung steht in Deutschland noch aus.

Wissenschaftliche Herausforderungen

Klimawandel

Heute wird der Ökosystemforschung vor allem eines abverlangt: Sie soll Antworten auf die Frage geben, wie das Leben auf der Erde auf den Klimawandel reagiert und mit welchen Umweltveränderungen zu rechnen ist. Wenn heute von ökologischen Krisen gesprochen wird, so geht es um spürbare Veränderungen der Ökosysteme wie auch der Lebensqualität der Menschen. Solche Krisen ereignen sich zum Beispiel, wenn sich Klimazonen verschieben, eisbedeckte Lebensräume schrumpfen oder Wüsten sich ausdehnen. Ähnliche Einschnitte treten außerdem ein, wenn große Mengen an Treibhausgasen wie CO_2, Methan oder Stickstoffgasen freigesetzt werden, sich El-Niño-bedingte Klimaanomalien häufen oder sich die genetischen Ressourcen und die Funktionalität von Ökosystemen vermindern, weil die Biodiversität abnimmt.

Welche Ursachen und Folgen Veränderungen des Ökosystems Erde haben, ist nur in Einzelfällen bekannt. Wechselwirkungen zwischen verschiedenen Prozessen sind kaum verstanden. Viele der derzeitigen Probleme stehen in einem globalen und gesellschaftlichen Kontext. Um Probleme mit globalen Auswirkungen modellieren und Vorhersagen entwickeln zu können, ist das Systemverständnis der Geowissenschaften notwendig. Allerdings sind die natürlichen Prozesse oft sehr träge, während die Veränderungen des globalen Klimawandels extrem schnell vor sich gehen. Noch ist viel zu wenig darüber bekannt, ob erdgeschichtliche Analogien zum heutigen Klimawandel genutzt werden können, um die Reaktion der Ökosysteme vorherzusagen. Zudem zeigen Entscheidungen, die heute getroffen werden, möglicherweise erst nach mehreren Generationen die gewünschte Wirkung. So ist es zwar 1989 durch das Montreal-Protokoll gelungen, den Ausstoß von FCKW in die Stratosphäre

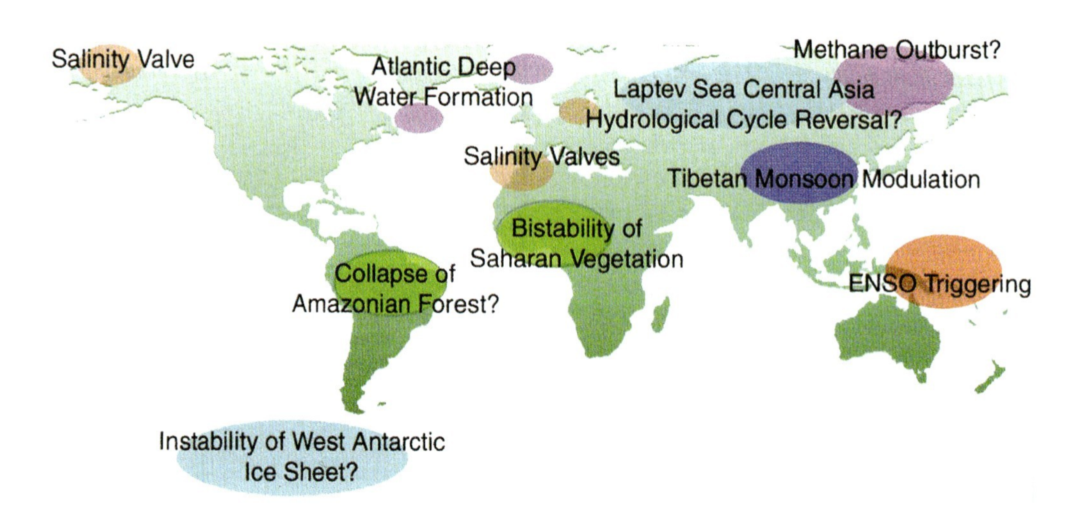

Schlüsselregionen, in denen Veränderungen zu Reaktionen des globalen Klimasystems führen

zu reduzieren. Bislang sind aber noch keine Anzeichen dafür zu erkennen, dass sich die Ozonschicht, die durch die FCKW zerstört wird, erholt. Eine der wesentlichen Zukunftsaufgaben der Geowissenschaften wird darin bestehen, gekoppelte biologische und geologische Prozesse des Erdsystems auf unterschiedlichen Zeitskalen zu verstehen.

Die Erforschung des Systems Erde in verschiedenen Epochen der geologischen Vergangenheit und Gegenwart wird in vielen Projekten verfolgt. Ökosystemforschung hilft dabei, Fernverbindungen zwischen weit entfernten Gebieten – so genannte „Telekonnektionen" – nachzuweisen und Veränderungen des Erdsystems auf regionalen und globalen Skalen zu erfassen. Aktuelle Ökosystem-Beobachtungen umfassen dabei je nach Problemstellung Zeitskalen von Stunden bis zu Jahrzehnten. Mit Hilfe von Umweltarchiven können Szenarien entwickelt werden, die untersuchen, wie sich Ökosysteme über längere Zeiträume entwickeln. Alle diese Themen sind nur interdisziplinär zu bewältigen. Um sie zu erforschen, sind geeignete Methoden nötig, mit denen sich die komplexen, gekoppelten Prozesse im System Erde verstehen lassen. Ein weiterer wichtiger Schritt besteht darin, die Ökosystem- und Umweltforschung interdisziplinär zu verstärken. So kann sie die Veränderung der Lebensräume an Land und im Meer effektiver untersuchen und das heutige Erdsystem besser verstehen. Zudem ermöglicht es diese Forschung, die zu erwartenden globalen Veränderungen in den nächsten hundert Jahren vorhersagen zu können.

10.2 Herkunft und Entwicklung des Lebens

Frühe Entwicklungsgeschichte

Eine der zentralen Fragen in der Geschichte des Ökosystems Erde ist die nach der Herkunft des Lebens. Wie, wann und wo hat sich das Leben auf der Erde entwickelt? Zu diesem Thema existieren zahlreiche, zum Teil widersprüchliche Theorien. Unsere heutige Lebenswelt kann nur bedingt dabei helfen, diese Frage zu klären, denn mögliche Vorformen sind nicht bekannt. Die Bausteine des Lebens können auf der Erde zwar auch ohne Zutun von Lebewesen gebildet werden, aber nur unter Ausschluss von Sauerstoff. Daher wird angenommen, dass das Leben in einer präbiotischen Phase entstand, während der die Erde noch sauerstofffrei war.

Erste Organismen

Wie das erste Leben auf der Erde entstanden ist und wie die ersten Organismen aussahen, ist noch immer unklar. Es gibt jedoch eine Reihe interessanter Hypothesen, die unterschiedliche Reaktionen zwischen Mineralien und den Bausteinen des Lebens in Betracht ziehen. Schon bevor sich Sauerstoff in der Atmosphäre anreicherte, entwickelte sich eine Vielfalt anaerober Bakterien und Archaeen und erster Eukaryoten. In den ersten mikrobiellen Gemeinschaften gab es vermutlich Einzeller, die die Sonnenenergie nutzten, ohne dabei Sauerstoff herzustellen. Es waren Fermentierer vorhanden, die organisches Material zersetzten, und chemolithotrophe Mikroben, die die chemische Energie reaktionsfreudiger Verbindungen nutzten. Diese Mikroben begründeten die biogenen Kreisläufe von Kohlenstoff, Stickstoff, Schwefel und anderen Elementen. Vor etwa 2,5 Milliarden Jahren entwickelten Cyanobakterien die aerobe Photosynthese. Dadurch reicherte sich erstmals Sauerstoff auf der Erde an – ein Vorgang, der das Gesicht des Planeten veränderte. Fossilfunde belegen, dass frühe Algen vor ungefähr 1,4 Milliarden Jahren verbreitet waren. Von diesem Zeitpunkt bis zur so genannten kambrischen „Explosion" brachte die Evolution zahlreiche Innovationen hervor. Sie entwickelte zum Beispiel größere Vielzeller und diverse Körperbaupläne. Diese Innovationen waren die Grundlage der biologischen Vielfalt im Phanerozoikum, das vor 542 Millionen Jahren mit der Verbreitung höherer Tiere begann.

Wie das Leben entstanden ist und wie sich sein Ursprung auf das System Erde ausgewirkt hat, lässt sich durch Experimente und Feldarbeiten erforschen. So können frühe Formen des Lebens, Stoffkreisläufe und Umweltbedingungen rekonstruiert werden. Ein Ansatz besteht darin, lebende Vertreter ursprünglicher Mikroorganismen und ihre Lebensräume zu untersuchen, um Rückschlüsse auf das frühe Leben zu ziehen. Bei solchen Experimenten ergeben sich zahlreiche Schnittpunkte mit den Biowissenschaften. Die Suche nach dem Ursprung des Lebens ist Gegenstand einer stetig an Bedeutung gewinnenden Forschungsrichtung, der Astrobiologie.

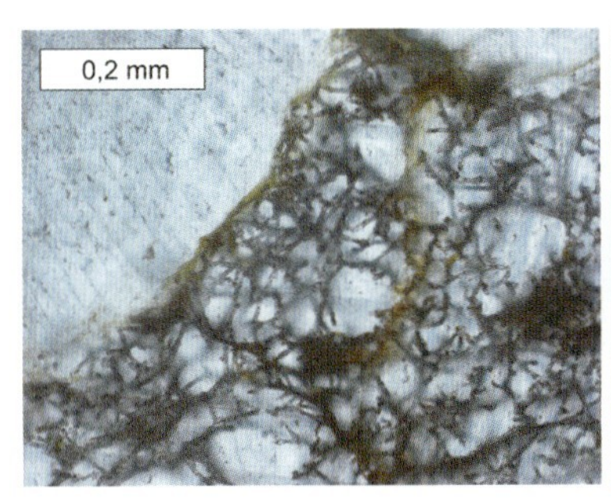

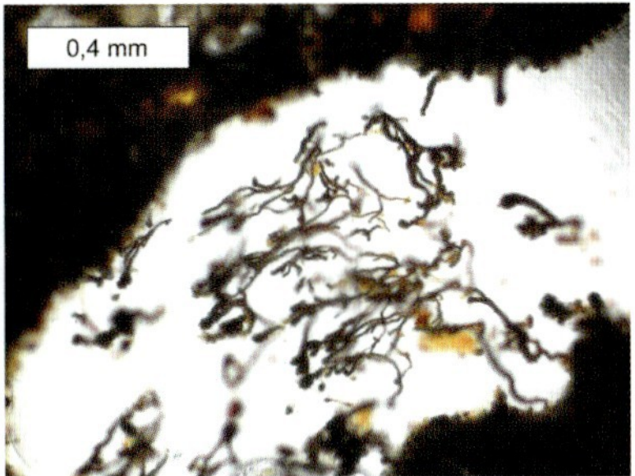

Von filamentösen Mikroorganismen besiedelter extremer Lebensraum in Blasenhohlräumen von Pillow-Basalten. Links: Mineralisierte Mikroorganismen auf im Blasenhohlraum gebildeten Kalzit aufwachsend; Devon, Rheinisches Schiefergebirge. Rechts: Mineralisierte Mikroorganismen in rezentem Basalt des Kolbeinsey Rückens; nördlich Island, 1110 m Wassertiefe

Wissenschaftliche Herausforderungen

RNA und DNA

In seinem bahnbrechenden Ursuppen-Experiment gelang es Stanley Miller 1953 erstmals, aus anorganischen Verbindungen Aminosäuren, die Grundbausteine des Lebens, herzustellen. Heute weiß man, dass die frühe Erde eine reduzierende, CO_2- und CH_4-reiche Atmosphäre hatte. In Experimenten lassen sich die Wege einfachster Bausteine hin zu höheren molekularen Gruppen nachvollziehen – sowohl unter kalten wie auch unter heißen Bedingungen. Manche Theorien gehen davon aus, dass Moleküle auf Pyritkristallen oder Tonmineralien hafteten und dort eine Art Schablone bildeten. Durch wiederholte Keimbildung konnte die Information gespeichert und wiedergegeben werden. Solche selbstorganisierten Prozesse auf der Oberfläche von Kristallen lassen sich mit den modernen Methoden der Rastertunnelmikroskopie untersuchen. In Experimenten haben sich auf der Oberfläche von Kristallen des Tonminerals Montmorillonit einzelne Bausteine der Nukleinsäuren RNA und DNA gebildet, so genannte Nukleotide. Anschließend schlossen sich diese Bausteine zu Ribozymen zusammen. Das sind RNA-Fragmente, die ähnlich wie Enzyme katalytisch aktiv sind. Diese Versuche belegen, dass eine RNA-Welt als Vorstufe der DNA-Welt existiert haben könnte. Das RNA-Welt-Konzept wurde Mitte der 80er Jahre des vergangenen Jahrhunderts vorgestellt. Es legt nahe, dass RNA-Moleküle gleichzeitig als Genom, also als Speicher der Erbinformation dienten und als Enzyme ihre eigene Synthese steuerten. Die Nukleinsäure RNA weist also selbstreplizierende Eigenschaften auf. Neue Theorien auf dem Gebiet der Molekulargenetik liefern interessante Ansätze, um die Vervielfältigung vererbter Information in einer präbiotischen Welt zu verstehen. Wie Membranlipide entstanden und vererbt wurden, bleiben ebenfalls spannende Themen in der Erforschung der Evolution des Lebens.

Abiotische und Biotische Prozesse

Bevor sich das Leben auf der Erde in die drei Domänen Bakterien, Archaeen und Eukaryoten aufspaltete, gab es einen letzten gemeinsamen Vorfahr, „LUCA" genannt, den „Last Universal Common Ancestor". Um Informationen über dieses Wesen zu erhalten, vergleichen Molekularbiologen die DNA heutiger Lebewesen. Neue molekulare Methoden erlauben es, einen verbesserten Stammbaum der Mikroorganismen herzustellen und ihre funktionellen Gene, Proteine und Membranlipide zu entschlüsseln. Eine neue Herausforderung besteht darin, extreme Lebensräume und die Grenzen des Lebens zu erforschen. Die Geowissenschaften haben eine Reihe weiterer Methoden entwickelt, um zu erfahren, wie das frühe Leben entstanden ist und sich verbreitet hat. So kann die chemische, isotopische und mineralische Zusammensetzung winziger organischer Einlagerungen in altem Gestein untersucht werden, um Hinweise auf biotische oder abiotische Prozesse zu erlangen. Neue analytische Methoden erlauben es, die Verteilung von Isotopen, Elementen und Molekülen in modernen und fossilen Proben auf einer Skala von wenigen Nanometern zu untersuchen. Diese Methoden lassen in Zukunft erhebliche Fortschritte erwarten. Dabei ist es entscheidend, dass die Geschichte des Gesteins bekannt ist, eine genaue Datierung möglich ist und mögliche Verunreinigungen abgeschätzt werden können.

Allerdings ist weiterhin unklar, welche Spuren überhaupt eindeutig dem Leben zuzuordnen sind und welche Spuren Leben im Gestein, im Sediment oder in der Atmosphäre hinterlässt. Ähnliche Spuren könnten auch Hinweise auf frühere oder derzeitige Lebensformen auf anderen Körpern des Sonnensystems liefern. Nach solchen Spuren könnte zum Beispiel auf Meteoriten oder auf jenen Monden gefahndet werden, deren Umweltbedingungen denen der frühen Erde ähneln. Aus der Suche nach Spuren des Lebens ist ein weiteres Forschungsfeld der Geo- und Biowissenschaften entstanden: die Erforschung extremer und unbekannter Habitate auf der

Erde. Lebensräume wie die tiefe Biosphäre, das antarktische Eis, heiße Quellen und Gashydrate können als Modell für die Erdfrühzeit, aber auch für Leben auf anderen Planeten dienen. Die Frage nach den Grenzen des Lebens auf der Erde ist aber auch ein interessantes Thema der Ökosystemforschung.

10.3 Krisen der Evolution und Dynamik der Biodiversität

Forschung an Fossilien und die Rekonstruktion vergangener Umweltbedingungen haben es möglich gemacht, Veränderungen der Biodiversität der Erde zu erfassen, also der Vielfalt von Genen, Arten und Gemeinschaften. Eine der spannendsten Fragen der Paläobiologie besteht darin, wieso die Vielfalt des Lebens mehrfach rapide zu- oder abgenommen hat. Besonders interessant sind die Massensterben während des Phanerozoikums.

Präkambrium

Vor etwa 600 Millionen Jahren, unmittelbar nach einer letzten intensiven Eiszeit im Präkambrium, traten überall auf der Welt ungewöhnliche Vielzeller auf, die als Ediacara-Fauna bekannt sind. Bis heute ist es umstritten, wie diese Organismen im Stammbaum des Lebens einzuordnen sind. Vor etwa 550 Millionen Jahren nahm ihre Vielfalt und Häufigkeit massiv ab. Molekulargenetische Studien legen nahe, dass Tiere mit einer zweiseitigen Körpersymmetrie, die so genannten Bilateria, bereits im ausgehenden Proterozoikum zeitgleich mit den Ediacara-Organismen existiert haben. Doch erst im Kambrium (545 bis 500 Millionen Jahre) entwickelten sich Tiere, die noch heute lebenden Stämmen zugeordnet werden können. Vermutlich begannen die modernen Tierstämme erst, sich sprunghaft auszubreiten und zunehmend zu diversifizieren, als die Ediacara-Organismen verschwanden.

Massensterben als Zeitmarker

In der Erdgeschichte brach die Biodiversität mehrfach drastisch ein. Mehrere Massensterben ereigneten sich. Obwohl diese Krisen bereits lange erforscht werden, sind die auslösenden Faktoren immer noch umstritten. Ein weiteres Aussterbeereignis hängt mit der Besiedlung der Erde durch den Menschen im Pleistozän und Holozän und dem exponentiellen Anstieg der Weltbevölkerung zusammen. Dieses Massensterben lief in drei Wellen ab. Die erste Welle begann vor 40.000 Jahren. Damals breitete sich der *Homo sapiens* auf der

Erde aus. Gleichzeitig verschwanden große Säuger und Vögel wie Mammuts, Zwergelefanten und Moas. Die zweite Welle begann mit der weltweiten expansiven Landnahme durch die Kolonialisierung ab 1500 AD. Gegenwärtig befinden wir uns in der dritten Welle, die durch Überbevölkerung und Globalisierung gekennzeichnet ist. Das gegenwärtige Artensterben hat mehrere Ursachen: Viele Tiere sterben aus, weil sie übermäßig gejagt oder befischt werden. Daneben schrumpfen natürliche Lebensräume, Krankheiten breiten sich aus und invasive Arten verdrängen die heimische Flora und Fauna.

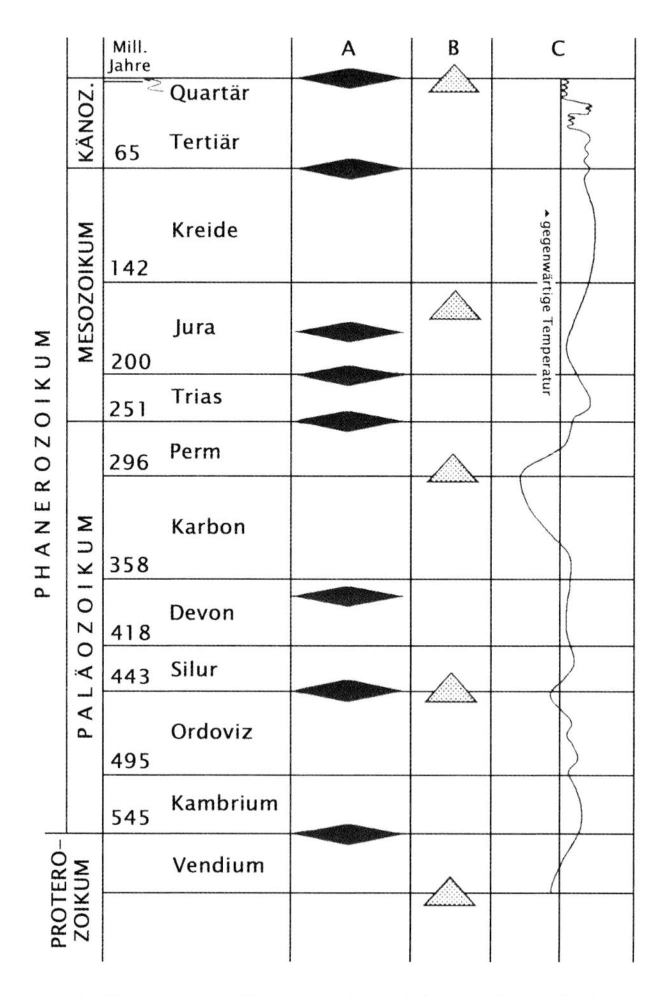

Massenaussterbe-Ereignisse im Phanerozoikum (schwarze Rauten); die Dreiecke entsprechen Eiszeiten. In C ist der Temperaturverlauf im Phanerozoikum gegenüber der heutigen Temperatur zu sehen.

Die Geowissenschaften tragen aktuell und in der Zukunft zur Biodiversitätsforschung bei, indem sie zum Beispiel Lebensräume an Land und im Meer kartieren, Geographische Informationssysteme (GIS) entwickeln und Umweltbedingungen über lange Zeit messen. Im Meer sind Korallenriffe die Ökosysteme mit der größten Artenvielfalt, an Land die Regenwälder der Tropen und Subtropen. Auch die Tiefsee gilt als Ort hoher Biodiversität, allerdings überwiegen dort Kleinstlebewesen mit einer Körpergröße von weniger als einem Zentimeter. Wie sich Riffe im Laufe der Erdgeschichte entwickelten, ist relativ gut bekannt, da viele fossile Riffe erhalten geblieben sind. Über die vergangene und heutige Vielfalt des Lebens im Ozean ist dagegen wenig bekannt. Wie vielfältig Einzeller, also Bakterien, Archaeen und eukaryotische Einzeller an Land und im Meer sind, kann noch nicht bestimmt werden. Zudem konnten bisher nur in wenigen Regionen der Erde langfristige Beobachtungen durchgeführt werden. Daher bleibt das Wissen darüber, wie sich die biologische Vielfalt terrestrischer und mariner Ökosysteme im Laufe der Zeit verändert, lückenhaft. Um die Biodiversität unseres Planeten theoretisch und praktisch zu erforschen, müssen Erd- und Lebenswissenschaften stärker verknüpft werden.

Die jüngere Ökosystemforschung zeichnet sich dadurch aus, dass sie den Einfluss des Menschen besonders betrachtet. Probleme wie die Herkunft des Menschen oder sein Einfluss auf die Umwelt beschäftigen nicht nur Wissenschaftler, sondern auch die breite Öffentlichkeit. Das Wissen um unseren Ursprung und unsere Entwicklung hat enorme soziale, politische und kulturelle Implikationen. Weil Bio- und Geowissenschaften in der Anthropologie verstärkt zusammenarbeiten, schreitet die Erforschung der Menschheitsgeschichte derzeit mit riesigen Schritten voran. Dabei wird immer klarer, dass die Entwicklung des Menschen sehr stark mit der Umwelt und dem Klimageschehen verknüpft ist.

Wissenschaftliche Herausforderungen

Dynamische Biodiversität

Die Frage, wie sich die Biodiversität auf der Ebene von Genen, Populationen und Gemeinschaften im Verlauf der Erdgeschichte verändert hat, ist nur schwer zu beantworten. Trotz technologischer Fortschritte sind wichtige Kenngrößen der Biodiversität heute noch

Urpferdchen Propalaeotherium pavulum aus der Grube Messel

immer unbekannt. Wie viele Arten von Pflanzen, Tieren und Mikroorganismen es auf der Welt gibt, weiß niemand. Schätzungen schwanken zwischen 5 und 500 Millionen. Molekulare Methoden erlauben es heute, die Vielfalt des Lebens schnell zu erfassen. Diese Methoden können die Taxonomie aber nicht ersetzen, bei der unterschiedliche Arten nach ihrer äußeren Form klassifiziert werden. Der Blick zurück in die Erdgeschichte kann wichtige Erkenntnisse darüber liefern, wie Klimaänderungen und biologische Vielfalt zusammenhängen. Dafür ist es nötig, Fossilien und Schichtenfolgen zu erforschen.

Erholungsfähigkeit der Biodiversität

Eine große zukünftige Herausforderung besteht darin, Erkenntnisse über die Erholungsfähigkeit der Biodiversität zu gewinnen. Dazu müssen die großen Krisen des Lebens, die durch Fossilien und in Sedimenten dokumentiert sind, genau analysiert werden. Untersuchungen haben ergeben, dass es nach einem Massensterben etwa zehn Millionen Jahre dauert, bis die ursprüngliche Vielfalt wieder erreicht ist, unabhängig von der Intensität der Krise. Dies bedeutet, dass der gegenwärtige Verlust der Biodiversität nicht reparabel ist. Im Detail bedarf es hier allerdings noch intensiver Forschung. So ist es wichtig zu ergründen, weshalb manche Lebensformen bei einer globalen Katastrophe vollständig ausgestorben sind, während andere nahezu unbeschadet fortleben konnten. In diesem

Zusammenhang ist auch das Phänomen der so genannten lebenden Fossilien interessant. Diese Organismen, zu denen der Pfeilschwanzkrebs oder der Ginkgo gehören, haben sich zum Teil über hunderte von Millionen Jahren kaum verändert. In anderen Fällen geht die Evolution dagegen äußerst rasch vor sich. Viele Schädlinge sind zum Beispiel in der Lage, innerhalb weniger Jahre Resistenzen gegen Pestizide zu entwickeln. Der berühmte Biologe Ernst Mayr bezeichnete die unterschiedliche Geschwindigkeit der Evolution als eine der interessantesten gegenwärtigen Fragen der Evolutionsforschung. Dieses Problem lässt sich nur mit Hilfe detaillierter Untersuchungen von Fossilien lösen.

Dabei ist noch unklar, ob die frühen Lebensgemeinschaften der Erdgeschichte nur unter sehr speziellen Bedingungen als Fossilien erhalten blieben. Durch die rasante Zunahme von molekulargenetischen Analysen sind unsere traditionellen Vorstellungen darüber stark ins Wanken geraten, welche großen Organismengruppen wie eng miteinander verwandt sind. Die Ergebnisse der Phylogenie-Forschung sollten auch in Zukunft mit dem Bild in Einklang gebracht werden, das sich aus der Fossilüberlieferung und der Biostratigraphie ergibt. Durch den Generationswechsel und die geringe Nachwuchsförderung an deutschen Universitäten und Museen geht in diesem Bereich derzeit viel Fachwissen verloren. Exzellenzzentren für Biodiversitätsforschung, in die auch die Paläobiologie eingebunden ist, könnten dieser Entwicklung entgegenwirken. Die Gesellschaft hat ein hohes Interesse daran, Artensterben und die Entwicklung der Biodiversität in der Wechselwirkung mit dem Menschen zu verstehen.

10.4 Struktur, Funktion und Dynamik von Ökosystemen

Die Ökosystemforschung ist eine recht junge Wissenschaft. Sie hat die Aufgabe, das Wissen darüber zu erweitern, wie Gemeinschaften von Organismen mit ihrer Umwelt interagieren. Die Geowissenschaften sind in diese Wissenschaft vielfältig eingebunden. Sie liefern zum Beispiel geographische Kartierungen, untersuchen geochemische Prozesse und erforschen die Entwicklungsgeschichte von Landschaften und Lebewesen. Alle Eingriffe des Menschen in das System Erde betreffen auch die Biosphäre. Um die Folgen dieser Eingriffe abschätzen zu können, müssen die natürlichen Prozesse und die Dynamik der Ökosysteme bekannt sein. Dabei stellen sich folgende Fragen: Wie verhalten sich unterschiedliche Lebensräume unter stabilen Umweltbedingungen? Wie reagieren Lebensräume auf natürliche oder anthropogene Veränderungen und wie schnell reagieren sie? Welche Folgen haben Veränderungen von Geoökosystemen für das System Erde? Wie sahen die Kontinente und ihre Lebensgemeinschaften auf einer Erde aus, die wesentlich höhere Jahresdurchschnittstemperaturen als heute aufwies und auf der die Pole eisfrei waren?

„Treibhaus"-Welt im Eozän

Eine solche „Treibhaus"-Welt gab es vor etwa 50 Millionen Jahren im Eozän. Aus dieser Zeit ist der Fossilbericht zumindest für die Nordhalbkugel ungewöhnlich reichhaltig. Teile der damaligen Flora und Fauna begegnen uns heute noch in Form verwandter Arten und Gattungen, so zum Beispiel bei den Pflanzen, Insekten und Spinnen. Andere Gruppen entfalteten sich im Eozän explosionsartig. Dies gilt insbesondere für die Säugetiere, die sich zu jener Zeit besonders vielfältig entwickelten und spektakuläre Formen wie etwa Wale und Fledermäuse hervorbrachten. Das Klima war nicht nur deutlich wärmer, sondern global betrachtet auch wesentlich ausgeglichener als heute. Aus heutiger Sicht sind die eozänen Umweltbedingungen derart ungewöhnlich, dass sie auch mit den modernsten Klimamodellen nicht simuliert werden können.

Geoökologie, Paläobiologie und Molekulargenetik müssen eng zusammenarbeiten, um die Veränderungen des Erdklimas und der biogeochemischen Kreisläufe in der Erdgeschichte zu entschlüsseln. Die geologische Vergangenheit lässt sich zum Beispiel aus Überresten von Organismen rekonstruieren, die in Sedimenten archiviert sind und als so genannte Proxies genutzt werden. Dazu ist es nötig, die Biologie und Verwandtschaftsverhältnisse dieser Organismen zu kennen. In jüngerer Zeit treten in der Ökosystemforschung besonders Fragen im Zusammenhang mit dem globalen Wandel in den Vordergrund. Ein neues Problem besteht darin, dass manche Umweltveränderungen wesentlich schneller vor sich gehen als angenommen. Meereis und Gletscher verschwinden in ungeahntem Tempo, manche Meeresgebiete versauern und erwärmen sich rapide, Regionen an Land leiden unter unerwartet starken Trockenheiten oder Überflutungen. Die Ökosystemforschung untersucht, wie sich diese Veränderungen auf die Verbreitung von Arten auswirken. Außerdem beschäftigt sie sich damit, wie sich die Funktion von Ökosystemen ändert, ob sie zum Beispiel CO_2 und andere Treibhausgase aufnehmen oder abgeben. Zudem entwickelt sie Konzepte, um Ökosysteme nachhaltig zu nutzen und zu entwickeln.

Mehrere geowissenschaftliche Programme widmen sich zum Beispiel dem Methan (CH_4), das sowohl an Land als auch im Meer in großen Mengen entsteht, wenn Mikroben organisches Material zersetzen. Erreicht es die Atmosphäre, wirkt Methan als Treibhausgas. An Land bilden und zersetzen Mikroben Methan je nach Jahreszeit vor allem in Permafrostböden. Im Permafrost lagern große Mengen Methan in Form von Gashydrat, einer eisförmigen Verbindung von Wasser und Methan. Dieses Treibhausgas-Reservoir könnte sich auflösen, wenn sich die Arktis weiter erwärmt. Geowissenschaftler führen in Permafrostgebieten derzeit Bohrungen durch und installieren Langzeitobservatorien. Am Meeresboden haben Tauchroboter, Forschungs-U-Boote und neue Sonare zahlreiche Gas- und Fluidaustritte entdeckt. Die meisten dieser Gasquellen treten in der Nähe von Gashydratvorkommen im Meeresboden auf. Um die Veränderungen der Permafrostgebiete und der Gashydratlager zu verstehen, arbeitet die Atmosphärenchemie mit anderen Fachgebieten zusammen, vor allem mit der Hydrogeologie, der Geobiologie, der Geochemie, der Geophysik und der Geographie.

Wissenschaftliche Herausforderungen

Die Untersuchung langfristiger, aber auch plötzlicher Umwelt- und Klimaveränderungen ist ein Herzstück der Geowissenschaften. In Zukunft müssen geologische und geographische Werkzeuge kombiniert werden, um Wandlungsprozesse in Ökosystemen räumlich darzustellen. Weitere Aufgaben bestehen darin, die Expertise an Universitäten, Instituten und Museen zu vernetzen, Informationen in nutzerfreundlichen Datenbanken zu speichern und moderne Visualisierungsverfahren zu nutzen, um Umwelten darzustellen.

Frühere Ökosysteme

Frühere Ökosysteme lassen sich immer dann besonders schwer rekonstruieren, wenn die globalen Bedingungen besonders deutlich von den heutigen Gegebenheiten abwichen. Von Ökosystemen an

tion auf die Bodendegradation? Wo lagert sich organischer Kohlenstoff ab? Wie beeinflusst der Mensch gelöste Stoffflüsse und die Nährstoffversorgung der Ozeane? Wie verändert sich der Sedimenttransport auf kürzeren, anthropogen beeinflussten Skalen im Vergleich zu längeren natürlichen Zeitskalen? Was für Folgen hat es für eine nachhaltige Landwirtschaft, wenn der Boden schneller abgetragen wird als er sich neu bilden kann? Welche natürlichen geomorphologischen Prozesse verstecken sich unter einer starken anthropogenen Überprägung? Wie lässt sich das Bodensystem durch Soil Engineering und hydrologisches Management nachhaltig nutzen? Nachhaltige Ressourcennutzung sowie die Rekultivierung und Renaturierung von übernutzten beziehungsweise degadierten Standorten, aber auch Verbesserungen des Bodenzustands und der Bodenfunktionen durch gezielte Eingriffe werden dabei angestrebt.

Kernaussagen

- Neue Proxies erlauben es, die Bedingungen im Paläo-Ozean und in der Paläo-Atmosphäre zu rekonstruieren.
- Leben, in Form von Mikroben und höheren Pflanzen erzeugt gewaltige biogeochemische Stoffflüsse an der Erdoberfläche. Durch den Menschen wird dieser Effekt vervielfacht.
- Verwitterungsraten sind noch nicht genau bekannt, da die grundlegenden Prozesse auf der Nanometerskala unzureichend verstanden werden. Auch die Bedeutung von Mikroorganismen für die Auflösung von Mineralen muss noch geklärt werden.
- Ebenfalls geklärt werden muss, wie Sedimentflüsse, raumzeitvariable Antriebskräfte und Einflussfaktoren voneinander abhängen. Großer Forschungsbedarf besteht auch bezüglich Rückkopplungsprozessen zwischen Krustenbewegungen und Relief einschließlich der Auswirkungen auf die Erosion.

Erdgeschichte traten häufig enge Rückkopplungen zwischen terrestrischen und marinen Ökosystemen und dem Klima auf. Viele wichtige Fragen sind aber noch nicht beantwortet. Zum Beispiel ist es ungeklärt, welche Bedeutung die Artenvielfalt für die Funktion von Ökosystemen hat und wie Landschaft und Lebewesen miteinander wechselwirken.

Zur Lösung dieser Probleme müssen Geo- und Biowissenschaften fachübergreifend zusammenarbeiten. In europäischen und internationalen Forschungsprogrammen zur Ökosystemforschung werden Langzeitbeobachtungen und Systemanalysen bereits als multidisziplinäre Aufgabe der Geo- und Biowissenschaften betrachtet. In Deutschland fehlt noch eine entsprechende interdisziplinäre Strategie für Forschung, Lehre und Infrastruktur. Dies gilt insbesondere für Pläne, die Entwicklung der Erde durch „Ökosystem-Management" oder sogar „Geo-Engineering" bewusst zu steuern. Zu diesen Themen bedarf es konzertierter Forschungsprogramme, bei denen Ökosysteme in Wäldern, Feuchtgebieten, Küstenzonen, in der Tiefsee und in den Polargebieten untersucht werden.

Globale Stoffkreisläufe

Eine wichtige Herausforderung besteht darin, die biogeochemischen Umsatzprozesse, die die globalen Stoffkreisläufe antreiben, quantitativ zu erforschen. Man nennt diese Prozesse „Ökosystem-Funktionen" und „Ökosystem-Leistungen". Sie haben eine wichtige Bedeutung für den Menschen und für den Klimawandel. Inzwischen ist bekannt, dass die Emission von Treibhausgasen das Klima schnell erwärmt. Gleichzeitig bestehen komplexe Wechselwirkungen zwischen dem Klima und anderen Umweltfaktoren und Elementkreisläufen. Der Mensch greift vor allem durch seine Landnutzung weltweit in die natürlichen Stoffkreisläufe ein. Um diese Kreisläufe zu erforschen, muss man verstehen, wie das System sich zeitlich verändert und welche Faktoren es steuern. Dafür müssen hochauflösende Geländeuntersuchungen an Land und im Meer in globale Modelle eingearbeitet werden.

Insbesondere CO_2-Senken und der Stickstoffkreislauf müssen in Zukunft erforscht und quantifiziert werden. Eine weitere Aufgabe besteht darin, die Reaktion der CO_2-Senken und des Stickstoffkreislaufs auf Änderungen des Klimas und der Atmosphärenchemie zu untersuchen. In der Öffentlichkeit wird zunehmend darüber diskutiert, wie sich der CO_2–Überschuss in der Atmosphäre verringern lässt, etwa durch Eisendüngung im Meer, durch die Nutzung

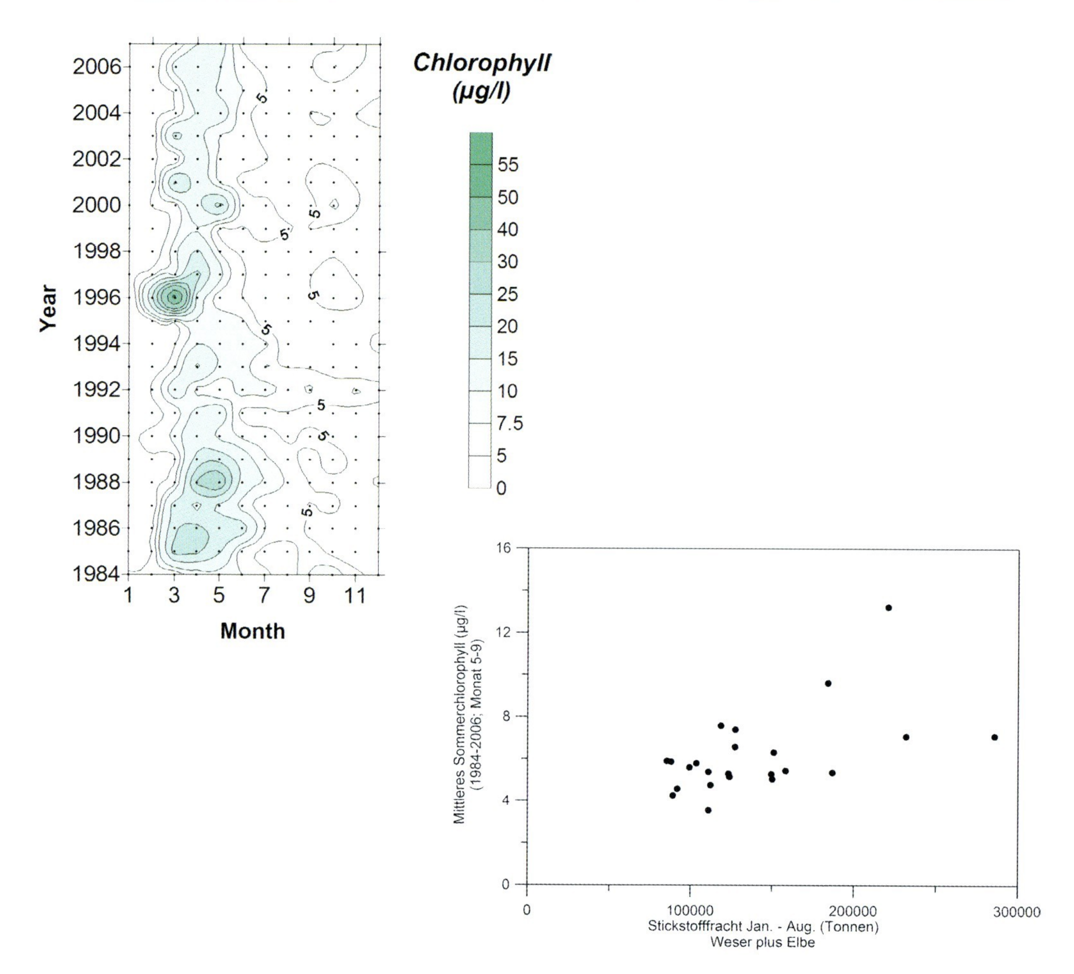

Langzeitbeobachtung der Phytoplankton-Biomasse (als Chlorophyll a; links) bei Sylt (Nordsee). Der Rückgang der Stickstofffrachten der Elbe und Weser seit Mitte der 1980-er Jahre führte zu einer Abnahme des Sommer-Chlorophylls (Mittelwert von Mai bis September). Die Abbildung rechts zeigt den Zusammenhang zwischen Stickstofffrachten der Weser und Elbe und das Sommerchlorophyll bei Sylt.

pflanzlicher Biomasse zur Energiegewinnung, durch die Langzeit-Speicherung von CO_2 an Land oder im Meer. Dabei ist die geowissenschaftliche Expertise besonders gefragt, um das Risiko für Ökosysteme abzuschätzen. Abgesehen vom Kohlenstoffkreislauf sind auch andere Nährstoffkreisläufe wie der Stickstoff- und der Schwefelkreislauf stark durch menschliche Eingriffe beeinflusst. Dank neuer biogeochemischer Forschungsansätze entdecken Wissenschaftler noch immer Erstaunliches über Quellen, Senken und Umwandlung dieser Elemente. Mikroorganismen spielen in vielen Stoffkreisläufen eine wichtige Rolle.

Minerale

Bei vielen mikrobiologischen Umsatzprozessen werden Mineralien ausgefällt, die zum Beispiel als Karbonate, Phosphate, Eisen- oder Schwefelmineralien im Meeresboden erhalten bleiben. Diese Prozesse sind bisher kaum erforscht. Die Zeitskalen, auf denen die Aktivität der Mikroorganismen Meeres- und Erdböden verändert, sind ebenfalls unbekannt. Die Fachrichtung Geomikrobiologie verknüpft molekulare und hoch auflösende Methoden der Geochemie und Molekularbiologie mit klassischen Methoden der Geologie, Mineralogie und Mikrobiologie. Durch solche fachübergreifenden Forschungsansätze werden ständig neue Stoffwechselvorgänge entdeckt, die eine neue Sichtweise darüber eröffnen, wie der Kohlenstoff-, der Stickstoff- und der Schwefelkreislauf gekoppelt sind. Erst kürzlich stellte sich heraus, dass Zellen weit mehr photoaktive Bestandteile enthalten als bisher angenommen. Ob das die Bilanz der Photosynthese und der CO_2-Aufnahme im Ozean ändert, ist noch unklar. In der Schnittmenge zwischen Geo- und Biowissenschaften müssen in Zukunft weitere Fragen bearbeitet werden: Welchen Einfluss haben Mikroorganismen auf Mineralien, welche Rolle spielen Mikroorganismen in der Chemie von Lagerstätten, welche womöglich unbekannten Stoffwechselwege sind umweltrelevant und durch welche Gene werden sie gesteuert?

10.5 Extreme und unbekannte Habitate

Geowissenschaftler als Entdecker

Schon immer hat der Mensch versucht, weiße Flecken auf der Landkarte zu füllen. Dabei hat er zum einen nach geographischen Informationen gesucht, aber auch nach Wissen über Lebensräume und ihre Bewohner. Dank neuer, hoch auflösender geophysikalischer Methoden zur Kartierung des Meeresbodens und durch den Einsatz von Forschungs-U-Booten und Tauchrobotern werden im Meer immer häufiger neue Ökosysteme entdeckt. Die Analyse dieser Lebensräume zeigt, dass das Meer kein einheitliches Ökosystem ist, sondern aus einer enormen Vielfalt von Geo-Bio-Systemen besteht. Bei Bohrungen in tiefe Boden- und Eisschichten sind zudem neue Lebensräume unbekannter Mikroorganismen entdeckt worden, die so genannte tiefe Biosphäre. Auf der Erde existieren zahlreiche extreme Lebensräume, zum Beispiel tiefe Sedimente, Salzlaken, saure oder basische Lösungen, Eis oder heiße Flüssigkeiten. Die Erforschung dieser Ökosysteme zeigt, wo die Grenzen des Lebens auf der Erde und auf anderen Planeten liegen. Sie trägt auch dazu bei, den Ursprung des Lebens zu verstehen. In verschiedenen Programmen arbeiten Geowissenschaftler und Biologen zu diesen Fragestellungen eng zusammen.

Hydrothermalquellen

Chemosynthetische Lebensgemeinschaften an Hydrothermalquellen zählen zu den fremdartigsten Ökosystemen der Erde. Die schwarzen und weißen Schlote der Hydrothermalquellen entstehen, wenn heiße, mit Mineralien beladene Flüssigkeit aus dem Meeresboden tritt und mit dem kalten Meerwasser in Kontakt kommt. Solche Hydrothermalquellen liegen an den Spreizungsachsen der ozeanischen Platten, den mittelozeanischen Rücken. Für menschliche Maßstäbe ist dieser Lebensraum extrem: An den Hydrothermalquellen herrschen hohe Drücke und enorme Temperaturunterschiede, und das Wasser enthält große Mengen des giftigen Schwefelwasserstoffs. Die Ökosysteme sind vom Sonnenlicht und von der Photosynthese als Energiequelle weitgehend unabhängig. Vermutlich ist bisher nur ein Bruchteil dieser Ökosysteme bekannt. Neue Technologien der Meeresforschung, zum Beispiel unbemannte und autonome Unterwasserroboter, haben geholfen, extreme Lebensräume in großen Meerestiefen aufzuspüren. Sie zeigen auch, wie vielfältig und anpassungsfähig das Leben ist: Mikroorganismen nutzen jede noch so schwer zugängliche Energiequelle. Bisher sind die exotischen Lebensgemeinschaften an Hydrothermalquellen nur in den Ozeanbecken gemäßigter bis tropischer Breitengrade gefunden worden. Ob sie auch in polaren Tiefseebecken vorkommen, ist unbekannt.

Kaltwasser-Korallenriffe

Bei der Erforschung der Kontinentalränder haben Geowissenschaftler ein spektakuläres neues Ökosystem entdeckt: riesige Kaltwasser-Korallenriffe. Sie kommen entlang des europäischen Kontinentalhangs und in tiefen Schelfgebieten bis zu einer Tiefe von tausend Metern vor, von der Iberischen Halbinsel bis zum Nordkap. Anders als ihre tropischen Verwandten leben die Kaltwasser-Korallenriffe nicht in Symbiose mit Algen, die Photosynthese betreiben. Sie ernähren sich heterotroph, indem sie Partikel aus der Wasserströmung aufnehmen. Die Kaltwasserkorallen erzeugen riesige Karbo-

Leben an den mittelozeanischen Spreizungsachsen. Die heißen Quellen an den Spreizungsachsen der Ozeane werden durch hoch angepasste Organismen wie chemosynthetische Muscheln (links) und hitzeliebende Bakterien (rechts) besiedelt. Erst seit kurzem können die Energie- und Stoffflüsse solcher extremer Lebensräume quantitativ untersucht werden.

natstrukturen. Diese Korallenhügel sind die größten von Lebewesen erzeugten Strukturen der tiefen Schelfe und Kontinentalränder. Die Kaltwasser-Korallenriffe bilden einen Lebensraum für eine Vielzahl von anderen Lebewesen, die auf hartem Untergrund wachsen. Andere Tiere finden in den Korallen Schutz und Nahrung. Fossile Kaltwasser-Korallenriffe sind ebenfalls interessant. Genaue Riffkarten dokumentieren, welchen Einfluss Faktoren wie Meeresspiegelschwankungen, Wassertiefe, Stürme und Sedimenteintrag ausüben. Nachdem das Ökosystem Kaltwasser-Korallenriffe entdeckt wurde, begannen Bemühungen, es zu schützen. Denn die Tiefsee-Fischerei bedroht diesen empfindlichen und nur langsam nachwachsenden Lebensraum.

Polare Ökosysteme

Die noch wenig bekannten polaren Ökosysteme sind durch den Klimawandel stark bedroht. Manche Regionen der Arktis erwärmen sich extrem schnell, das Meereis verschwindet unerwartet rasch und das Meerwasser versauert. In polaren Ökosystemen herrschen extreme Bedingungen. Die Temperaturen sind niedrig, die Umweltbedingungen schwanken zwischen den Jahreszeiten sehr stark und während der Polarnacht ist kein Licht als Energiequelle verfügbar. Diese Lebensräume reagieren daher wahrscheinlich besonders sen-

Kaltwasser-Korallenriffe am europäischen Kontinentalrand

sitiv auf natürliche und anthropogene Umweltveränderungen. Die polaren Ökosysteme schrumpfen, wenn sich die Erde erwärmt, da sie sich nicht auf der Erdkugel verschieben können. Die globale Erwärmung ist dabei nur eins von mehreren Problemen. Auch der zunehmende Siedlungs- und Nutzungsdruck durch die wachsende Weltbevölkerung gefährdet die Polargebiete.

Die Polarregionen sind Schlüsselregionen der natürlichen Klima- und Umweltentwicklung. Schwankungen der Sonneneinstrahlung in den höheren Breiten der Nordhalbkugel steuerten beispielsweise die pleistozänen Vereisungszyklen. Die Tiefenwasserbildung im Nordatlantik prägt die Verteilung der Meeresströmungen. Der Temperaturunterschied zwischen Polen und Äquator treibt die atmosphärische und ozeanische Zirkulation an. Allerdings waren die Polarregionen bis in die junge geologische Vergangenheit warm. Dort herrschten teils subtropische Temperaturen.

Seen unter mächtigem Eis

Unter dem antarktischen Eisschild haben Geowissenschaftler in den letzten Jahren mehr als 160 größere Wasserkörper entdeckt. Diese faszinierenden Seen befinden sich unter mehrere tausend Meter dickem Inlandeis. Der Wostok-See ist mit 250 Kilometern Länge, etwa 50 Kilometern Breite und einer Tiefe von 500 Metern der berühmteste dieser verborgenen Seen. Forscher haben bisher noch keines dieser Gewässer angebohrt. Die tiefste Bohrung über dem Wostok-See hat allerdings gefrorenes Seewasser erreicht. Proben dieses Eises enthielten Spuren von Mikroben. Unter Umständen war diese Lebensgemeinschaft für viele Jahrmillionen nicht in Berührung mit der Atmosphäre. Ähnliche Lebensbedingungen wie in subglazialen Seen könnten auch auf eisbedeckten Monden wie Europa herrschen.

Wissenschaftliche Herausforderungen

Unbekannte und extreme Ökosysteme können nur mit einem erheblichen technischen Aufwand erforscht werden. Das Ziel der Erkundung besteht darin, die Lebensräume umfassend geographisch, geophysikalisch, chemisch und biologisch zu kartieren und Proben zu nehmen. Dieser Aufwand lohnt sich: Häufig werden bei solchen Forschungsprojekten völlig neue Lebewesen entdeckt. Außerdem wird es möglich, die Anpassungsfähigkeit, die Entwicklung und die Grenzen des Lebens besser zu verstehen. So lässt sich etwa herausfinden, welche Gene Organismen befähigen, extrem kalte, heiße, saure, basische oder saline Standorte zu besiedeln. Dies ist nicht nur für die Grundlagenforschung interessant, sondern auch für die angewandte Biotechnologie.

Oase des Lebens

Große Flächen der Kontinente sind noch immer nicht vollständig untersucht, vor allem Polargebiete, Wüsten, Tundren und Regenwälder. Noch weniger ist über das Leben in den Ozeanen bekannt. Daher sind noch viele neue Entdeckungen zu erwarten. Eine neue Erkenntnis besteht zum Beispiel darin, dass es ähnliche Ökosysteme wie an Hydrothermalquellen auch in einiger Entfernung von den ozeanischen Spreizungsachsen gibt. Durch chemische Reaktionen zwischen Meerwasser und Mantelgesteinen entstehen dort große Mengen CO_2, Wasserstoff und Methan. Diese Stoffe bilden die Lebensgrundlage für spezielle chemosynthetische Lebensgemeinschaften. Im Pazifik hat man andere Typen von Hydrothermalquellen und Gas-Austrittsgebieten entdeckt. Dort strömen große Mengen CO_2 aus dem Boden, das sich in eisförmiges CO_2-Gashydrat umwandelt. Anhand der dort vorhandenen Lebensgemeinschaften lässt sich erforschen, wie das Leben auf die Versauerung der Meere reagiert. An Kontinentalrändern existieren Oasen des Lebens, die den Lebensgemeinschaften an Hydrothermalquellen ähneln. Diese so genannten „kalten Quellen“ wurden erst in den letzten Jahren genauer untersucht. Die Lebensgemeinschaften siedeln sich da an, wo Gas oder Flüssigkeiten aus dem Meeresboden austreten. Das ist oft in der Nähe von Gashydratvorkommen der Fall. Geophysiker, Geologen, Geochemiker, Mineralogen, Mikrobiologen und Zoologen arbeiten derzeit auf internationaler Ebene zusammen, um ein möglichst vollständiges Bild dieser Lebensräume zu erhalten. Dabei wird untersucht, wie sich die Lebensgemeinschaften verändern, welche Bedeutung sie für die globalen Stoffkreisläufe haben und was für Erkenntnisse sie über die Grenzen des Lebens liefern können.

Tiefe Biosphäre

Die Entdeckung der tiefen Biosphäre in der Erdkruste war eine der größten geowissenschaftlichen Sensationen des letzten Jahrzehnts. Diese Entdeckung hat gezeigt, dass wir einen großen Teil des Lebens auf der Erde bisher kaum kennen. Die tiefe Biosphäre ist neben der Tiefsee das größte zusammenhängende Ökosystem der Erde. Sie enthält ein Drittel der gesamten Biomasse auf der Erde. Das Leben in der tiefen Biosphäre scheint nur durch zwei Faktoren begrenzt zu sein: durch die Verfügbarkeit von Wasser und durch die Temperatur. Die tiefe Biosphäre existiert nur in den Bereichen der Erdkruste, in denen die Temperatur niedriger als 120 Grad Celsius ist. Bislang ist unklar, wie Mikroorganismen unter solchen Bedingungen vielleicht Jahrmillionen überleben können. Die Erforschung der tiefen Biosphäre wird daher dazu beitragen, das Verständnis des Stoffwechsels, der Biochemie und der Thermodynamik des Lebens in den nächsten Jahren wesentlich zu erweitern. Zahlreiche Forscher weltweit untersuchen derzeit, welche Mikroorganismen in welchen Gesteins- und Sedimentschichten vorkommen, wie diese Mikroorganismen sich ernähren und was für eine Funktion sie für die Elementkreisläufe, für die Mineralisierung und die Verwitterung haben. Geomikrobiologen haben erstmals einen festen Platz an Bord der Forschungs-Bohrschiffe. Sie verfügen über gut ausgestattete Labore, um diese große Wissenslücke zu schließen. Um einzelne Zellen auf Mikrometer-Skalen zu untersuchen, müssen Methoden wie Massenspektrometrie, Chromatographie, Mikroskopie, Element- und Gasanalytik, Chemosensorik sowie Umweltgenomik weiterentwickelt werden. Verschiedene Felder der Geowissenschaften profitieren von solchen technischen Fortschrit-

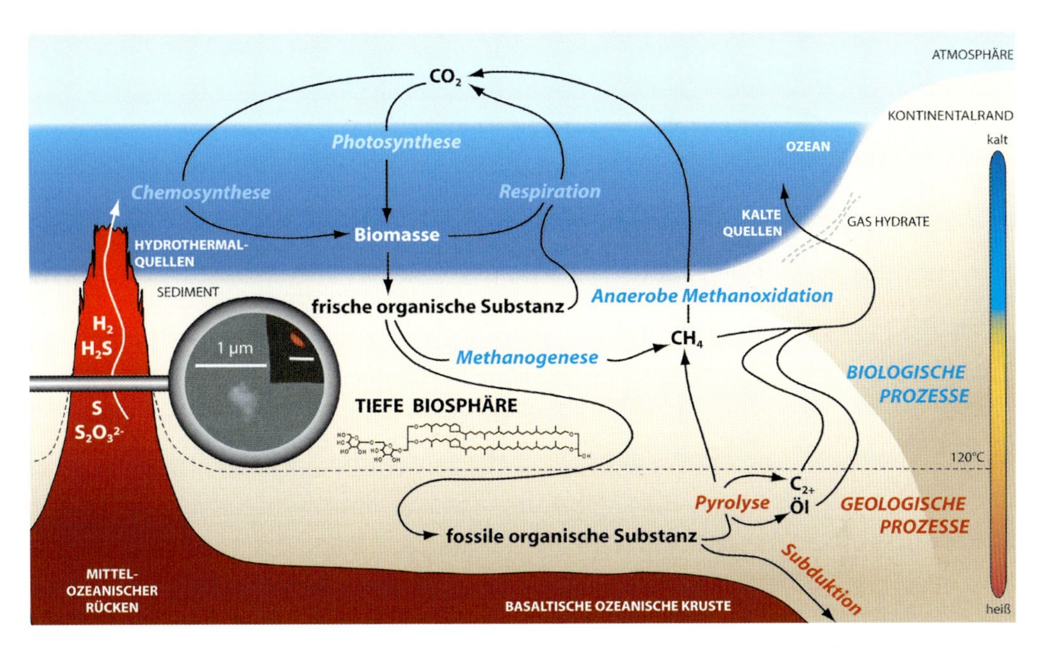

Die tiefe marine Biosphäre: Dass Mikroorganismen auch in alten, tief begrabenen Sedimenten intakt und lebensfähig sind, zeigen mikroskopische Aufnahmen und geochemische Analysen von labilen Molekülen, die nach dem Zelltod rasch zerfallen; z.B. der genetische Informatiosträger Ribonukleinsäure, der hier durch Fluoreszenz-in-situ-Hybridisierung rot-leuchtend mikroskopisch sichtbar gemacht wurde, und intakte Membranlipide, die massenspektrometrisch identifiziert werden. Die tiefe Biosphäre, deren Ausdehnung vermutlich auf Bereiche mit Temperaturen <120°C beschränkt ist, ist neben dem ozeanischen Tiefenwasser das größte zusammenhängende Ökosystem der Erde. Die Entdeckung der tiefen Biosphäre wirft eine Reihe von wissenschaftlichen Fragen auf, unter anderem welche Rolle die tiefe Biosphäre im globalen Kohlenstoffkreislauf spielt.

ten, zum Beispiel die Astrobiologie und die Kosmochemie, aber auch die Erforschung der frühen Erde.

Kernaussagen

- Um die Ökologie und Biologie von Organismen einschließlich des Menschen verstehen zu können, muss man ihre evolutionäre Entwicklung kennen. Die Geowissenschaften übernehmen dabei die wichtige Aufgabe, Fossilienfunde mit ihrer Paläoumwelt und den Klima-Stoffkreislauf-Geschehnissen der Erdgeschichte zu verknüpfen.

- Es besteht erheblicher Forschungsbedarf dabei, die Rückkopplung zwischen Biosphäre und Geosphäre zu verstehen. Es sollte untersucht werden, wie sich das Leben auf Geosysteme auswirkt, zum Beispiel bei der CO_2-Speicherung, bei der Lagerstättenbildung, der Biomineralisation und der Verwitterung.
- Um die Folgen anthropogener Eingriffe in Ökosysteme und Biodiversität zu verstehen und um ein umweltschonendes Management einrichten zu können, muss die natürliche Dynamik von Ökosystemen unbedingt analysiert werden.
- Die zukünftige Entwicklung der Biosphäre im System Erde kann bisher nicht hinreichend vorhergesagt werden. Hieraus erwachsen neue Herausforderungen für die biologisch orientierten Teilbereiche der Geowissenschaften wie Geo(mikro) biologie, Paläontologie, Geoökologie und Astrobiologie, aber auch für Nachbardisziplinen wie Biogeochemie, Biodiversitäts- und Atmosphärenforschung.

11 Geowissenschaftliche Methoden und Technologien für die Zukunft

Bahnbrechende neue Erkenntnisse sind meist methodischen und technischen Innovationen zu verdanken. In den Geowissenschaften werden technische Großgeräte und Instrumente in vier Bereichen eingesetzt:

- in der Spezialanalytik. Dort geht es sowohl um die präzise Messung kleinster Teilchen als auch um Messungen im Naturlabor-Maßstab.
- in Observatorien. Dort werden zum Beispiel Langzeitmessungen von Zuständen, Flüssen und Parametern durchgeführt, und zwar in den Bereichen Atmosphäre, Hydrosphäre, Geosphäre und Biosphäre.
- im Gelände. Technische Großgeräte werden etwa bei wissenschaftlichen Bohrungen genutzt. Marine Forschungsplattformen wie Tauchroboter sind nötig, um den Meeresboden zu untersuchen.
- in der weltraumgestützten Erdbeobachtung und in in-situ Messsystemen.

Es ist nötig, neue Erkundungstechnologien zu entwickeln, um die Zustände der Teilsysteme des Systems Erde räumlich und zeitlich hochauflösend zu erfassen. Für die Geowissenschaften sind vor allem Beobachtungsplattformen und Methoden von Bedeutung, mit denen nicht direkt zugängliche Bereiche der Erde erkundet werden können, zum Beispiel der oberflächennahe Bereich, der tiefere Untergrund und der Meeresboden. Hier werden vor allem geophysikalische Methoden und Bohrtechniken eingesetzt. Die Industrie hat zur Exploration fossiler Kohlenwasserstoffe an Land und auf See zunächst die klassischen geophysikalischen Verfahren und Bohrmethoden verwendet und diese dann maßgeblich weiterentwickelt. Diese Technologien werden auch eingesetzt, um den Meeresboden geowissenschaftlich zu erforschen, zum Beispiel beim internationalen Ozeanbohrprogramm IODP.

Die weltraumgestützte Erdbeobachtung wird zunehmen. Die Instrumente und Technologien, die in deutschen Forschungsinstituten und Universitäten genutzt werden, müssen auf dem modernsten Stand gehalten werden. Gleichzeitig ist es nötig, Netzwerke auszubauen. Damit Technologien erfolgreich weiterentwickelt werden können, müssen Forschungsinstitute und Industrie eng zusammenarbeiten. Diese Kooperation sollte weiter intensiviert werden. Sie stärkt die internationale Wettbewerbsfähigkeit der Partner und schafft neue Produkte.

Geowissenschaftler erforschen seit langem die einzelnen Komponenten des Systems Erde. Inzwischen ist es aber zunehmend erforderlich, die Einzelkomponenten als Teil des Ganzen zu beobachten und zu interpretieren sowie zu untersuchen, welche Möglichkeiten es gibt, sie zu steuern und zu überwachen. Diese integrierte Betrachtungsweise ist besonders wichtig, um Eingriffe des Menschen in das System Erde zu erfassen und um herauszufinden, wie sich der Klimawandel oder Änderungen der Landnutzung auswirken. Sie ist aber auch erforderlich, um richtig auf Naturkatastrophen reagieren zu können. Um komplexe Prozesse zu verstehen, müssen daher alle

Measuring and Modeling the Earth's System

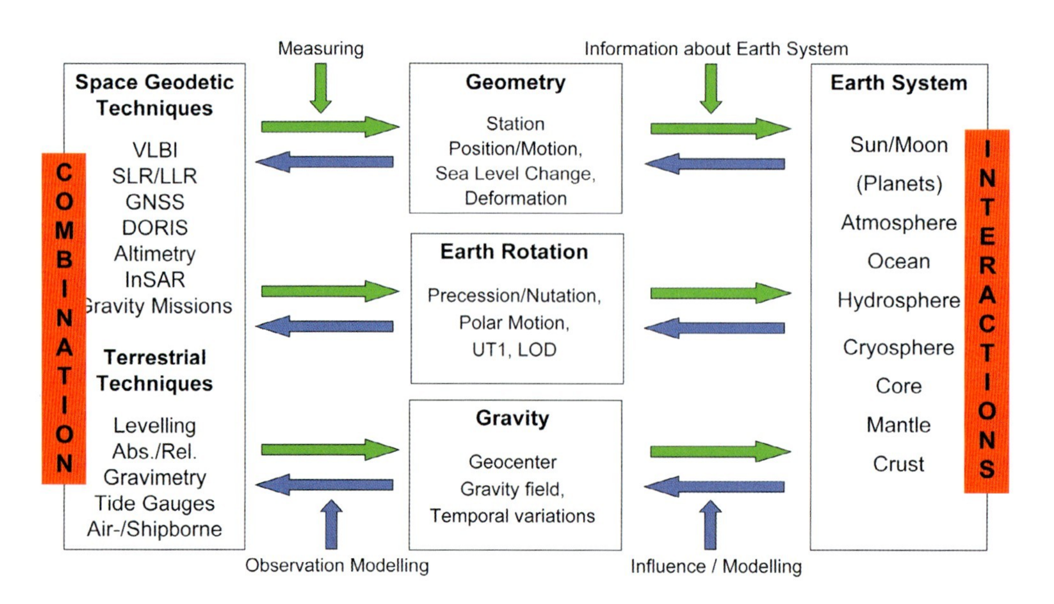

Modellierung und Monitoring des Systems Erde

möglichen Einflussgrößen in komplexe Modelle integriert werden. Erdbeobachtungssysteme verknüpfen beobachtete Größen und Modelle. Die Modelle können im Experiment geprüft werden. Anschließend ergeben sich neue Hypothesen und Messungen. Neue Technologien und Sensoren erzeugen Daten, die mit integrierten Modellen und fortgeschrittenen Datenverarbeitungsmethoden interpretiert und evaluiert werden sollten.

11.1 Satelliten zur Erdbeobachtung

Der Blick vom Weltraum auf die Erde

Satelliten sind einzigartige Beobachtungsplattformen für die Geowissenschaften. Bereits die Beobachtung der Bahnen der allerersten Sputnik-Satelliten im Jahre 1957 verbesserte die Kenntnis über die Form und das Schwerefeld der Erde wesentlich. Heute befinden sich auf vielen Satelliten sehr vielseitige Sensoren zur Erdbeobachtung. Ihre Daten spielen in immer mehr Teilbereichen der Geowissenschaften eine immer wichtigere Rolle. Die Sensoren erfassen in kurzer Zeit, in regelmäßigen Abständen und mit globaler Überdeckung die Geometrie der Erde, verschiedenste Zustände auf der Erdoberfläche und in der Atmosphäre sowie das Schwerefeld und das Magnetfeld. Auf diese Weise entsteht Schritt für Schritt ein umfassendes, weltraumgestütztes Observatorium für das System Erde, für seine Zustände und seine Veränderungen.

Erdbeobachtung mit Satelliten

Mit dem Konzept der „Low Earth-Orbiting Satellites" (LEOS) und den innovativen Satellitenmissionen CHAMP (A Challenging Mini-Satellite Payload for Geophysical Research and Application) und GRACE (Gravity Recovery and Climate Experiment) haben die Geowissenschaften Hochtechnologiefelder erschlossen und völlig neue Möglichkeiten eröffnet, um das System Erde aus dem Weltraum zu erfassen. An der Auswertung von CHAMP- und GRACE-Daten sind gegenwärtig über 150 Wissenschaftlergruppen aus 35 Ländern beteiligt. CHAMP und GRACE sind Beispiele für erfolgreiche geowissenschaftliche Großprojekte, durch die Forschungsanstrengungen gebündelt wurden und die zu einer breiten nationalen und internationalen Kooperation geführt haben. Bei den beiden ESA-Missionen GOCE (Gravity Field and Steady-State Ocean Circulation Explorer, Start März 2009) und SWARM (zur detaillierten Erkundung des Erdmagnetfeldes, Start 2010) haben deutsche Wissenschaftler in europäischer Kooperation die Federführung übernommen.

Lokalisierung von Geodaten

Das amerikanische GPS-System und demnächst auch das Galileo-System Europas bieten den Geowissenschaften eine enorme Breite von Anwendungen. Sie erlauben es, Objekte aller Art schnell und genau zu lokalisieren. Vor allem bilden sie einen Grundstein der globalen, hochgenauen Koordinaten-Bezugssysteme, insbesondere des International Terrestrial Reference Frame (ITRF). Die GPS-Satelliten erfassen kleine Schwankungen der Rotationsachse und der Rotationsgeschwindigkeit der Erde genauso zuverlässig wie die Bewegungen der Kontinentalplatten. Permanente GPS-Stationen beobachten mit Zentimeter- bis Millimetergenauigkeit kontinuierlich und in Echtzeit, wie sich die Erdkruste in Kollisions- und Erdbebenzonen verformt. Tsunami-Frühwarnsysteme nutzen GPS-Bojen auf den Ozeanen. In Skandinavien und in der Antarktis hebt sich das Land bis zu einen Zentimeter pro Jahr, weil die eiszeitlichen Gletscher verschwunden sind. Diese Landhebung wird ebenfalls mit GPS genau bestimmt. Aus den Messungen können die Viskositätseigenschaften des Erdmantels abgeleitet werden.

Das Geoid – die Oberfläche der Erde

Carl Friedrich Gauss prägte im Jahre 1828 die Definition des so genannten Geoids: „Was wir im geometrischen Sinn Oberfläche der Erde nennen, ist nichts anderes als diejenige Fläche, welche überall die Richtung der Schwere senkrecht schneidet, und von der die Oberfläche des Weltmeeres einen Theil ausmacht“. Die Schwerefeld-Satelliten CHAMP, GRACE und GOCE kommen derzeit dem Ziel, diese von Gauss beschriebene Fläche zentimetergenau zu bestimmen, einen großen Schritt näher. Diese Missionen setzen neben der kontinuierlichen GPS-Bahnbeobachtung zwei neue innovative Techniken ein: zum einen verwenden sie Mikrowellentracking, um den Abstand zwischen zwei Satelliten in Mikrometergenauigkeit zu messen, zum anderen Gravitationsgradiometrie. Aus diesen Daten werden sehr genaue globale Schwerefeldmodelle abgeleitet. Sie bilden die Grundlage für einheitliche globale Höhensysteme und ermöglichen einen eindeutigen, zentimetergenauen Höhenbezug unabhängig von nationalen Pegelstationen. Das Satellitenpaar der Mission GRACE erfasst darüber hinaus kleinste zeitliche Änderungen des Schwerefeldes. Solche Schwankungen werden durch Massenverlagerungen in der Atmosphäre, im hydrologischen Kreislauf und in der festen Erde verursacht. Aus den bisher verfügbaren

GRACE-Daten konnte erstmals errechnet werden, wie viel Wasser sich im Laufe der Jahreszeiten auf den Kontinenten verlagert.

Präzise Höhenmessungen der Ozeanoberfläche

Die Satellitenaltimetrie hat sich in den vergangenen drei Jahrzehnten zu einer wirkungsvollen Fernerkundungstechnik entwickelt. Wichtige Anwendungen finden sich in Ozeanographie, Geodäsie und Geophysik. Altimeter bestimmen die Geometrie von Wasser- und Eisoberflächen mittels Radar- oder Laserpulsen oder mit interferometrischen Verfahren. Ein Altimetersatellit wiederholt seine Bahn in regelmäßigen Zeitabständen von 10 oder 35 Tagen. Damit beobachtet er denselben Ausschnitt der Erdoberfläche ebenfalls in diesem Rhythmus. Dank der Satellitenaltimetrie ist die Geometrie der Meeresoberfläche heute weit besser bekannt als die der Kontinente. Unsere Kenntnis des Schwerefeldes ist zu einem wesentlichen Teil auf die Altimetrie zurückzuführen. Die Altimetrie ermöglicht es, die Topographie des Meeresbodens abzuleiten, die kontinentalen Eisschilde in regelmäßigen Zeitabständen auszumessen und die aktuelle Ausdehnung und Dicke des Meereises zu erfassen. Sie erlaubt es außerdem, Veränderungen des Meeresspiegels schnell, global und genau zu überwachen. Sie trägt damit wesentlich dazu bei, die Dynamik der Ozeane und die Massenumverteilung in den Ozeanen zu verstehen. So lässt sich einer der wichtigsten Indikatoren der globalen Klimaänderung erfassen: der Meeresspiegelanstieg, der sich möglicherweise beschleunigt. Wie bei vielen anderen Verfahren der Erdbeobachtung ist es auch bei der Satellitenaltimetrie wichtig, langjährige, kontinuierliche Zeitreihen aufzuzeichnen. Je länger die Zeitreihen, desto besser können Prozesse mit mehrjährigen Perioden wie die El-Niño-Oszillation verstanden werden. Langfristige Trends, zum Beispiel beim Meeresspiegelanstieg, lassen sich ebenfalls nur durch langfristige Beobachtungen erfassen.

Präzise Messungen der Topographie

Über Land werden weltraumgestützte Radarverfahren mit synthetischer Apertur (INSAR) eingesetzt, um die Topographie genau zu erfassen. Die digitalen Geländemodelle aus den Radaraufnahmen des Shuttlefluges im Jahr 2000 sind inzwischen frei verfügbar und finden eine immer breitere Anwendung in den Geowissenschaften. Der Vergleich von Radaraufnahmen vor und nach einem Erdbeben oder einem Vulkanausbruch ermöglicht es, Deformationen der Erdoberfläche in Millimeter-Genauigkeit zu beobachten. Solche Radaraufnahmen liefern die europäischen Satellitenmissionen ERS-2 und Envisat und der deutsche Satellit TerraSar-X.

Detaillierte Erfassung der Landnutzung

Hochauflösende optische Sensoren und so genannte Hyperspektralsensoren sind in der Lage, sehr viele Spektren aufzulösen. Mit ihrer Hilfe lässt sich sehr gut erkennen, wie die Landfläche genutzt wird und aus welchem Material die Erdoberfläche besteht. Außer den klassischen Fernerkundungssystemen Landsat und Spot gibt es heute auch hochauflösende Sensoren. Satelliten wie Quickbird oder WorldView erreichen eine Auflösung von etwa 50 Zentimetern und stellen in dieser Qualität auch Stereoaufnahmen her. Die deutsche Initiative EnMap ist dabei, einen hochauflösenden Hyperspektralsatelliten zu bauen, der mehr als 400 spektrale Kanäle trennen kann. Das Haupteinsatzgebiet solcher Sensoren ist die Geologie. Zudem sollen sie die Art der Landnutzung und Landnutzungsänderungen ermitteln.

Weitere Messsysteme

Unbemannte Luftfahrzeuge, so genannte High Altitude Long Endurance (HALE) Systeme, fliegen in mehr als 14 Kilometern Höhe mehrere Monate lang autonom und können mit Sensorsystemen Aufnahmen tätigen. Diese Systeme haben den Vorteil, dass sie sich gezielt für einen längeren Zeitraum über bestimmten Gebieten einsetzen lassen. Kleine luftgestützte Systeme, so genannte Drohnen, sind ebenfalls flexibel einsetzbar. Sie lassen sich mit Kameras und anderen Sensoren ausstatten und erheben lokal Geoinformationen.

Weitere Anwendungsmöglichkeiten

In den vorangegangenen Abschnitten wurden einige weltraumgestützte Beobachtungsmethoden und ihre geowissenschaftlichen Anwendungen diskutiert. Satellitenmissionen, die das Erdmagnetfeld beobachten, die Bodenfeuchte oder Salzgehalt der Ozeane (SMOS), Vegetation oder Landnutzung erfassen, gehören ebenso in den geowissenschaftlichen Zusammenhang. Deutschland hat sich in den vergangenen Jahren stark für die Erdbeobachtung mit Satelliten engagiert und beteiligt sich mit wesentlichen Beiträgen an den europäischen Erdbeobachtungsprogrammen. Dazu gehören zum Beispiel das „Living Planet" Programm der ESA und das geplante Programm „Global Monitoring for Environment and Security" (GMES) der ESA und der EU. Aber auch nationale Projekte des Deutschen Zentrums für Luft- und Raumfahrt (DLR) und internationale Kooperationen, beispielsweise mit der NASA, sind sehr erfolgreich. Auch internationale Initiativen zur Erdbeobachtung greifen auf deutsches Know-how zurück, zum Beispiel die Initiative „Global Earth Observation System of Systems" (GEOSS). Die deutsche Raumfahrtindustrie spielt sowohl beim Bau von Satelliten und Antriebssystemen als auch bei der Entwicklung innovativer Erdbeobachtungssensoren eine wichtige Rolle.

11.2 Naturlabore, Observatorien und Geophysikalische Großeinrichtungen

Im Naturlabor-Maßstab

Viele geowissenschaftliche Experimente sprengen den üblichen Labor-Maßstab. Zum Beispiel registrieren zahlreiche permanent betreute Messstationen, die sich teils in extremen Klimazonen wie in Nordsibirien und in der Antarktis befinden, weltweit die Stoffumsätze von Treibhausgasen wie Kohlendioxid oder Methan. In gewaltigen Strömungskanälen untersuchen Forscher, wie sich Wasser und Sediment in Flüssen, an der Küste oder in flachen Meeresgebieten verhalten. Die Ergebnisse dieser Experimente fließen in Bauvorhaben ein und ermöglichen es, die Risiken für die küstennahen Lebensräume zu erfassen. Einige Naturlabors liegen viele Kilometer tief unter der Erdoberfläche, etwa in der Kontinentalen Tiefbohrung (KTB) in der Oberpfalz oder in Bergwerken. Die KTB hat gezeigt, wie viel noch über die tiefe Erdkruste zu lernen ist. Das mechanische Verhalten der Gesteine in der Tiefe ist nicht einmal ansatzweise verstanden. Auch Erdbeben, Gas- und Wasserflüsse müssen noch weiter erforscht werden.

Integrierte Beobachtung

Um die komplexen Wechselwirkungen zwischen den Teilen des Erdsystems zu verstehen, sind zum einen gezielte Experimente nötig, zum anderen müssen die Zustände und Flüsse auf unterschiedlichen Raum- und Zeitskalen integriert beobachtet werden. In der Agrarforschung werden zum Beispiel Langzeitbeobachtungen an bestimmten Flächen durchgeführt. Integrierte terrestrische Beobachtungsplattformen wie zum Beispiel TERENO (www.tereno.net) erfassen Wasser-, Stoff-, und Energieflüsse in den verschiedenen Teilbereichen des Erdsystems. In den deutschen TERENO-Observatorien befinden sich modernste Messsysteme und Sensoren, zum Beispiel Bodenfeuchte-Sensornetzwerke, hochauflösende Radarsysteme oder Regenradare. Mit diesen Messungen will man erforschen, wie sich Landnutzungsänderungen und Klimawandel regional auswirken. Die Observatorien sollen Langzeitdaten gewinnen, die terrestrische Modelle verbessern.

Sensoren kommunizieren und kooperieren miteinander

Die Phänomene der Erdoberfläche lassen sich mit den unterschiedlichsten Messsystemen beobachten. Manche führen lokale Punktmessungen durch, andere beobachten den gesamten Planeten und registrieren verschiedenste Facetten der abgebildeten Objekte. Die Entwicklung geht in jüngster Zeit zu Geosensornetzen. Diese Netze bestehen aus einer Fülle von Sensoren, die jeweils lokale, zum Teil sehr einfache Messungen durchführen können. Sie sind in der Lage, miteinander zu kommunizieren und zu kooperieren. Durch diese Kooperation kann in der Summe eine globale Wahrnehmung erreicht werden. Die Positionierung der Geosensoren erfolgt mit verschiedenen Methoden, vorzugsweise über GPS, aber auch über WLAN, Mobilfunk oder Kameras. Das Konzept der Geosensornetze hat den großen Vorteil, dass es die Lokalität der Phänomene ausnutzen kann. Die Daten müssen nicht unbedingt zu einer zentralen Dateneinheit überspielt werden, um dort verarbeitet zu werden. So können lokal bereits Entscheidungen getroffen werden und nur wenige, relevante Informationen müssen an eine zentrale Einheit übertragen werden. Auf diese Weise kann das Gesamtsystem auf verschiedenen Skalen sehr gut überwacht werden. Geosensornetze befinden sich noch im Forschungsstadium; sie werden zum Beispiel im militärischen Bereich eingesetzt oder dienen dazu, Hangrutschungen oder lokale Temperaturfelder zu messen. GPS-Netze, die Erdbebengebiete kontinuierlich überwachen, sind ebenfalls Sensornetze.

Auch das mit deutscher Unterstützung entwickelte Tsunami-Frühwarnsystem in Indonesien kann als Geosensornetz im weiteren Sinne bezeichnet werden. Solche Systeme können die Erdsystemforschung enorm voranbringen, da prinzipiell jeder beliebige Sensor in ein solches Netz eingebaut werden kann. So kann er zusammen mit anderen Sensoren übergreifende Beobachtungen durchführen. Auch Beobachtungen von Menschen, die im Internet verbreitet werden, können in ein Sensornetz einfließen. In Geosensornetzen vermischen sich reine Messung und Auswertung zunehmend; damit können Messungen direkt mit Auswerte- und Simulationsmodellen gekoppelt werden. Die Herausforderung besteht zum einen darin, Sensoren zu entwickeln, zu integrieren und zu vernetzen, zum anderen müssen die erhobenen Daten adäquat gesammelt, zusammengefasst und gespeichert werden. Außerdem ist es nötig, Auswerteprogramme weiterzuentwickeln, in denen die

Daten umfassend auf verschiedenen Skalen verarbeitet und aufbereitet werden, zum Beispiel von der einzelnen Punktmessung bis hin zu weltumspannenden Satellitenbildern.

Observatorien

Deutschland unterhält im In- und Ausland zahlreiche geowissenschaftliche Observatorien. Die deutschen Satellitenbeobachtungsstationen Wettzell und Potsdam bilden beispielsweise ein geodätisches Messnetz mit Empfangsantennen in den entlegensten Winkeln der Erde, zum Beispiel in Nordasien oder in der Antarktis. Außerdem gibt es magnetische Observatorien, zum Beispiel in der Wingst. Erdbebenwarten befinden sich innerhalb und außerhalb Deutschlands und sind zum Teil in internationale Abkommen zur Überwachung von Atombombentests eingebunden. In den Polargebieten ist Deutschland unter anderem durch die Neumayer-Station in der Antarktis und die Koldewey-Station in der Arktis vertreten. In Asien unterhält Deutschland vulkanologische Observatorien. Zudem werden Technologien für unbemannte, submarine Laboratorien in der Tiefsee entwickelt.

Netzwerke internationaler Messstellen

Seismische Netze, so genannte Arrays, spielen eine große Rolle dabei, Erdbeben aufzuspüren und Atombombentests international zu überwachen. Zahlreiche Erdbebenstationen registrierten die Tsunami-Katastrophe in Südostasien fast in Echtzeit. Das bewies eindrucksvoll, wie leistungsfähig das bestehende Beobachtungsnetz bereits ist. Allerdings lässt es sich noch optimieren, indem zum Beispiel der Indische Ozean und die Tiefseebecken rund um Europa zukünftig in internationale Netzwerke einbezogen werden. Geophysikalische Methoden wie Reflexionsseismik, 3-D- und 4-D-Seismik auf See haben in den letzten Jahren große Fortschritte erzielt. Das ist zum einen der Informationstechnologie zu verdanken, zum anderen auch der Mineralölindustrie, die Schelfmeere und Kontinentalränder verstärkt erkundet hat.

11.3 Seismische Tomographie und Geodäsie

Tausende seismischer Stationen registrieren weltweit die Wellen von Erdbeben. Die Erdbebenwellen sammeln auf ihrem Weg zwischen Quelle und Empfänger Information über den Untergrund. Diese Informationen lassen sich mit der geophysikalischen Methode der Tomographie entziffern. Die seismische Tomographie nutzt neben

Erdbeben auch künstliche Quellen, zum Beispiel Explosionen oder Lastwagen mit Rüttelplatten, und entwickelt sich momentan rasant weiter. Die Tomographie hat ein breites Anwendungsspektrum. Auf der großen Skala bildet sie die Struktur und Dynamik der gesamten Erde ab: Sie macht abtauchende Platten an Subduktionszonen sichtbar, zum Beispiel in Japan und Indonesien. Sie durchleuchtet große Scherzonen, zum Beispiel die San Andreas-Verwerfung, die Transformstörung am Toten Meer oder die Nord-Anatolische Verwerfung. Aufströmendes Mantelgestein, so genannte Plumes wie unter Hawaii, lassen sich ebenfalls mit der Tomographie erforschen. Auf der mittleren Skala sind Erdbeben, Tsunamis, Vulkanausbrüche und die Überwachung von Nuklear-Tests wichtige Anwendungsgebiete der seismischen Tomographie. Am kleinskaligen Ende steht der oberflächennahe Bereich der Erde. Diese Schnittstelle zwischen Geo-, Bio- und Atmosphäre beherbergt alle wesentlichen Ressourcen für das Leben auf der Erde. Hier ereignen sich aber auch flache Erdbeben mit dem größten zerstörerischen Potential. Eine zentrale Zukunftsaufgabe der Geowissenschaften besteht darin, diese Strukturen, ihre Eigenschaften und die vorherrschenden Prozesse kontinuierlich zu erforschen. Der Tomographie kommt als bildgebendes Verfahren die zentrale Rolle dabei zu.

Tomographische Methoden haben sich in den letzten zwei Jahrzehnten rasant entwickelt. Die derzeit verfügbaren Methoden reichen aber noch nicht aus, um die Erdkruste kontinuierlich und hochauflösend zu beobachten. Für spezielle Anwendungen, etwa um Lagerstätten zu erkunden und zu überwachen, sind sie noch zu kostenintensiv. Weiterhin lassen sich Fehlergrenzen noch nicht hinreichend genau bestimmen. Es besteht daher dringender Bedarf, tomographische Methoden auf unterschiedlichen räumlichen Skalen weiterzuentwickeln. Es ist außerdem nötig, die Tomographie mit anderen geophysikalischen Methoden wie Reflexionsseismik, Magnetotellurik, Magnetik, Elektrik und Gravimetrie zu kombinieren.

Um die Tomographie weiterzuentwickeln, sind folgende Aufgaben für die Zukunft erforderlich:

- universelle Test-Standards. Es sollten universelle Test-Standards entwickelt werden, um die Zuverlässigkeit und Genauigkeit unterschiedlicher Algorithmen zu vergleichen.

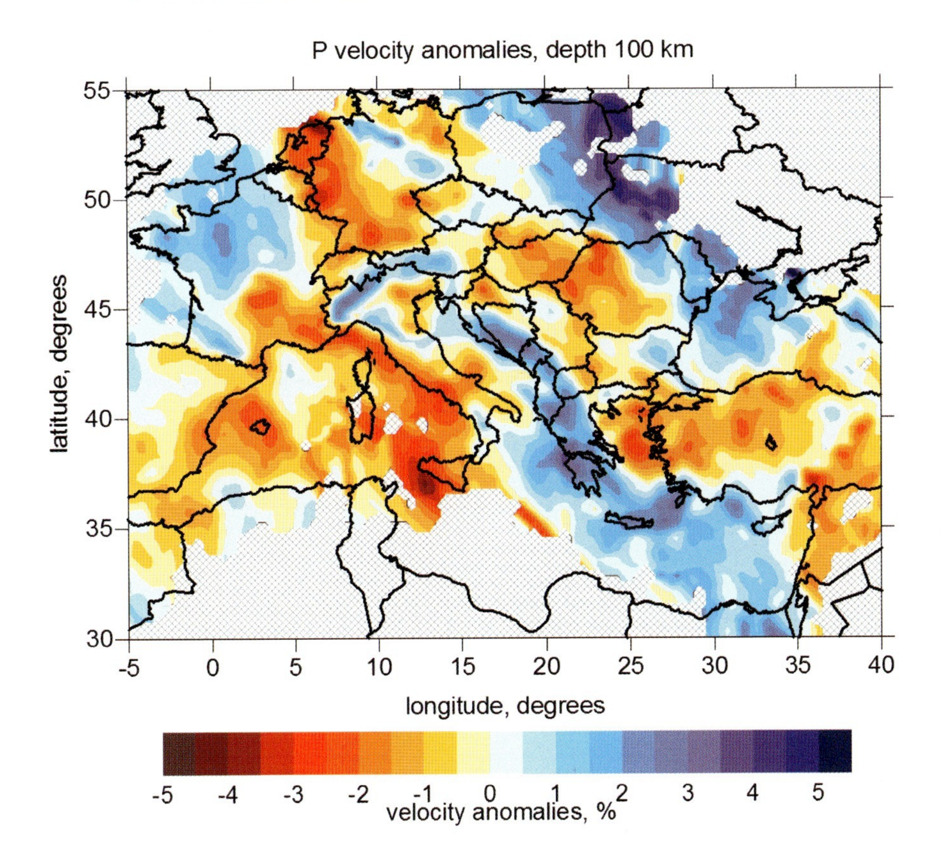

Tomographie des Erdmantels. Anomalien der P-Wellen-Geschwindigkeit im oberen Erdmantel unter Europa und dem Mittelmeer. Die Farben zeigen an, wie stark die Geschwindigkeit von einem Referenzmodell abweicht. Auf dem Bild ist ein horizontaler Schnitt in hundert Kilometern Tiefe zu sehen. Die Alpenwurzel und die hellenische Subduktionszone im östlichen Mittelmeer erscheinen blau, weil das Gestein dort kalt ist und sich die seismischen Wellen schneller ausbreiten.

- Wellenform-Tomographie. Die meistgenutzten Tomographiemethoden verwenden lediglich die Laufzeit der seismischen Wellen, um ein Bild des Untergrundes zu erzeugen. Das schränkt die Auflösung ein. Daher ist es nötig, Methoden zu entwickeln, die das gesamte Frequenzspektrum und auch die Information, die in der Wellenform enthalten ist, nutzen.
- Anisotropie-Tomographie. In vielen Gesteinen hängt die Geschwindigkeit seismischer Wellen von der Richtung der Wellenausbreitung ab, das heißt, Anisotropie spielt eine

wichtige Rolle. Wenn dieser Effekt nicht berücksichtigt wird, entstehen falsche Bilder des Untergrunds. Die Anisotropie lässt sich aber auch nutzen, um Schichtungen, Verformungen, oder Fließprozesse in der Erdkruste zu charakterisieren.

- Time-lapse Tomographie. Mit der Tomographie lassen sich Veränderungen überwachen, die zum Beispiel in Lagerstätten oder bei Erdbeben stattfinden. Wiederholungsmessungen

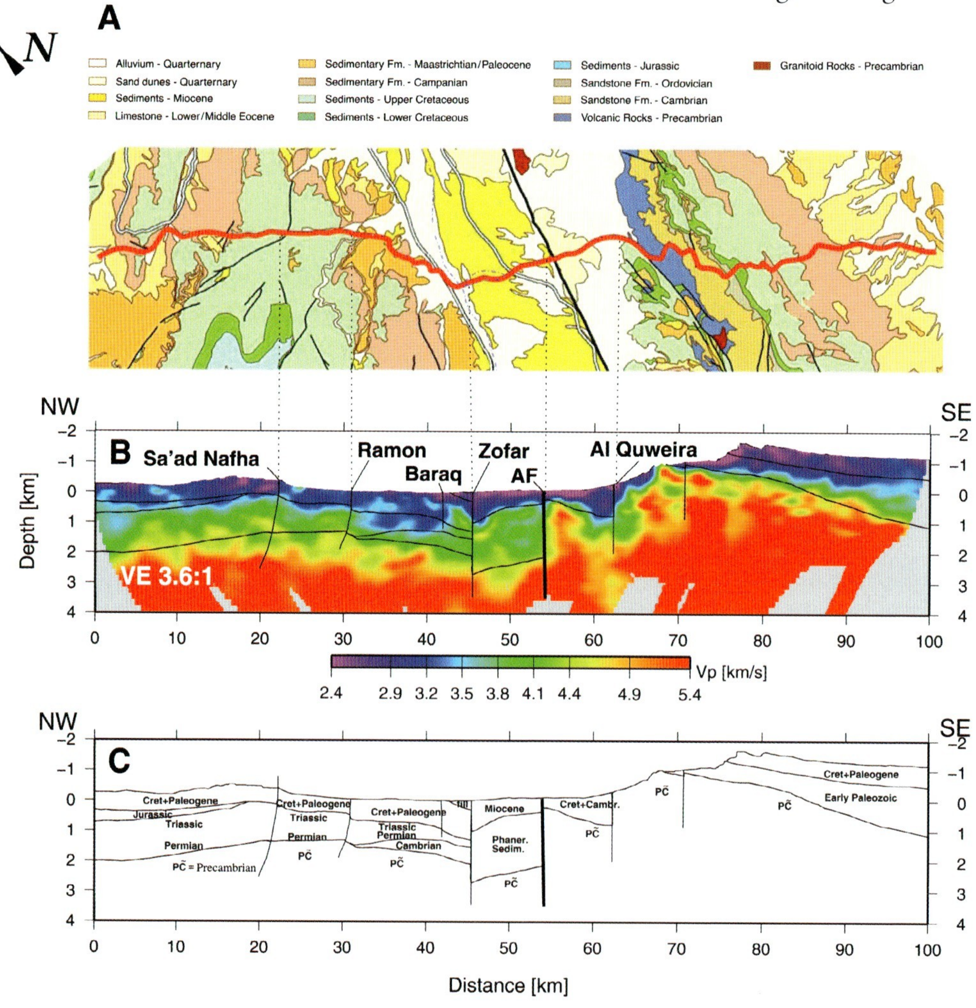

Oberflächennahe Tomographie. Oberflächen-Geologie, Tomographie und geologische Interpretation entlang eines hundert Kilometer langen Profils über der Araba-Scherzone (AF) im Mittleren Osten. (a) Geologie mit seismischem Profil (rote Linie) und Scherzonen (Sa'ad Nafha, Ramon, Barak, Zofar, Araba, Al Quwayra). (b) Modell der P-Wellen-Geschwindigkeit bis in vier Kilometer Tiefe. Vertikale Vergrößerung 3.6. (c) Geologischer Querschnitt.

können Hinweise darauf geben, ob sich Fluide im Untergrund bewegen, ob sich Spannungen ändern oder wie sich eine Verwerfung zeitlich entwickelt.

- Kombination mit anderen Methoden. Methoden wie Magnetotellurik, Geoelektrik oder Gravimetrie bilden andere physikalische Eigenschaften des Erdinneren ab als die Tomographie, zum Beispiel die elektrische Leitfähigkeit und die Dichte. Sie ergänzen daher die seismische Tomographie. Werden all diese Parameter intelligent und mathematisch sauber verknüpft, lässt sich der Zustand des Untergrunds besser bestimmen.

11.4 Beobachten und Probenahme: Forschungsschiffe, Forschungsflugzeuge, Tiefseeobservatorien und Bohrgeräte

Forschungsschiffe

Forschungsschiffe bilden die Basis der marinen Geowissenschaften. Die Senatskommission für Ozeanographie der DFG und das Konsortium für Deutsche Meeresforschung (KDM) haben die Situation der Forschungsschiffe in Deutschland in dem Strategiepapier „Die deutschen Forschungsschiffe – Anforderungen in den nächsten Dekaden" beschrieben. Zudem haben sie den Bedarf an Forschungsschiffen für die marine Grundlagenforschung erfasst. 2006 wurde nach einer Pause von 15 Jahren erstmals wieder ein großes Schiff in Dienst gestellt: das „Eisrandschiff" MARIA S. MERIAN. Als Ersatz von SONNE ist ein neues Schiff in der Planung. Als nächstes Schiff muss POSEIDON ersetzt werden, danach POLARSTERN und METEOR. Um den jetzigen Standard zu halten, müsste alle drei bis fünf Jahre ein neues Schiff in Fahrt gehen.

Mit AURORA BOREALIS könnte ein leistungsfähiger Eisbrecher entstehen, der das ganze Jahr über in der zentralen Arktis eingesetzt werden und Tiefseebohrungen in permanent eisbedeckten Becken durchführen kann. AURORA BOREALIS ist als europäisches Gemeinschaftsprojekt geplant.

Wissenschaftliches Bohren

Bohrgeräte sind wichtig, um den tieferen Untergrund als Speicher- und Nutzungsraum zu erkunden oder um Rohstoffe zu finden. Auch für Forschungszwecke sind sie unabdingbar. Nur durch

Bohrungen und die dabei gewonnenen Bohrkerne ist es möglich, seismische Interpretationen zu überprüfen und ein dreidimensionales Bild des geologischen Untergrundes zu gewinnen. Im letzten Jahrzehnt wurden die kommerziellen Bohrtechniken revolutioniert. Schräge und horizontale Bohrungstechniken verdrängen zunehmend vertikale oder abgelenkte Bohrungen. Schon heute liegt das Bohrziel oft viele Kilometer neben dem Bohrturm. Bohrungen werden mehrfach abgelenkt und führen in Schlangenlinien zum Ziel.

Bohrungen sollen immer mehr Informationen liefern. Geo- und Ingenieurwissenschaften stellen daher immer höhere technische Ansprüche an Bohrgeräte, Bohrschiffe, Bohrtechniken und Bohrlochvermessungen. Forschung und Wirtschaft arbeiten nicht selten eng dabei zusammen, neue Technologien zu entwickeln und zu nutzen.

Ein hervorragendes Beispiel für ein Joint Venture zwischen Forschung und Industrie ist die Bohrplattform InnovaRig. Das Helmholtz-Zentrum Potsdam, Deutsches GeoForschungsZentrum, und das Unternehmen Herrenknecht haben diese Bohranlage gemeinsam entwickelt und finanziert. Dabei ist ein völlig neues Konzept für wissenschaftliche Tiefbohrungen entstanden. Die modular aufgebaute Bohranlage ist mobil und genügt unterschiedlichsten Anforderungen von Forschungsbohrungen oder industriellen Anwendungen.

Das Bohrgerät GLAD 800 wurde im Rahmen des kontinentalen Tiefbohrprogramms ICDP für die Untersuchung von Seesedimenten entwickelt. Es schwimmt auf seinen eigenen Transportcontainern.

Japan hat in den letzten Jahren das größte Forschungsbohrschiff der Welt, die Chikyu, für Tiefbohrungen im Meer gebaut. Die Chikyu steht dem Internationalen Ozeanbohrprogramm IODP zur Verfügung. Im selben Programm operiert seit Jahrzehnten das Bohrschiff Joides Resolution, das inzwischen den modernsten wissenschaftlichen Ansprüchen angepasst wurde. Beide Schiffe sind einzigartig: Sie sind gleichzeitig schwimmende Bohrgeräte und Labors.

Andere, neu entwickelte Bohrgeräte ermöglichen Flachbohrungen am Meeresboden. Eine herausragende Position nimmt hier das in Bremen entwickelte Meeresbodenbohrgerät MeBo ein. MeBo kann in Wassertiefen bis 2.000 Meter eingesetzt werden und mit einem Seilkernverfahren bis zu 70 Meter lange Kerne gewinnen.

Deutsche Forschungseinrichtungen sind bei der Entwicklung von Techniken für Eiskernbohrungen und Bohrlochvermessungen, das so genannte Logging, ebenfalls führend.

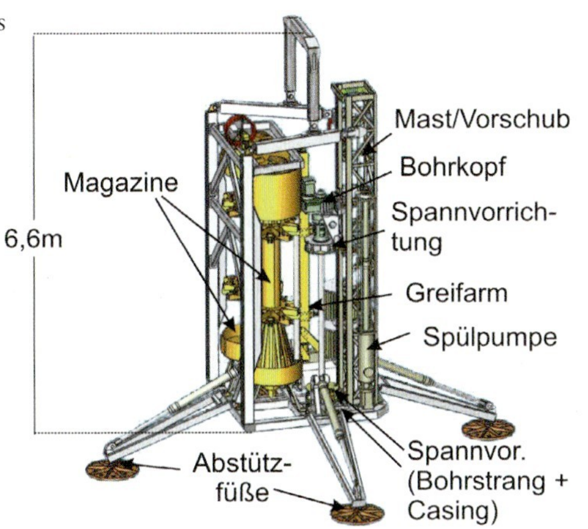

Schematische Zeichnung des Meeresboden-Bohrgerätes (MeBo) des MARUM, Universität Bremen

Bemannte Tauchboote

Der Einsatz von bemannten Tauchbooten hat sich in Deutschland bisher nicht durchgesetzt, obwohl Kapazitäten in einem gewissen Umfang vorhanden sind. Das Tauchboot Jago am Leibniz-Institut für Meereswissenschaften (IFM-GEOMAR) kann beispielsweise bis zu 400 Meter tief tauchen. Da unbemannte Tiefseeroboter mit Tauchtiefen bis zu 6.000 Meter schnell leistungsfähiger werden, ist es sinnvoller, auf unbemannte, kabelgeführte oder autonome Unterwasserfahrzeuge zu setzen.

Ferngesteuerte Unterwasserfahrzeuge (ROVs, Bohrgeräte)

In den letzen Jahren haben Geowissenschaftler vermehrt ferngesteuerte oder autonom operierende Unterwasserfahrzeuge eingesetzt, so genannte ROVs (Remoteley Operated Vehicles) und AUVs (Autonomous Underwater Vehicles). Das DFG-Forschungszentrum Ozeanränder/ Excellenzcluster MARUM der Universität Bremen und das Leibniz-Institut für Meereswissenschaften IFM-GEOMAR in Kiel verfügen über die ferngesteuerten Tauchroboter MARUM-Quest und Kiel 6000. Mit diesen ROVs nehmen die Forscher gezielt Proben in bis zu 6.000 Metern Tiefe, führen Vermessungsarbeiten durch und installieren Unterwassermessgeräte. Das autonome Unterwasserfahrzeug MOVE! des MARUM ist ein Beispiel für eine innovative Neuentwicklung.

Autonome Unterwasserfahrzeuge (AUVs)

Seit einigen Jahren werden auch autonome Unterwasserfahrzeuge, so genannte AUVs, eingesetzt, um den Meeresboden zu erforschen. Die AUVs werden an Bord programmiert und fahren unabhängig vom Schiff auf einem vorgegebenen Kurs. Sie können bisher unzugängliche Gebiete der Weltmeere aufsuchen, zum Beispiel unter dem Schelfeis. In der Umgebung von lokal operieren-

Die beiden in Deutschland eingesetzten Tiefwasser-ROVs MARUM-QUEST (MARUM, Universität Bremen) und KIEL 6000 (IFM-GEOMAR)

den Forschungsplattformen können sie routinemäßige Messungen durchführen. Besonders in der Küstenforschung werden sie eine zunehmend größere Bedeutung erhalten.

Forschungsflugzeuge und -hubschrauber

Forschungsflugzeuge und -hubschrauber stehen nur wenigen deutschen geowissenschaftlichen Forschungseinrichtungen zur Verfügung, und das selten dauerhaft. Das Alfred-Wegener-Institut für Polar- und Meeresforschung (AWI) verfügt über eine Dornier DO228 (Polar 2) und seit Anfang Oktober 2007 über eine Basler BT-67 (Polar 5). Beide Forschungsflugzeuge werden für geowissenschaftliche Untersuchungen in der Arktis und Antarktis eingesetzt. Hubschrauber stehen für geowissenschaftliche Erkundungseinsätze nur in Einzelfällen zur Verfügung, zum Beispiel auf der POLARSTERN. Die Bundesanstalt für Geowissenschaften und Rohstoffe (BGR) und einzelne Firmen setzen Helikopter für Erkundungen ein. Kapazitäten für die flugzeug- und satellitengestützte Fernerkundung werden auch durch das DLR bereitgestellt.

Neues Forschungsflugzeug

Ab Sommer 2009 steht mit dem Forschungsflugzeug HALO (High Altitude and LOng range research aircraft) eine neue leistungsfähige Messplattform für die Erdsystemforschung zur Verfügung. Das Flugzeug vom Typ Gulfstream 550 kann eine maximale Flughöhe von 15.500 Metern erreichen, eine Flugstrecke von mehr als 10.000 Kilometern zurücklegen und über 10 Stunden in der Luft bleiben. Je nach Einsatzbedingungen kann HALO eine wissenschaftliche Nutzlast von bis zu 3.000 Kilogramm tragen. HALO ermöglicht weltweite Messungen mit einem breiten Spektrum von

Messgeräten (www.halo.dlr.de). Das DLR in Oberpfaffenhofen ist für den technischen Betrieb von HALO zuständig.

11.5 Geochemische Analytik / Kosmochemische Methoden / Mikrostrukturelle Analytik

Die modernen Geowissenschaften haben sich in den letzten Jahrzehnten von einer beschreibenden zu einer quantitativen Naturwissenschaft gewandelt. Die wichtigsten Fortschritte gab es in der Spurenelement- und Isotopengeochemie, bei der räumlich hochauflösenden Analyse von Spurenelementen und in der mikrostrukturellen Charakterisierung von Mineralstrukturen bis in den atomaren Maßstab. In der Vergangenheit spielten Randbereiche wie die Kosmochemie häufig eine Vorreiterrolle dabei, neue analytische Verfahren zu entwickeln und anzuwenden. Das liegt daran, dass in der Kosmochemie meist nur kleine Probenmengen zur Verfügung stehen. Viele heute weit verbreitete Datierungsmethoden wurden zuerst an extraterrestrischen Proben entwickelt, zum Beispiel die Argon-Argon-Methode, die Samarium-Neodym-Methode oder die Rhenium-Osmium-Datierung. Im nächsten Jahrzehnt werden weitere innovative Methoden eine wichtige Rolle in den Geowissenschaften spielen.

Isotopengeochemie

Die Isotopengeochemie beschäftigt sich sowohl mit radiogenen als auch mit stabilen Isotopen. Radiogene Isotopensysteme wurden Mitte des letzten Jahrhunderts entdeckt und zunächst zur Datierung von irdischen Gesteinen oder Meteoriten verwendet. Seit den achtziger Jahren des vergangenen Jahrhunderts verwendet man radiogene Isotope als so genannte Tracer, um die Vorgänge während der Entstehung des Sonnensystems oder magmatische, metamorphe oder marine Prozesse auf der Erde zu verstehen. Seit einigen Jahren interessieren sich Geowissenschaftler zunehmend dafür, auf welchen Zeitskalen magmatische, sedimentäre und ozeanographische Prozesse ablaufen. Solche Prozesse lassen sich zum Beispiel mit Uran-Zerfallsreihen datieren. Mit kurzlebigen Zerfallsreihen, bei denen die Isotope Halbwertszeiten von wenigen Millionen Jahren aufweisen, lassen sich Prozesse im frühen Sonnensystem zeitlich hochauflösen.

Die Geochemie der stabilen Isotope nutzt die Tatsache, dass physikalische und chemische Prozesse das Verhältnis zwischen den Isotopen eines chemischen Elements verändern können. Zu den relevanten Prozessen zählen zum Beispiel Verdampfungsvorgänge, Redoxreaktionen oder biogene Stoffkreisläufe. Traditionell beschränkte sich die Geochemie stabiler Isotope aus messtechnischen Gründen weitgehend auf die fünf leichten Elemente Wasserstoff, Kohlenstoff, Stickstoff, Sauerstoff und Schwefel. In den letzten Jahren erweiterte sich dieses analytische Spektrum beträchtlich. Heute schließt es „nicht traditionelle", schwere Elementen mit ein, zum Beispiel Eisen, Kupfer, Zink, Molybdän und Thallium. Für viele Elemente gab es lange keine geeigneten Methoden, um das Verhältnis der stabilen Isotope genau genug zu bestimmen. Doch Ende der neunziger Jahre wurde die Multikollektor-Plasma-Massenspektrometrie (Multikollektor-ICPMS) entwickelt. Diese neue Methode erlaubte es erstmals, die Isotopenverhältnisse fast aller festen Elemente des Periodensystems hinreichend genau zu messen. Damit haben sich innerhalb kurzer Zeit zahlreiche neue, interdisziplinäre Anwendungen erschlossen.

Kosmogene Nuklide

Kosmogene Nuklide sind radioaktive Nuklide, die entstehen, wenn kosmische Strahlung mit fester Materie kollidiert, zum Beispiel mit Meteoriten, aber auch mit Teilchen der Erdatmosphäre. Kosmogene Nuklide wie Aluminium-26 oder Berryllium-10 haben Halbwertszeiten zwischen 100.000 und zehn Millionen Jahren. Daher werden sie bereits seit einigen Jahrzehnten verwendet, um die Reisedauer von Meteoriten zu bestimmen. Ein weiteres wichtiges Anwendungsfeld besteht darin, die Freilegung von Gesteinsoberflächen zu datieren, nachdem sich etwa ein Gletscher zurückgezogen hat. Einige kosmogene Nuklide entstehen auch direkt an der Erdoberfläche. Mit ihrer Hilfe lassen sich Erosionsraten bestimmen. Beryllium-10-Messungen in Eisbohrkernen oder Sedimentsequenzen werden verwendet, um Veränderungen des Erdmagnetfeldes in der Vergangenheit zu bestimmen und zu datieren. Radiokarbon-Messungen helfen dabei, die salz- und temperaturgetriebene Umwälzung der Ozeane besser zu verstehen. Mit Chlor-36 lassen sich fossile Grundwässer bis auf eine Million Jahre und vielleicht noch darüber hinaus datieren. Dabei wird die Beschleuniger-Massenspektrometrie eingesetzt, die so genannte AMS-Methodik.

Hochauflösende analytische Verfahren

Die Elektronenstrahl-Mikrosonde und die Ionensonde haben eine räumliche Auflösung bis in den Mikrometerbereich. Sie wurden in den sechziger und siebziger Jahren zuerst in der Kosmochemie eingesetzt. Dort dienten sie dazu, kleinräumige Strukturen in Meteoriten chemisch zu untersuchen. Heute findet insbesondere die Mikrosonde weite Anwendung in den Geowissenschaften, aber auch in der Industrie. Eine weitere wichtige Methode mit hoher räumlicher Auflösung ist die Laserablation. Dabei werden geringe Mengen eines Feststoffes mit einem Laserstrahl punktuell verdampft. Die verdampften Partikel werden anschließend in einem ICP-Massenspektrometer analysiert. Inzwischen ermöglichen es weiterentwickelte Methoden wie NanoSIMS oder Feldemissions-Mikrosonde, chemische Analysen mit einer Ortsauflösung im Nanometerbereich durchzuführen. Damit eröffnen sich vollkommen neue Arbeitsgebiete in der Kosmochemie, aber auch in der Klima- und Umweltforschung.

Verfahren zur hochauflösenden Strukturbestimmung

Die atomare Struktur von Festkörpern ist von Unregelmäßigkeiten und Fehlern geprägt. Diese Realstruktur zu kennen ist wichtig, um Festkörper umfassend zu verstehen und um die Prozesse zu rekonstruieren, die ein Mineral durchlaufen hat. Die Kristallstruktur und die chemische Zusammensetzung von Mineralen lässt sich mit Hilfe der Transmissionselektronenmikroskopie bis in den atomaren Bereich studieren. In den letzten Jahren hat man große instrumentelle Fortschritte in diesem Bereich erzielt. Dazu zählt zum einen die energiefilternde Transmissionsmikroskopie. Mit dieser Methode kann man nicht nur die Verteilung der Elemente kartieren, sondern auch die Verteilung von Wertigkeiten und Koordinationen der Elemente im Nanometer- bis Ångström-Maßstab abbilden. Eine weitere wichtige Entwicklung stellen die aberrationskorrigierten Transmissionselektronenmikroskope dar. Mit diesen Geräten kann man die atomare Struktur von Kristallen mit einer Genauigkeit von 0,5 Ångström auflösen. Das entspricht einem Zwanzigstel von einem Milliardstel Meter. Solche Geräte stehen in den Geowissenschaften bislang nicht zur Verfügung. Deshalb lassen sich wichtige Themenfelder wie die Studie von Nanopartikeln in der Umwelt nur begrenzt bearbeiten. Weitere innovative Geräte sind fokussierende Ionenstrahlmikroskope (FIB). Durch sie ist die Vorbereitung von Mineralen für Transmissionselektronenmikroskop-Messungen revolutioniert worden. Denn mit diesem Mikroskop lassen sich gezielt wenige Nanometer dicke Scheiben von Mineralen abschneiden. Auch hier gibt es noch erheblichen Nachholbedarf in den Geowissenschaften.

Zukunft der Isotopen- und Spurenelement-geochemie

Auf der Basis der methodischen Fortschritte der letzten Jahre wird die Isotopen- und Spurenelementgeochemie in den nächsten Jahren eine wichtige und innovationstreibende Rolle in den Geowissenschaften spielen. Diese Technologie eröffnet eine Fülle von neuen Anwendungen, die die Geowissenschaften mit anderen Fachgebieten vernetzen, zum Beispiel mit der Atmosphärenforschung, der Biologie, der Bodenkunde, der Medizin und der Ozeanographie. Ein Beispiel dafür sind die „nicht traditionellen" schweren, stabilen Isotope von wichtigen Nährstoffen wie Eisen, Kupfer und Zink. Diese Elemente sind wichtige Tracer für biologische Prozesse. Als Nebenprodukt können solche Isotopentracer zukünftig auch in der medizinischen Diagnostik als Ersatz radioaktiver Tracer zum Einsatz kommen. Weitere industrielle Anwendungsbereiche liegen in der Lebensmitteltechnologie. Dort können die Tracer Lebensmittel markieren oder Hinweise auf ihre Herkunft geben.

Kosmogene Nuklide

Dieses Forschungsfeld entwickelt sich zurzeit rasch. Derzeit steht nur das Leibniz-Labor der Christian-Albrechts-Universität Kiel für Messungen zur Verfügung. An der Universität Köln wird momentan ein Hochleistungs-Beschleunigungs-Massenspektrometer (AMS) aufgebaut. Ab 2011 wird dieses von der DFG finanzierte Gerät einsetzbar sein. Mit der AMS-Technik können Isotopenverhältnisse mit höchster Empfindlichkeit gemessen werden. Die Anlage in Köln ist für alle etablierten kosmogenen Isotope ausgelegt, also Kohlenstoff-14, Beryllium-10, Aluminium-26 und Chlor-36. Darüber hinaus hat sie das Potenzial, auch andere Nuklide zu analysieren, zum Beispiel Kalzium-41, Mangan-53 oder Jod-129. Diese Isotope werden in Zukunft wahrscheinlich eine große Rolle spielen.

Hochdruck-/ Strukturforschung

Weil sich die Analytik fortlaufend verfeinert und aufwändiger wird, wurden einige physikalische oder chemische Forschungseinrichtungen gegründet. Dazu zählen Einrichtungen wie das Hochdruck-Labor in Bayreuth oder eine Reihe von Zentrallaboratorien, die an einigen Universitäten als Hilfseinrichtungen für die Forschung betrieben werden. Diese sind den Geowissenschaften nur teilweise zuzurechnen. Für Forschungskooperationen sind sie aber von unschätzbarem Wert. Dazu gehört zum Beispiel das DESY in Hamburg oder die Neutronenquelle FRMII der TU München in Garching. Zukünftige Herausforderungen bestehen darin, die NanoSIMS-Methode in den Geowissenschaften zu etablieren und die Transmissionselektronenmikroskopie an geowissenschaftlichen Standorten auszubauen.

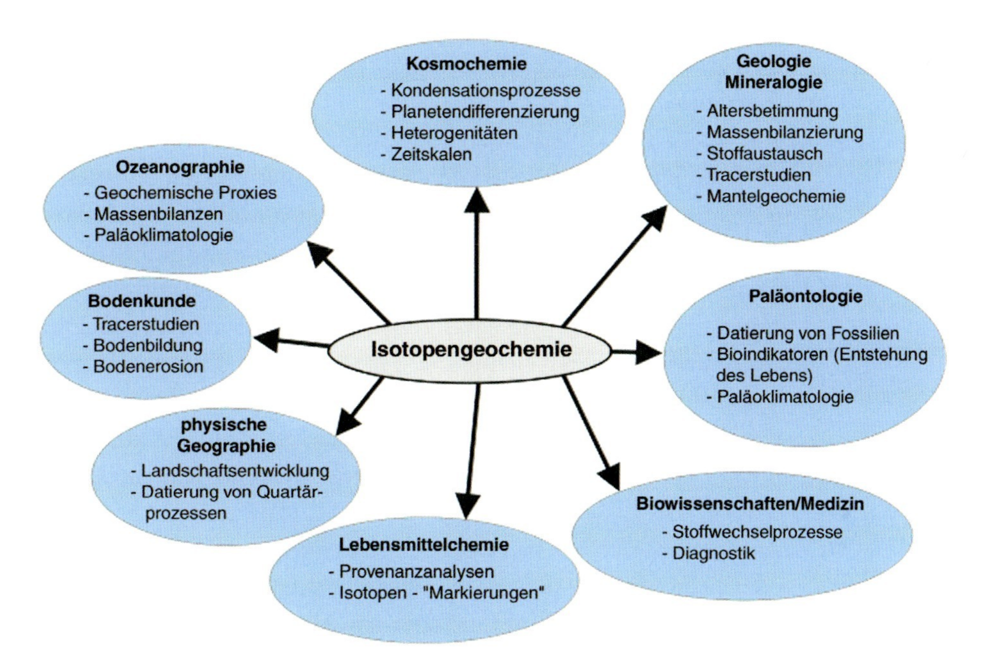

Interdisziplinäre Vernetzungen der modernen Isotopengeochemie

11.6 Methoden der experimentellen Geochemie und Geophysik

Im Inneren unseres Planeten herrscht ein Druck von bis zu drei Millionen Atmosphären und eine Temperatur von bis zu 5.000 Grad Celsius. Nur die äußere Erdkruste kann bis zu einer Tiefe von etwa zehn Kilometern direkt untersucht werden. All unsere Informationen über das tiefere Erdinnere stammen aus dem Vergleich verschiedenster Messungen mit den Resultaten von Laborexperimenten. Auch die Gesteine der Erdkruste sind überwiegend bei erhöhtem Druck und erhöhter Temperatur entstanden. Viele wichtige geologische Fragestellungen konnten nur durch experimentelle Untersuchungen geklärt werden. Lange war es zum Beispiel umstritten, ob Granite aus Magmen entstehen. Erst als Laborexperimente zeigten, dass Granitschmelzen sich schon bei sehr niedrigen Temperaturen bilden und dass die Schmelzen praktisch identisch zusammengesetzt sind wie natürliche Granite, wurde diese Theorie allgemein akzeptiert.

Die technische Entwicklung der vergangenen Jahrzehnte macht es heute möglich, den gesamten Druck- und Temperaturbereich des Erdinnern im Labor zu realisieren. Dabei werden überwiegend zwei Typen von Apparaturen verwendet: In Diamantstempelzellen werden die Proben zwischen den Spitzen zweier Diamanten zusammengepresst. In diesen nur wenige Zentimeter großen Apparaturen können extrem hohe Drücke erzeugt werden. Wird die Probe mit einem Laser aufgeheizt, steigt auch die Temperatur auf extrem hohe Werte. Da die Proben jedoch nur 10 bis 100 Mikrometer groß sind, lassen sich komplexe chemische Systeme damit kaum studieren. Auch zahlreiche physikalische Eigenschaften lassen sich nicht messen. In Mehrstempel-Pressen können dagegen größere Proben untersucht werden. Der zugängliche Druckbereich ist jedoch normalerweise auf 25 Gigapascal, also 250.000 Atmosphären, begrenzt. Damit lassen sich die Bedingungen in der obersten Schicht des unteren Erdmantels gerade noch nachvollziehen. Niedrigere Drücke, wie sie in der Kruste oder im obersten Mantel herrschen, können auch mit einfacheren Stempel-Zylinder-Pressen oder mit beheizten Autoklaven erreicht werden.

In den letzten Jahren haben Geowissenschaftler wesentliche Fortschritte dabei erzielt, Strukturen und Eigenschaften von Gesteinen unter hohem Druck und hoher Temperatur direkt zu messen. Dabei verwendeten sie meist die intensive Röntgenstrahlung von Synchrotonquellen, wie der ESRF in Grenoble oder dem DESY in Hamburg. Eine andere wichtige neue Technologie ist Ultraschall-Interferometrie in Mehrstempel-Pressen und Diamantstempelzellen. Damit kann die Geschwindigkeit seismischer Wellen in Mineralen und Gesteinen direkt unter hohem Druck gemessen und anschließend mit seismischen Daten verglichen werden.

Die geowissenschaftliche Hochdruckforschung hat einen praktischen Nutzen. Sie trägt dazu bei, neue Materialien zu entwickeln. So stammt die Technologie, um synthetische Diamanten herzustellen, aus den Geowissenschaften. Zahlreiche neuartige ultraharte Materialien, Supraleiter, ferroelektrische Speicher oder Halbleiter für elektronische Anwendungen konnten erstmals unter hohem Druck synthetisiert werden. Auch Wasserstoff-Hydrate wurden erstmals in Diamantstempelzellen synthetisiert. Später gelang es, ihren Stabilitätsbereich in einen niedrigeren Druckbereich zu verschieben. Sie kommen daher als Speichermedium für Wasserstoff in Betracht, zum Beispiel in Brennstoffzellen-Autos.

Erweiterung des Druckbereichs von Mehrstempel-Apparaturen

Um chemisch komplexe Systeme untersuchen und zahlreiche physikalische Eigenschaften messen zu können, müssen Proben relativ groß sein. Für solche Messungen eignen sich Mehrstempel-Apparaturen. Prinzipiell ist es mit Hilfe von Stempeln aus gesintertem Diamant möglich, den Druckbereich dieser Apparaturen auf über 50 Gigapascal zu erweitern, also auf eine halbe Million Atmosphären. Dazu ist es erforderlich, die Kräfte auf die einzelnen Stempel genau zu kontrollieren. Das ist wahrscheinlich nur mit neuartigen Pressen möglich.

Absolute Druckkalibrierung

Drücke werden häufig bestimmt, indem das Volumen der vorgegebenen Menge einer Eichsubstanz mit Hilfe von Röntgenstrahlung gemessen wird. Dafür muss jedoch die jeweilige Zustandsgleichung zu hohen Drücken extrapoliert werden, was zu großen Fehlern führen kann. Alle Phasendiagramme zum Verhalten von Gesteinen unter den Bedingungen des Erdmantels oder Erdkerns sind mit diesen Fehlern behaftet, ebenso wie die physikalischen Eigenschaften von Gesteinen. Wenn man das Zellvolumen und die Kompressibilität

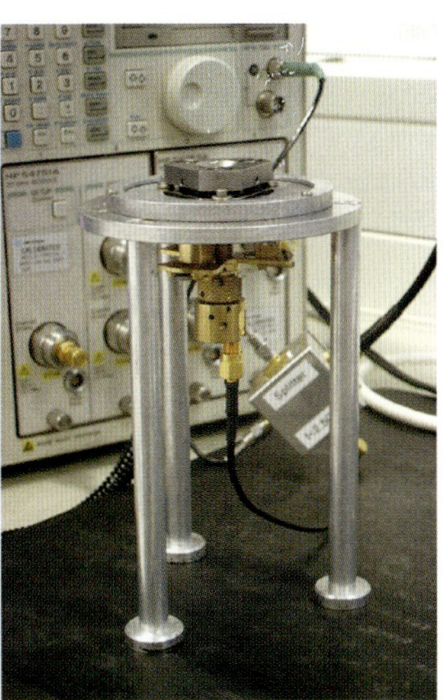

Mit kleinen Diamantstempelzellen lassen sich im Labor extrem hohe Drücke und Temperaturen erreichen. Weil Diamanten für sichtbares Licht und Röntgenstrahlen durchlässig sind, lassen sich zahlreiche Eigenschaften von Materialien innerhalb der Stempelzelle direkt bestimmen. Links: eine Diamantzelle (Bildmitte) auf einem Röntgendiffraktometer zur Strukturbestimmung an der Beamline F1 am DESY. Rechts: Eine Diamantzelle in einer Apparatur zur Ultraschall-Interferometrie, mit der die Geschwindigkeit seismischer Wellen im Erdmantel bestimmt werden kann.

einer Eichsubstanz über einen weiten Druckbereich gleichzeitig misst, könnte man eine absolute Druckskala etablieren, die unabhängig von Annahmen über die Zustandsgleichung ist. Dies lässt sich realisieren, wenn man Röntgenbeugung und Brillouin-Spektroskopie an Einkristallen kombiniert.

Apparaturen für Verformungsexperimente unter hohem Druck

Für realistische Modelle der Mantelkonvektion muss die so genannte Rheologie bekannt sein, das heißt, wie sich die Minerale des tiefen Erdmantels verformen. Um das herauszufinden, müssen neuartige Pressen konstruiert werden. Es sollte möglich sein, mehrere Stempel unabhängig voneinander zu bewegen und das Verhalten der Probe direkt röntgenographisch zu untersuchen. Für vulkanologische Fragestellungen sind neue Apparaturen notwendig, in denen kristallhaltige und blasenhaltige Magmen unter erhöhtem Druck kontrolliert verformt werden können.

In-situ-Untersuchung von Fluiden und Silikatschmelzen

Wie sich wässrige Fluide und Silikatschmelzen unter erhöhtem Druck verhalten, ist weitgehend unbekannt. Eine vielversprechende neue Methode, mit der sich die Löslichkeit von Mineralen in Fluiden bestimmen lässt, ist die Röntgenfluoreszenz in Diamantstempelzellen. Die Raman-Spektroskopie in Laser-geheizten Diamantstempelzellen könnte Daten über die Struktur von Silikatschmelze unter hohem Druck liefern. Um Probleme mit der Wärmestrahlung

Eine Mehrstempel (Multi-Anvil)-Presse mit einer Presskraft von 1.000 Tonnen. Mit dieser Presse kann man Bedingungen im obersten Teil des unteren Erdmantels simulieren. Rechts sind sieben der acht Würfel aus Wolframkarbid gezeigt, die den Druck auf die Probe übertragen. Die Probenkapsel (rechtes Bild, ganz vorne) ist nur wenige Millimeter groß. Auf dem rechten Bild sind außerdem Teile des elektrischen Heizkörpers um die Probe sowie ein Thermoelement zur Messung der Temperatur zu sehen.

der Probe zu umgehen, müssten Ultraviolett-Laser verwendet werden, um die Raman-Spektren zu messen. Um die Viskosität von Silikatschmelzen bei mehr als zehn Gigapascal zu messen, müssen Mehrstempel-Pressen weiterentwickelt werden. Welche Viskosität geschmolzenes Eisen im Erdkern hat, lässt sich experimentell derzeit nicht herausfinden.

In-situ-Untersuchungen mit Neutronen

Neutronen sind besonders geeignet, um leichte Elemente wie Wasserstoff in Kristallstrukturen zu lokalisieren. Gashydrate oder wasserhaltige Silikatschmelzen könnte man beispielsweise hervorragend mit Neutronen untersuchen. Für solche Messungen müssen jedoch neuartige Hochdruckapparaturen entwickelt werden, da für Beugungsexperimente mit Neutronen relativ große Proben benötigt werden.

11.7 Geoinformatik – Geoinformationstechnik

Speicherung raumbezogener Daten

Im letzten Jahrzehnt hat sich die Geoinformatik als neues Wissenschaftsgebiet etabliert. Sie bildet eine Schnittstelle zwischen einigen Disziplinen der Geowissenschaften wie Geographie und Geodäsie und der Informatik und Mathematik. In allen Geodisziplinen müssen Forschungsergebnisse inzwischen mathematisch oder informationstechnisch umgesetzt werden. Die Geoinformatik beschäftigt sich mit Methoden, um raumbezogene Daten zu speichern, zu analysieren und zu visualisieren. Um Geodaten sinnvoll nutzen zu können, müssen die Daten durch so genannte Metadaten oder Ontologien beschrieben werden. Unter Ontologie versteht man in der Informatik eine explizite formale Spezifikation einer Konzeptualisierung. Sie dient zur Strukturierung des Wissens und zum Datenaustausch. Nur so ist es möglich, die jeweils richtigen Daten für einen entsprechenden Verwendungszweck zu finden. Weiterhin sind Verfahren nötig, um Daten automatisch zu interpretieren. Dadurch lässt sich der Informationsgehalt der reinen Messdaten erschließen. Neben modellbasierten Ansätzen eignet sich Data Mining für diese Zwecke. Diese Verfahren erlauben es, aus einer Flut von verfügbaren Daten sinnvolle Informationen zu extrahieren und vorher unbekannte Zusammenhänge zu finden. Methoden der Visualisierung, zum Beispiel die neue Disziplin Visual Analytics, unterstützen den Wissenschaftler dabei, gezielt auffällige Phänomene aus den Daten herauszufiltern. Webdienste gewinnen an Bedeutung, da Daten im

Internet zunehmend verfügbar sind. Geowebdienste lassen sich als standardisierte Dienste im Internet aufsuchen und miteinander verknüpfen. Auf diese Weise lassen sich existierende Verarbeitungsprozesse deutlich besser nutzen.

Ontologien

Ein wichtiger Forschungsgegenstand besteht darin, Geodaten mit Metainformationen anzureichern und in Ontologien einzuordnen. Dabei müssen sich Informatiker und Geowissenschaftler eng abstimmen. Besonders wichtig ist es, bereits während der Informationsanreicherung zu berücksichtigen, welche Analysen nötig sind und welche Daten kombiniert werden müssen. Nur so ist es möglich, die Daten automatisch zu nutzen. Außerdem ermöglichen Ontologien die Integration, das heißt das Zusammenführen heterogener Daten aus unterschiedlichen Quellen. Es sollten Methoden der Dateninterpretation entwickelt werden, die aus Rohdaten wie Messdaten oder Bildern oder auch aufbereiteten Geodaten neues Wissen und neue Zusammenhänge ableiten. Bei diesen Interpretationen sollten Qualitätsparameter berücksichtigt werden, um für den Nutzer transparent zu machen, wie verlässlich die Daten sind.

11.8 Klimasystemmodellierung

Ziel der Klimasystemmodellierung

Numerische Klimasystemmodelle können untersuchen, welche physikalischen Mechanismen Klimaschwankungen prägen, die aus Wechselwirkungen zwischen den Teilen des Klimasystems resultieren. Zu diesen Teilen gehören Atmosphäre, Ozean, Meer- und Inlandeis, marine und terrestrische Biosphäre und die feste Erde. Dort beeinflussen zum Beispiel Sedimenttransport oder die Vorgänge an Subduktionszonen das Klima. Die Stoff- und Energieflüsse verbinden die Einzelteile des Klimasystems miteinander. Stoffflüsse können die Konzentration klimawirksamer Spurenstoffe verändern, zum Beispiel den Kohlendioxidgehalt der Atmosphäre; sie können auch Nährstoffe wie Stickstoff umverteilen und damit die Biosphäre beeinflussen. Das Ziel der Klimasystemmodellierung besteht darin, die Ursachen natürlicher Klimaschwankungen zu verstehen. Sie möchte außerdem Rückkopplungsmechanismen im Klimasystem identifizieren und herausfinden, wie stabil das Klima zu unterschiedlichen geologischen Zeiten war. Anhand von Klimaschwankungen in der geologischen Vergangenheit lassen sich zudem Klimasystemmodelle testen. Die so gewonnenen Erkenntnisse helfen dabei, den

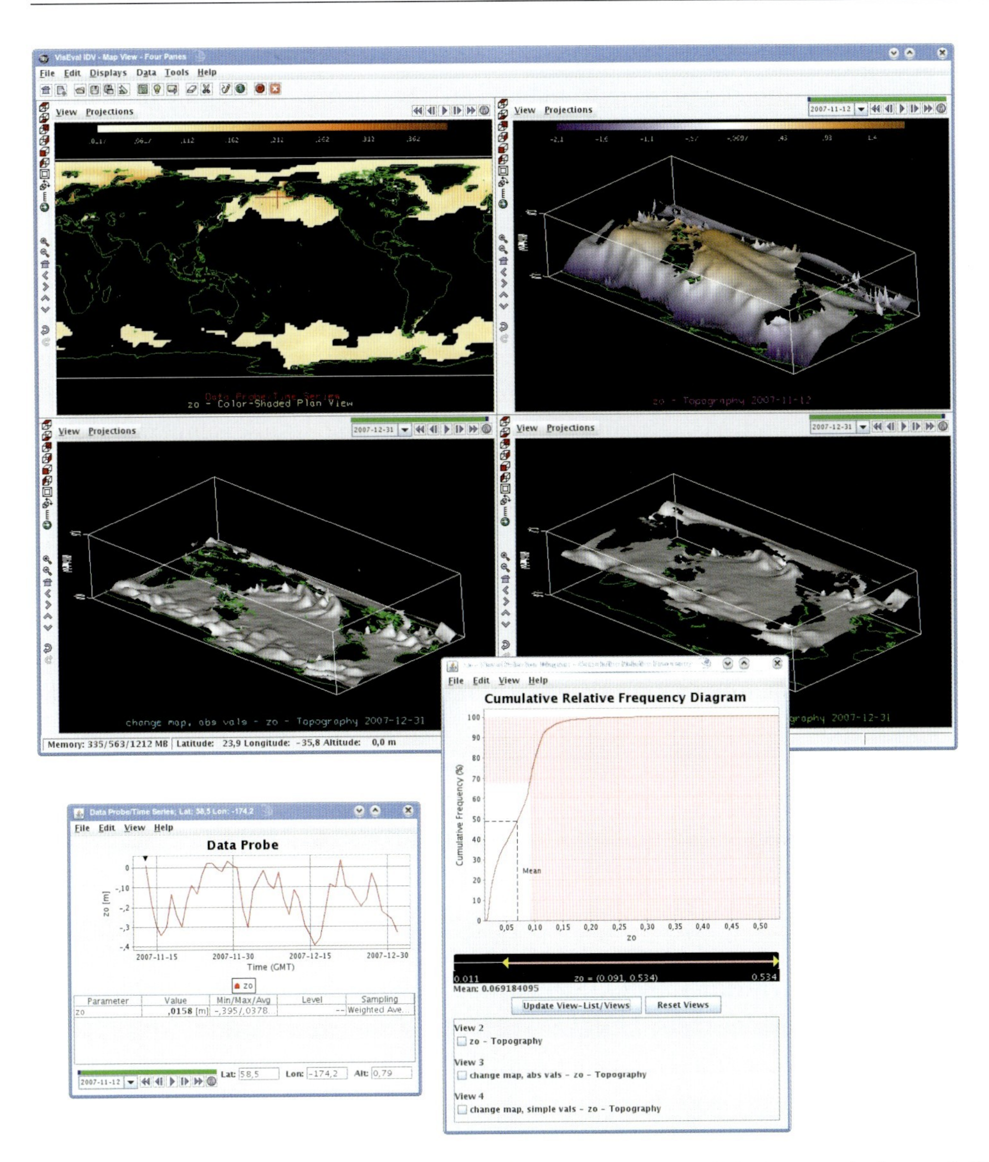

Explorative Visualisierung, um Ergebnisse verschiedener Simulationsmodelläufe zu vergleichen und Abweichungen erkennen und analysieren zu können. Gezeigt wird die Varianz der Meeresspiegelabweichung im geographischen Raum, (Karte, 3-D Darstellung), an einem ausgewählten Punkt im Zeitverlauf (Kurve im linken „Data Probe-Diagramm) und im thematischen Datenraum durch die relativen Summenhäufigkeiten der Standardabweichungen in jedem Beobachtungspunkt (rechtes Diagramm).

menschlichen Einfluss auf das Klima besser abzuschätzen und von natürlichen Klimaschwankungen zu unterscheiden.

Klimasystemmodelle

Klimasystemmodelle sind komplexe Computerprogramme, die Veränderungen des Klimasystems beschreiben. Die Spannbreite der Modelle reicht von detaillierten, realitätsnahen Modellen bis zu Modellen mit reduzierter räumlicher Auflösung und Komplexität. Diese Modelle sind auf die wesentlichen Elemente reduziert und gestatten ein tieferes Verständnis des Klimasystems. Mit komplexen Klimasystemmodellen lässt sich das Klima heute auf Zeitskalen bis zu einigen tausend Jahren simulieren. Mit Modellen mittlerer Komplexität sind sogar Zeiträume von einigen hunderttausend Jahren möglich. Somit können klimarelevante Prozesse erstmals auf geologischen Zeitskalen im Detail untersucht werden. Die Modellkomponenten für Atmosphäre, Ozean und Meereis sind weiterentwickelt und besser gekoppelt als die für Inlandeis, Biosphäre, geochemische Reservoire und feste Erde. Welche Wechselwirkungen es zwischen Biosphäre, Geochemie und Klima gibt, ist derzeit nur anhand von empirischen Befunden bekannt. Ein tieferes Prozessverständnis gibt es nicht. Klimarekonstruktionen beruhen aber gerade auf biologischen und sedimentologischen Proxydaten. Bessere biogeochemische und sedimentmechanische Modellkomponenten würden es ermöglichen, diese Proxydaten direkt zu berechnen.

Die Forschungslandschaft verfügt über Rechenanlagen einer Größenklasse, mit denen sich komplexe Klimamodelle für Zeiträume von etwa 10.000 Jahren mit einer Maschenweite von etwa 1.300 Kilometer innerhalb eines halben Kalenderjahres rechnen lassen. Zu diesen Großrechnern zählen das Höchstleistungsrechnersystem für die Erdsystemforschung (HLRE) am Deutschen Klimarechenzentrum (DKRZ), der Großrechner in Jülich und der Norddeutsche Verbund für Hoch- und Höchstleistungsrechnen (HLRN). Wollte man hingegen einen vollständigen Eiszeitzyklus von 150.000 Jahren Dauer modellieren, so würde das siebeneinhalb Jahre dauern. Die Modelle könnten allerdings so optimiert werden, dass sie mehr Prozessoren gleichzeitig nutzen. Entsprechende Experimente könnten also in einem vertretbaren Zeitraum durchgeführt werden. Insofern scheint die technische Infrastruktur durchaus angemessen zu sein, vorausgesetzt, der geowissenschaftlichen Klimaforschung steht genug Rechenzeit an den vorhandenen Großrechnern zur Verfügung. Insbesondere Paläoklima-Simulationen müssen an den großen Rechenzentren um Rechenzeit kämpfen. Sie können derzeit nicht im erforderlichen Umfang mit komplexen Klimasystemmodellen durchgeführt werden.

Umfassendere Abbildung des Erdsystems in Klimasystemmodellen

Die vollständige Wiedergabe des Klimasystems ist aus Gründen der Rechenzeit bisher nur in Modellen mit reduzierter Komplexität möglich. In Zukunft sollten „langsame" Komponenten wie die Eisschilde und der geologische Kohlenstoffkreislauf in komplexe Modelle mit einer räumlichen Auflösung von wenigen hundert Kilometern eingebunden werden. Diese Klasse von Modellen würde neue Einsichten in langfristige Klimaschwankungen ermöglichen. Diese Prozesse sind von zentraler Bedeutung, um das Klimasystem zu verstehen. Eine zentrale Herausforderung besteht darin, Eiszeitzyklen inklusive der dazugehörigen abrupten Schwankungen wie zum Beispiel der Heinrich-Ereignisse konsistent zu modellieren.

Verbesserter Modell-Proxydaten-Vergleich

Methoden, um modelliertes und rekonstruiertes Klima quantitativ zu vergleichen, sollten weiterentwickelt werden. Hierzu gehören zum Beispiel so genannte Ensemble-Simulationen, bei denen ein Klimamodell mehrfach mit veränderten Start- oder Randbedingungen läuft. Außerdem sollten Proxydaten in Klimasystemmodelle eingearbeitet werden. Es gibt geologische Zeitabschnitte, für die Daten in hoher räumlicher und zeitlicher Auflösung vorliegen. Mit Hilfe dieser Daten lässt sich ein vollständiges, dynamisch konsistentes Bild dieser Zeitalter ableiten. Vergangene Klimazustände können besser dargestellt und verstanden werden.

Rechenkapazität

Die Rechenkapazität für die Klimaforschung wurde in den vergangenen Jahren in Deutschland erheblich ausgebaut. Allerdings steht für die Paläoklimaforschung nur ein relativ kleiner Teil der Rechenzeit zur Verfügung. In Zukunft sollten Voraussetzungen geschaffen werden, damit Ensemble-Simulationen mit komplexen Modellen über geologische Zeiträume berechnet werden können. Diese Simulationen können das Klimasystem vollständiger abbilden als bisher. Die entsprechenden Modellkomponenten stehen zur Verfügung. Es ist aber notwendig, sie zu koppeln und zu optimieren, damit sie auf Massiv-Parallelrechnern effizient eingesetzt werden können.

11.9 Modellierung von Erdoberflächenprozessen und Sedimentbecken

Raum- und Zeitskalen

Erdoberflächenprozesse spielen sich auf unterschiedlichsten Raum- und Zeitskalen ab. Daher existieren zahlreiche prozessorientierte und empirische Modelle, die einzelne Prozesse abbilden und sich mit spezifischen Fragen befassen. Beim Georisiko-Management ist es zum Beispiel entscheidend, einzelne Ereignisse wie Hochwässer, Hangrutschungen oder Muren zu modellieren. Für geodynamische Fragestellungen kommen dagegen Landschaftsentwicklungsmodelle zum Einsatz. In diesen Modellen werden solche Prozesse über lange Zeiträume als Funktion der Flusseintiefung oder der Erosion abgebildet. Hinzu kommen Modelle der Hydrosphäre. So genannte Niederschlags-Abfluss-Modelle helfen etwa bei der Hochwasserprognose und Grundwasserströmungsmodelle werden genutzt, um Aquifere zu bewirtschaften. In die verschiedenen Modelle werden teilweise weitere Prozesse eingebaut, um natürliche und anthropogene Stofftransporte und Stoffkreisläufe zu simulieren und zu prognostizieren.

Sedimentbecken-Modelle

Die Erdöl- und Erdgasindustrie hat damit begonnen, Sedimentbecken-Modelle zu entwickeln. Inzwischen werden diese Modelle auch im akademischen Bereich weiterentwickelt. In jüngster Zeit werden die Modelle auf drei Dimensionen, oder, wenn man die Zeit hinzunimmt, sogar zu 4-D-Modellen erweitert. Auch die Bewegungen von Fluiden und deren Reaktionen fließen in die Modelle ein. In der Hydrogeologie und der Hydrogeochemie ist diese Vorgehensweise in Strömungs- und Transportmodellen relativ weit entwickelt. Es sind aber noch Anstrengungen nötig, um die gleichzeitige Wanderung von Wasser, Gasen und Öl und die thermische Entwicklung von Sedimentbecken über geologische Zeiträume zu verstehen. Die Beckenmodelle sollten zudem mit geodynamischen Prozessen gekoppelt werden.

Erdoberflächen-prozess-Modellierung

Die Erdoberflächenprozess-Modellierung hat das Ziel zu verstehen, wie Sedimente und Lösungen transportiert werden, wie sie sich in Sedimentbecken ansammeln, und sie möchte Prognosen für die Zukunft entwickeln. Die dynamischen Kopplungen mit Klima- und geodynamischen Modellen müssen deutlich verbessert werden. Das ist bisher höchstens in Ansätzen geschehen. Die wissenschaftlichen Grundsatzfragen erfordern eine starke interdisziplinäre Zusammenarbeit. Dabei geht es etwa um die Frage, wie die Stoffflüsse von hydrologischen, klimatischen, tektonischen und lithologischen Randbedingungen abhängen. Weiterhin sollte geklärt werden, wie Sedimenttransport und Klima gekoppelt sind, wie schnell Oberflächenprozesse ablaufen und welche Kräfte die Erdoberfläche formen. Zudem sollte erforscht werden, wie sich die Geschichte der Erdoberfläche anhand der Topographie und der geologischen Schichtenfolge erforschen lässt und wie die verschiedenen Teilsysteme aufeinander einwirken. Besonderes Augenmerk sollen auch bisher quantitativ wenig verstandene Bereiche erfahren. So wäre es interessant, welche Rolle biogeochemische Prozesse dabei spielen, dass Sedimente entstehen und abgelagert werden. Weitere Modelle sollten untersuchen, wie Kohlenwasserstofflagerstätten entstehen und welche Struktur sie haben. Das gleiche gilt für Wasserreservoirs. Zudem sollten Prognosen von Naturkatastrophen wie Hochwasser, Küstenerosion oder Hangrutschungen verbessert werden, indem auch weniger wichtige Prozesse in die Modelle eingebaut werden. In den USA hat man bereits entsprechende Konzepte entworfen und der dortigen National Science Foundation vorgelegt. Sie sind unter dem Stichwort „Community Surface Dynamics Modelling System" oder CSDMS bekannt.

Da sich die Rechentechnik immer weiter verbessert und immer mehr Daten zur Verfügung stehen, ist eine neue Generation von Sedimentbeckenmodellen entstanden. Diese neuen Modelle brechen die Diskrepanz auf, die bisher zwischen lokalen, hochauflösenden, datengestützten Modellen der Erdölindustrie und vorwiegend akademischen, thermodynamischen Modellen im Lithosphärenmaßstab bestand. Weil sich beobachtungsgestützte und theoretische Ansätze annähern, sind entscheidende Durchbrüche beim Verständnis von Sedimentbecken zu erwarten.

Numerische Modelle

Numerische Modelle sind besonders wichtig, um eng miteinander gekoppelte Prozesse wie Deformation, Wärmeausbreitung, Strömung, Stofftransport, chemische Reaktionen und mikrobiologische Aktivität zu quantifizieren und die Langzeitentwicklung von Sedimentbecken vorherzusagen. Auch für das Management der Becken spielen numerische Modelle eine wichtige Rolle. Um die Unsicherheiten im Ressourcenmanagement zu reduzieren, sollten Verfahren entwickelt werden, mit denen sich Modelle auf verschiedenen Längen- und Zeitskalen in Übereinstimmung bringen lassen.

11.10 Geodynamische Modellierung der tieferen Erde

Geodynamische Prozesse

Geodynamische Prozesse stellen für Geowissenschaftler eine besondere Herausforderung dar, weil man sie nur schwer steuern oder wiederholen kann. Geologische Prozesse laufen meist mit geringen

Raten ab und erstrecken sich über lange Zeiträume. Wenn sich Lithosphäre und Erdmantel tektonisch verformen, haben die dazugehörigen Dehnungsraten eine Größenordnung von einem Billionstel bis zu einem Billiardstel. Diese extrem langsamen Vorgänge lassen sich experimentell schwer nachvollziehen. Viele geologische Vorgänge können zudem nur indirekt beobachtet werden. Wie sich der Dynamo im Erdkern verhält, lässt sich beispielsweise nur indirekt aus dem Verhalten des Erdmagnetfeldes erschließen. Aufgrund dieser Schwierigkeiten zählen numerische Simulationen auf Hochleistungsrechnern (High Performance Computing, HPC) zu den wichtigsten Werkzeugen der Geowissenschaften. Wie nur wenige andere Verfahren erlaubt es das Hochleistungsrechnen, Beobachtungsdaten vorherzusagen und komplexe Anfangs- und Randbedingungen zu berücksichtigen.

Hochleistungsrechner

Die Leistungsfähigkeit von Hochleistungsrechnern hat sich enorm gesteigert. Rechengeschwindigkeit und Speicherkapazität sind in den letzten 20 Jahren um mehr als acht Größenordnungen angewachsen, also um einen Faktor von etwa hundert Millionen. Hochleistungsrechner ermöglichen es heute, Geoprozesse realistisch in drei Dimensionen zu simulieren. Ein Beispiel dafür ist die Modellierung des Geodynamos. Sie ist grundsätzlich nur in 3-D Geometrie durchführbar und lässt sich nicht durch vereinfachte, zweidimensionale Geometrien annähern. Komplexe Geosimulationen haben unser Verständnis zur Dynamik des Erdkerns in den letzten Jahren grundlegend revolutioniert.

Architektur von Rechensystemen

In jüngster Zeit wandelt sich die Architektur moderner Rechensysteme fundamental. Sie entwickelt sich weg vom klassischen Mikroprozessor mit stetig steigender Taktfrequenz hin zu neuartigen Mehrkernsystemen. Der Wandel erfasst das gesamte Hardware-Spektrum, vom Hochleistungsrechner bis zum Mobiltelefon. Parallel dazu vollzieht sich eine zweite tiefgreifende Entwicklung. Diese wird von den modernen geowissenschaftlichen Messsystemen getrieben. Dazu gehören Satelliten wie SWARM oder GOCE und bodengestützte Systeme, zum Beispiel GPS-Stationen oder seismische Verbundnetze wie US-Array. All diese Messsysteme erreichen eine bisher ungekannte Genauigkeit, sind in leistungsfähige Netzwerke eingebunden und können große Datenmengen in Echtzeit übertragen. Diese Veränderungen lösen einen Paradigmenwechsel in der Geomodellierung aus, hin auf CPU- und datenintensive Probleme.

Algorithmen

Spezielle Algorithmen des Hochleistungsrechnens sind der Schlüssel zu effizienten Simulationen. Durch die momentanen Paradigmenwechsel ist neu zu bewerten, ob die meisten Algorithmenentwürfe gut auf die Hardware abgestimmt sind. Viele Simulationscodes haben heute die Dimensionen von Unternehmenssoftware, mit Codegrößen von mehr als einer Million Codezeilen. Die Programme werden mehr als 20 Jahre entwickelt und genutzt, und viele Entwicklungsteams bestehen dauerhaft aus mehr als zehn Mitgliedern. Studien sagen voraus, dass es im Bereich des Hochleistungsrechnens zu Engpässen bei der Wartung und Weiterentwicklung von Simulationssoftware kommen wird.

Aufbau leistungsfähiger Geo-Simulationszentren

Das Kernziel der Geomodellierung besteht darin, eine leistungsfähige Simulationsinfrastruktur aufzubauen. Universitätsinstitute sind zunehmend damit überfordert, große Simulationscodes zu entwickeln, zu verifizieren, zu dokumentieren und sie der Nutzergemeinde zur Verfügung zu stellen. Häufig werden diese Aufgaben auf Firmen ausgelagert, die jedoch nicht die wissenschaftliche Weiterentwicklung der Software im Auge haben. Daher ist es von elementarer Bedeutung, physikalische Anwendungsprogramme so weiterzuentwickeln, dass sie professionellen Standards der Softwaretechnik entsprechen. Deshalb sollten in Deutschland Kompetenz-Zentren für professionelles Softwaremanagement für die Geowissenschaften eingerichtet werden.

Realistische Modellierung von Störungszonen in Raum und Zeit

Ein grundlegendes Ziel der Geowissenschaften besteht darin, Störungszonen und die dort wirkenden Kräfte zu verstehen. In geologischen Verwerfungen spielen sich zahlreiche komplexe Prozesse ab. Dazu gehören plastische Verformungen, spröde Brüche, Grenzwertverhalten und nichtlineare Phänomene. Diese Prozesse sind bisher nur unvollständig verstanden und werden in Geomodellen nicht realistisch behandelt. So ist es zum Beispiel unklar, welche mechanische Stärke Störungssysteme haben, wie sie sich zeitlich entwickeln und wie sie miteinander reagieren. Ebenso schwierig ist es zu beurteilen, wie sich die Verformung zwischen den seismogenen und den duktilen Stockwerken der Lithosphäre aufteilt und wie entscheidend die Anfangsbedingungen sind. Es ist auch eine Herausforderung, die Vorhersagen komplexer numerischer Modelle mit Beobachtungen zu vergleichen. Eine Lösung dieser Fragen ist zurzeit nur ansatzweise erkennbar.

Anfangswertprobleme und Entwicklung effizienter Datenassimilierungsverfahren

Zeitreihen dokumentieren die Entwicklung zahlreicher geologischer Prozesse. Um diese Zeitreihen durch Geomodelle auswerten zu können, müssen jedoch Anfangswerte bekannt sein. Das ist oft nicht der Fall. Damit stellt sich ein so genanntes Inversionsproblem, um die Anfangswerte zu bestimmen. Im Prinzip ist es möglich, die Anfangswerte mit Hilfe von Modellrechnungen und Datenassimilierungsverfahren zu bestimmen. Allerdings sind diese Verfahren extrem aufwendig und können zurzeit nur für stark vereinfachte Systeme angewendet werden.

Gekoppelte Mantel-/Lithosphären-Modelle

Um die Plattentektonik physikalisch zu verstehen, ist es notwendig, den Anteil von Mantel und Lithosphäre in der Kräftebilanz der Plattenbewegung genau zu kennen. In der tektonischen Modellierung wird der Mantel oft als niedrig-viskose Flüssigkeit oder als ruhendes Medium betrachtet, das heißt, die Mantelkomponente wird in der Kräftebilanz nicht korrekt dargestellt. In geodynamischen Mantelmodellen werden Scherzonen dagegen oft als Flüssigkeit dargestellt. Die Annahmen zur Kräftebilanz entlang von Störungszonen sind daher unvollständig. Um Prozesse im Mantel und in der Lithosphäre zu modellieren, werden gekoppelte Modelle benötigt, die regionale und globale Skalen abbilden können. Die numerischen Herausforderungen, um die Anfangswertprobleme zu lösen und Scherzonen realistisch zu modellieren, sind erheblich.

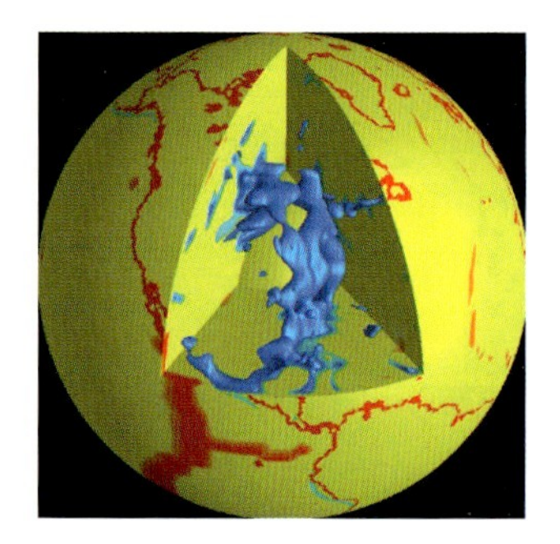

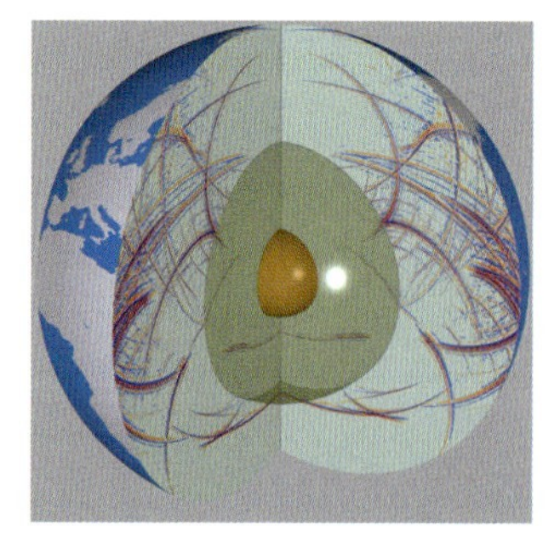

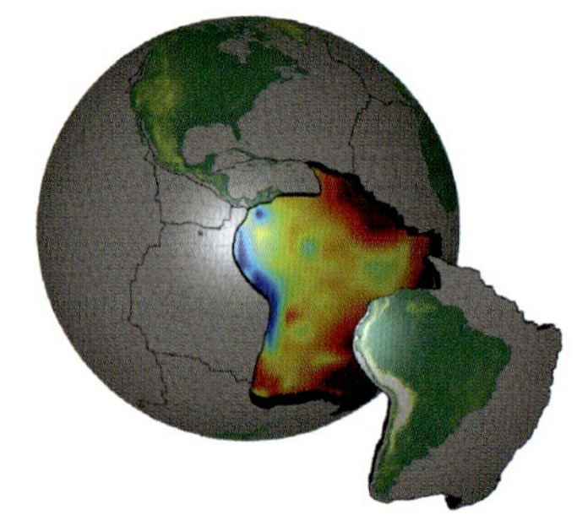

Links: Geodynamisches Erdmodell, das durch sequentielle Assimilation tektonischer Plattenbewegungen in ein globales Mantelkonvektionmodell gewonnen wird. Man erkennt die berechnete thermische Mantelstruktur unter Nordamerika mit der Farallon-Platte, die seit dem Erdmittelalter unter der Westküste des Kontinents verschwindet. Die Farben zeigen die Temperatur (blau = kalt, rot = warm). An der Erdoberfläche ist die Küstenlinie eingezeichnet. Heute kann untersucht werden, wie sich seismische Wellenfelder (Mitte) durch solche dynamischen Erdmodelle ausbreiten oder wie sich die Erdmodelle/die seismischen Wellenfelder an tektonische Lithosphärenmodelle (rechts) koppeln lassen.

12 Die geowissenschaftliche Forschungslandschaft und der geowissenschaftliche Nachwuchs

Deutschland ist auf dem Gebiet der Geowissenschaften international gut positioniert und gehört zum Kreis der führenden Nationen. Besondere Merkmale sind eine solide, breit gefächerte Ausbildung des wissenschaftlichen Nachwuchses, eine leistungsstarke Wissenschafts- und Forschungsinfrastruktur sowie eine gute Forschungsförderung. Es gibt eine Vielzahl von nationalen und internationalen Förderprogrammen, mit denen Kompetenzen gebündelt und Forschung auf globale geowissenschaftliche Themen sowie Fragestellungen von gesellschaftlicher und ökonomischer Relevanz fokussiert werden. Eine weitere Stärke der Geowissenschaften besteht darin, dass auch kleinere Grundlagenforschungsprojekte in großer Zahl durchgeführt werden können, zum Beispiel über das DFG-Einzelverfahren. Um ihre Position auch in Zukunft zu behaupten, müssen sich die Geowissenschaften noch stärker als bisher an der Bewältigung der „großen Herausforderungen" (Grand Challenges) beteiligen. Zu diesen Herausforderungen gehören Naturgefahren und Katastrophenvorsorge, Klimawandel und Klimaschutz, Trinkwasser und Wasserverfügbarkeit, Nachhaltigkeitssicherung natürlicher Ressourcen sowie Nutzung und Gestaltung des Lebensraums Erde. Dabei darf die rein neugiergetriebene Grundlagenforschung jedoch nicht eingeschränkt werden.

12.1 Universitäre und außeruniversitäre Einrichtungen

Geowissenschaftliche Forschung an Universitäten

Besondere Rolle der Universitäten

Die Universitäten sind entscheident für die geowissenschaftliche Forschung in Deutschland. Die universitäre Forschung ist durch eine Breite gekennzeichnet, die alle Disziplinen abdeckt. Sie besitzt außerdem eine große Innovationskraft und kann durch die kontinuierlich nachrückenden jungen Wissenschaftler schnell auf neue Themen reagieren. Die Universitäten bilden mit Doktorarbeiten oder Postdoc-Stellen auch Nachwuchs für außeruniversitäre Forschungseinrichtungen aus. Häufig kommen die Abteilungsleiter oder Direktoren der außeruniversitären Einrichtungen aus den Universitäten.

Grundausstattung

Die Universitäten stellen die Grundausstattung für die Forschung bereit. Forschungsprojekte können aufgrund der angespannten Finanzsituation an den Universitäten in der Regel jedoch nur mit Hilfe von Drittmitteln durchgeführt werden.

Drittmittelförderung

Neben normalen DFG-Projekten spielen Sonderforschungsbereiche, Forschergruppen, Schwerpunktprogramme, Graduiertenschulen und Nachwuchsgruppen eine große Rolle bei geowissenschaftlichen Projekten. Eines der sechs DFG-Forschungszentren ist marin-geowissenschaftlich ausgerichtet und befindet sich in Bremen. Dem „Förderranking der DFG 2006" zufolge sind insgesamt 33 kooperative Forschungsprogramme der DFG in den Geowissenschaften angesiedelt, das entspricht 3,5 Prozent aller Forschungsprogramme. Dazu kommen mehrere Emmy Noether- und Heisenberg-Stipendien sowie Nachwuchsgruppen der Helmholtz-Gemeinschaft Deutscher Forschungszentren (HGF), die an Universitäten angesiedelt sind.

Zusammenarbeit

In den letzten Jahren haben die Geowissenschaften an den Universitäten die Zusammenarbeit mit den großen Förderorganisationen wie den Max-Planck-Instituten (MPI), der HGF und der Leibniz-Gemeinschaft wesentlich ausgebaut. Dabei wurden klare Kooperationsvereinbarungen geschlossen. Immer mehr Führungspositionen in diesen Einrichtungen werden in gemeinsamen Berufungskommissionen als Professuren besetzt. Weil sich die Förderorganisationen an der Lehre beteiligen, erhalten sie Zugang zu Studierenden. Die Professoren und habilitierten Wissenschaftler können eigenverantwortlich Doktoranden betreuen.

Schwerpunktbildung

An geowissenschaftlichen Universitätsstandorten findet zurzeit eine große Umstrukturierung statt. Die einzelnen Standorte bilden Schwerpunkte und Profile in Lehre und Forschung aus. Das generelle Ziel besteht darin, eine breite, fachlich differenzierte Ausbildung zu ermöglichen. Einige Standorte können jedoch „nur" Grundlagen oder Ergänzungen zu „geo-nahen" Studiengängen liefern.

Bei der Schwerpunkt- und Profilbildung werden viele Partnerschaften gebildet. Neben den „klassischen" geowissenschaftlichen Fächern Geologie/Paläontologie, Mineralogie, Geophysik und Physische Geographie gibt es viele Anknüpfungspunkte zu anderen Fachrichtungen wie Meteorologie, Ozeanographie oder Ur- und Frühgeschichte. Mit dieser wachsenden Verzahnung in Forschung und Lehre werden die Geowissenschaften für die Universität als gesamte Einrichtung unverzichtbar.

Die einzelnen Standorte verfolgen die Schwerpunkt- und Profilbildung mit unterschiedlichen Ansätzen. Dabei können regionale, traditionelle oder forschungspolitische Aspekte eine Rolle spielen. Die bestehende Personalausstattung, die bisherige Ausrichtung der einzelnen Fachgebiete und die Ausstattung mit Großgeräten spielen eine bestimmende Rolle. An vielen Universitäten werden Professuren derzeit neu besetzt, um ein neues Profil zu bilden. In Zukunft wird es mehr als bisher darauf ankommen, erfolgreiche Forschungsrichtungen auszubauen. Nur so kann sowohl beim Personal als auch bei den Sachmitteln eine kritische Masse erreicht werden, um Spitzenforschung in diesem Gebiet zu betreiben. Nur so wird es möglich sein, geowissenschaftliche Standorte zu erhalten und für die Zukunft zu sichern.

Exzellenzinitiative des Bundes und der Länder

Die Exzellenzinitiative hat auch die Geowissenschaften zur Langfristplanung und Definition von Schwerpunkten angeregt. Mit der Bewilligung im Oktober 2007 ist die erste Phase der Exzellenzinitiative abgeschlossen. Eine weitere, zweite Phase ist ab 2012 geplant.

Exzellenzcluster mit Meeresbezug wurden für die Geowissenschaften in Bremen, Hamburg und Kiel bewilligt: in Kiel der Cluster „The Future Ocean", für Hamburg der Cluster „Integrated Climate System Analysis and Prediction" und in Bremen der Cluster „The Ocean in the Earth System". Ein weiterer Exzellenzcluster namens „Quest" an der Leibniz Universität Hannover widmet sich der Verbindung von Quantenphysik und Raum-Zeit-Forschung.

Einige bewilligte Graduiertenschulen der Exzellenzinitiative können den Geowissenschaften zugeordnet werden, zum Beispiel die Graduiertenschule GLOMAR (Global Change in the marine Realm) an der Universität Bremen. Neben naturwissenschaftlich orientierten Doktorandinnen und Doktoranden sind auch Sozialwissenschaftler und Juristen eingebunden. Die Geowissenschaften in Göttingen profitieren von der dritten Förderlinie „Zukunftskonzepte". In den Göttinger Courant-Forschungszentren wird das Forschungsgebiet Geobiologie gefördert. Dort geht es um die Entwicklung des frühen Lebens und um Gesteins- und Mineralbildungsprozesse unter dem Einfluss von organischer Materie. Weitere Graduiertenkollegs mit geowissenschaftlichem Inhalt wurden in Kiel und Berlin bewilligt.

Reform der Studiengänge

Zum Wintersemester 2008/2009 haben fast alle geowissenschaftlichen Standorte Bachelor- und Masterstudiengänge eingeführt. Durch Institutsschließungen ist das Angebot an Standorten mit geowissenschaftlichem Vollstudium von ehemals 32 Standorten mit Diplomstudium auf 28 Standorte mit Bachelor-Master zurückgegangen. Die Bachelorstudiengänge wurden meist als disziplinübergreifender Studiengang Geowissenschaften eingerichtet. Bei den Masterstudiengängen findet dann eine stärkere Differenzierung statt, zum Teil mit forschungsintensiven oder anwendungsbezogenen Inhalten.

Durch die Umstellung ist das Studium stärker verschult. Für das Personal bedeuten die häufigeren Prüfungen und höheren Anteile an Übungen einen Mehraufwand. Vielfach geht dies an den Universitäten auf Kosten der Zeit für die Forschung, da kein zusätzliches Personal zur Verfügung steht. Das übergeordnete Ziel der Neustrukturierung des Studiums bestand darin, die Ausbildung zu verbessern und die Studienzeiten zu reduzieren. Dafür ist ein größerer Personalaufwand notwendig. Die Umstellung hat einen großen Vorteil: Da es sich hier um internationale Abschlüsse nach internationalem Standard handelt, sind Studienwechsel ins Ausland nun problemlos möglich. Schon jetzt zeichnet sich ab, dass der Austausch mit dem Ausland in den geowissenschaftlichen Studiengängen sehr begünstigt wird. Insbesondere in Englisch unterrichtete Studiengänge ziehen vermehrt Studierende aus anderen Ländern an.

Alle geowissenschaftlichen Standorte streben bei der Profilbildung danach, ihre Ausbildung zu internationalisieren. So wollen sie die Berufsaussichten ihrer deutschen Absolventen auf dem internationalen Markt verbessern und außerdem ausländische Studenten anziehen.

Geowissenschaftliche Forschung im außeruniversitären Bereich

Differenziertes Wissenschafts- und Forschungssystem

Deutschland zeichnet sich durch ein differenziertes und dezentralisiertes Wissenschafts- und Forschungssystem aus. Geowissenschaftliche Forschung wird nicht nur an Universitäten, sondern auch an vielen außeruniversitären Einrichtungen betrieben. Hierzu gehören Helmholtz-Zentren, Institute der Leibniz-Gemeinschaft und Max-Planck-Institute ebenso wie die Staatlichen Geologischen Dienste und Museen. Auch in Industrie- und Bergbau-Unternehmen und in Ingenieurbüros, wo Geowissenschaftler als Berater tätig sind, wird geowissenschaftliche Forschung betrieben.

Helmholtz-Zentren

Die Helmholtz-Gemeinschaft umfasst 15 ehemalige „Großforschungseinrichtungen" mit Schwerpunkt im naturwissenschaftlich-technischen und biologisch-medizinischen Bereich. Diese Zentren wollen durch eine strategisch-programmatisch ausgerichtete Spitzenforschung Beiträge leisten zu den drängenden Aufgaben von Wissenschaft, Gesellschaft und Wirtschaft.

„Erde und Umwelt"

Die Erdsystemforschung ist in der Helmholtz-Gemeinschaft im Fachbereich „Erde und Umwelt" angesiedelt, an dem mehrere Helmholtz-Zentren beteiligt sind. Sie haben ihre Aktivitäten derzeit in folgenden Programmen gebündelt:

- Geosystem: Erde im Wandel,
- Atmosphäre und Klima,
- Marine, Küsten- und Polare Systeme,
- Biogeosysteme: Dynamik und Anpassung,
- Nachhaltige Nutzung von Landschaften,
- Nachhaltige Entwicklung und Technik.

Übergeordnete Schwerpunktthemen, zu denen alle Helmholtz-Zentren im Fachbereich „Erde und Umwelt" Beiträge leisten, sind Katastrophenvorsorge, Mega-Cities sowie Modellierung und Systemanalyse. In diesen international begutachteten Programmen will die Helmholtz-Gemeinschaft eng mit leistungsfähigen, nationalen und internationalen Partnern zusammenarbeiten, insbesondere mit den Universitäten. Die von den Zentren betriebenen Großgeräte bilden häufig den Ausgangspunkt für derartige Forschungskooperationen. Auch die exzellente wissenschaftliche Infrastruktur, die den Partnern zur Verfügung steht oder weitere Einrichtungen, wie die Forschungsneutronenquelle FRM II, liefern den Anreiz zur Kooperation.

Neue Kooperationsmodelle

Um die Zusammenarbeit mit den Universitäten strukturell zu stärken, hat die Helmholtz-Gemeinschaft neben dem Instrument der „Gemeinsamen Professuren" verschiedene neue Kooperationsmodelle entwickelt. Hierzu gehören beispielsweise die „Virtuellen Institute", an denen ein Helmholtz-Zentrum und oft mehrere Universitäten beteiligt sind, oder auch Helmholtz-Hochschul-Nachwuchsgruppen. Diese Kooperation bietet den Geowissenschaften die Möglichkeit, mit größeren Forschergruppen komplexere Themenfelder zu bearbeiten. Dabei sollen außeruniversitäre Forschung und Wirtschaft systematisch eingebunden werden. Durch die Konzentration von Personen und Ressourcen sollen die Kooperationen international sichtbar werden.

Leibniz-Institute

Auch die Wissenschaftsgemeinschaft Gottfried Wilhelm Leibniz (WGL) mit ihren derzeit 86 Instituten strebt eine intensive Kooperation mit universitären Partnern an. Instrumente dieser Kooperation sind gemeinsame Berufungen, die gemeinsame Ausbildung von Doktoranden und die Beteiligung von Wissenschaftlern der Leibniz-Institute an der universitären Lehre.

Das inhaltliche Spektrum der Leibniz-Institute

Das inhaltliche Spektrum der Leibniz-Institute ist breit gefächert. Es reicht von den Natur-, Ingenieur- und Umweltwissenschaften über die Wirtschafts-, Sozial- und Raumwissenschaften bis hin zu den Geisteswissenschaften. Zur WGL gehören auch die Forschungsmuseen, wie zum Beispiel das Forschungsinstitut Senckenberg in Frankfurt und, seit dem 1.1.2009, das Naturkundemuseum Berlin. Folgende Leibniz-Institute beschäftigen sich mit geowissenschaftlichen Themen: das Institut für Meereskunde (IFM-GEOMAR) in Kiel, das Institut für Angewandte Geophysik (LIAG) in Hannover, das Institut für Ostseeforschung (IOW) in Warnemünde, das Potsdam-Institut für Klimafolgenforschung (PIK) in Potsdam und seit dem 1.1.2009 das Zentrum für Marine Tropenökologie (ZMT) in Bremen. Das Institut für Troposphärenforschung in Leipzig und das Institut für Atmosphärenphysik in Kühlungsborn arbeiten auf dem Gebiet der Atmosphärenforschung. Das Leibniz-Institut für Länderkunde (IfL) in Leipzig ist das einzige außeruniversitäre Forschungsinstitut für Geographie in Deutschland.

Max-Planck-Institute

Die Max-Planck-Gesellschaft (MPG) umfasst derzeit 79 Forschungsinstitute. Die MPG hat sich die Aufgabe gestellt, besonders wichtige, zukunftsträchtige oder sich neu entwickelnde wissenschaftliche Forschungsgebiete aufzugreifen, vor allem solche, die außerhalb der an den Universitäten etablierten Disziplinen liegen. Um die Kooperation mit den Universitäten zu stärken, hat die MPG Max-Planck-Forschungsgruppen und International Max Planck Research Schools eingerichtet.

Geo- und Klimaforschung

Mit Themen der Geo- und Klimaforschung beschäftigen sich das MPI für Biogeochemie in Jena, das MPI für Chemie in Mainz und das MPI für Meteorologie in Hamburg. An einigen weiteren Instituten gibt es Abteilungen, in denen ebenfalls erdsystemrelevante Forschung betrieben wird: am MPI für Kernphysik in Heidelberg, am MPI für terrestrische Mikrobiologie in Marburg, am MPI für marine Mikrobiologie in Bremen und am MPI für Sonnensystemforschung in Katlenburg-Lindau. Alle beteiligten Institute und Gruppen stellen ihre Forschungsarbeiten in den Zusammenhang der Erdsystemforschung und stimmen ihr Vorgehen im Rahmen einer „Partnerschaft für Erdsystemforschung in der MPG" ab.

Staatliche Geologische Dienste

Die Staatlichen Geologischen Dienste (SGD) Deutschlands sind Kooperationspartner für alle Einrichtungen, die raumbezogene geowissenschaftliche Daten benötigen. Die Dienste wurden im 19. Jahrhundert gegründet, um der Wirtschaft und dem Staat flächen- und teufenbezogene geowissenschaftliche Informationen zur Verfügung zu stellen. Solche Daten sind für die industrielle und infrastrukturelle Entwicklung erforderlich. Sie werden benötigt, um Rohstoffe zu gewinnen oder Verkehrswege zu planen, um die landwirtschaftlichen Erträge zu steigern, und sie werden in der Grundstoff- und weiterverarbeitenden Industrie benötigt. Heute tragen die Dienste außerdem dazu bei, Zukunftsgrundlagen zu sichern. Sie sind daran beteiligt, Trinkwasserschutzgebiete auszuweisen, Deponien auszulegen oder Nutzungskonflikte zwischen Rohstoffsicherung sowie Trinkwasser- und Naturschutzgebieten in Raumordnungsplänen zu lösen. Sie haben sich in ihren Ländern zu den zentralen geowissenschaftlichen Beratungsinstitutionen entwickelt. Organisatorisch werden sie sehr unterschiedlich behandelt. Einige sind unabhängige Fachbehörden, andere sind Abteilungen in der Regierungsverwaltung. Für die Zukunft ist es wünschenswert, dass die Selbstdarstellung, die Aufgaben und die Datenbereitstellung zwischen den Ländern weiter harmonisiert werden und dass das Datenmanagement auf Kundenwünsche optimiert wird.

Zuständigkeiten und Einbindung

Historisch liegt die Zuständigkeit für Geologie und Rohstoffe in Deutschland bei den Ländern. So verfügt jedes Bundesland über eine eigene Organisation, die die Aufgabe eines Staatlichen Geologischen Dienstes wahrnimmt. Dabei sind die Dienste selbst entweder mit den Umweltbehörden der Länder zusammengelegt oder sie sind diesen untergeordnet. Leider wurden die Geologischen Dienste in den letzten Jahren durch einen massiven Personalabbau geschwächt.

Für Aufgaben des Bundes wurde 1958 die Bundesanstalt für Geowissenschaften und Rohstoffe (BGR) in Hannover gegründet. Sie berät den Bund und erfüllt internationale geowissenschaftliche Verpflichtungen. Zum Beispiel übernimmt sie im Rahmen der entwicklungspolitischen Zusammenarbeit das Training von geowissenschaftlichen Counterpart-Organisationen in Entwicklungsländern. Die BGR unterhält ein nationales Datenzentrum, mit dem das Kernwaffenteststoppabkommen überwacht wird. Sie führt zudem geowissenschaftliche Erkundungen durch, um Endlagerstandorte für radioaktive Abfälle zu suchen. Viele Forschungsaktivitäten der BGR unterstützen ihre Beratung und operativen Aufgaben. Daneben betreibt die BGR auch selbständige Forschung, wie die Erkundung von Meeres- und Polarregionen oder die Georisikoforschung. Die BGR ist zudem eine wichtige Zentralinstitution für die geowissenschaftliche Infrastruktur in Deutschland, zum Beispiel für geophysikalische Erkundungen und geowissenschaftliche Fachliteratur.

Geozentrum Hannover

Die Bundesanstalt für Geowissenschaften und Rohstoffe und das Niedersächsische Landesamt für Bergbau, Energie und Geologie (LBEG) haben sich vor einigen Jahren mit dem Leibniz-Institut für Angewandte Geophysik (LIAG), vormals Leibniz-Institut für Geowissenschaftliche Gemeinschaftsaufgaben (GGA), zum Geozentrum Hannover zusammengeschlossen. Der Schwerpunkt des LIAG liegt auf dem Gebiet der Angewandten Geophysik. Mit seinem „Fachinformationssystem Geophysik" hat das LIAG-Institut eine Datenbank aufgebaut, die geophysikalische Daten aus ganz Deutschland und einfache Auswertemethoden zur Verfügung stellt.

Geowissenschaftliche Forschung als Motor für technologische Entwicklungen

Gutes Klima für innovative Forschung

Geowissenschaftliche Forschung kann nur dann erfolgreich sein und nutzbringend technologisch umgesetzt werden, wenn entsprechende Grundlagen vorhanden sind. Dazu gehören eine solide und breit gefächerte geowissenschaftliche Ausbildung an den Universitäten, eine differenzierte und leistungsstarke Forschungslandschaft, die hohe wissenschaftliche Qualität der Forschungs- und Entwicklungs(FuE)-Arbeiten und eine gute Forschungsförderung. Aus der geowissenschaftlichen Forschung kamen gerade in den letzten Jahren viele Innovationen und Anstöße für neue Technologien, Methoden und marktfähige Produkte. Ein Beispiel dafür ist die Richtbohrtechnologie, die im deutschen Kontinentalen Tiefbohrprogramm (KTB) entwickelt wurde und inzwischen weltweit eingesetzt wird. Auch Technologien zur Untersuchung und Langzeitüberwachung des Ozeanbodens sind eine geowissenschaftliche Innovation, die auf der marinen Geoforschung basieren. Die Geowissenschaften haben geotechnische Sicherheitskonzepte bereitgestellt, um den Untergrund als Wirtschaftsraum nutzen zu können, und sie haben Grundlagenwissen in die Praxis der Denkmalpflege umgesetzt.

12.2 Museen und Forschungssammlungen

Museen archivieren das Erbe der Menschheit

In Sammlungen und Museen wird das Natur- und Kulturerbe der Menschheit seit dem Altertum archiviert. Seit dem 18. Jahrhundert erlebten die Sammlungen eine fulminante Renaissance. Dies galt zunächst insbesondere für Kunst- und Gemäldesammlungen, später auch für Sammlungen der Völkerkunde und der Naturwissenschaften. Die Vertragsstaaten der Haager Konvention haben sich 1954 und 1999 verpflichtet, naturwissenschaftliche und kulturhistorische Sammlungen zu schützen und zu erhalten. Den Staaten wird ihre besondere Fürsorge und Pflege empfohlen. Weitere internationale und nationale Übereinkommen wie Systematics Agenda 2000, Darwin Declaration und Diversitas heben die Sammlungen rezenter und fossiler Organismen hervor. Sie betonen ihre Bedeutung für die Biologie, da sie die heutige und fossile Biodiversität als Kulturerbe der Menschheit erfassen.

Der 2003 neu gestaltete erste Lichthof im Senckenbergmuseum. Zu sehen sind die Skelette von T-Rex, Euoplocephalus und ein Bein des Supersaurus

Naturkundliche Forschungs-sammlungen – Schatzkammern des Lebens

Um die komplexe Vielfalt des Lebens zu verstehen, ist es nötig, die Grundausstattung unseres Planeten zuverlässig und umfassend zu erforschen. Zudem muss sein biologisches, paläontologisches und geologisch-mineralogisches Inventar vollständig analysiert werden. Bisher liegen erst für wenige Tier- und Pflanzengruppen globale Register des fossilen und heutigen Artenbestandes vor. Wie viele Einzelstücke in allen deutschen Forschungssammlungen vorliegen, kann nur vermutet werden. Allein die fünf bis sechs größten von ihnen bewahren unvorstellbar umfangreiche Bestände: circa 17,2 Millionen Herbarbelege, 2,4 Millionen Wirbeltierbelege, 50 Millionen Insekten, 4,5 Millionen marine Wirbellose, 35 Millionen fossile Belegstücke, 4,5 Millionen Minerale und 3 Millionen geologische Sammlungsstücke.

Archive des geologischen Inventars

Geologisch-mineralogische Forschungssammlungen sind Datenbanken der festen Erdkruste und des Planetensystems. Vielfach enthalten sie Unikate, die nicht wieder beschafft werden können. Sie stehen als Referenzexemplare für laufende und zukünftige Untersuchungen bereit. Ihr Wert besteht weniger in dem „Markt-

Blick in ein Sammlungsarchiv

wert" einiger Edelstein- oder Mineralproben, sondern in ihren vielfältigen wissenschaftlichen Nutzungsmöglichkeiten. Diese Forschungssammlungen und das Spezialwissen ihrer Betreuer werden für die Forschung benötigt, aber auch für die universitäre Lehre, für Ausstellungen, Illustrationen oder als Anschauungsmaterial.

Objekte und Inhalte

Geologische Sammlungen beherbergen Gesteine bestimmter Regionen, Bohrkerne oder Abfolgen von Gesteinen. Beispiele für typische geologische Phänomene wie Sedimentstrukturen werden gesammelt und in den Schausammlungen der Öffentlichkeit präsentiert. Die Sammlungen dokumentieren auch, welchen Bezug Gesteine und Minerale zum Gelände haben. Sie bilden eine wichtige Voraussetzung für petrologische, geochemische und lagerstättenkundliche Forschung. Mineralogische Sammlungen umfassen natürliche Minerale und synthetische Kristalle sowie Festkörper aus vielen Kristallen (zum Beispiel Gesteine und Erze) und Gläser. Das Spektrum reicht dabei von natürlichen Mineral-, Erz- und Gesteinsvorkommen über synthetisch-technische Produkte wie Ze-

Kreide-Paläogen-Grenze, dokumentiert in einem Bohrkern des Ocean Drilling Program, ODP-Site 1049B, Bohrkernlager Bremen

ment und Feuerfestbaustoffe, bis hin zu den Kristallen für Halbleiter- und Laseranwendungen und medizinische Produkte.

Rekonstruktion des Lebens in Raum und Zeit

Paläontologische Schau- und Forschungssammlungen dokumentieren die Evolution des Lebens in Raum und Zeit. Sie zeigen, wie sich die Biodiversität entwickelt hat und wie sie durch orbitale, externe und interne Ereignisse des Planeten Erde beeinflusst wurde. Ferner speichern diese Archive Daten für die molekulare Paläobiologie und für die Gliederung der Erdgeschichte in verschiedene Zeitalter. Auch die Paläobiogeographie, Paläoklimatologie und Paläoökologie profitieren von diesen Sammlungen. Damit bewahren diese Sammlungen Daten, auf denen Prognosen zur Zukunft des Systems Erde beruhen.

Situation der Archive in Deutschland

Einige Archive, besonders an kleineren Einrichtungen und Universitäten, sind stark gefährdet. Sie leiden unter Personalmangel, Raumnot und unsachgemäßer Lagerung. Viele Sammlungen werden nicht mehr gepflegt, Neuzugänge werden nicht erfasst, und einige sind wegen Personalmangel nicht zugänglich. Wenn an einer Universität der Lehrstuhlinhaber wechselt, verändert sich oft die Arbeitsrichtung, und das Archivmaterial wird ausgelagert. Gerade in kleineren Einrichtungen und an Universitäten gibt es häufig so genannte „verwaiste" Sammlungen. Zumindest die Universitäten sollten mit den großen Museen absprechen, wie sich diese wertvollen Sammlungen bewahren lassen.

Datenerfassung

Damit wissenschaftliche Arbeit mit den genannten Archiven möglich ist, müssen Daten gewonnen, verwaltet und gepflegt werden.

Platte aus Solnhofen mit dem Flugsaurier Rhamphorhynchus gemmingi aus der Sammlung Senckenberg

Die Datenbanken sollten nach einheitlichen Grundregeln aufgebaut sein: Ihre Struktur sollte sammlungsübergreifend kompatibel mit bereits allgemein verwendeten Geländedaten und Definitionen sein. In der Taxonomie gibt es in verschiedenen Sammlungseinrichtungen bereits derartige Datenbanksysteme. Sie können direkt für systematisch-taxonomische und stratigraphische Archive verwendet oder angepasst werden. Dabei ist es wesentlich, dass die Datenbanken kompatibel sind und in internationale Datenarchive wie BioNET-International eingebunden werden können. Für Bohrkerne existieren ebenfalls verbindliche und weitgehend standardisierte Verfahren. Hierzu ist es sinnvoll, sich an die DSDP/ODP/IODP-Datenbank anzuschließen. Für die wichtige Pflege der Datenbanken gibt es in Deutschland eine zentrale Diskussionsgruppe innerhalb des Konsortiums „Deutsche Naturwissenschaftliche Forschungssammlungen“ (DNFS). Ein weiteres Beispiel ist auch das Ocean Drilling Stratigraphic Network (ODSN).

12.3 Daten- und Informationssysteme

Information als Gut in der Wissensgesellschaft

Satellitenmessungen, Großrechner und hoch auflösende Analysemethoden produzieren täglich ungeheure Datenmengen. Diese Daten müssen besser zugänglich sein, damit sie zur Erforschung des Systems Erde beitragen können. Die Geowissenschaften müssen daher auf nationaler und internationaler Ebene ein einheitliches Datenmanagement aufbauen.

Informationsflut

Die Gesamtmenge, der Zuwachs und die Heterogenität der Informationen sind für die Wissenschaft eine enorme Herausforderung. Die Menge wissenschaftlicher Publikationen verdoppelt sich etwa alle 16 Jahre, in den Naturwissenschaften sogar alle zehn Jahre. Bei den wissenschaftlichen Daten ist der Zuwachs noch größer. In den Geo-, Bio- und Umweltwissenschaften verdoppelt sich die Datenmenge etwa alle drei Jahre. In den zurückliegenden Jahren ist es versäumt worden, diese Daten der Forschungsgemeinschaft allgemein zugänglich zu machen. Leider stehen den Forschern gegenwärtig nur wenige Prozent der in den letzten Jahrzehnten weltweit produzierten wissenschaftlichen Daten zur Verfügung. Hinzu kommen Objekte und Daten in Archiven, die teilweise noch in analoger Form vorliegen.

Durch die eingeschränkte Nutzung ergeben sich Probleme: Weil wissenschaftliche Daten nicht auffindbar sind oder nicht zur Verfügung stehen, wird die interdisziplinäre und überregionale Forschung behindert. Die Forschung zum globalen Wandel benötigt zum Beispiel gute und ausführlich dokumentierte Daten. Existierende Datenbestände bleiben ungenutzt, da sie oftmals nur einem kleinen Kreis von Wissenschaftlern bekannt und zugänglich sind. Außerdem ist es häufig schwierig, veröffentlichte Ergebnisse zu verifizieren.

Langfristige Sicherung von Daten

In den letzten Jahren haben Wissenschaftsmanagement und -politik grundsätzlich erkannt, dass die langfristige Sicherung und Zugänglichkeit wissenschaftlicher Daten ein Problem ist. Die DFG hat bereits 1998 darauf hingewiesen, dass wissenschaftliche Einrichtungen die Datengrundlagen ihrer wissenschaftlichen Publikationen in geeigneter Weise archivieren und verfügbar machen sollten. Auch der Wissenschaftsrat hebt 2001 hervor, wie wichtig es ist, dass digitale Informationen für die Wissenschaft verfügbar sind: „Der Wissenschaftsrat fordert die Wissenschafts- und Förderorganisationen auf, dafür Sorge zu tragen, das mit ihrer Förderung erzielte und dokumentierte wissenschaftliche Wissen nach den Standards der Fachkulturen und unter Beachtung medienspezifischer Besonderheiten zu archivieren und für eine wissenschaftliche Nutzung auf Dauer frei verfügbar zu machen." Die Zugänge fehlen jedoch weiterhin.

Offener Zugang im Internet

Bereits 2003 unterzeichneten führende ausländische und deutsche Forschungsorganisationen die „Berliner Erklärung", mit der sie die Vision einer umfassenden Wissensrepräsentation über das Internet umsetzen wollten. Wissenschaftler sollten ermutigt werden, die eigenen Arbeiten nach dem „Prinzip des offenen Zugangs" zu veröffentlichen. Das soll bei der Begutachtung der Forschungsleistung anerkannt werden. Diese Ideen sind aber bislang kaum umgesetzt worden.

eScience-Initiative

In der Wissensgesellschaft von morgen spielt der Online-Zugang zu Informationen eine bedeutende Rolle. Das hat auch die eScience-Initiative des BMBF aufgegriffen. Es geht dabei um die Nutzung von Ressourcen im weitesten Sinne, sowohl um verteilt vorliegende Daten und Informationen als auch um Verarbeitungsressourcen in Form von Rechnerleistung. Im Fokus der Förderung steht somit die Vernetzung von leistungsfähigen Rechnern zu Grids, die große Informationsbestände prozessieren sollen, zum Beispiel D-Grid. Zudem sollen Informations- und Wissensportale, also eine Informationsinfrastruktur, geschaffen werden. Beides trifft in besonderer Weise auf die geowissenschaftlichen Informationsbestände zu:

1. Modellierungen und Simulationen des Systems Erde benötigen immense Rechnerkapazitäten.
2. Die gigantischen Datenmengen, die durch Satelliten, Messgeräte und Forschungsschiffe generiert werden, müssen archiviert werden. Außerdem müssen sie durch Metainformation beschrieben und gebrauchsfertig gemacht werden. Anschließend können sie Wissenschaft, Wirtschaft und Verwaltung, Bürgern und Entscheidungsträgern verfügbar gemacht werden.

Geowissenschaftliche Informationsportale

Geowissenschaftliche Daten zeichnen sich durch große Volumina, enorme Vielfalt und hohe Komplexität aus. Sie werden zum Beispiel durch Satellitenfernerkundung, durch Forschungsschiffe, in Tiefbohrprogrammen, in weltweit verteilten Messnetzen und in Forschungsprojekten gewonnen. Die Kosten der Datengewinnung sind hoch und oftmals entstehen gigantische Datenmengen. Nachdem die Daten erfasst und ausgewertet sind, müssen sie in angemessener Zeit der geowissenschaftlichen Gemeinschaft verfügbar gemacht werden und zwar über moderne internetbasierte Datenbanken und Informationssysteme. Dabei handelt es sich um so genannte Geoinformationsportale. Hierfür müssen Mechanismen entwickelt werden, um die Daten abzunehmen und zu zertifizieren und um ihre langfristige Archivierung und Bereitstellung zu sichern.

Qualitätssicherung

Auch Controlling und Qualitätssicherung müssen entwickelt werden. Zudem sollten Kostenmodelle, Nutzungsmodelle und Lizenzmodelle entwickelt werden, um die Daten zu nutzen. Wenn diese Portale entwickelt werden, sollten gängige Standards berücksichtigt werden. Die Portale sollten in die internationalen, europäischen und nationalen Initiativen zum Aufbau von Geodateninfrastrukturen eingebunden werden. Dabei sind zum Beispiel INSPIRE als Rahmenrichtlinie und GDI.de als nationale Umsetzung zu nennen. Datenzentren sollen zu virtuellen Kompetenzzentren für wissenschaftliches Arbeiten ausgebaut werden und dabei Beratungs- und Servicefunktionen für die Geowissenschaften ausüben. Es ist zudem nötig, Methodenpools und Dienste von einfachen Diensten hin zu komplexen Geoprocessing- und Analyse-Diensten zu entwickeln. Dabei sollte Open Source-Software genutzt werden.

Derartige Geoinformationsportale müssen als Gemeinschaftsinitiative unterschiedlichster Einrichtungen betrieben und weiterentwickelt werden. Hierzu gehören unter anderem:

- die vier geowissenschaftlichen Datenzentren WDC-Mare (Marine Geowissenschaften, Bremen und Bremerhaven), WDC-RSAT (Fernerkundung, Oberpfaffenhofen), WDCC (Klima, Hamburg) und WDC-Terra (Lithosphäre und Geodäsie, Potsdam, beantragt). Sie gehören zum World Data Center System, einem weltweiten Verbund von Datenzentren.
- Großforschungseinrichtungen mit geowissenschaftlichen Forschungsthemen.
- Geowissenschaftliche Landes- und Bundeseinrichtungen; Bundesamt für Seeschifffahrt und Hydrographie (BSH), Bundesamt für Kartographie und Geodäsie (BKG), Bundes-

anstalt für Geowissenschaften und Rohstoffe (BGR), Deutscher Wetterdienst (DWD), Bundesamt für Bauwesen und Raumordnung (BBR). Einige Einrichtungen sind bereits an Initiativen zum Aufbau der Geodateninfrastruktur Deutschland (GDI-DE) beteiligt.

- Universitäre Forschungseinrichtungen.
- Bibliotheken, in denen zum Beispiel digitale Langzeitarchive eingerichtet werden (zum Beispiel Projekt KOPAL-Langzeitarchivierung der Bibliotheken).
- Wirtschaftsunternehmen mit geowissenschaftlichen Projekten.

Es bestehen Anknüpfungspunkte zu anderen zukunftsorientierten Forschungs- und Dateninfrastrukturprojekten, unter anderem zum GEOTECHNOLOGIEN-Programm (TP 13 – Informationssysteme im Erdmanagement) und zu verschiedenen DFG-Projekten im eScience-Kontext (GeoGRID). Geowissenschaftliche Informationsportale werden auch in europäischen oder internationalen Projekten entwickelt.

Verpflichtung zur Publikation von Daten

Förderrichtlinien sollten in Zukunft nicht nur zu einem Abschlussbericht verpflichten, sondern auch dazu, die gewonnenen Daten zu publizieren. Bei den Fördereinrichtungen und den Datenzentren müssen entsprechende Kontroll- und Abnahmemechanismen etabliert werden. Dazu gehören auch Mechanismen, um datenproduzierende Projekte zu managen. Die Datenzentren könnten ihre Leistung in Zukunft nicht mehr nur über einen Zitierindex von Datenpublikationen nachweisen, sondern zum Beispiel auch über Wissensbilanzen.

Bei der Archivierung und Publikation großer Datenmengen gibt es folgende Probleme:

- Die meisten Einrichtungen sind mit der Langzeitarchivierung der Daten überfordert.
- Die Aufbereitung und Dokumentation von Daten ist zeit- und kostenintensiv.
- Es fehlt ein Anreiz, Daten zu veröffentlichen und für die Veröffentlichung aufzubereiten.

- Es fehlen anerkannte elektronische Medien, in denen Daten parallel zu deren Interpretation in traditionellen wissenschaftlichen Medien veröffentlicht werden können.

Diese Defizite können durch folgende Maßnahmen behoben werden, die vor allem im Datenmanagement liegen:

- Archivierung in Langzeit-Datenzentren („Datenbibliotheken").
- Metadaten und Ontologien zur Datenbeschreibung müssen entwickelt werden.
- Nutzerfreundliche Informationsportale („one stop shop") für den allgemeinen Zugang zu geowissenschaftlichen Daten.
- Datenmanagement muss obligatorischer Bestandteil von Forschung, Lehre und Forschungsförderung sein.
- Es muss ein System zur Publikation und Zitierbarkeit wissenschaftlicher Daten eingerichtet werden, inklusive Nutzung neuer Medien.
- Effiziente Kostenmodelle für die Langzeitarchivierung und Publikation von Daten müssen formuliert werden.

Informationsverarbeitung in den Geowissenschaften

Kapazitäten von geowissenschaftlichen Datenarchiven

In Deutschland lagern gigantische Datenmengen, die die Wissenschaft meist nur eingeschränkt nutzen kann und zu denen die Allgemeinheit in der Regel keinen Zugang hat. Die deutschen Datenzentren sind durchaus leistungsstark: Sie sind als Weltdatenzentren anerkannt und in internationale Netzwerke eingebunden. Inzwischen sind vielversprechende Entwicklungen zu beobachten. So ist die ISO 19115 (Geospatial Metainformation) verabschiedet worden, und verschiedenste Entwürfe für OpenGIS Consortium (OGC)-Spezifikationen zur interoperablen Nutzung von Geoinformationen sind wegweisend. Nachdem auch die politische Ebene erkannt hat, welche Bedeutung Geoinformationen als Bestandteil einer modernen Infrastruktur haben, gibt es auch dort neue Entwicklungen wie das GeoPortal.Bund. Daher bieten sich heute gute

Voraussetzungen, um eine eScience-Infrastruktur für die Geowissenschaften allgemein umzusetzen.

Infrastruktur für die Modellierung

Hochleistungsrechner

Die Forschungslandschaft verfügt mit dem Deutschen Klimarechenzentrum (DKRZ), dem Großrechner in Jülich und anderen Hochleistungsrechnern über Rechenanlagen einer Größenklasse, mit denen sich Klimamodelle für Zeiträume von etwa 10.000 Jahren mit einer Maschenweite von etwa 1.300 Kilometern (T31) durchaus innerhalb eines halben Kalenderjahres rechnen lassen. Eine derartige Simulation würde am neuen Rechner des DKRZ nur einen der 240 vorhandenen Knoten benötigen. Für die doppelt so hohe Auflösung von 650 Kilometern, wie sie der IPCC-Bericht verwendet, würden acht Knoten benötigt.

Optimierung von Modellen

Wollte man einen Eiszeitzyklus von 150.000 Jahren rechnen, so müsste man mit der bisherigen Konfiguration 7,5 Kalenderjahre auf das Ergebnis warten. Eine Alternative besteht darin, die Modelle so zu optimieren, dass sie mehr Prozessoren gleichzeitig nutzen können. Wenn man die Modelle so umprogrammiert, dass sie gleichzeitig auf mehr Knoten rechnen, könnte die Rechenzeit auf unter ein Kalenderjahr gedrückt werden. Das würde den DKRZ-Rechner allerdings zu mehr als der Hälfte der Kapazität auslasten, was von den anderen Nutzern wohl nicht hingenommen werden würde.

Die technische Infrastruktur ist bereits angemessen, problematisch ist die Verfügbarkeit von ausreichender Rechenzeit an den vorhandenen Großrechnern. Die Modelle müssten allerdings noch optimiert werden, um sie für diese langen Zeiträume einsetzen zu können. Hier ist eine enge Zusammenarbeit zwischen Geowissenschaftlern und Informatikern notwendig. Da sich die Rechenleistung dem Mooreschen Gesetz zufolge derzeit alle fünf Jahre verzehnfacht, kann man davon ausgehen, dass man in fünf Jahren die Möglichkeit hat, eine Million Jahre zu rechnen, zum Beispiel um den EPICA-Eisbohrkern zu simulieren.

Kernaussagen

- Die Geowissenschaften wandeln sich zunehmend zu einer Hochtechnologiedisziplin. Ein schneller und zielgerichteter Zugang zu Objekten und Informationsbeständen ist die Voraussetzung für moderne geowissenschaftliche Forschung.
- Datenbanken und Informationssysteme sind gemäß internationalen Standards auszubauen und zu pflegen. Wissenschaftlich wertvolle Sammlungen müssen gepflegt und nutzbar gemacht werden.
- Es muss ein selbstverständlicher Teil geowissenschaftliche Projekte werden, Objekte und Informationsbestände zu archivieren und bereitzustellen.
- Nur durch moderne Infrastrukturen und Geräte sind bahnbrechende neue Erkenntnisse möglich. Zusammen mit außeruniversitären Forschungseinrichtungen müssen fachübergreifende Konzepte entwickelt werden, um Infrastrukturen langfristig bereitzustellen.

12.4 Nationale und internationale Strukturen und Integration

Nationale Forschungsförderung

Deutsche Forschungsgemeinschaft

Die Deutsche Forschungsgemeinschaft (DFG) ist die zentrale Forschungsförderungsinstitution in Deutschland und wichtigster Drittmittelgeber. Sie unterstützt insbesondere die Grundlagenforschung an den deutschen Universitäten. Neben der breiten Forschungsförderung gehört es auch zu den Aufgaben der DFG, die Zusammenarbeit unter den Forschern zu stärken. Sie stimuliert die fach- und ortsübergreifende Vernetzung von Forschungsaktivitäten und pflegt auch Verbindungen zu ausländischen Wissenschaftsorganisationen. Die DFG verfügt über eine Vielzahl von Förderinstrumenten, zum Beispiel Forschergruppen, Schwerpunktprogramme, Sonderforschungsbereiche, DFG-Forschungszentren, Graduiertenkollegs und verschiedene Programme für den wissenschaftlichen Nachwuchs. 2008 stellte die DFG insgesamt 139,3 Millionen Euro für geowissenschaftliche Projekte (einschließlich Geografie) zur Verfügung.

Bundesministerium für Bildung und Forschung (BMBF)

Sowohl die institutionelle Förderung der außeruniversitären Forschung als auch die Projektförderung des BMBF sind für die Geowissenschaften von zentraler Bedeutung. Im Jahr 2004 hat das BMBF die „Erdsystemforschung" einschließlich des Forschungsschiffs Polarstern mit insgesamt 252 Millionen Euro ausgestattet. Das Ministerium trägt außerdem die Betriebskosten für das Forschungsschiff Sonne und 30 Prozent der Betriebskosten für die Forschungsschiffe Meteor und Maria S. Merian. Die restlichen Mittel werden jeweils von der DFG getragen. Damit beteiligt sich das BMBF wesentlich am Unterhalt der deutschen Forschungsflotte. Gegenwärtig fokussiert das BMBF seine thematisch sehr diversifizierte Projektförderung stärker und bündelt sie in Rahmenprogrammen.

Forschung für Nachhaltigkeit

Das Rahmenprogramm „Forschung für Nachhaltigkeit" (fona) wird von 2004 bis 2009 jährlich mit circa 160 Millionen Euro gefördert. Für die Geowissenschaften sind hier vor allem die Aktionsfelder „Nachhaltige Nutzungskonzepte für Regionen" und „Konzepte für eine nachhaltige Nutzung von natürlichen Ressourcen" von Interesse. Sie beschäftigen sich mit den Themen „Urbane Räume", „Sensible Räume" und „Nachhaltiger Umgang mit der Ressource Wasser". In den Forschungsprojekten geht es um Megacities, um die nachhaltige Entwicklung von Küstenzonen oder um Wasserforschung in semiariden Gebieten und das Hochwassermanagement, um nur einige Beispiele zu nennen.

Ein zweites BMBF-Rahmenprogramm befindet sich zurzeit noch in der Planung. Es wird sich verstärkt dem aktuellen Klimawandel und seinen Folgen zuwenden. Dabei soll auch die Erdsystemforschung in Deutschland strategisch gebündelt werden.

Geotechnologien

Mit dem strategisch ausgerichteten FuE-Programm Geotechnologien, das gemeinsam vom BMBF und der DFG getragen und finanziert wird, leisten die deutschen Geowissenschaftler einen maßgeblichen Beitrag zu der großen Zukunftsaufgabe der Geowissenschaften. Diese Aufgabe besteht darin, die Erde als unseren Lebensraum besser zu verstehen, ihre Ressourcen nachhaltig zu nutzen und die Umwelt zu schützen. Das Programm wird seit dem Jahr 2000 gefördert und ist auf eine Laufzeit von zehn Jahren angelegt.

Die Gesamtfinanzierung beläuft sich auf etwa 250 Millionen Euro. GEOTECHNOLOGIEN umfasst 13 innovative FuE-Schwerpunkte, die von besonderer wissenschaftlicher, gesellschaftspolitischer und wirtschaftlicher Relevanz sind. In den Schwerpunkten arbeiten universitäre und außeruniversitäre Forschung vernetzt zusammen, und es findet eine enge Kooperation mit Partnern aus der Industrie statt. Neun der 13 Schwerpunkte werden inzwischen in größeren Verbundprojekten bearbeitet. Die bisherigen Projekte haben zu der wichtigen Erkenntnis geführt, dass Themen und angestrebte technologische Neuentwicklungen so komplex sind, dass in der Regel größere Verbundprojekte erforderlich sind. Diese Projekte sind nur zu realisieren, wenn die Geowissenschaften noch stärker mit den Nachbardisziplinen der Natur- und Ingenieurwissenschaften, mit der Industrie und den Sozialwissenschaften zusammenarbeiten.

Geowissenschaftliche Forschung in Europa

Auf europäischer Ebene spielen für die Geowissenschaften vor allem die European Science Foundation (ESF) und die EU-Kommission eine wichtige Rolle.

European Science Foundation

Die European Science Foundation (ESF) mit Sitz in Straßburg ist die Vereinigung der nationalen Förderorganisationen und Akademien Europas. Sie umfasst derzeit 80 Forschungsförderungsorganisationen aus 30 Ländern als tragende Mitglieder. Deutsche Mitglieder sind die DFG, die Max-Planck-Gesellschaft sowie die Helmholtz-Gemeinschaft. Für die Geowissenschaften sind vor allem die beiden Gremien „Life, Earth and Environmental Sciences" (LESC) und „Physical and Engineering Sciences" (PESC) von Bedeutung. Bei den Fachausschüssen sind geowissenschaftliche Belange im ESF „Marine Board", im „European Polar Board" und im „European Space Science Committee" vertreten.

EUROCORES

Mit dem Instrument EUROCORES (ESF Collaborative Research Programmes) wird eine themenbezogene Zusammenarbeit über die Ländergrenzen hinweg gefördert. Die Förderung erfolgt über gemeinsam ausgeschriebene und begutachtete Kooperationsprogramme, die bisher durch die jeweiligen Teilnehmerorganisationen getrennt finanziert werden. Mittelfristig soll hier das Prinzip des „Common Pot" eingeführt werden. Das ist ein zentrales Budget, in das die beteiligten nationalen Organisationen bei der Einrichtung eines EUROCORES einzahlen. Daraus werden dann die zu fördernden Projekte finanziert. Geowissenschaftliche EUROCORES-Programme sind „Challenges of Biodiversity Science" (EuroDIVERSITY), „Ecosystem Functioning and Biodiversity in the Deep Sea" (EuroDEEP), „Climate Variability and the (past, present, and future) Carbon Cycle" (EuroCLIMATE), „European Mineral Sciences Initiative" (EuroMinScl), „Challenges of Marine Coring Research" (EuroMARC), „4-D Topography Evolution in Europe: Uplift, Subsidence and Sea Level Change" (TOPO-EUROPE).

Europäische Union

Die Vergabe von Forschungsmitteln aus dem Budget der Europäischen Union (EU) erfolgt in Forschungsrahmenprogrammen. Sie legen die wissenschaftlichen und technologischen Ziele, die Forschungsprioritäten und die vorläufige Aufteilung der Mittel sowie die Einzelheiten der finanziellen Beteiligung der EU fest. Das zentrale Ziel der Rahmenprogramme besteht darin, die wissenschaftlichen und technologischen Grundlagen der Industrie in der europäischen Gemeinschaft zu stärken und ihre internationale Wettbewerbsfähigkeit zu fördern. Gleichzeitig unterstützen die Rahmenprogramme Forschungsmaßnahmen, die die gemeinschaftliche Politik der EU zum Beispiel in den Bereichen Umwelt-, Energie- oder Klimapolitik für erforderlich hält. Hier steht die grenzüberschreitende Forschung und Entwicklung im Vordergrund.

7. FRP

Im 7. Forschungsrahmenprogramm der Europäischen Kommission (7. FRP, 2007 – 2013, Gesamtbudget: 53,3 Milliarden Euro) sind die Geowissenschaften vor allem bei den Themen Energie, Umwelt, Klimawandel und Gesundheit gefragt. Sie können an Förderinstrumenten im Bereich Zusammenarbeit teilnehmen. Von besonderem Interesse ist der im 7. Rahmenprogramm neu eingerichtete Europäische Forschungsrat (ERC), der erstmals die Grundlagenforschung ohne inhaltliche Vorgaben EU-weit fördert. Er ist daher unabhängig von politischer Einflussnahme. Der ERC fördert zurzeit zwei Programme: die ERC Starting Independent Research Grants für Nachwuchswissenschaftler und die Advanced Investigators Grants für bereits etablierte Wissenschaftler.

Koordination der geowissenschaftlichen Forschung

Geokommission der DFG

Die DFG hat 1968 die Senatskommission für Geowissenschaftliche Gemeinschaftsaufgaben eingerichtet, kurz Geokommission. Sie soll die DFG und ihre Gremien in geowissenschaftlichen Fragen und bei Entscheidungen über neue geowissenschaftliche Forschungsprogramme beraten. Von Beginn an hat sie auch die Funktion übernommen, die fachübergreifende Zusammenarbeit in den Geowissenschaften zu stärken, geowissenschaftliche Forschungsvorhaben und große Programme zu initiieren sowie geowissenschaftliche Forschungsaktivitäten national wie international zu begleiten. Ein Beispiel dafür ist das Kontinentale Tiefbohrprogramm (KTB), das erste nationale Großforschungsprojekt in den Geowissenschaften. Die Senatskommission hat auch das Konzept für das Programm Geotechnologien erarbeitet, den Aufbau eines „German Center for Scientific Earthprobing“ (GESEP) vorgeschlagen und die hier vorliegende Strategieschrift verfasst. Die Geokommission nimmt eine zentrale Rolle in der Koordination deutscher Geoforschung ein, zum Beispiel beim Integrated Ocean Drilling Program (IODP) oder beim International Continental Drilling Program (ICDP).

2002 wurde das außerordentlich erfolgreiche „Jahr der Geowissenschaften" mit finanzieller Unterstützung des BMBF bundesweit durchgeführt. Die deutschen Geowissenschaftler haben ihre Chance genutzt, der Öffentlichkeit und der Politik die Bedeutung ihrer Forschung für Wirtschaft und Gesellschaft nahezubringen. Für die inhaltliche Gestaltung und die Gesamtkoordination der Aktivitäten war die 1980 gegründete Alfred-Wegener-Stiftung zur Förderung der Geowissenschaften (AWS) verantwortlich. Sie wurde 2004 in GeoUnion Alfred-Wegener-Stiftung umbenannt.

GeoUnion

Die GeoUnion repräsentiert über 40.000 Mitglieder und wird von 33 Mitgliedseinrichtungen getragen, darunter 27 geowissenschaftliche und geographische Gesellschaften und Vereinigungen sowie alle großen, geowissenschaftlich orientierten außeruniversitären Forschungseinrichtungen. Die Aufgaben und Ziele der GeoUnion bestehen darin, die Einheit der Geowissenschaften zu stärken. Sie fördert zudem den Dialog zwischen Geowissenschaften, Öffentlichkeit und Politik. Es fällt auch in das Aufgabengebiet der GeoUnion, geowissenschaftliche Forschungsergebnisse und Sachverhalte an Schulen zu vermitteln und die Kontakte zu Wirtschaft und Industrie auszubauen. Mit ihren Workshops zu den „Perspektiven der Geowissenschaften im 21. Jahrhundert" hat die GeoUnion wichtige Beiträge zur gegenwärtigen Diskussion über die Zukunftsaufgaben der Geowissenschaften und die großen Herausforderungen in der Forschung geleistet.

Konsortium Deutsche Meeresforschung

Anfang 2004 wurde das Konsortium Deutsche Meeresforschung (KDM) gegründet. Ihm gehören alle maßgeblichen Meeresforschungseinrichtungen in Deutschland an: die Helmholtz-Zentren für Polar- und Meeresforschung in Bremerhaven sowie für Küstenforschung in Geesthacht, die Leibniz-Institute für Meereswissenschaften in Kiel und für Ostseeforschung in Warnemünde, das Forschungsinstitut Senckenberg am Meer in Wilhelmshaven, das MPI für Marine Mikrobiologie in Bremen, das MPI für Meteorologie in Hamburg, das Zentrum für Marine Tropenökologie in Bremen, das MARUM Zentrum für Marine Umweltwissenschaften in Bremen, die Jacobs University Bremen, das ICBM Institut für Chemie und Biologie des Meeres der Universität Oldenburg, das Zentrum für Meeres- und Klimaforschung der Universität Hamburg, das Deutsche Meeresmuseum Stralsund sowie das Department Maritime Systeme, Interdisziplinäre Fakultät der Universität Rostock. Die großen europäischen Einrichtungen wie das französische Meeresforschungsinstitut IFREMER, das britische National Oceanography Centre Southampton, das portugiesische CIIMAR Centre of Marine and Environmental Research in Porto und die Universität Bergen, Norwegen, haben Beobachterstatus. Das KDM hat die Aufgabe, die deutschen Meeresforschungsaktivitäten unter Einsatz der Forschungsschiffe zu koordinieren und die Forschungsförderung strategisch zu planen. Außerdem koordiniert sie das Infrastruktur-Management und die Öffentlichkeitsarbeit. Das KDM vertritt etwa 2.500 in der Meeresforschung tätige Mitarbeiter und unterhält eine Geschäftsstelle im Berliner Wissenschaftsforum sowie eine Außenstelle in Brüssel.

UNESCO

Als Forum zur „globalen intellektuellen Zusammenarbeit" besitzt die UNESCO (United Nations Educational, Scientific and Cultural Organization) das breiteste Programmspektrum aller UN-Sonderorganisationen. Das Programm ist in sechsjährigen, mittelfristigen Strategien festgelegt und umfasst die Aufgabenbereiche Bildung, Wissenschaften, Kultur sowie Kommunikation und Information. Das Wissenschaftsprogramm der UNESCO konzentriert sich auf die Naturwissenschaften und auf die Sozial- und Humanwissenschaften. Seine Leitidee ist die Nachhaltigkeit. In den Naturwissenschaften fördert es vor allem die zwischenstaatliche Zusammenarbeit auf den Gebieten Ozeanographie, Hydrologie, Geologie und Umwelt. Mit wissenschaftlichen Langzeitprogrammen trägt die UNESCO dazu bei, den menschlichen Lebensraum zu erforschen und zu schützen. Das Programm „Der Mensch und die Biosphäre" (MAB) fördert die internationale Zusammenarbeit in der Umweltforschung. In der Zwischenstaatlichen Ozeanographischen Kommission (IOC) geht es um die Meeresforschung und den Aufbau von marinen Diensten, beim Internationalen Geowissenschaftlichen Programm (IGCP) um die Erforschung erdgeschichtlicher Vorgänge und im Internationalen Hydrologischen Programm (IHP) um die Erforschung des Wasserkreislaufs und die Bewirtschaftung von Süßwasservorkommen.

International Council for Science

Der 1931 gegründete International Council for Science (ICSU) gehört zu den größten regierungsunabhängigen Wissenschaftsorganisationen der Welt. Er koordiniert ein breites Spektrum von Forschungsarbeiten zu großen Themen, die Wissenschaft und Gesellschaft betreffen. Der Council koordiniert die internationale Zusammenarbeit in den Geowissenschaften und legt Schwerpunkte auf Meeres-, Klima-, Umwelt- und Polarforschung. Mitglieder des ICSU sind 30 internationale Fachgesellschaften und 117 nationale Forschungs- und Förderorganisationen. Deutsches Mitglied ist seit 1952 die DFG. Für die meisten der insgesamt 30 Fachgesellschaften des ICSU bestehen deutsche Nationalkomitees, die personell von den relevanten Fachgesellschaften besetzt werden. Herausragende Programme in der Vergangenheit waren das International Geophysical Year 1957/58 und das International Biological Programme. Zu den größeren laufenden Aktivitäten gehören die Global Environmental Change-Programme: (1) das International Geosphere-Biosphere Programme (IGBP): A Study of Global Change, (2) das World Climate Research Programme (WCRP), (3) DIVERSITAS: An International Programme of Biodiversitiy Science und (4) das International Human Dimensions Programme on Global Environmental Change (IHDP). Seit mehr als hundert Jahren bündelt das International Polar Year weltweit Forschungskapazitäten und Logistik, um in fächerübergreifender Zusammenarbeit die Polargebiete der Erde weiter zu erforschen. Während sich die wissenschaftlichen Untersuchungen in den vergangenen Internationalen Polarjahren (1882/1883 und 1932/1933) und dem Internationalen Geophysikalischen Jahr (1957/1958) auf die geographische, meteorologische und geophysikalische Erkundung der Polargebiete konzentrierten, fanden von 2007 bis 2009 wesentlich breiter angelegte geo- und klimawissenschaftliche, biologische und auch soziologische Untersuchungen statt.

Große internationale geowissenschaftliche Kooperationsprogramme

IUGS

Das International Geoscience Programme (IGCP) wurde 1972 von der UNESCO und der International Union for Geological Sciences (IUGS) ins Leben gerufen. Es gehört mit über 400 Einzelprojekten und Wissenschaftlern aus mehr als 150 Ländern zu den besonders erfolgreichen internationalen Kooperationsprogrammen der Geowissenschaften. Die Projekte decken ein breites Spektrum aktueller geowissenschaftlicher Fragestellungen ab und sind folgenden Themenbereichen zugeordnet: Stratigraphie, Sedimentologie, Fossile Brennstoffe, Quartärgeologie, Umwelt- und Ingenieurgeologie, Mineralische Lagerstätten, Petrologie, Vulkanologie, Geochemie und Geophysik, Strukturgeologie sowie Katastrophenforschung.

IGCP

Neue Forschungsthemen wie Klimawandel, Wassermangel oder alternative Energien rückten die gesellschaftliche Relevanz der geowissenschaftlichen Forschung in den letzten Jahren stärker in den Vordergrund. In vielen Mitgliedsländern, auch in Deutschland, bestehen Nationalkomitees für das IGCP. Deren Aufgabe ist es, neue Projekte zu stimulieren, Wissenschaftler an laufende Vorhaben heranzuführen und nationale IGCP-Aktivitäten zu koordinieren. Die DFG unterstützt einen großen Teil der Forschungsvorhaben in Deutschland, die in internationale IGCP-Projekte eingebunden sind.

Die von der ICSU initiierte und koordinierte Forschung zum globalen Wandel umfasst verschiedene Einzelkomponenten. Im International Geosphere-Biosphere Programme (IGBP) steht die integrierende Untersuchung des Systems Erde im Vordergrund. Ein Schwerpunkt besteht darin, Stoffflüsse zwischen den Erdsystemkomponenten Biosphäre, Atmosphäre und Ozean zu erfassen. Das World Climate Research Programme (WCRP) ist ein Langfristprogramm, in dem die Wechselwirkungen im gekoppelten System Atmosphäre-Ozean-Land für Zeitskalen bis zu Jahrhunderten erforscht werden. Dabei sollen Extremereignisse besonders berücksichtigt werden. Das Biodiversitätsforschungsprogramm DIVERSITAS befasst sich in den kommenden Jahren damit, globale Veränderungen und ihre Folgen zu überwachen, zu analysieren und Wege zu finden, mit den Veränderungen umzugehen. Das International Human Dimensions Programme (IHDP) soll die Erdsystem-Perspektive in die Kategorien der sozialwissenschaftlichen Disziplinen integrieren und transformieren.

Nationales Komitee für Global Change Forschung

Um die Forschung zum globalen Wandel in Deutschland zu koordinieren, wurde in enger Abstimmung zwischen der DFG und dem BMBF das Nationale Komitee für Global Change Forschung (NKGCF) eingerichtet. Zu den wesentlichen Aufgaben des Komitees gehört es, die internationale Programmentwicklung zu analysieren, innovative Forschungsansätze einzubringen und auf die europäischen wissenschaftlichen Programme der Global Change-Forschung Einfluss zu nehmen.

Wissenschaftlicher Beirat der Bundesregierung

Durch seine forschungsbezogene und programmberatende Funktion unterscheidet sich die Aufgabenstellung des Nationalkomitees wesentlich vom politikberatenden Wissenschaftlichen Beirat der Bundesregierung Globale Umweltveränderungen (WBGU). Global zu behandelnde Themenschwerpunkte der Zukunft sind Schwankungsbreiten und Trends im Erdsystem, Stoffflüsse im Erdsystem sowie „Global Change and Governance". Die regionalen Auswirkungen des globalen Wandels erfordern es, folgende Themenkomplexe vorrangig zu bearbeiten: (1) integrative Analyse und Management von menschlichen Lebensräumen sowie (2) Stabilisierung und Rehabilitation von Ressourcen und Funktionen in degradierten Ökosystemen.

Internationale Bohrprogramme

Integrated Ocean Drilling Program

Wissenschaftliche Bohrungen sind ein unverzichtbares Instrument der modernen geowissenschaftlichen Forschung. Sie sind essenziell, um die im System Erde ablaufenden Prozesse verstehen zu können. Deutsche Geowissenschaftler sind maßgeblich an den drei großen, derzeit laufenden internationalen Bohrprogrammen, dem Integrated Ocean Drilling Program (IODP), dem International Continental Scientific Drilling Program (ICDP) und dem European Project for Ice Coring in Antarctica (EPICA) beteiligt. Sie haben wesentlich dazu beigetragen, die Forschungsstrategie und die wissenschaftlichen Zielsetzungen zu formulieren.

Seit über 30 Jahren betreibt eine internationale Gemeinschaft von Forschungsinstitutionen geowissenschaftliche Bohrungen in allen Weltmeeren. Das Ocean Drilling Program ODP, das im Oktober 2003 auslief, gilt als eines der gelungensten Beispiele für eine erfolgreiche internationale Wissenschaftskooperation. Mit neuen Zielen und neuen Methoden setzt das Integrated Ocean Drilling Program (IODP) seit 2003 den bisherigen erfolgreichen Ansatz der Meeresbohrungen fort. Die Bohrungen zielen darauf ab, die Klimaentwicklung, die Entstehung von Erdbeben oder die hydrothermale Veränderung der ozeanischen Erdkruste zu erforschen. Dazu kommen zahlreiche weitere Aspekte, wie zum Beispiel die Erforschung der „Tiefen Biosphäre" oder von Methan-Gashydraten. Im September 2009 findet in Bremen die internationale Konferenz INVEST (IODP New Ventures in Exploring Scientific Targets) statt, um die Grundlagen für einen neuen Wissenschaftsplan nach 2013 zu diskutieren und zu formulieren.

Neue Forschungsplattformen

Im IODP stellen die USA mit der Joides Resolution ein bewährtes Bohrschiff zur Verfügung. Hinzu kommt mit der Chikyu ein neu gebautes japanisches Schiff mit innovativer Technologie. Die USA und Japan sind gleichberechtigte „Lead Agencies" des Programms, wobei das European Consortium for Ocean Research Drilling ECORD mit 16 Mitgliedsländern und eigenen Bohrprojekten das dritte Standbein des IODP darstellt. Mit der Bohrtechnik des japanischen Forschungsschiffes Chikyu können mit der Riser-Technologie auch tiefere Bereiche der Subduktionszonen erreicht werden. Die von den Europäern durchgeführten Bohrprojekte zielen in erster Linie darauf, die eisbedeckten polaren Meeresregionen und Flachwassergebiete zu erkunden. Bei einer ersten großen Bohrexpedition in den Arktischen Ozean im Sommer 2004 konnte eine 430 Meter mächtige Folge von Sedimenten erbohrt werden, in denen die Klimaentwicklung der hohen Breiten seit der Oberkreide dokumentiert ist. Eine weitere Expedition mit europäischen Bohrplattformen nach Tahiti zielte darauf ab, quartäre Schwankungen des Meeresspiegels in tropischen Riffkomplexen zu untersuchen. Von Mai bis Juli 2009 wurden Ablagerungen flachmariner Deltas vor New Jersey erbohrt und Ende 2009 ist eine weitere Bohrkampagne in das Great Barrier Reef vor Australien geplant.

Internationales Kontinentales Bohrprogramm

Das 1996 etablierte und aus dem Deutschen Kontinentalen Tiefbohrprogramm KTB hervorgegangene International Continental Scientific Drilling Program (ICDP) ist das Gegenstück zum Integrated Ocean Drilling Program an Land. Wie beim IODP werden beim ICDP alle Bohrungen an geologischen Schlüsselstellen (World Geological Sites) durchgeführt und gemeinsam von einem internationalen Forscherteam bearbeitet. Repräsentanten beider Programme sind in den Gremien des jeweils anderen Programms vertreten. Das gewährleistet die Zusammenarbeit von ICDP und IODP.

European Project for Ice Coring in Antarctica

Das European Project for Ice Coring in Antarctica (EPICA) ist ein Projekt, das gemeinsam von der ESF und der EU-Kommission getragen wird und an dem zehn europäische Länder beteiligt sind. In diesem Programm werden Eiskerntiefbohrungen durchgeführt, um die Klimageschichte der letzten Million Jahre detailliert und lückenlos zu dokumentieren. Dabei sollen insbesondere Klimaänderungen und Veränderungen in der Atmosphärenzusammensetzung untersucht werden. Die erste dieser Bohrungen am Dome Concordia hat erstmals einen Zeitraum von mehr als 500.000 Jahren vollständig erfasst. Der gewonnene Eisbohrkern hat ein Alter von mehr als 800.000 Jahren und ist damit der älteste Eisbohrkern überhaupt. Eine zweite Bohrung in Dronning-Maud-Land hat eine Gesamttiefe von 2.774 Metern erreicht und ein hochauflösendes Klimaarchiv für die letzten 900.000 Jahre der Erdgeschichte erschlossen.

Kernaussagen

- Für die Geowissenschaften in Deutschland müssen international sichtbare Kompetenzzentren konsequent auf- und ausgebaut werden. Sie müssen entsprechend der Schwerpunkte angemessen ausgestattet werden. Dies betrifft sowohl die Universitäten als auch außeruniversitäre Forschungseinrichtungen.
- Die Geowissenschaften in den Universitäten müssen als Fundament der geowissenschaftlichen Lehre und Forschung in Deutschland gezielt gestärkt werden. Dazu gehört auch eine verstärkte Berücksichtigung von geowissenschaftlichen Zukunftsthemen an Schulen.
- Universitäten und außeruniversitäre Forschungseinrichtungen

müssen ihre strategischen Partnerschaften ausbauen. Bei der Entwicklung großer Forschungsprogramme in Deutschland sind die Universitäten stärker einzubinden und zu unterstützen. Um diese Ziele zu erreichen, sollten neue Kommunikations- und Organisationsstrukturen entwickelt und angewendet werden. So können Forschungsprojekte besser aufeinander abgestimmt und verstreute Infrastrukturen optimal genutzt werden.

- Bund, Länder und Förderorganisationen müssen die Strukturen der Forschungsförderung in Deutschland abstimmen und beschließen, wie sich die geowissenschaftliche Forschung an internationalen Großprogrammen beteiligen soll. Es müssen angemessene Mittel bereitgestellt werden, damit Geowissenschaftler große Infrastrukturen wie Schiffe nutzen und sich an Großprojekten wie IODP, ICDP oder EPICA beteiligen können. Gleichzeitig darf die Förderung kleinerer, rein vom Gewinn an Erkenntnis getriebener Projekte nicht beschränkt werden.

12.5 Der geowissenschaftliche Nachwuchs

Wichtige Zukunftsthemen unterstreichen die gesellschaftliche Relevanz der Geowissenschaften und rücken geowissenschaftliche Forschung in den Fokus des öffentlichen Interesses. In dieser Situation haben die Geowissenschaften die Chance, stehen aber auch vor der Notwendigkeit, wissenschaftlichen Nachwuchs zu gewinnen. Die geowissenschaftliche Ausbildung ist besonders attraktiv, da sie breite Kenntnisse in allen Naturwissenschaften vermittelt und interdisziplinäres Denken anregt. Die Absolvent/innen sind bestens darauf vorbereitet, an der Lösung der drängenden, sehr komplexen Zukunftsaufgaben mitzuwirken. Um qualifizierte Wissenschaftler in Deutschland zu halten, müssen an deutschen Schulen, Universitäten und außeruniversitären Forschungseinrichtungen attraktive Rahmenbedingungen geschaffen werden. Eine nachhaltige Förderung des wissenschaftlichen Nachwuchses muss dabei in gleicher Weise Ausbildung und Forschungsumfeld berücksichtigen.

Geowissenschaftliche Themen in der Schule

Geowissenschaftliche Themen werden in der Schule bisher nur im Schulfach Erdkunde/Geographie behandelt. Als so genanntes Zentrierungsfach geowissenschaftlicher Inhalte ist es an allen Schultypen vertreten. Hier werden geowissenschaftliche Phänomene, Strukturen, Prozesse und Systeme im gesellschaftswissenschaftlichen Kontext erarbeitet. Dabei nehmen globale, gesellschaftsrelevante Themen einen bedeutenden Raum ein. Als Brückenfach mit sowohl naturwissenschaftlicher als auch gesellschaftswissenschaftlicher Ausrichtung sollte das Schulfach Erdkunde/Geographie dabei im Sinne einer „Erd-System-Wissenschaft" die wichtige Aufgabe übernehmen, übergreifende Zusammenhänge integrativ darzustellen und den Untersuchungsgegenstand „Lebensraum Erde" ganzheitlich zu behandeln. Jedoch ist der Erdkunde-Unterricht oft stark auf Wirtschafts- und Humangeographie ausgerichtet. Der Anteil naturwissenschaftlicher Themen der physischen Geographie und Geologie ist sehr gering. Auch in der Lehrerausbildung werden diese Themen kaum behandelt. Der Anteil des Geographieunterrichts am gesamten Stundenvolumen ist zu gering, um aktuelle geowissenschaftliche Themen in der notwendigen Intensität und Differenzierung zu behandeln. Deshalb sind Studienanfänger der geowissenschaftlichen Fächer oft nicht auf die Studieninhalte vorbereitet. Ein besonderes Interesse an den Naturwissenschaften – und damit auch an den Geowissenschaften – wird bei jungen Menschen häufig schon im Kindesalter geweckt. Bei der späteren Berufswahl spielen engagierte Lehrer und eine gute naturwissenschaftlich-technische Ausbildung der Schüler eine entscheidende Rolle.

Universitäre Ausbildung

In Deutschland gibt es bereits vielfältige Initiativen und neue Ansätze, wie der geowissenschaftliche Schulunterricht erweitert werden könnte. Bisher ist man aber noch nicht über Pilotprojekte hinausgekommen. Das Leibniz-Institut für Pädagogik in den Naturwissenschaften (IPN) in Kiel hat in dem länderübergreifenden BMBF-geförderten Vorhaben „Forschungsdialog System Erde" für die wichtigsten geowissenschaftlichen Themenbereiche Unterrichtsmodule entwickelt, die auf modernen Lehrmitteln basieren. Um den naturwissenschaftlichen Anteil am Geographieunterricht zu steigern und die Unterrichtsqualität weiter zu verbessern, wurde im September 2004 zudem die Fachsektion „Geodidaktik in der GeoUnion Alfred-Wegener-Stiftung" gegründet.

Zusätzlich zu diesen Initiativen sollte jedoch auch darauf hingearbeitet werden, einzelne Aspekte der Geowissenschaften in anderen naturwissenschaftlichen Schulfächern zu behandeln. Die Physik bietet sich für Themen aus der Geophysik an, die Chemie für das Fach Geochemie. Themen aus der Paläontologie wiederum lassen sich sehr gut im Biologieunterricht bearbeiten.

Bachelor- und Masterstudiengänge

Durch die neuen Bachelor- und Masterstudiengänge lösen sich die früheren Fachgrenzen in den Geowissenschaften auf. Dies spiegelt die Entwicklung der Geowissenschaften zu einer interdisziplinären Zukunftswissenschaft wider. Bei der Konzeption neuer Studiengänge gilt es jedoch zu verhindern, dass weniger Fachkenntnisse vermittelt werden. Gerade in einer fundierten Grundausbildung liegt traditionell eine Stärke der deutschen Ausbildung. Die wachsende Zahl von Studienanfänger/innen dokumentiert, wie attraktiv die geowissenschaftliche Ausbildung ist.

Der Bachelorstudiengang ist berufsqualifizierend angelegt. Deshalb ist auf eine praxis- und berufsnahe Ausbildung zu achten, zum Beispiel durch integrierte Berufspraktika und stark projektorientierte Lehre. Da die Studiengänge so vielfältig sind und Geowissenschaftler/innen verschiedenste Aufgaben übernehmen, ist es wichtig, den Studienanfänger/innen mögliche Berufsbilder vor Augen zu führen und sie mit den Chancen und Ansprüchen des Studiums vertraut zu machen. Um eine bessere Ausbildung des Nachwuchses zu erreichen, sind weitere Verbesserungen bei der Qualität der Lehre anzustreben. Die erfolgreichen Absolvent/innen bilden die Basis der zukünftigen geowissenschaftlichen Forschung und Praxis. Das projektorientierte Lernen wird im Masterstudiengang weitergeführt, um neben der weiteren Berufsqualifikation vor allem die Befähigung zum selbstständigen wissenschaftlichen Arbeiten zu stärken. Gerade im Hinblick auf den angesprochenen Paradigmenwechsel hin zu einer quantitativen Naturwissenschaft ist es wichtig, dass den Studenten und Studentinnen mathematische und numerische Methoden vermittelt werden. Eine starke Spezialisierung in Masterstudiengängen birgt sowohl Chancen als auch Risiken. Für die wissenschaftliche Tätigkeit kann eine größere Spezialisierung in einem späten Studienabschnitt vorteilhaft sein. Allerdings sollte im Interesse der Studierenden davon abgesehen werden, Studiengänge auf rasant wachsende, aber möglicherweise kurzlebige Themen zu

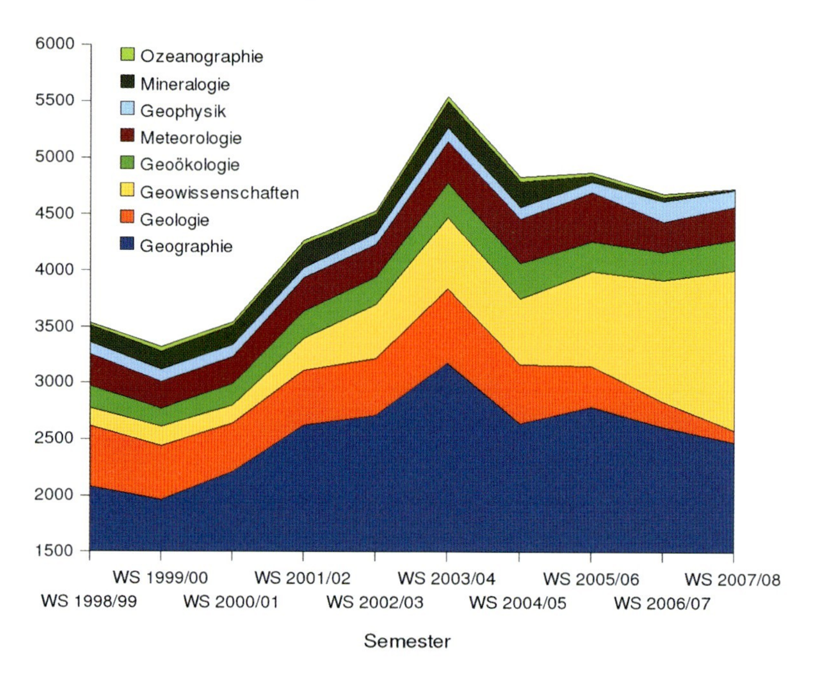

Studienanfänger/innen nach Studiengang: Das Interesse an geowissenschaftlichen Studiengängen ist in den vergangenen Jahren stark gewachsen (Datengrundlage: Statistisches Bundesamt 2009).

fokussieren. Übertragbare Schlüsselqualifikationen sind wichtiger als vertiefte Kenntnisse in einem Spezialthema.

Interdisziplinär angelegte Promotionsprogramme mit strukturierter Graduiertenausbildung, so genannte Graduiertenschulen, gewinnen aufbauend auf die Masterstudiengänge stark an Bedeutung. Sie werden im Zuge der Exzellenzinitiative umfangreich gefördert. Eine Vorreiterrolle spielen hier die nationalen und internationalen Graduiertenkollegs der DFG, die den Austausch in interdisziplinären Forschungsprojekten fördern und Methoden aus angrenzenden Fachgebieten vermitteln.

Zentrale Bedeutung des Nachwuchses

Um dieses gestufte Studienkonzept einer geowissenschaftlichen Ausbildung vom Bachelor über den Master bis hin zur Graduiertenschule umzusetzen, müssen unbedingt entsprechende Lehrkapazitäten erhalten oder geschaffen werden. Allerdings sind sowohl finanzielle als auch personelle Verbesserungen nötig, um die Lehrkompetenz zu stärken. Wenn Stellen für reines Lehrpersonal geschaffen werden, sollte bedacht werden, dass die Einheit von

Forschung und Lehre eine spezielle Qualität der universitären Ausbildung darstellt. Zur genaueren Planung sollten standardisierte bundesweite Absolventen/innen-Statistiken geführt werden. Studierende können nur kontinuierlich betreut werden, wenn ein starker wissenschaftlicher Mittelbau vorhanden ist. Aus diesem Grund müssen Mittelbaustellen gehalten oder gestärkt werden.

Situation in der Forschung

Vielfältige Aufgaben und Erwartungen

Ein sehr gut ausgebildeter Nachwuchs ist entscheident für den wissenschaftlichen Fortschritt. Gerade jungen Wissenschaftlern gelingen oft bahnbrechende neue Entdeckungen. Nachwuchswissenschaftler/innen in den Geowissenschaften zeichnen sich durch große Offenheit gegenüber benachbarten Disziplinen aus. Es gehört für sie zum Alltag, disziplinübergreifend zu kooperieren. Diese Entwicklung ist eine Reaktion auf die sich ständig erweiternden Aufgabenfelder der Geowissenschaften. Für die Geowissenschaften ist es von essenzieller Bedeutung, das kreative Potenzial junger Wissenschaftler/innen in angemessener Weise zu fördern und zu nutzen. Dabei ist es für den Nachwuchs vor allem wichtig, leicht in die geowissenschaftliche Forschungslandschaft einzusteigen und sich integrieren zu können. Außerdem spielen die institutionellen Arbeitsbedingungen eine Rolle und ob es Evaluierungsmethoden gibt, die der Nachwuchssituation gerecht werden und zeigen, dass die Arbeit des Nachwuchses geschätzt wird.

Perspektiven in der Wissenschaft

Der Nachwuchs nimmt eine Vielzahl von Aufgaben in Verwaltung und Lehre wahr. Gleichzeitig stehen Nachwuchswissenschaftler/innen unter dem Druck, die eigene Sichtbarkeit in der Forschung zu verbessern, um sich eine langfristige Perspektive zu erarbeiten. Die Leistungen außerhalb der Forschung werden in Leistungsbewertungen meist nicht berücksichtigt, der Arbeitsaufwand hingegen ist mitunter immens. Oft besteht keine besondere Ausbildung zur Lehre, obwohl oft große Verantwortung auf Nachwuchswissenschaftler/innen übertragen wird.

Durch den fortschreitenden Abbau von Dauerstellen übernimmt der wissenschaftliche Nachwuchs auf Projektstellen in den letzten Jahren immer häufiger auch organisatorische Aufgaben. Besonders aufwändig sind Aufbau und Betreuung von Laboren, PC-Clustern, Experimentalflächen oder Forschungsexpeditionen. Diese Zeit steht dem Nachwuchs nicht zum Forschen und Publizieren zur Verfügung.

Der Nachwuchs geht grundsätzlich mit einer motivierten und positiven Haltung an wissenschaftliche Inhalte und Arbeitsweisen heran. Dem steht ein Mangel an längerfristiger Perspektive gegenüber. Die Bedingungen dafür, dass Nachwuchswissenschaftler/innen selbstständig forschen können, haben sich seit Mitte der 1990er Jahre deutlich verbessert. Bei der DFG können beispielsweise Mittel für die eigene Stelle eingeworben werden, im Emmy-Noether-Programm können junge Wissenschaftler/innen Arbeitsgruppen aufbauen und an allen Universitäten wurden Juniorprofessuren eingerichtet. Diese Möglichkeiten sind aber zeitlich begrenzt und ermöglichen keine längerfristige Planung.

Während die Zahl des hauptamtlich beschäftigten wissenschaftlichen und künstlerischen Personals an deutschen Hochschulen von 1997 bis 2007 um fast 14 Prozent zugenommen hat, veränderte sich die Stellensituation in den Geowissenschaften kaum. Nach den Zahlen des Statistischen Bundesamtes ist 2007 eine Zunahme des geowissenschaftlichen Personals um 1,8 Prozent auf 3.653 Beschäftigte zu verzeichnen. Angesichts der großen Zukunftsaufgaben der Geowissenschaften und dem steigenden Interesse, das sich in der wachsenden Zahl von Studienanfänger/innen niederschlägt, ist es dringend geboten, neue geowissenschaftliche Stellen in Forschung und Lehre zu schaffen. Weil Stellen fehlen, entsteht schon heute ein „Flaschenhals". Junge Wissenschaftler/innen können deswegen ihre Karriere in Forschung und Lehre nach einigen Postdoc-Jahren oft nicht fortsetzen. Hochtalentierte Nachwuchswissenschaftler/innen verzichten so oft schon früh auf eine Universitätslaufbahn in Deutschland und wandern in das attraktivere Ausland oder in andere Berufszweige ab.

Gezielte Förderung des geowissenschaftlichen Nachwuchses

Ziel eines zukünftigen Konzeptes zur Nachwuchsförderung muss es sein, im Sinne der europäischen Charta der Wissenschaft gerade auch für junge Wissenschaftler/innen einen attraktiven und offenen Rahmen für wissenschaftliches Arbeiten auszubauen. Das Ziel sollte darin bestehen, die Motivation von Nachwuchswissenschaftler/innen zu erhalten und es ihnen durch individuelle, realistische und leistungsbezogene Zielvorgaben zu ermöglichen, im System zu bleiben. Der Arbeit junger Geowissenschaftler/innen gebührt eine Wertschätzung in Form einer Leistungsbewertung, die dem Arbeitsfeld in seiner Komplexität sowie der spezifischen Lebenssituation junger Wissenschaftler/innen in vollem Umfang gerecht wird. Die

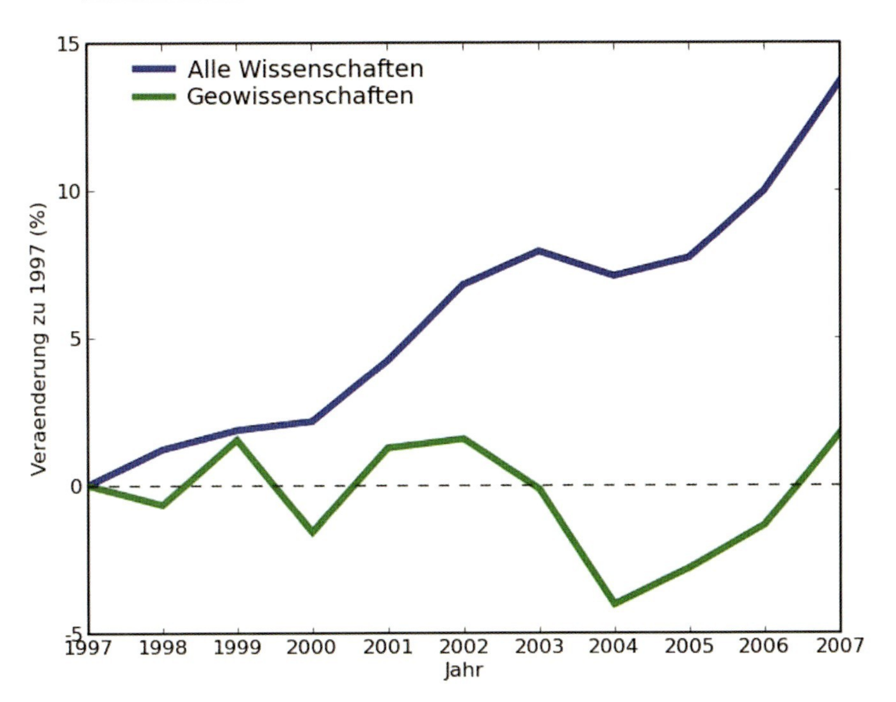

Entwicklung des hauptamtlich beschäftigten wissenschaftlichen und künstlerischen Personals an deutschen Hochschulen im Vergleich zu 1997. Die Entwicklung in den geowissenschaftlichen Fächern hinkt dem Gesamttrend deutlich hinterher (Datengrundlage: Statistisches Bundesamt 2009).

Lehrleistung und das Engagement in Gremien und Vereinigungen müssen ebenso berücksichtigt werden wie zeitliche Einbußen durch Familiengründung.

Selbsständiges Forschen und Lehren

In Zukunft sollte es Nachwuchswissenschaftler/innen noch stärker als bisher ermöglicht werden, selbstständig zu forschen und zu lehren. Eine kontinuierliche Qualitätskontrolle mit der Aussicht auf Anerkennung sollen dafür sorgen, dass die Motivation des Nachwuchses kontinuierlich auf einem hohen Niveau bleibt. Als Anerkennungen sind zum Beispiel eine Weiterbeschäftigung oder ein „Bonus" für hochwertige Leistungen vorstellbar.

Maßnahmen, die den Einstieg in die geowissenschaftliche Forschungslandschaft erleichtern, sollten ausgebaut werden. Das kann in Form einer Anschubfinanzierung geschehen, die einen ersten Antrag nach der Promotion vorbereitet, oder auch in Form von Nachwuchsforschergruppen. Auch Mentoring-Programme, in denen erfahrene Wissenschaftler/innen gezielt den Nachwuchs fördern, sind ein vielversprechender Ansatz in diesem Bereich. Nachwuchswissenschaftler/innen sollten auch an der Planung von Großforschungsprojekten beteiligt werden. Wünschenswert wären flexible Teilzeitlösungen sowie Formen institutionsungebundener Beschäftigung. Das Ziel aller Maßnahmen sollte darin bestehen, dass Nachwuchswissenschaftler/innen die kreativste und produktivste Lebensphase optimal nutzen können. So kann die Qualität von Forschung und Lehre weiter verbessert werden. Das macht die Geowissenschaften an deutschen Hochschulen attraktiver und stärkt die Stellung der deutschen Geowissenschaften im internationalen Wettbewerb.

Arbeitsmarkt

Der Arbeitsmarkt in den Geowissenschaften hat sich im letzten Jahrzehnt deutlich verbessert. Insbesondere im Ressourcensektor sind neue Chancen entstanden. Klimaverträgliche Wege zur Energieproduktion werden weiter an Bedeutung gewinnen. Hier eröffnen sich vielfältige Arbeitsmöglichkeiten für Geowissenschaftler/innen, von der Standortbeurteilung für Windkraftanlagen bis zur Erforschung möglicher CO_2-Speicher. Geowissenschaftler/innen sind aufgrund der Breite der Ausbildung vielseitig, ihr Arbeitsmarkt ist global. Die universitäre Ausbildung sollte entsprechend englischsprachige Angebote beinhalten.

Um die Geowissenschaften für potenzielle Studierende noch attraktiver zu machen, sollten Universitäten sich stärker mit außeruniversitären Arbeitgebern vernetzen. Dies schließt zum Beispiel klassische Ingenieurbüros, die Consulting-Branche oder unternehmensnahe Dienstleistungen mit ein, in denen mittlerweile viele Nachwuchswissenschaftler/innen einen Arbeitsplatz finden. Hierdurch kann auch die angewandte Forschung intensiviert werden, bei der es darum geht, Produkte zu entwickeln. Beispiele für solche Anwendungen sind umweltverträgliche Sanierungskonzepte, Geothermie oder GIS-Anwendungen. Studienbegleitende Projekte und persönliches Mentoring können die Vernetzung mit potenziellen Arbeitgeber/innen verbessern. Die klassischen Tätigkeitsfelder von Geowissenschaftler/innen sollten weiterentwickelt werden. Daneben sollten gezielt neue Arbeitsmärkte erschlossen werden. Als Beispiel seien solche mit Anwendung von Zukunftstechnologien und interdisziplinären Kompetenzen genannt, wie erneuerbare

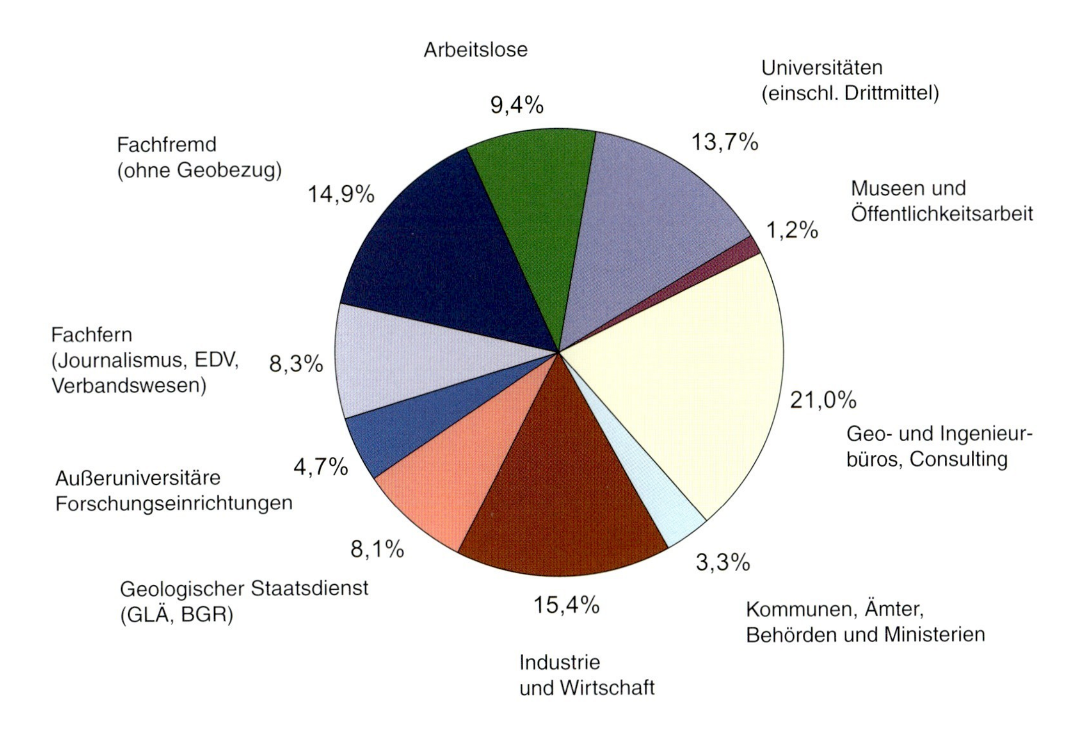

Beschäftigung von Geowissenschaftlerinnen und Geowissenschaftlern in Deutschland im Jahr 2008 (GLÄ: Geologische Landesämter; BGR: Bundesanstalt für Geowissenschaften und Rohstoffe, Hannover)

Energien, Geographische Informationssysteme und Fernerkundung oder Umwelt- oder Risikomanagement. Aufgrund ihrer breiten mathematisch-naturwissenschaftlichen Ausbildung sind Geowissenschaftler für die Industrie auch in eigentlich fachfremden Gebieten, wie etwa der Materialforschung oder der instrumentellen Analytik sehr attraktiv.

Kernaussagen

- Die Geowissenschaften stehen vor großen Zukunftsaufgaben. Um sie zu bewältigen, muss der Nachwuchs gezielt gefördert und frühzeitig eingebunden werden. Dazu müssen attraktive und international konkurrenzfähige Rahmenbedingungen an den Forschungseinrichtungen geschaffen werden.

- Damit der geowissenschaftliche Nachwuchs optimal auf den Beruf vorbereitet ist, braucht er eine breite und solide Grundausbildung. Diese soll beibehalten werden. Durch die verstärkte Zusammenarbeit der geowissenschaftlichen Disziplinen soll zusätzlich das vernetzte Denken gefördert werden.

Anhang

Abkürzungen

AFM	Atomic Force Microscopy
AMS	Hochleistungs-Beschleunigungs-Massenspektrometer
APX-Spektrometer	Alpha-Proton-Röntgenspektrometer
AUV	Autonomous Underwater Vehicles
AWI	Alfred-Wegener-Institut für Polar- und Meeresforschung, Bremerhaven
AWS	Alfred-Wegener-Stiftung zur Förderung der Geowissenschaften
BGR	Bundesanstalt für Geowissenschaften und Rohstoffe, Hannover
BIF	Banded Iron Formation (gebändete Eisenformation)
BMBF	Bundesministerium für Bildung und Forschung
CAI	Calcium-Aluminium-rich Inclusion
CCS	Carbon Capture & Storage
CHAMP	Challenging Mini-Satellite Payload for Geophysical Research and Application
CIIMAR	Centre of Marine and Environmental Research, Porto
CNR-IRPI	Consiglio Nazionale delle Ricerche, Istituto di Ricerca per la Protezione Idrogeologica, Perugia, Italien
CPU	Central Processing Unit
CSDMS	Community Surface Dynamics Modelling System
DDT	Dichlordiphenyltrichlorethan
DESY	Deutsches Elektronen Synchroton, Hamburg
DFG	Deutsche Forschungsgemeinschaft, Bonn
DKRZ	Deutsches Klimarechenzentrum, Hamburg
DLR	Deutsches Zentrum für Luft- und Raumfahrt, Köln
DNFS	Deutsche Naturwissenschaftliche Forschungsanlagen
DSDP	Deep Sea Drilling Project
ECOSSE	Edinburgh Collaborative of Subsurface Science and Engineering
EDIM	Erdbeben Desaster Informationssystem für die Marmara-Region
EEG	Erneuerbare Energien Gesetz
EM-DAT	Emengency Events Database
EnMAP	Environmental Mapping and Analysis
EPICA	European Project for Ice Coring in Antarctica
EPOS	Evaluating Policies for Sustainable Development
ERC	Europäischer Forschungsrat, Brüssel
ESA	European Space Agency
ESF	European Science Foundation, Straßburg

ESRF	European Synchrotron Radiation Facility, Grenoble
EU	Europäische Union
EuroCLIMATE	Climate Variability and the (past, present, and future) Carbon Cycle
EUROCORES	ESF Collaborative Research Programmes
EuroDEEP	Ecosystem Functioning and Biodiversity in the Deep Sea
EuroMARC	Challenges of Marine Coring Research
Euro MinScl	European Mineral Sciences Initiative
FIB	Fokussierende Ionenstrahlmikroskope
FFF-ICP-MS	Feldflussfraktionierungs-Massenspektroskopie
FuE	Forschung und Entwicklung
GDI-DE	Geodateninfrastruktur Deutschland
GEM	Global Earthquake Model
Geokommission	DFG Senatskommission für Geowissenschaftliche Gemeinschaftsforschung
GEOSS	Global Earth Observation System of Systems
GESEP	German Center for Scientific Earthprobing
GFZ	Deutsches GeoForschungsZentrum, Potsdam
GGOS	Global Geodetic Observing System
GITEWS	German Indonesian Tsunami Early Warning System
GLAD 800	Global Lake Drilling 800m
GLOMAR	Global Change in the marine Realm
GMES	Global Monitoring for Environment and Security
GOCE	Gravity field and steady-state ocean circulation explorer
GPS	Global Positioning System
GRACE	Gravity Recovery and Climate Experiment
GRID	Global Ressource Information Database
GSC Ottawa	Geological Survey of Canada, Ottawa
HadCM3	Hadley Centre Coupled Model
HALE	High Altitude Long Endurance
HALO	High Altitude and Long range research aircraft
HGF	Helmholtz-Gemeinschaft Deutscher Forschungszentren
HLRE	Höchstleistungsrechner für die Erdsystemforschung
HLRN	Norddeutscher Verbund für Höchstleistungsrechner
HPC	High Performance Computing
HRSC	High Resolution Stereo Camera
ICBM	Institut für Chemie und Biologie des Meeres, Oldenburg
ICDP	International Continental Drilling Program
ICP-Massensp.	Inductively-Coupled-Plasma-Massenspektrometer
ICSU	International Council for Science
IEA	International Energy Agency
IfL	Leibniz-Institut für Länderkunde, Leipzig
IFM-GEOMAR	Leibniz-Institut für Meereswissenschaften, Kiel
IFREMER	Institut français de recherche pour l'exploitation de la mer
IGBP	International Geosphere-Biosphere Programme

IGCP	Internationales Geowissenschaftliches Programm
IGS	International GPS Service for Geodynamics
IHDP	International Human Dimensions Programme on Global Environmental Change
IHP	Internationales Hydrogeologisches Programm
IIASA	International Institute for Applied System Analysis, Laxenburg, Österreich
InSAR	Interferometric Synthetic Aperture Radar (Satelliten-Radar-Interferometrie)
INSPIRE	Infrastructure for Spatial Information in the European Community
INVEST	IODP New Ventures in Exploring Scientific Targets
IOC	Zwischenstaatliche Ozeanographische Kommission
IOCG	Iron Oxide Copper Gold
IODP	Integrated Ocean Drilling Program
IOW	Leibniz-Institut für Ostseeforschung, Warnemünde
IPCC	Intergovernmental Panel on Climate Change
IPN	Leibniz-Institut für Pädagogik in den Naturwissenschaften, Kiel
ISRIC	International Soil Reference and Information Centre
ITRF	International Terrestrial Reference Frame
IUGS	International Union for Geological Sciences
JPL	Jet Propulsion Laboratory
KDM	Konsortium Deutsche Meeresforschung
KTB	Kontinentales Tiefbohrprogramm
LBEG	Landesamt für Bergbau, Energie und Geologie, Hannover
LEOS	Low Earth-Orbiting Satellites
LESC	Life, Earth and Environmental Sciences
LfU	Landesanstalt für Umweltschutz, Baden-Württemberg
LIAG	Institut für Angewandte Geophysik, Hannover
LIDAR	Light detection and ranging
LMU	Ludwig-Maximilians-Universität, München
LUCA	Last Universal Common Ancestor
MAB	Programm „Der Mensch und die Biosphäre“
MARUM	Zentrum für Marine Umweltwissenschaften, Universität Bremen
MeBo	Meeresboden-Bohrgerät
MPG	Max-Planck-Gesellschaft
MPI	Max-Planck-Institut
Mulitkollektor-ICPMS	Multikollektor-Plasma-Massenspektrometrie
NanoSIMS	Sekundärionenmassenspektrometer
NASA	National Aeronautics and Space Administration
NCAR-PCM	National Center for Atmospheric Research- Parallel Climate Model

NEO	Near Earth Objects
NKGCF	Nationales Komitee für Global Change Forschung
NMR	Surface Nuclear Magnetic Resonance
NOAA	National Oceanic and Atmospheric Administration
NWV-Modelle	Numerische Wettervorhersagemodelle
ODP	Ocean Drilling Program
ODSN	Ocean Drilling Stratigraphic Network
OECD	Organisation for Economic Co-operation and Development
OGC	OpenGIS Consortium
OnSITE	Online Seismic Imaging System for Tunnel Excavation
PAK	Polyzyklische aromatische Kohlenwasserstoffe
PBO	Plate Boundary Obervatory
PCB	Polychlorierte Biphenyle
PDF	Planare Deformationselemente
PESC	Physical and Engineering Sciences
PIK	Potsdam-Institut für Klimafolgenforschung
ROV	Remotely Operated Vehicle
SAFER	Seismic Early Warning for Europe
SAFOD	San Andreas Fault Observatory at Depth
SGD	Staatlichen Geologischen Dienste
SMOS	Soil Moisture and Ocean Salinity
SMUL	Sächsisches Staatsministerium für Umwelt und Landwirtschaft, Dresden
SRTM	Shuttle Radar Topography Mission
TERENO	Terrestrial Environmental Oberservatoria
TOPO-EUROPE	4-D Topography Evolution in Europe: Uplift, Subsidence and Sea Level Change
UFZ	Helmholtz-Zentrum für Umweltforschung GmbH, Leipzig
UN	United Nations
UNEP	United Nations Environment Programme
UNESCO	United Nations Educational, Scientific and Cultural Organization
UNO	United Nations Organization
WBGU	Wissenschaftlicher Beirat der Bundesregierung Globale Umweltveränderungen
WCRP	World Climate Research Programme
WGL	Wissenschaftsgemeinschaft Gottfried Wilhelm Leibniz
WLAN	Wireless Local Area Network
XPS	Röntgen-Photoelektronenspektroskopie
ZMT	Leibniz-Zentrum für Marine Tropenökologie, Bremen

Geowissenschaftliche Studiengänge in Deutschland

(Internetrecherche; Stand: April 2010)

RWTH Aachen	**Fakultät für Georessourcen und Materialtechnik** *http://www.fb5.rwth-aachen.de/* • Angewandte Geographie (B.Sc. / M.Sc.) • Angewandte Geowissenschaften (B.Sc. / M.Sc.) • Georessourcenmanagement (B.Sc. / M.Sc.) • Applied Geophysics (M.Sc.)
Universität Bayreuth	**Fachgruppe Geowissenschaften** *http://www.geo.uni-bayreuth.de* • Geographische Entwicklungsforschung Afrikas (B.A.) • Geographie (B.Sc. / Lehramt) • Geoökologie (B.Sc. / M.Sc.) • Global Change Ecology (M.Sc.) • Humangeographie - Stadt- und Regionalforschung (M.Sc.)
Freie Universität Berlin	**Fachbereich Geowissenschaften** *http://www.fu-berlin.de/einrichtungen/fachbereiche/geowiss* • Geologische Wissenschaften (B.Sc. / M.Sc.) • Geographische Wissenschaften (B.Sc.) • Geographie (M.Sc.) • Meteorologie (B.Sc. / M.Sc.) • International Research Master in Metropolitan Studies (M.Sc.)
TU Berlin	**Fakultät VI - Planen Bauen Umwelt** *http://www.planen-bauen-umwelt.tu-berlin.de/menue/fakultaet_vi* • Geotechnologie (B.Sc. / M.Sc.) • Geodesy and Geoinformation Sciences (M.Sc.)
Ruhr-Universität Bochum	**Fakultät für Geowissenschaften** *http://www.ruhr-uni-bochum.de/geo-fak/* • Geography (B.Sc. / B.A. / M.Sc. / M. Ed.) • Geowissenschaften (B.Sc. / M.Sc.)
Universität Bonn	**Fachgruppe Erdwissenschaften** *http://www.meteo.uni-bonn.de/FKErd/* • Geographie (B.Sc. / M.Sc.) • Geowissenschaften (B.Sc. / M.Sc.) • Meteorologie (B.Sc.) • Physik der Erde und Atmosphäre (M.Sc.)
TU Carolo-Wilhelmina zu Braunschweig	**Fakultät für Architektur, Bauingenieurwesen und Umweltwissenschaften** *http://www.tu-braunschweig.de/geo* • Geoökologie (B.Sc. / M.Sc.)

Universität Bremen	**Fachbereich 5 Geowissenschaften** *http://www.geo.uni-bremen.de/page.php?pageid=2* • Geowissenschaften (B.Sc. / M.Sc.) • Marine Geosciences (M.Sc.) • Materialwissenschaftliche Mineralogie, Chemie und Physik (M.Sc.) **Fachbereich 8 Sozialwissenschaften** *http://www.geographie.uni-bremen.de/Lehre/studium.html* • Geographie (B.Sc. / B.A. / Lehramt)
TU Clausthal	**Fakultät für Energie- und Wirtschaftswissenschaften** *http://www.fakultaeten.tu-clausthal.de/energie-wirtschaft/studium/* • Energie und Rohstoffe (B.Sc.) • Geoenvironmental Engineering (Geoumwelttechnik) (B.Sc. / M.Sc.) • Energie- und Rohstoffversorgungstechnik (M.Sc.) • Petroleum Engineering (M.Sc.) • Radioactive and Hazardous Waste Management (M.Sc.) • Rohstoff-Geowissenschaften (M.Sc.)
TU Darmstadt	**Institut für Angewandte Geowissenschaften** *http://www.geo.tu-darmstadt.de/studium_1/studiengaenge/* • Angewandte Geowissenschaften (B.Sc.) • Umweltgeowissenschaften und -technik (M.Sc.) • Tropical Hydrogeology, Engineering Geology and Environmental Management (M.Sc.) **Fachbereich Bauingenieurwesen und Geodäsie** *http://www.bauing.tu-darmstadt.de/studiumundlehre_1/studienangebot/studienmglichkeiten.de.jsp* • Bauingenieurwesen und Geodäsie (B.Sc.) • Geodäsie und Geoinformation (M.Sc.)
TU Dresden	**Fakultät Forst-, Geo- und Hydrowissenschaften** *http://tu-dresden.de/die_tu_dresden/fakultaeten/fakultaet_forst_geo_und_hydrowissenschaften/studiengaenge* • Geodäsie und Geoinformation (B.Sc.) • Geographie (B.Sc. / Lehramt) • Kartographie und Geomedientechnik (B.Sc.)
Universität Duisburg-Essen	**Fakultät Biologie und Geographie** *http://www.biogeo.uni-due.de/geographie* • Geographie (Lehramt)
Friedrich-Alexander-Universität Erlangen-Nürnberg	**Naturwissenschaftliche Fakultät** *http://www.natfak.uni-erlangen.de/* • Physische Geographie (B.Sc. / M.Sc. / Lehramt) • Geowissenschaften (B.Sc. / M.Sc.)

Goethe Universität Frankfurt am Main	**Fachbereich Geowissenschaften / Geographie** *http://www.geo.uni-frankfurt.de/index.html* • Geowissenschaften (B.Sc. / M.Sc.) • Geographie und Erdkunde (B.Sc. / Lehramt) • Meteorologie (B.Sc. / M.Sc.) • Geographien der Globalisierung (M.A.) • Physische Geographie (M.Sc.)
Technische Universität Bergakademie Freiberg	**Fakultät für Geowissenschaften, Geotechnik und Bergbau** *http://tu-freiberg.de/fakult3/index.html* • Geologie / Mineralogie (B.Sc.) • Geoökologie (B.Sc. / M.Sc.) • Geoinformatik und Geophysik (B.Sc.) • Geoinformatik (M.Sc.) • Geophysik (M.Sc.) • Geowissenschaften (M.Sc.) • Geotechnik und Bergbau (Diplom) • Markscheidewesen und Angewandte Geodäsie (Diplom)
Albert-Ludwigs-Universität Freiburg	**Fakultät für Chemie, Pharmazie und Geowissenschaften** *http://www.geo.uni-freiburg.de/* • Geowissenschaften (B.Sc.) • Geology (M.Sc.) • Crystalline Materials (M.Sc.) **Fakultät für Forst- und Umweltwissenschaften** *http://www.ffu.uni-freiburg.de/StudiumLehre.html* • Geographie (B.Sc. / Lehramt) • Geographie des globalen Wandels (M.Sc.)
Georg-August-Universität Göttingen	**Fakultät für Geowissenschaften und Geographie** *http://www.uni-goettingen.de/de/18523.html* • Geographie (B.Sc.) • Geowissenschaften (B.Sc. / M.Sc.) • Erdkunde (Lehramt / M.Ed.) • Ökosystemmanagement (B.Sc.) • Geographie: Ressourcenanalyse und -management (M.Sc.) • Hydrogeology and Environmental Geoscience (M.Sc.)
Ernst Moritz Arndt Universität Greifswald	**Mathematisch-Naturwissenschaftliche Fakultät** *http://www.uni-greifswald.de/~geo/_Neue-Seite-2007/Studium/Studium.html* • Geographie (B.Sc. / Lehramt) • Geologie (B.Sc.) • Geoscience and Environment (M.Sc.)

Martin-Luther-Universität Halle-Wittenberg	**Naturwissenschaftliche Fakultät III** *http://www.natfak3.uni-halle.de/studiengaenge/* • Geographie (B.Sc. / M.Sc. / Lehramt) • Angewandte Geowissenschaften (B.Sc. / M.Sc.) • Management natürlicher Ressourcen (B.Sc. / M.Sc.) • International Area Studies (M.Sc.)
Universität Hamburg	**Department Geowissenschaften** *http://www.uni-hamburg.de/geowissenschaften/index.html* • Geographie (B.Sc. / Lehramt) • Geowissenschaften (B.Sc. / M.Sc.) • Geophysik (M.Sc.) • Meteorologie (B.Sc. / M.Sc.) • Geophysik/Ozeanographie (B.Sc.) • Physikalische Ozeanographie (M.Sc.)
Leibniz Universität Hannover	**Naturwissenschaftliche Fakultät** *http://www.uni-hannover.de/de/studium/studienfuehrer/* • Geographie (B.Sc. / Lehramt) • Geowissenschaften (B.Sc. / M.Sc.) • Geodäsie und Geoinformatik (B.Sc. / M.Sc.) • Meteorologie (B.Sc. / M.Sc.)
Ruprecht-Karls-Universität Heidelberg	**Fakultät für Chemie und Geowissenschaften** *http://www.chemgeo.uni-hd.de/studium/studiengaenge.html* • Geographie (B.Sc. / Lehramt) • Geowissenschaften (B.Sc. / M.Sc.)
Friedrich-Schiller-Universität Jena	**Chemisch-Geowissenschaftliche Fakultät** *http://www.uni-jena.de/Studium_page_130907.html* • Geographie (B.Sc. / M.Sc. / Lehramt) • Biogeowissenschaften (B.Sc. / M.Sc.) • Geowissenschaften (B.Sc. / M.Sc.)
Universität Karlsruhe (TH)	**Fakultät für Bauingenieur-, Geo- und Umweltwissenschaften** *http://www.kit.edu/lehre/62.php* • Angewandte Geowissenschaften (B.Sc. / M.Sc.) • Geodäsie und Geoinformatik (B.Sc. / M.Sc.) • Geoökologie (B.Sc. / M.Sc.) • Geophysik (B.Sc. / M.Sc.) • Meteorologie (B.Sc. / M.Sc.) • Geographie (Lehramt)

Christian-Albrechts-Universität zu Kiel	**Mathematisch-Naturwissenschaftliche Fakultät** *http://www.mathnat.uni-kiel.de/studium-und-lehre/studienfacher* • Geographie (B.Sc. / B.A. / Lehramt / M.Ed.) • Umweltgeographie und -management (M.Sc.) • Geowissenschaften (B.Sc. / M.Sc.) • Marine Geoscience (M.Sc.)
Universität zu Köln	**Mathematisch-Naturwissenschaftliche Fakultät** *http://www.geowiss.uni-koeln.de/studium.html* • Geowissenschaften (B.Sc. / M.Sc.) • Geophysik und Meteorologie (B.Sc.) • Geographie (B.Sc. / M.Sc.) • Physik der Erde und der Atmosphäre (M.Sc.)
Universität Leipzig	**Fakultät für Physik und Geowissenschaften** *http://www.uni-leipzig.de/physik/* • Geographie (B.Sc.) • Geowissenschaften: Umweltdynamik und Georisiken (M.Sc.) • Meteorologie (B.Sc. / M.Sc.) • Physische Geographie / Geoökologie (M.Sc.)
Johannes Gutenberg Universität Mainz	**Fachbereich Chemie, Pharmazie und Geowissenschaften** *http://www.chemie.uni-mainz.de/FB09/sites/home.htm* • Geographie (B.Sc. / M.Sc. / B.Ed. / M.Ed.) • Geowissenschaft (B.Sc.) • Meteorologie (B.Sc.)
Philipps Universität Marburg	**Fachbereich Geographie** *http://www.uni-marburg.de/fb19* • Geographie (B.Sc. / Lehramt) • Geoarchäologie (M.Sc.) • Environmental Geography - Systems, Processes and Interactions (M.Sc.)
Ludwig-Maximilians-Universität München	**Fakultät für Geowissenschaften** *http://www.geo.uni-muenchen.de/index.html* • Geographie (B.Sc. / Lehramt) • Geowissenschaften (B.Sc.) • Geologische Wissenschaften (M.Sc.) • Geomaterialien und Geochemie (M.Sc.) • Geophysics (M.Sc.)
Technische Universität München	**Fakultät für Bauingenieur- und Vermessungswesen** *http://www.bv.tum.de/index.php/studium/studiengaenge* • Geowissenschaften (B.Sc.) • Geodäsie und Geoinformation (B.Sc. / M.Sc.)

Westfälische Wilhelms-Universität Münster	**Fachbereich 14 Geowissenschaften** *http://fb14web.uni-muenster.de/* • Geography (B.Sc.) • Geoinformatik (B.Sc. / M.Sc.) • Geospatial Technologies (M.Sc.) • Geowissenschaften (B.Sc. / M.Sc.)
Universität Potsdam	**Mathematisch-Naturwissenschaftliche Fakultät** *http://www.uni-potsdam.de/fakultaeten/matnat.html* • Geographie (B.Ed. / M.Ed.) • Geoinformation und Visualisierung (M.Sc.) • Geoökologie (B.Sc. / M.Sc.) • Geowissenschaften (B.Sc. / M.Sc.)
Universität Stuttgart	**Fakultät 6 Luft- und Raumfahrttechnik und Geodäsie** *http://www.geodaesie.uni-stuttgart.de/* • Geodäsie und Geoinformatik (B.Sc. / M.Sc.)
Universität Trier	**Fachbereich 6 Geographie / Geowissenschaften** *http://www.uni-trier.de/index.php?id=2197* • Angewandte Geoinformatik (B.Sc.) • BioGeo-Analyse (B.Sc. / M.Sc.) • Umweltgeowissenschaften (B.Sc.) • Angewandte Geographie (B.Sc.) • Geoarchäologie (B.A. / M.Sc.) • Environmental and Assessment Management (M.Sc.) • Geoinformatik (M.Sc.) • Prozessdynamik an der Erdoberfläche (M.Sc.)
Eberhard Karls Universität Tübingen	**Geowissenschaftliche Fakultät** *http://www.uni-tuebingen.de/geo/* • Applied Environmental Geoscience AEG (M.Sc.) • Geoökologie (B.Sc. / M.Sc.) • Geographie (B.Sc. / Lehramt) • Geowissenschaft (B.Sc. / M.Sc.) • Landscape System Sciences (M.Sc.)
Universität Würzburg	**Philosophische Fakultät I (Historische, Philologische, Kultur- und Geographische Wissenschaften)** *http://www.phil1.uni-wuerzburg.de/institutelehrstuehle/institut_fuer_geographie/startseite/* • Geographie (B.Sc. / Lehramt)

Mitglieder der Senatskommission der Deutschen Forschungsgemeinschaft für Geowissenschaftliche Gemeinschaftsforschung (Geokommission)

Prof. Dr. Helmut Brückner
Fachbereich Geographie
Philipps-Universität Marburg
Deutschhausstraße 10
35032 Marburg

Prof. Dr. Ulrich Cubasch
Institut für Meteorologie
Freie Universität Berlin
Carl-Heinrich-Becker-Weg 6-10
12165 Berlin

Prof. Dr. Gerhard Franz
Fachgebiet Mineralogie
Technische Universität Berlin
Ackerstraße 76
13355 Berlin

Prof. Dr. Anke Friedrich
Department für Geo- und Umweltwissenschaften
Ludwig-Maximilians-Universität München
Luisenstraße 37
80333 München

Prof. Dr. Peter Grathwohl
Institut für Geowissenschaften
Eberhard Karls Universität Tübingen
Sigwartstraße 10
72076 Tübingen

Prof. Dr. Matthias Hinderer
Institut für Angewandte Geowissenschaften
Technische Universität Darmstadt
Schnittspahnstraße 9
64287 Darmstadt

Dr. Dieter Kaufmann
Wintershall Holding AG
Friedrich-Ebert-Straße 160
34119 Kassel

Prof. Dr. Erika Kothe
Institut für Mikrobiologie
Friedrich-Schiller-Universität Jena
Neugasse 25
07743 Jena

Prof. Dr. Frauke Kraas
Geographisches Institut
Universität zu Köln
Albertus-Magnus-Platz
50923 Köln

Prof. Dr. Falko Langenhorst
Bayerisches Geoinstitut
Universität Bayreuth
Universitätsstraße 30
95447 Bayreuth

Prof. Dr. Ralf Littke
Lehrstuhl für Geologie, Geochemie und Lagerstätten des Erdöls und der Kohle
der RWTH Aachen
Lochnerstraße 4-20
52056 Aachen

Prof. Dr. Antje Schwalb
Institut für Umweltgeologie
Technische Universität Carolo-Wilhelmina zu Braunschweig
Pockelsstraße 3 (Okerufer)
38106 Braunschweig

Prof. Dr.-Ing. Monika Sester
Institut für Kartographie und Geoinformatik
Gottfried Wilhelm Leibniz Universität Hannover
Appelstraße 9a
30167 Hannover

Prof. Dr. Gerold Wefer (*Vorsitzender*)
MARUM - Zentrum für Marine Umweltwissenschaften der Universität Bremen
Leobener Straße
28359 Bremen

Prof. Dr. Friedemann Wenzel
Geophysikalisches Institut
Universität Karlsruhe (TH)
Hertzstraße 16
76187 Karlsruhe

Fachreferent bei der DFG:

Dr. Guido Lüniger
Gruppe Physik, Mathematik, Geowissenschaften
Deutsche Forschungsgemeinschaft
Kennedyallee 40
53175 Bonn

Kommissionssekretariat:

Adelheid Grimm-Geils
Dipl.-Geogr. Anja Peckmann
Dr. Frank Schmieder
MARUM - Zentrum für Marine Umweltwissenschaften der Universität Bremen
Leobener Straße
28359 Bremen

Impressum

Herausgegeben von Gerold Wefer
im Auftrag der Senatskommission der Deutschen Forschungsgemeinschaft für Geowissenschaftliche Gemeinschaftsforschung

Autoren

Harald Andruleit, Hannover; Wolfgang Bach, Bremen; Dirk Balzer, Hannover; Michael Bau, Bremen; Harry Becker, Berlin; Jörg Bendix, Marburg; Oliver Bens, Potsdam; Ralf Bill, Rostock; Ulrich Bismayer, Hamburg; Friedhelm von Blanckenburg, Potsdam; Hans Heinrich Blotevogel, Dortmund; Antje Boetius, Bremen; Hans-Rudolf Bork, Kiel; Dirk Bosbach, Jülich; Volkmar Bräuer, Hannover; Helmut Brückner, Marburg; Peter Buchholz, Hannover; Peter Bunge, München; Jan Cermak, Zürich; Sumit Chakraborty, Bochum; Ulrich Christensen, Katlenburg-Lindau; Christoph Clauser, Aachen; Martin Claußen, Hamburg; Ulrich Cubasch, Berlin; Georg Delisle, Hannover; Alexander Deutsch, Münster; Michael Diepenbroek, Bremen; Richard Dikau, Bonn; Donald Dingwell, München; Wolfgang Dott, Aachen; Georg Dresen, Potsdam; Sören Dürr, Frankfurt; Harald Elsner, Hannover; Rolf Emmermann, Potsdam; Jochen Erbacher, Hannover; Jakob Flury, Hannover; Wolfgang Franke, Frankfurt; Gerhard Franz, Berlin; André Freiwald, Erlangen; Wolfgang Friederich, Bochum; Anke Friedrich, München; Dan Frost, Bayreuth; Reinhard Gaupp, Jena; Hans Gebhardt, Heidelberg; Peter Gerling, Hannover; Nicolai Gestermann, Hannover; Gerd Gleixner, Jena; Peter Grathwohl, Tübingen; Andreas Günther, Hannover; Mark Handy, Berlin; Jens Hartmann, Hamburg; Wilhelm Heinrich, Potsdam; Ingrid Hemmer, Eichstätt; Volker Hennings, Hannover; Dominik Hezel, London; Matthias Hinderer, Darmstadt; Brian Horsfield, Potsdam; Monika Huch, Hannover; Klaus Hüser, Bayreuth; Reinhard Hüttl, Potsdam; Margot Isenbeck-Schröter, Heidelberg; Hans Keppler, Bayreuth; Wolfgang Kiessling, Berlin; Rainer Kind, Potsdam; Olaf Kolditz, Tübingen; Erika Kothe, Jena; Frauke Kraas, Köln; Hermann-Rudolf Kudrass, Hannover; Dirk Kuhn, Hannover; Michael Kühn, Potsdam; Hans-Joachim Kümpel, Hannover; Falko Langenhorst, Bayreuth; Bernd Leiss, Göttingen; Detlev Leythäuser, Köln; Ralf Littke, Aachen; Dietrich Maronde, Bonn; Catherine McCammon, Bayreuth; Heidi Megerle, Tübingen; Klaus Mezger, Münster; Volker Mosbrugger, Frankfurt; Andreas Mulch, Hannover; Carsten Münker, Köln; Norbert Ochmann, Hannover; Onno Oncken, Potsdam; Karl-Heinz Otto, Bochum; Herbert Palme, Köln; Jörn Peckmann, Bremen; Killian Pollok, Bayreuth; Rolando di Primio, Potsdam; Ulrich Radtke, Köln; Ulrich Ranke, Hannover; Christian Reichert, Hannover; Simone Röhling, Hannover; Jes Rust, Bonn; Henri Samuel, Bayreuth; Magdalena Scheck-Wenderoth, Potsdam; Frank Scherbaum, Potsdam; Ulrich Schmidt, Frankfurt; Michael Schmidt-Thomé, Hannover; Michael Schulz, Bremen; Brigitta Schütt, Berlin; Antje Schwalb, Braunschweig; Ulrich Schwarz-Schampera, Hannover; Monika Sester, Hannover; Tilmann Spohn, Berlin; Volker Steinbach, Hannover; Friedrich Franz Steininger, Frankfurt; Gerd Steinle-Neumann, Bayreuth; Bernhard Stöckhert, Bochum; Dieter Stöffler, Berlin; Manfred Strecker, Potsdam; Jörn Thiede, Bremerhaven; Torsten Tischner, Hannover; Robert Trumbull, Potsdam; Uwe Ulbrich, Berlin; Jürgen Vasters, Hannover; Harry Vereecken, Jülich; Markus Wagner, Göttingen; Michael

Weber, Potsdam; Gerold Wefer, Bremen; Friedrich-Wilhelm Wellmer, Hannover; Dietrich Welte, Aachen; Friedemann Wenzel, Karlsruhe; Hildegard Westphal, Bremen; Gerhard Andreas Wiesmüller, Aachen; Thomas Wippermann, Hannover; Heiko Woith, Potsdam; Gerhard Wörner, Göttingen; Jochen Zschau, Potsdam

Redaktionskomitee

Antje Boetius, Helmut Brückner, Jan Cermak, Ulrich Cubasch, Sören Dürr, Jochen Erbacher, Anke Friedrich, Peter Grathwohl, Matthias Hinderer, Brian Horsfield, Hans Keppler, Frauke Kraas, Hans-Joachim Kümpel, Falko Langenhorst, Ralf Littke, Carsten Münker, Michael Schulz, Antje Schwalb, Monika Sester, Gerold Wefer

Redaktionelle Bearbeitung

Adelheid Grimm-Geils, Ines Dünkel, Ute Kehse, Anja Peckmann, Frank Schmieder, Isabell Sulimma, Jana Stone

Gestaltung und Satz

Frank Schmieder, Jana Stone

Bildnachweis

Im Bildnachweis verwendete Abkürzungen

BGI	Bayerisches Geoinstitut, Bayreuth
BGR	Bundesanstalt für Geowissenschaften und Rohstoffe, Hannover
GFZ	Helmholtz-Zentrum Potsdam Deutsches GeoForschungsZentrum
IEA	International Energy Agency
IPCC	Intergovernmental Panel on Climate Change
JPL	Jet Propulsion Laboratory, Caltech, Pasadena
JUB	Jacobs University Bremen
LIAG	Leibniz-Institut für Angewandte Geophysik, Hannover
LMU	Ludwig-Maximilians-Universität, München
MARUM	Zentrum für Marine Umweltwissenschaften, Universität Bremen
NASA	National Aeronautics and Space Administration
NOAA	National Oceanic and Atmospheric Administration
UNEP	United Nations Environment Programme
USGS	United States Geological Survey

Umschlag: NASA; kl. Fotos (v.l.n.r): siehe Seiten 145, 54, 43, 61, 271, 19 **S. 5**: Landesamt für Bergbau, Energie und Geologie (LBEG), Hannover **S. 6**: Sächsisches Staatsministerium für Umwelt und Landwirtschaft (SMUL), Bildautor: Frank Gerstner, Frankenberg/Sachsen **S. 7**: BGR **S. 10**: NASA (http://visibleearth.nasa.gov/) **S. 16**: NASA/JPL **S. 19**: USGS/Cascades Volcano Observatory **S. 24**: Andreas Audétat, BGI **S. 28**: UNEP/GRID-Arendal Maps and Graphics Library, Philippe Rekacewicz, http://maps.grida.no/go/graphic/degraded-soils (Accessed 24 August 2009) **S. 30**: BGR (nach UNEP 2003) **S. 32**: BGR & United Nations Educational, Scientific and Cultural Organization (UNESCO, Karte) **S. 33**: European Environment Agency (EEA),

Copenhagen, 2007, http://www.eea.europa.eu **S. 34**: Helmholtz-Zentrum für Umweltforschung GmbH – UFZ, Leipzig, Water Science Alliance 2009 **S. 35**: Wilding, LP & Lin, H (2006): Advancing the frontiers of soil science towards a geoscience. Geoderma 131, 257–274. doi:10.1016/j.geoderma.2005.03.028 **S. 39**: BGR nach British Petrol, IEA und World Energy Outlook 2007 **S. 41**: BGR **S. 43**: BGR **S. 44**: BGR u. IEA **S. 46**: BGR **S. 47**: BGR **S. 49**: BGR **S. 50**: BGR **S. 54**: BGR **S. 55**: BGR **S. 56**: LIAG, http://www.geotis.de **S. 59**: oben: BGR; unten: LIAG, Verbundprojekt On-SITE **S. 60**: E.ON Wasserkraft GmbH, Kompetenzgruppe Mitte/Edersee, Pumpspeicherkraftwerk Waldeck II **S. 61**: BGR **S. 62**: ClayServer GmbH, Ostercappeln-Venne **S. 63**: BGR **S. 65**: BGR **S. 71**: Christopher I. McDermott 2009, Personal communication, Edinburgh Collaborative of Subsurface Science and Engineering (ECOSSE), School of Geoscience, University of Edinburgh, West Mains Road, Edinburgh, EH9 3JW, Scotland **S. 78**: http://www.alangeorge.co.uk/aberfandisaster.htm **S. 79**: BGR **S. 82/83**: BGR **S. 84**: BGR **S. 88**: BGR **S. 89**: BGR **S. 92**: Münchener Rückversicherungs-Gesellschaft, München **S. 93**: NOAA Research **S. 94**: NASA Earth Observatory **S. 95**: BGR **S. 98**: Matteo Picozzi, GFZ **S. 103**: USGS, Foto: C.G. Newhall **S. 106**: links: Consiglio Nazionale delle Ricerche (CNR), Istituto di Ricerca per la Protezione Idrogeologica (IRPI), Perugia, Italien; rechts: Cruden, D.M. and Varnes, D.J. (1996): Landslide types and processes. Aus: Special Report 247: Landslides: Investigation and Mitigation. Abb. 3-3, S. 40. Copyright, National Academy of Sciences, Washington, D.C., 2008. Modifiziert mit Erlaubnis des Transportation Research Board **S. 108**: oben: Datenquelle: Dilley et al (2005): Natural Disaster Hotspots: A Global Risk Analysis. Washington, D.C.: World Bank; unten: Datenquelle: EM-DAT: The OFDA/CRED International Disaster Database, www.emdat.net, Université Catholique de Louvain, Brüssel, Belgien **S. 109**: USGS **S. 110**: NASA **S. 112**: Falko Langenhorst (2002): Einschlagskrater auf der Erde – Zeugen kosmischer Katastrophen. Sterne und Weltraum 6/2002, 34-44 **S. 117**: Lunar and Planetary Laboratory, Tuscon, USA **S. 121**: Herbert Palme, Köln **S. 125**: David Rubie, BGI **S. 127**: Hidenori Terasaki, BGI **S. 128** National Space Science Data Center, NASA's Goddard Space Flight Center **S. 129** Dieter Stöffler: Der Mond und die Kollisionsgeschichte der terrestrischen Planeten. Jahrbuch 2002. Leopoldina (R. 3), 48, S. 355-387, Abb. 2 auf S. 358 **S. 133**: Michael Bau, JUB **S. 135**: Michael Bau, JUB **S. 137**: NASA **S. 145**: Johannes Wicht, Max-Planck-Institut für Sonnensystemforschung , Katlenburg-Lindau **S. 148**: Gerd Steinle-Neumann, BGI **S. 150**: Zeichnung Andreas Audétat, BGI, vereinfacht nach Trond H. Torsvik et al. (2008): Longitude: Linking Earth's ancient surface to its deep interior. Earth and Planetary Science Letters, 276: 273-282. doi:10.1016/j.epsl.2008.09.026 **S. 151**: Gerd Steinle-Neumann, BGI **S. 154**: Catherine McCammon, BGI **S. 155**: Joachim Ritter, Geophysikalisches Institut, Universität Karlsruhe (TH) **S. 157**: Henri Samuel, BGI **S. 159**: ESA-AOES Medialab **S. 161**: B. S. A. Schuberth et al. (2009): Thermal versus elastic heterogeneity in high-resolution mantle circulation models with pyrolite composition: High plume excess temperatures in the lowermost mantle. Geochem. Geophys. Geosyst., 10(1), Q01W01. doi:10.1029/2008GC002235 **S. 168**: Elliot Lim, CIRES & NOAA/NGDC, Daten: Muller et. al., doi:10.1029/2007GC001743 **S. 171**: Johannes Achton Friis **S. 172**: Forough Sodoudi, GFZ **S. 174**: oben:

NASA/JPL/NIMA; unten: BGI **S. 177**: Bernhard Stöckhert, Bochum, modifiziert nach: T. Meier et. al. (2007): A model for the Hellenic subduction zone in the area of Crete based on seismological investigations. Aus: Geological Society, London, Special Publications 2007; v. 291; p. 183-199. doi:10.1144/SP291.9 **S. 178**: N. Schwalbach (2009): Geführte Wellen in der Hellenischen Subduktionszone – numerische Modellierung und Beobachtung, Masterarbeit, Ruhr-Universität Bochum **S. 180**: Hans-Peter Bunge, 2008, LMU **S. 181**: Onno Oncken, GFZ **S. 183**: G. Laske and G. Masters (1997): A Global Digital Map of Sediment Thickness. EOS Trans. AGU, 78, F483 **S. 185**: Magdalena Scheck-Wenderoth, 2009, GFZ **S. 188**: oben: Yan Lavallée, LMU; unten links: Yan Lavallée, LMU, aus: J. Gottsmann et al. (2009): Magma-tectonic interaction and the eruption of silicic batholiths. Earth and Planetary Science Letters 284, 426-434; unten rechts: Yan Lavallée, LMU **S. 189**: J.B. Lowenstern and S. Hurwitz (2008): Monitoring a Supervolcano in Repose: Heat and Volatile Flux at the Yellowstone Caldera. Elements, 4, 35-40, doi: 10.2113/gselements.4.1.35 **S. 195**: Mark Handy, Berlin, aus: Tectonic Faults – Agents of Change on a Dynamic Earth, Chapter 4, ed. by M.R. Handy et al., Dahlem Workshop Report 95, 504 pp., The MIT Press, Cambridge, Mass., USA, 2007 **S. 197**: nach A. Friedrich et al. (2003): Comparison of geodetic and geologic data from the Wasatch region, Utah, and implications for the spectral character of Earth deformation at periods of 10 to 10 million years. Journal of Geophysical Research, 108, B4, 2199. doi:10.1029/2001JB000682 **S. 198**: Wolfgang Bach (2007): Submarine Hydrothermalquellen – Treffpunkte von Geologie, Geochemie und Biologie. GMIT, Nr. 27 **S. 199**: MARUM **S. 200/203**: Wolfgang Bach (2007): Submarine Hydrothermalquellen – Treffpunkte von Geologie, Geochemie und Biologie. GMIT, Nr. 27 **S. 205**: K.J. Edwards (2004): Formation and degradation of seafloor hydrothermal sulfide deposits. Geological Society of America Special Papers, 379, 83-96 **S. 209**: D.E. Canfield (2005): The early history of atmospheric oxygen: homage to Robert M. Garrels. Annual Review of Earth and Planetary Sciences, 33, 1-36. doi:10.1146/annurev.earth.33.092203.122711 **S. 210**: Michael Bau, JUB **S. 211**: Grit Steinhöfel, Leibniz Universität Hannover und Friedhelm von Blanckenburg, GFZ **S. 212**: Kilian Pollok, BGI **S. 214**: Kilian Pollok, BGI **S. 216**: NASA **S. 217/218**: Falko Langenhorst (2002): Einschlagskrater auf der Erde – Zeugen kosmischer Katastrophen. Sterne und Weltraum 6/2002, 34-44 **S. 221**: links: Friedhelm von Blanckenburg, GFZ; Mitte: S.P. Anderson et al. (2007): Physical and chemical controls in the critical zone. Elements 3, 5, 315-319. doi: 10.2113/gselements.3.5.315; rechts: A.F. White et al. (2008): Chemical weathering of a marine terrace chronosequence, Santa Cruz, California I: Interpreting rates and controls based on soil concentration – depth profiles. Geochimica Cosmochimica Acta, 72, 36-68. doi:10.1016/j.gca.2007.08.029 **S. 223**: Ergänzt und aktualisiert aus der Strategieschrift des Deutschen Arbeitskreises für Geomorphologie (2007) – Zeitschrift für Geomorphologie, N. F., Suppl.-Vol. 148, 149 S.; Berlin, Stuttgart **S. 224**: nach: Susan Ivy-Ochs and Florian Kober (2007): Cosmogenic nuclides: a versatile tool for studying landscape change during the Quaternary. Quaternary International 160, 134–138. doi:10.1016/j.quaint.2006.10.042 **S. 228**: nach Martin Claußen, Max-Planck-Institut für Meteorologie, Hamburg und Andrey Ganopolski, Potsdam-Institut für Klimafolgenforschung, Potsdam (persönliche Mitteilung) **S. 229**: IPCC Fourth Assessment Report (AR4): Climate Change 2007: Synthesis Report. Contribution of Working Groups I, II and III to the Fourth Assessment Report of the Intergovernmental Panel on Climate Change. Core Writing Team, Pachauri, R.K. and Reisinger, A. (Eds.), IPCC, Geneva, Switzerland, pp 104 **S. 231**: Daten: Dieter Lüthi et al. (2008): High-resolution carbon dioxide concentration record 650,000–800,000 years before present. Nature 453, 379. doi:10.1038/nature06949 und Laetitia Loulergue et al. (2008): Orbital and millennial-scale features of atmospheric CH4 over the past 800,000 years, Nature 453, 383. doi:10.1038/nature06950 **S. 233**: aus: James C. Zachos et al. (2008): An early Cenozoic perspective on greenhouse warming and carbon-cycle dynamics. Nature, 451, 279. doi:10.1038/nature06588 **S. 236**: aus: Dennis V. Kent und Giovanni Muttoni, (2008): Equatorial convergence of India and early Cenozoic climate trends. Proceedings of the National Academy of Sciences USA, 105, 42, 16065-16070. doi: 10.1073/pnas.0805382105, Copyright (2008) National Academy of Sciences, U.S.A **S. 238**: Daten: North Greenland Ice Core Project members (2004): High-resolution record of Northern Hemisphere climate extending into the last interglacial period. Nature, 431, 147. doi:10.1038/nature02805 **S. 239**: Ute Merkel, MARUM **S. 242**: IPCC, 2007: Climate Change 2007: The Physical Science Basis. Contribution of Working Group I to the Fourth Assessment Report of the Intergovernmental Panel on Climate Change [Solomon, S., D. Qin, M. Manning, Z. Chen, M. Marquis, K.B. Averyt, M.Tignor and H.L. Miller (eds.)]. Cambridge University Press, Cambridge, United Kingdom and New York, NY, USA., 467 **S. 243**: nach Felis et al. (2004): Increased seasonality in Middle East temperatures during the last interglacial period. Nature, 429, 164-168. doi:10.1038/nature02546 **S. 246/247**: nach: Gerald H. Haug, Detlef Günther, Larry C. Peterson, Daniel M. Sigman, Konrad A. Hughen, Beat Aeschlimann (2003):Climate and the Collapse of Maya Civilization, Science, 299, 5613, 1731 - 1735. doi: 10.1126/science.1080444 (abgedruckt mit Erlaubnis der American Association for the Advancement of Science) **S. 249**: Michael Schulz, MARUM **S. 252**: Grafik: MARUM, nach R.A. Fensome et al. (Eds.) (2001): The Last Billion Years. A Geological History of the Maritime Provinces of Canada. Atlantic Geoscience Society **S. 254**: Hans Joachim Schellnhuber (2002): Coping with Earth System Complexity and Irregularity. In: Global Change – The IGBP Series: W. Steffen et al. (Eds.): Challenges of a Changing Earth. Springer, Berlin/ Heidelberg/New York, 216 p., mit freundlicher Genehmigung von Springer Science and Business Media **S. 257**: Jörn Peckmann, MARUM **S. 260**: Buggisch und Walliser aus: Huch et. al. (Hrsg.)(2001): Klimazeugnisse der Erdgeschichte. Springer, Berlin; mit freundlicher Genehmigung von Springer Science and Business Media **S. 262**: Senckenberg Forschungsinstitute und Naturmuseen, Frankfurt/ Main **S. 266**: Annette Freibauer, vTI Agrarrelevante Klimaforschung, Braunschweig **S. 268**: Justus van Beusekom, Wattenmeerstation Sylt des Alfred Wegener Institut für Polar- und Meeresforschung (AWI), Bremerhaven **S. 271**: MARUM **S. 272**: MARUM **S. 275**: Verena Heuer, MARUM **S. 278**: Markus Rothacher (2006): GGOS: the IAG Contribution to Earth Observation. IGS Workshop Perspectives and Visions for 2010 and beyond, May 8-12, 2006, Darmstadt, Germany, GFZ **S. 287**: Koulakov I., M.K. Kaban, M. Tesauro, and S. Cloetingh, 2009, P and S velocity anomalies in the upper mantle beneath Europe from tomographic inversion of ISC data. Geophysical Journal International 179, 1, 345-366. doi: 10.1111/j.1365-246X.2009.04279.x **S. 288**: nach Trond Ryberg et al. (2007): The shallow velocity structure across the Dead Sea Transform fault, Arava Valley, from seismic data. Journal of Geophysical Research, 112, B08307. doi:10.1029/2006JB004563 **S. 291**: MARUM **S. 292**: links: MARUM; rechts: Nico Augustin, IFM-GEOMAR, Leibniz-Institut für Meereswissenschaften an der Universität Kiel **S. 298**: Carsten Münker, Universität zu Köln **S. 299**: links: Ulrich Bismayer, Universität Hamburg, rechts: BGI **S. 300**: BGI **S. 303**: Patrick Köthur, GFZ **S. 310**: links und rechts: Hans-Peter Bunge, LMU, Mitte: Heiner Igel, LMU **S. 320/321**: Sven Tränkner, Senckenberg Forschungsinstitute und Naturmuseen, Frankfurt/Main **S. 322**: IODP Kernlager am MARUM **S. 323**: Sven Tränkner, Senckenberg Forschungsinstitute und Naturmuseen **S. 344**: Jan Cermak, ETH Zürich **S. 347**: Jan Cermak, ETH Zürich **S. 349**: Daten: Berufsverband Deutscher Geowissenschaftler (BDG) e.V., 2008